低压电工
实用技能全书

DIYA DIANGONG SHIYONG JINENG QUANSHU

秦钟全　主编

U0210379

化学工业出版社
·北京·

图书在版编目（CIP）数据

低压电工实用技能全书/秦钟全主编 . —北京：化学工业出版社，2017.1（2023.2 重印）

ISBN 978-7-122-28051-0

Ⅰ.①低… Ⅱ.①秦… Ⅲ.①低电压-电工技术-基本知识 Ⅳ.①TM

中国版本图书馆 CIP 数据核字（2016）第 217038 号

责任编辑：卢小林 文字编辑：徐卿华

责任校对：宋 玮 装帧设计：王晓宇

出版发行：化学工业出版社（北京市东城区青年湖南街 13 号 邮政编码 100011）

印 装：北京科印技术咨询服务有限公司数码印刷分部

787mm×1092mm 1/16 印张 23½ 字数 597 千字 2023 年 2 月北京第 1 版第 7 次印刷

购书咨询：010-64518888 售后服务：010-64518899

网 址：http://www.cip.com.cn

凡购买本书，如有缺损质量问题，本社销售中心负责调换。

前 言
Foreword

　　本书是为了满足广大初学电工人员对低压电工工作中维修的学习需要编写。全书的编写力求做到求新：以图文并茂的形式讲解，一看就懂。求精：贴近低压电工工作内容进行选择，选出最迫切需要、最实用的奉献给学员。手把手：力求通俗易懂，步步引导，使读者快速掌握书中技能。本书主要特点如下。

　　1. 实用性。便于应用到工作中去，解决实际问题。典型电路、典型故障，拿来就用；类似故障，借鉴参考；疑难故障，启迪思路，电路改造变化灵活应用。

　　2. 灵活性。既有安装要求又有检修过程及方法的详细介绍，也有故障的简单逐条排除方法。

　　3. 启发性。通过阅读故障实例，让广大学员能举一反三，养成科学规范的检修习惯。

　　4. 条理性。在讲述实例时，基本上按照"安装要求→故障分析排除→更新改造"的顺序编写，并将常见故障点进行了汇总，便于读者快速查找。

　　5. 可读性。书中穿插了许多插图和维修过程中的动作分解图片，图文并茂，语言简练。

　　本书可供电气工程技术人员、维修人员和广大电工查阅、使用，也可作为电工短训班技能培训的辅助教材，还可供高职院校、技校及中职学校相关专业的师生参考。

　　本书在编写及修改的过程中，得到了李宝兰、肖艳英、吴立起、郭佳玲、贾凡、梁建松、刘欣玫、王敏芳、白秀丽、张学信、李红、张鹏、白璇、梁冰、韩冰、王林、李聚生秦钟庆、崔奕、秦钟禹、王淑霞、李泉水、马建辉、王维初、白雪飞、陈政红、史云花、邢秋田、殷美艳等老师的帮助，在此表示由衷感谢！

　　由于本人知识有限，书中难免有不足之处，敬请读者批评指正。

编者

目 录
Contents

第三章　常用控制电路的安装与维护

第四章　电气线路的工作要求

第五章 照明线路的安装要求与检修

参考文献

第一章

电工仪表

在电能的生产、输送及使用当中，离不开对各种电量及磁量的测量。测量各种电量与磁量的仪器仪表统称电工仪表。不论在电力系统中，还是在控制、通信等弱电领域，都大量使用各种电工仪表，用以监视系统的工作情况，记录生产过程的各种电气参数。它们已经成了保证电力系统正常工作和生产正常进行的必不可少的组成部分。同时，在电气设备发生故障后，也常使用电工仪表进行测量，以分析故障位置。

由于科学技术的不断发展，被测量的精度要求越来越高，测量范围越来越大，因此，无论对电工仪表本身，还是测量方法，都提出了越来越高的要求，这使得电工仪表及测量技术已成为电工学的一个独立分支。再加上需要测量的电量和磁量的种类繁多，即使是同一量，在不同情况下对计量又有不同的要求，结果是电工仪表的种类也非常多，同类型表的性能、规格也不尽相同。本章给大家介绍的，只是最常用的电工仪表的基本原理和它们的使用方法。

第一节　电工仪表与测量基础知识

测量各种电量和各种磁量的仪器仪表统称为电工测量仪表。电工测量仪表的种类繁多，实用中最常见的是测量基本电量的仪表。

电工测量的准确与否与测量方法的选择及测量技巧有密切关系。所以在测量中除了应正确选择仪表和正确使用仪表之外，还要掌握正确的测量方法。

一、电工仪表的分类

电工仪表的种类很多，按其所用测量方法的不同，以及结构、用途等方面的特性，通常分为以下几类。

1. 指示仪表

这类仪表的特点是把被测量转换为仪表可动部分的机械偏转角，然后通过指示器直接指示出被测量的大小。

指示仪表应用很广泛，规格品种繁多，通常还采用以下方法加以分类。

(1) 按仪表的工作原理分

有磁电系仪表、电磁系仪表、电动系仪表、铁磁电动系仪表、感应系仪表、整流系仪表和静电系仪表等。

(2) 按测量对象的名称分

有电流表、电压表、功率表、电能表、功率因数表、频率表及多种测量用途的万用表。

(3) 按被测电流的种类分

有直流仪表、交流仪表以及交直流两用仪表等。

（4）按使用方法分

有安装式和可携式两种。

（5）按使用条件分

有 A、B、C 三组。A 组仪表宜在较温暖的室内使用；B 组可在不温暖的室内使用；C 组则可在不固定地区的室内和室外使用。

2. 比较仪器

这类仪器用于比较法测量中，包括直流比较仪器和交流比较仪器两种。属于直流仪器的有直流电桥、电位差计以及标准电阻和标准电池等；属于交流仪器的有交流电桥、标准电感和标准电容等。

3. 数字仪表和巡回检测装置

数字仪表是一种以逻辑控制实现自动测量，并以数码形式直接显示测量结果的仪表，如数字频率表、数字电压表等。数字仪表加上选测控制系统就构成了巡回检测装置，可以实现对多种对象的远距离测量。

4. 记录仪表和示波器

记录被测量随时间而变化的情况的仪表，称为记录仪表。发电厂中常用的自动记录电压表和频率表以及自动记录功率表都属于这类仪表。

当被测量变化很快，来不及笔录时，常用示波器来观测。电工仪表中的电磁示波器和电子示波器不同，它是通过振动子在电量作用下的振动、经过特殊的光学系统来显示波形的。

5. 扩大量程装置和变换器

用以实现同一电量大小的变换，并能扩大仪表量程的装置，称为扩大量程装置，如分流器附加电阻、电流互感器、电压互感器等。用来实现不同电量之间的变换，或将非电量转换为电量的装置，称为变换器。在各种非电量的电测量中，以及近年来发展起来的变换器式仪表中，变换器是必不可少的。

6. 按仪表的精度等级分类

有 0.1 级、0.2 级、0.5 级、1 级、1.5 级、2.5 级、5 级，共七个等级

7. 按仪表外壳的防护性能分类

有普通式、防尘式、防溅式、防爆式、气密式、防水式、水密式七种。

8. 按仪表防外电场的能力分类

有 I 级、II 级、III 级、IV 级四个级。

9. 按仪表防外磁场的能力分类

有 I 级、II 级、III 级、IV 级四个级。

二、指示仪表的误差和准确度要求

1. 有足够的准确度

① 各级仪表的基本误差，不应超过表 1-1。

表 1-1　仪表的基本误差

准确度等级	0.1	0.2	0.5	1.0	1.5	2.5	5.0
基本误差/%	±0.1	±0.2	±0.5	±1.0	±1.5	±2.5	±5.0

② 外界因素变化时，在非正常工作条件下仪表的附加误差，应符合国家标准的要求。

③ 指示仪表由于摩擦造成的升降变差（被测量平稳上升及下降时，对应于同一个分度线上两次读数的实际值之差），一般不应超过仪表基本误差的绝对值。

2. 有合适的灵敏度

在指示仪表中，被测量的变化将引起仪表可动部分偏转角的变化。

灵敏度表示仪表对被测量的反应能力，它反映了仪表所能测量的最小被测量。所以灵敏度是电工仪表的一个重要的技术指标。选择仪表的灵敏度时，要考虑被测量的要求。

灵敏度过高，仪表的量限可能过小；灵敏度过低，不能反映被测量的较小变化。因此，要恰当地选用灵敏度合适的仪表，而不应单纯地追求高灵敏度。

3. 仪表本身消耗的功率要小

仪表接入电路时，本身也要消耗一定的能量。如果仪表消耗的功率较大，必将改变电路原有的工作状态，从而造成不能允许的测量误差。因此，仪表本身的功率应尽量小。

4. 有良好的读数装置

仪表的标度尺刻度应尽量均匀，以便于读数，并扩大仪表在测量时的工作范围。

刻度不均匀的仪表，在分度线较密的部分，灵敏度低而读数误差大。在这部分标度尺上进行测量时必然保证不了应有的准确度。因此，对标尺不均匀的仪表，要求在刻度盘上标明其工作部分。一般规定其工作部分的长度不应小于标尺全长的85%。

5. 有良好的阻尼

由于仪表可动部分的惯性，当接入被测量或被测量突然变化时，指示器不能迅速稳定在指示值上，而在稳定位置的左右摆动，以致不能迅速地取得测量读数。为了减少摆动时间，迅速读数，仪表应设有阻尼装置。

仪表阻尼是否良好，通常用阻尼时间来衡量。所谓阻尼时间，是指仪表从接入被测量开始，到指针在稳定位置左右的摆动不大于标尺全长的1%为止的时间。按规定，普通仪表的阻尼时间应不超过4s。质量较好的仪表，阻尼时间只有1.5s左右。

6. 有足够的绝缘强度和过载能力

仪表的电气线路和外壳之间应有良好的绝缘，以保证仪表的正常工作和使用时的安全。

仪表应有一定的耐受长时间和短时间过载的能力，以防止在延时过载下由于元件的过热，短时过载下的机械力冲击而造成仪表的损坏。

仪表的绝缘强度和过载能力的要求，可查看有关标准中的规定。

第二节　万用表的使用

万用表具有用途多，量程广，使用方便等优点，是电工测量中最常用的工具。在电气维修工作中它可以用来测量电阻，交、直流电压和直流电流。有的万用表还可以测量晶体管的主要参数及电容器的电容量等。掌握万用表的使用方法是电工技术的一项基本技能。

常见的多用表有指针式万用表和数字式万用表。指针式万用表是以表头为核心部件的多功能测量仪表，如图1-1所示，测量值由表头指针指示读取。数字式万用表的测量值由液晶显示屏直接以数字的形式显示，如图1-2所示，读取方便，有些还带有语音提示功能。万用表是公用一个表头，集电压表、电流表和欧姆表于一体的仪表。

图 1-1　指针式万用表

图 1-2　数字式万用表

一、万用表使用前的调整方法

① 在使用万用表过程中，不能用手去接触表笔的金属部分，这样一方面可以保证测量的准确，另一方面也可以保证人身安全。

② 在测量某一电量时，不能在测量的同时换挡，尤其是在测量高电压或大电流时，更应注意，否则会使万用表毁坏。如需换挡，应先断开表笔，换挡后再去测量。

③ 万用表在使用时，必须水平放置，以免造成误差。同时，还要注意避免外界磁场对万用表的影响。

④ 万用表使用完毕，应将转换开关置于交流电压的最大挡。如果长期不使用，还应将万用表内部的电池取出来，以免电池腐蚀表内其他器件。

1. 万用表的机械调零

指针式万用表在使用之前，应先进行"机械调零"，也称初始零位（见图 1-3），即在没有测被测电量前，使万用表指针指在零电压或零电流的位置上。

机械调零是指在不通电的情况下调整表头游丝的扭力，由于移动、温度变化等指针可能变化；一般情况下，这个是不需要经常调的，重点是检查并调整，没有变化不用调整。

2. 万用表的欧姆挡调零

万用表欧姆挡调零实际是通过表头的电流达到满偏电流，而欧姆挡中有一可调电阻，$I=E/(R+r)$，R 是可调电阻的阻值，r 是电源内阻，当 R 达到某一值时，I 才能达到满偏电流。然后接待测电阻 R_x，则 $I=E/(R_x+R+r)$，不同的电流对应不同的待测电阻。

① 将挡位调整旋钮置于 $\Omega\times1$ 挡。

② 将红表笔接在"＋"端子，黑表笔接在"－"端子。

③ 将表笔测量端短接（搭在一起），观察表针是否指在 Ω 刻度线的"0"，如图 1-4 所示，如不指零应调整"欧姆调零"旋钮，使之指零。

④ 当调节"欧姆调零"旋钮，无法使指针指在"0"处时，表明表内电池电量不足，应更换表内的电池。

⑤ 很多万用表在电阻的最高倍率挡另装一块高电压的电池（9V 或 15V），应按说明的要求换装。若要使用此挡必须有相应的电池。

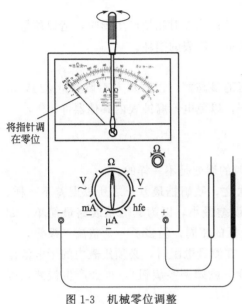

图 1-3　机械零位调整　　　　　　　　　图 1-4　欧姆零位的调整

3. 欧姆挡的使用注意事项

① 选择合适的倍率。在欧姆表测量电阻时，应选适当的倍率，使指针指示在中值附近。最好不使用刻度左边 1/3 的部分，这部分刻度密集，读数误差很大。

② 使用前要调整机械零位和欧姆零位。

③ 欧姆挡不能带电测量。

④ 被测电阻不能有并联支路，应与线路脱离，以保证测量的准确性。

二、万用表的使用禁忌

1. 不进行机械调零将影响读数

在使用万用表之前，应使万用表指针指在零电压或零电流的位置，如果不在零位，表针偏摆位置将不准确，将影响读数的准确性。

2. 接触表笔的金属部分测量有危险

在使用万用表过程中，不能用手去接触表笔的金属部分，这样一方面可以保证测量的准确，另一方面也可以保证人身安全。

3. 测量中错用挡位会损坏表

在测量电流与电压时不能错用挡位，如果误用，就极易烧坏万用表。也不能在测量的同时换挡，尤其是在测量高电压或大电流时，更应注意，否则，会使万用表毁坏。如需换挡，应先断开表笔，换挡后再去测量。

4. 不知被测值大小，应使用最大挡

如果不知道被测电压或电流的大小，应先选用最高挡，而后再根据情况选用合适的挡位来测试，以免表针偏转过度而损坏表头。所选用的挡位愈靠近被测值，测量的数值就愈准确。

5. 不可错接直流极性

测量直流电压和直流电流时，注意"＋"、"－"极性不要接错。如发现指针反转，要立即调换表棒，以免损坏指针及表头。

6. 不能在线测量电阻

测量电阻时，被测电阻断开连接，以免电路中的其他元件对测量产生影响，造成测量误差。被测电阻应无电，电阻挡不可带电使用，以免造成万用表的损坏。

7. 忌使用完毕不换挡

万用表使用完毕后，应将挡位开关置于交流电压的最高挡，以防别人不慎测量 220V 市电电压而损坏。如果长期不使用，还应将电池取出来，以免电池腐蚀表内其他器件。

三、万用表测量时的注意事项

① 万用表在测量直流电压、交流电压和欧姆挡时的误差是不一样的。

万用表在测量直流电压时误差最小，交流电压次之，欧姆挡最差。之所以误差不一样，是由万用表的线路所决定的。万用表测量直流电压误差最小，因为其测量线路最简单，如图 1-5 所示。测量交流电压的线路基本与测量直流电压的相同，但多了一个整流二极管，二极管是一个非线性元件，所以误差较直流电压要大。在测量电阻时，必须用表内的干电池作为电源，电池的电压会随时变化，即使采用了电阻 R（欧姆调零旋钮），也会产生误差，因此，三项测量中欧姆挡误差最大。

② 万用表欧姆挡刻度线上一格代表多少？

万用表欧姆挡的刻度线不是均匀分布的，有小格和大格，一个小格和一个大格代表多少是不能笼统地设定一个标准，要看所选挡位在什么地方才能确定。如图 1-6 所示，如挡位开关拨在 "$R \times 1k$" 挡，比如欧姆刻度线上 10 和 20 之间分了 5 个大格，则每个大格代表 $(20-10) \div 5 \times 1k = 2k\Omega$。如果 10 和 20 之间分了 10 个大格，则每个大格代表 $(20-10) \div 10 \times 1k = 1k\Omega$。如欧姆刻度线上 50 和 100 之间分了 5 个大格和 10 个小格，如果挡位开关在 "$R \times 10$" 挡，则每个大格代表 $(100-50) \div 5 \times 10 = 100\Omega$，而每个小格则代表 $(100-50) \div 10 \times 10 = 50\Omega$。

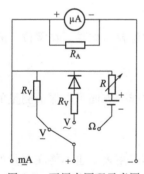

图 1-5　万用表原理示意图

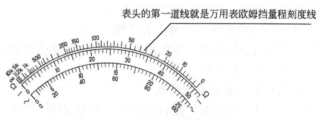

表头的第一道线就是万用表欧姆挡量程刻度线

图 1-6　万用表欧姆挡刻度线

③ 用万用表测量已经断电的电动机两根相线时为什么会有麻电的感觉？

电动机的定子和变压器绕组一样，一般都具有较大的电感量，当用万用表的欧姆挡对其测量时，电动机的绕组通入了直流电，因此在断开被测绕组时会有较高的感应电压，此时如果两只手同时碰到绕组的两端，就会有麻电的感觉。

④ 接地电阻不能用万用表欧姆挡测量。

工频电流或冲击电流从接地体向周围的大地扩散时，土壤呈现的电阻称为接地电阻，接地电阻的数值等于接地体的电位与通过接地体流入大地的电流值比。

从接地电阻的概念可以看出，接地电阻并不等于接地体电阻，也不等于接地体电阻加上接地体和土壤间的接触电阻。所以接地电阻是表明工频电流或冲击电流通过接地体向大地散流的能力。

接地电阻越小，电流扩散得越快，接地电阻不能用从接地体到某一点之间的电阻来表示，因此万用表欧姆挡无法测接地电阻。

⑤ 不能用万用表欧姆挡的测量数值判断电气元件绝缘的好坏。

例如 LA 型控制按钮击穿后，在两极之间的胶木上形成一条线状的炭痕。冷却时的电阻很大，用万用表欧姆挡测量时为开路。但是一有电压就会在炭痕上产生热，使电阻急速下降导致短路。胶木类电气元件击穿后，应把击穿部位的炭痕刮干净再涂上绝缘漆，用绝缘兆欧表测量绝缘电阻合格后，方能继续使用。

⑥ 测量电子电路元件的电阻值时，应考虑并联元件对电阻值的影响。

用万用表检查电子电路中的某个元件的电阻值时，应考虑到与之并联元件电阻的影响。必要时应焊开被测元件的一端再测量。对于三极管，需要断开两个电极，因为电路中往往有并联支路存在，如不把被测元件的一端焊开就进行测量，则可能测出的是并联的等效电阻值，而不是所需的那个元件的电阻值，只有把被测元件的一端焊下来，然后再进行测量，才能保证测量结果的准确。

⑦ 非正弦电压不能用万用表测量。

非正弦电压是电子电路中三极管、晶闸管等的输出电压，这些电压往往是方波、矩形波、锯齿波等非正弦波形，因此不能用万用表直接测量。因为万用表的交流电压挡实际测出的是交流半波的平均值，但刻度上反映的是交流电压的有效值，因此不能直接读取非正弦电压的数值。

⑧ 测量热敏电阻时为什么读数比标称值小？

常用热敏电阻是一种负温度系数的元件（NTC），也就是温度上升时，电阻值下降。当用万用表测量热敏电阻时，由于使用的是电阻挡，测量的电流会通过热敏电阻，电流的热效应会改变热敏电阻的阻值，在 $R \times 1$ 挡上尤为显著。例如 MF-30 万用表的 $R \times 1$ 挡，内电阻只有 20Ω 左右，当 68Ω 热敏电阻接入万用表后，会有近 20mA 的电流流过测量的热敏电阻，加之热敏电阻的标称功率很小，因此发热，所以测得的电阻值小于标称值。

⑨ 万用表不能测量晶闸管的触发电压。

晶闸管是应用在电子开关、调光、调速电路中最多的一种元件，在检查晶闸管工作好坏时，晶闸管的触发电压用万用表是测不出来的，这是因为一般晶闸管元件的触发脉冲宽度只有几毫秒，虽然脉冲电压的峰值有几伏到几十伏，但因为平均值很小，所以万用表测量不出来。

四、万用表的使用技巧

1. 用万用表测量交流电压

首先检查表针的机械零位应准确。对于不同的电压等级。测量交流电压选挡的原则是：选择大于并接近被测电压的一挡，如图 1-7 所示，测量 380V 时可选用大于 500V 挡，而不是 1000V 挡。对于不知道被测电压范围的情况，可先置于交流电压最高挡试测。根据试测值，再确定使用哪一挡测量。其原则是在该挡上表针偏转角度尽可能地大。

注意刻度线不可能与挡位量程的数一样，万用表采用的是公用刻度线的方法，解决多量程的问题，如图 1-8 所示，一个量程线可以使用于两个挡位的测量。

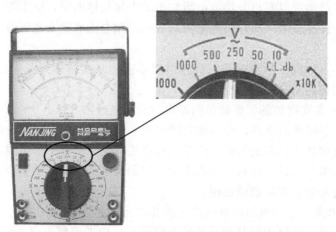

图 1-7　交流电压挡的选择

根据量程找对应的量程刻度线
10V线适用于10V以下电压和大于500V小于1000V的电压测量，使用1000V量程时注意度数要乘以100；
50V线适用于50V以下和大于250V小于500V的电压测量，使用500量程时注意度数要乘以10；
250V适用于大于50V又小于250V电压的测量

图 1-8　交流电压不同量程的度数

测量交流电压表笔不分"＋"、"－"，两表笔分别接触被测电压的两端，表针稳定后即可读数。图 1-9 是测量开关电源电压，表针稳定的位置表示电压实际值为 380V。

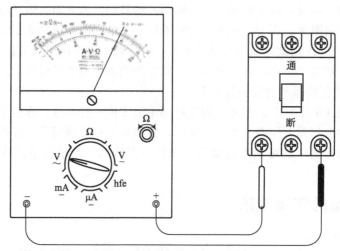

图 1-9　测量交流电压的方法

2. 交流线路中的线电压和相电压

线电压：线电压是两条相线（火线）之间的电压。图 1-10 是几种工作常见的线电压。

相电压：相电压是相线（火线）与零线（N 线）之间的电压。220V 的照明电路就是相电压，在 380V 的动力电路中也有相电压。图 1-11 是 380V 动力电路中的相电压。

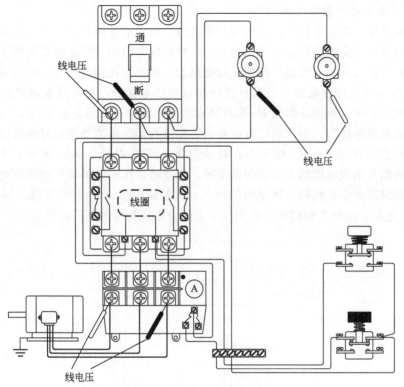

图 1-10 电路中的线电压

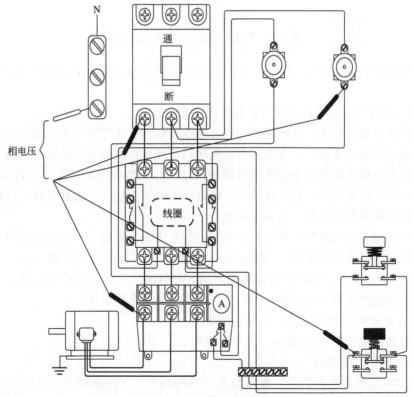

图 1-11 线路中的相电压

3. 电气设备外壳的感应电压

当电气设备接上交流电以后，其内部的带电体与设备的金属外壳之间存在着绝缘电阻 R 的，而带电部分与外壳间还存在分布电容 C，这样绝缘电阻和分布电容就构成了一个并联电路，这个并联电路与外壳（接地）构成泄漏电路的通道。按民用电气专业标准规定，泄漏电流不应超过 0.3mA。假设电器外壳没有进行接地或接零保护，用万用表测量金属外壳对地电压时，就相当于将万用表的内阻 R_V 串联接在泄漏电路中，如图 1-12 所示，这时如果电器外壳没有接地或接零保护，万用表将有读数，这个读数即为电器外壳的对地电压值。这个电压值的大小取决于 R 和 C、R_V 的大小，假设绝缘电阻 R 很好，那么 R 和 C 就为恒定值，则对地电压将随万用表电压挡大小不同而增减，也就是说用不同的电压挡测量电器外壳对地电压，测得的结果大小不相同。如果绝缘损坏，其绝缘电阻 R 会急剧下降，而万用表的内阻 R_V 是一个定值，这时所测得的对地电压不会因为电压挡位的不同而改变。

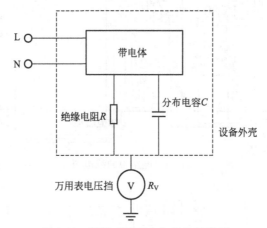

图 1-12   测量"感应电"对地示意图

从上述介绍中可以看出，将电气设备外壳进行接地或接零，对用电安全有着重要的意义。

4. 如何判断强电回路中因接触不良引起的"虚电压"

在电气设备长期运行中，强电回路的各连接点接触不良往往会产生"虚电压"故障，使设备不能启动或不能正常运行，有时还会使电动机单相运行而烧毁。在检查线路中，电工常用万用表测量电压的大小方法来检查是否接触不良，但常常查不出异常，各点的电压正常，找不到故障之处，这是因为在检查线路时，线路处于不工作状态，没有电流，虚接的部位不产生压降，所以往往测不出来，造成误判断。

但是利用万用表各挡内阻不同的特点是可以用万用表判别的。用万用表的不同挡位测量各点的对地电压（也就是相电压），这时电源、接触点、电表内阻呈串联电路，可用 250V、500V 或 1000V 挡。由于不同的挡位其内阻不同，测得的电压值会有相当大的变化，这就是"虚电压"，如果换挡之后，电压值基本不变，则该电压是电源电压。

5. 用万用表的电阻挡测量单个电阻的阻值

测量电阻的接线如图 1-13 所示。测量步骤如下。

① 表针机械零位应准确。

② 若已知电阻值的大体数值，根据 Ω 刻度线的刻度，选用能使指针指在刻度线中间段的一挡。

③ 调整 Ω 零点。

④ 表笔不分"＋""—"，可各接电阻的一端（若电阻引线有锈蚀，应预先清除）。

⑤ 待表针稳定后读数。

⑥ 对不知阻值的电阻测量可先选用中等倍率挡（如 $R \times 100$）试测，若表针指向刻度线两端，应换挡测量。总之尽可能使指针指在刻度线中间一段。但要注意，每换一次挡位，应重新调 Ω 零点。

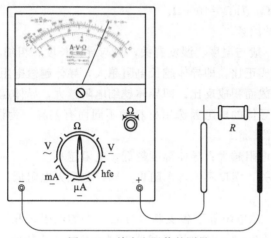

图 1-13　单个电阻值的测量

色环电阻的识别：色环电阻是将电阻值用彩色的圆环表示，色环有以下 12 种颜色：黑、棕、红、橙、黄、绿、蓝、紫、灰、白、金、银，表示阻值和误差值，各种颜色所表示的含义如图 1-14 所示。

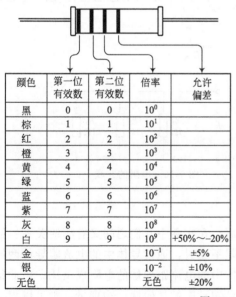

颜色	第一位有效数	第二位有效数	倍率	允许偏差
黑	0	0	10^0	
棕	1	1	10^1	
红	2	2	10^2	
橙	3	3	10^3	
黄	4	4	10^4	
绿	5	5	10^5	
蓝	6	6	10^6	
紫	7	7	10^7	
灰	8	8	10^8	
白	9	9	10^9	+50%～-20%
金			10^{-1}	±5%
银			10^{-2}	±10%
无色			无色	±20%

颜色	第一位有效数	第二位有效数	第三位有效数	倍率	允许偏差
黑	0	0	0	10^0	
棕	1	1	1	10^1	±1%
红	2	2	2	10^2	±2%
橙	3	3	3	10^3	
黄	4	4	4	10^4	
绿	5	5	5	10^5	±5%
蓝	6	6	6	10^6	±0.25%
紫	7	7	7	10^7	±0.1%
灰	8	8	8	10^8	
白	9	9	9	10^9	
金				10^{-1}	
银				10^{-2}	
无色				无色	

图 1-14　色环电阻对应值

6. 有关电阻的知识

（1）电阻的性质

物体对电流有阻碍作用，电流在物体中通过时所受到的阻力为电阻。电阻小的物体为导电体，简称导体。电阻大的物体为电绝缘体，简称绝缘体。

　　电路中有各种各样影响电流流动的因素，电阻是其中之一，导体的电阻越大，就表示导体对电流的阻碍作用越大。不同的导体，电阻一般不同，电阻是导体本身的一种特性。

　　（2）电阻的单位与换算

　　导体的电阻通常用字母 R 表示，电阻的单位是欧姆，简称欧，用希腊字母 Ω 表示。电阻的单位还有 TΩ、GΩ、MΩ、kΩ，它们之间的换算关系为：1TΩ＝1000GΩ；1GΩ＝1000MΩ；1MΩ＝1000kΩ；1kΩ＝1000Ω。

　　（3）改变电阻大小的因素

　　电阻的电阻值大小一般与温度、湿度有关，还与导体长度、粗细、材料有关。

　　① 导体电阻与长度成正比，即导体越长电阻越大，导体越短电阻越小。

　　② 电阻与导体的横截面积成反比，即导体越细电阻越大，导体越粗电阻越小。

　　③ 同长度、同截面导体的电阻因选用材料的不同而有差异，为说明不同材料有不同的阻值，采用了电阻率这个概念。

　　④ 导体温度越高，电阻越大；导体温度越低，电阻越小。

　　⑤ 电阻还与湿度有关，湿度不同，电阻也不同，湿度大电阻低。

　　（4）电阻串联电路

　　在电阻串联电路中，总电阻等于各支路（分路）上的电阻之和，如图1-15所示，总电阻 $R＝R_1＋R_2＋R_3＝1＋2＋3＝6Ω$。可见串联电阻的总阻值比任何一个支路电阻都大。

$$R＝R_1＋R_2＋R_3＋\cdots＋R_N$$

　　（5）电阻并联电路

　　在电阻并联电路中，总电阻的倒数等于在各支路上的电阻的倒数之和，如图1-16所示，总电阻 $1/R＝1/1＋1/2＋1/3＝11/6$，即 $R≈0.55Ω$。可见并联电阻的总阻值比任何一个支路电阻都小。

$$\frac{1}{R}＝\frac{1}{R_1}＋\frac{1}{R_2}＋\frac{1}{R_3}＋\cdots＋\frac{1}{R_N}$$

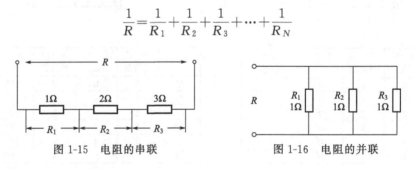

图 1-15　电阻的串联　　　　　图 1-16　电阻的并联

　　（6）欧姆定律

　　了解电路中的三个基本要素电压、电流和电阻后，在实际中它们之间又有哪些关系？欧姆定律就是用来说明三者之间关系的定律。即当电阻不变时，通过导体中的电流跟导体两端的电压成正比；当导体两端的电压不变时，通过导体中的电流跟导体的电阻成反比。由此得到了电路中的电流与电压、电阻之间的关系。如果已知其中的任何两个物理量，则可以根据欧姆定律求出第三个物理量。

　　欧姆定律的表达式1（见图1-17）：已知电路中的电压 U 和电阻 R，可求得电路电流 I：
$I＝\dfrac{U}{R}$。

举例：电路电压 U 为 12V，电阻 R 为 6Ω，求电流 I。根据公式 $I=\dfrac{U}{R}=\dfrac{12}{6}=2$A，电路电流为 2A。

欧姆定律的表达式 2（见图 1-18）：已知电路中的电流 I 和电阻 R，可求得电路的电压 U：$U=IR$。

举例：电路中电流 I 为 1A，电阻 R 为 10Ω，求电路电压 U。根据公式：$U=IR=1×10=10$V，电路电压为 10V。

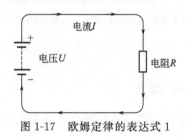 

图 1-17　欧姆定律的表达式 1　　　　　图 1-18　欧姆定律的表达式 2

欧姆定律的表达式 3（见图 1-19）：已知电路的电压 U 和电流 I，可求得电路中的电阻 R：$R=\dfrac{U}{I}$。

举例：电路中的电压 U 为 36V，电流 I 为 0.5A，求电路电阻 R。根据公式 $R=\dfrac{U}{I}=\dfrac{36}{0.5}=72$，电路电阻为 72Ω。

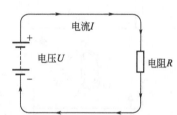

式中，I 为流过电路的电流，A；U 为电阻两端电压，V；R 为电路中的电阻，Ω。

（7）对欧姆定律的两点说明

通过欧姆定律说明了当电阻不变时电压越高电流越大，
图 1-19　欧姆定律的表达式 3

电压不变时电阻越小电流越大。通过欧姆定律就可以理解"为什么电压越高越危险"，"为什么不能用湿手触摸电器"等安全用电知识。

欧姆定律还说明了导体两端获得的电压跟它的电阻成正比。要注意式中的电压与电流之间的数量对应关系与因果关系不能混为一谈，不能说成"导体的电阻一定时，导体两端的电压与通过的电流成正比"，因为电压是形成电流的原因，是电压的高低决定电流大小，而不是电流的大小决定电压的大小。

通过欧姆定律能够更好地理解短路的危害。

7. 用万用表的电阻挡测量线圈电阻及好坏

用万用表测量线圈电阻及好坏是电工在工作中经常要遇到的，如检查变压器、接触器、继电器等电器的线圈、灯丝等是否已经损坏，检查线圈的准备工作、测量过程、选挡及换挡要求与测量单只电阻相同。

如选用"$R×1$"挡测量一个变压器的线圈，如图 1-20 所示，表针偏转到现在位置，则线圈的电阻约为 20Ω，表明线圈是好的，没有发生短路和断路的现象。

8. 用万用表的电阻挡测量导线是否断芯

在检修设备时，由于电器控制线路都已经敷设在管线中，要判断导线是否有断线，可以用万用表的 $R×1$ 挡测量导线的通断。如果导线比较少可以将导线的另一端线芯短接，表笔不分"＋"、"－"接触待测的导线，表针指零为完好，表针不动则是有断线。

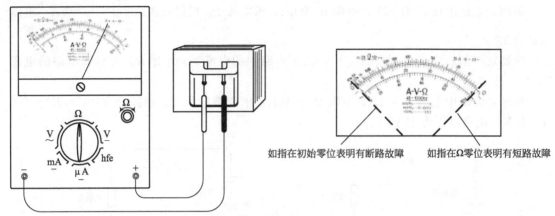

如指在初始零位表明有断路故障   如指在Ω零位表明有短路故障

图 1-20   线圈电阻及好坏的测量

如果穿管的导线比较多，则可通过反复测量，确定是哪一条线断芯。也可以利用电线金属管作为一条导线测量。测量方法如图 1-21 所示。

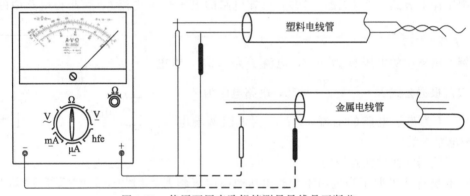

塑料电线管

金属电线管

图 1-21   使用万用表欧姆挡测量导线是否断芯

9. 用万用表的电阻挡鉴别变压器绕组抽头

在电器维修工作中，由于各种原因变压器的各绕组接线端标记不清，无法接线，有一台

3
2
1

1-3之间电阻最大
2-3之间电阻最小
1-2之间电阻较小

图 1-22   利用绕组电阻判别接线端

一次电压为 220V、380V 的变压器，应当如何鉴别它们各为何种电压的绕组？方法是测量其绕组电阻，根据变压器匝数与电压成正比的原理，电压高匝数多，电阻大，而电压低匝数少电阻值小。具体测量时，如图 1-22 所示，将万用表拨到欧姆挡，测量任意一组接线端，就会得到三组数值，1-3 之间电阻最大，1-2 之间电阻较小，2-3 之间电阻最小，根据数值可以判断 1 和 3 是首尾端，再根据 1 和 2 之间电阻较小，2 和 3 之间电阻最小，就可以判断 1 为首端，2 为 220V 接线端，3 为 380V 接线端。

10. 用万用表判断直流电压的极性和电压测量

首先将表针机械零位调准确。若已知直流电压数值范围，选用大于并接近其值的一挡（例如直流 24V，可使用直流 50V 挡，如不知直流电压大小，可先置于直流电压最高挡试测）。

在确知电源有电的情况下，先用一支表笔接在一端，另一表笔快速"点测"一下，如果表针右偏，如图1-23所示，且不超过量程时，则红表笔所接端子为直流电源的"＋"，另一端为"—"。如果表针左偏，说明黑表笔所接端子为"＋"，另一端为"—"。

若此后不再测量，应将万用表置于交流电压的最高挡。

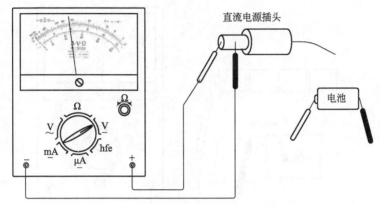

图1-23 判断直流电压的极性及电压测量

11. 利用直流电压挡鉴别电源变压器线圈的极性

如果变压器的极性端标记不清，可用万用表鉴别，方法如图1-24所示，用数节电池，将电池的负极端接线圈的一端，电池的正极串一个开关接线圈的另一端。万用表拨至直流电压挡，红、黑两表笔分别连接变压器线圈一个绕组的两端。当合上开关SK的一瞬间，表针朝正方向摆动，这时红表笔所触及的线头的极性与电池正极所接的线端为同名端，或叫同极性端。反之，若表针反向摆动，则为反极性端。测量时因注意开关SK不能长时间闭合，以免损害电池及线圈，如果万用表表针不动或动作极小，可由高挡换低挡测量。

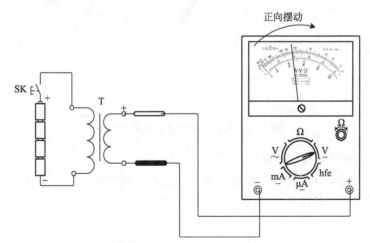

图1-24 判别变压器线圈极性示意图

12. 直流电流的测量

在检修电子电路时，经常需要测量直流电流，如电源的电流、三极管电流、二极管等，测量前要将表针机械零位调准确。选用大于被测值而且又与之所接近的一挡；若不知被测电流的大小，可先在电流最高挡试测，根据试测值大小再换用适当挡位测量。原则是要使表针偏转角度尽可能大。如测量直流电源的电流，应断开一根直流电源的电源线。按图1-25所示在电源正极测量时，红表笔接电源的"＋"极；黑笔接用电器的"＋"极（进）。在电源负极测量时按图1-26，红表笔接用电器的"－"极（出）；黑笔接电源的"－"极。

测量直流电流的接线是将表接在串联电路，按电流方向接线，红表笔接电流流进的一端，黑表笔接电流流出的一端。

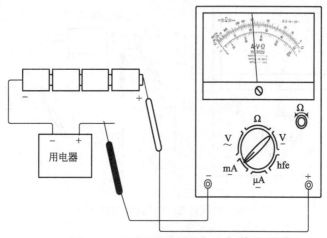

图 1-25　从正极测量直流电流的接线

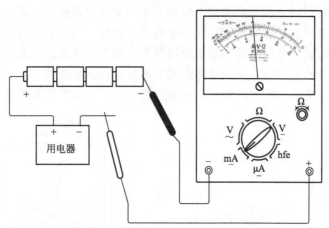

图 1-26　从负极测量直流电流的接线

13. 用万用表判断二极管的好坏

二极管是主要的电子元件，有整流二极管、发光二极管等，应用量很大，损坏的可能也比较大，常用的二极管如图1-27所示。

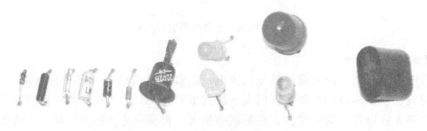

图 1-27　常用二极管外形

　　测量前要将表针机械零位调准确，将万用表电阻挡置于"$R \times 10$"或"$R \times 100$"挡，不要使用 $R \times 10$ 和 $R \times 1k$ 挡，$R \times 1$ 挡电流太大，$R \times 1k$ 挡电压太高，有可能损坏二极管。

　　调好 Ω 零点，用"+"、"—"表笔对二极管作正向测量（见图 1-28）和反向测量（见图 1-29），特别要注意万用表的黑表笔是表内电池的正极。正向电阻的正常值有几百欧至几千欧，反向电阻应大于几百千欧。

　　如果出现以下情况则表明二极管有损坏。

　　① 如正反两次测量的阻值均接近于 0Ω，则说明该二极管内部已经"击穿"。

　　② 如正反两次测量的阻值都非常大，甚至表针不偏摆，说明该二极管已烧断。

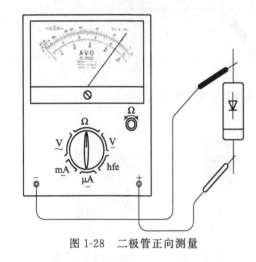

图 1-28　二极管正向测量　　　　　　　　图 1-29　二极管反向测量

14. 二极管极性判断

　　按上述方法，对于无极性标志的二极管，亦可标出极性。方法是：对二极管用表笔正、反各测量一次，测到阻值小的那次时，黑表笔所接触的一极，为二极管的"+"极，也就是电流的流入端。

15. 鉴别稳压二极管

　　用万用表 $R \times 10k$ 挡，测二极管正反向电阻，若两次测量都有数值指示，则是稳压二极管，若两次测量中一次数值无穷大，一次数值很小，则不是稳压二极管。

16. 区别发光二极管和红外发射管

　　发光二极管和红外发射管的外形一样，都是透明树脂封装，从管子的外形上不能区分，可以根据它们正向导通的电压不同进行判别，测量方法如图 1-30 所示。将元件的长腿（正极）串接一个 100Ω 的电阻，接在 3V 电源正极上，元件的短腿（负极）直接连接 3V 电源的负极，将万用表量程开关拨至直流电压 2.5V 挡，万用表的红表笔接触元件的长腿（正极），黑表笔接触元件的短腿（负极）。如果测得电压值为 1.6～1.8V，并且可以看到发光，则是发光二极管；若是元件不发光，测得电压值为 1.1～1.3V，则是红外发射管。

17. 用万用表判断晶体三极管极性以及 NPN 型还是 PNP 型

　　三极管是主要的电子元件，三极管可以把微弱信号放大成幅值较大的电信号，也可用作无触点开关。三极管的种类很多，并且不同型号各有不同的用途。三极管大都是塑料封装或金属封装，常用三极管的外形如图 1-31 所示。三极管的电路符号有两种：有一个箭头的电极是发射极，箭头朝外的是 NPN 型三极管，而箭头朝内的是 PNP 型三极管，如图 1-32 所示。实际上箭头所指的方向是电流的方向。

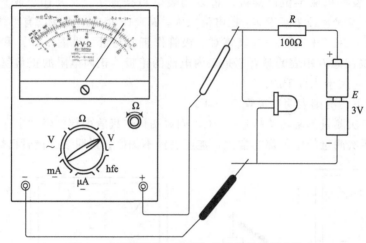

图 1-30 区别发光二极管与红外发射管的电路

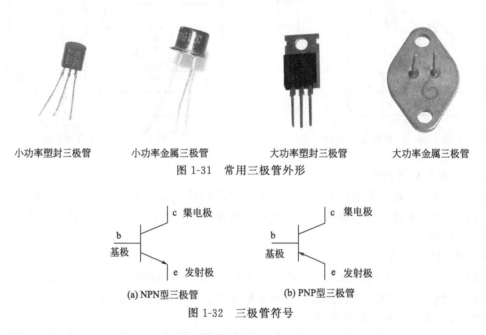

| 小功率塑封三极管 | 小功率金属三极管 | 大功率塑封三极管 | 大功率金属三极管 |

图 1-31 常用三极管外形

(a) NPN型三极管

(b) PNP型三极管

图 1-32 三极管符号

① 表针的机械零位应准确，否则应调整。

② 将万用表电阻挡置于"$R \times 10$"或"$R \times 100$"挡，因为 $R \times 1$ 挡电流太大，$R \times 1$k 挡电压太高，有可能损坏三极管。

③ 调好 Ω 零点。

④ 将黑表笔固定接在一极，红表笔分别试测另两极：如果出现阻值一大一小，则将黑表笔改为固定另一极，再用红表笔测另两极，如果测得阻值仍一大一小，再将黑表笔固定在没接过的一极，用红表笔测另两极。不论测量几次只要出现以下结果即可。

a. 黑表笔固定接在某一极，红表笔分别测试另两极时，两个阻值都很大，该三极管为 PNP 型，且黑表笔所接的为基极，如图 1-33 所示。

b. 红表笔固定接在某一极，黑表笔分别测试另两极，两个阻值都很小，该三极管为 NPN 型，且红表笔所接的为基极，如图 1-34 所示。

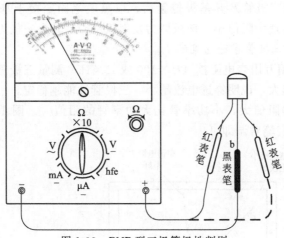

图 1-33 PNP 型三极管极性判别

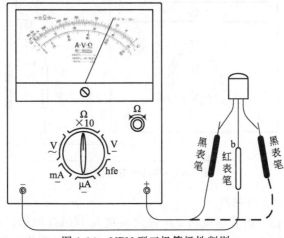

图 1-34 NPN 型三极管极性判别

c. 知道了 PNP 型三极管基极位置后，以红表笔固定接于基极，用黑表笔测另两极。测到那一极，若表现为阻值小，该极即为发射极（e），其余一极为集电极（c），如图 1-35 所示。

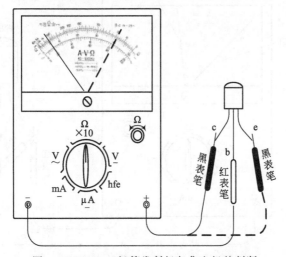

图 1-35 PNP 三极管发射极与集电极的判断

d. 知道了 NPN 型三极管及其基极位置后，以黑表笔固定接于基极，用红表笔测另两极。测到那一极，若表现为阻值小，该极即为发射极（e），其余一极为集电极（c）。

18. 用万用表测量三极管穿透电流的 I_{ceo}

如图 1-36 所示，用万用表电阻挡（$R \times 100$ 或 $R \times 1k$）测量三极管集电极与发射极之间的反向电阻。电阻值越大，说明穿透电流越小，三极管性能越稳定，一般硅管比锗管电阻值大，高频管比低频管的阻值大，小功率管比大功率管的阻值大。图 1-36 中是以 PNP 管为例，NPN 管则将两支表笔对调即可。

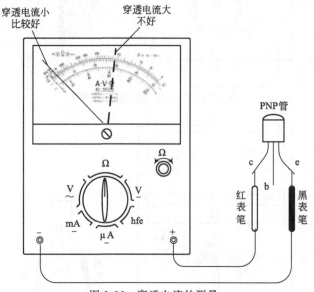

图 1-36　穿透电流的测量

19. 三极管放大倍数 β 的判断

测得穿透电流后，在三极管基极与集电极之间接入 100kΩ 电阻，如图 1-37 所示，集电极与发射极反向电阻便减少，也可以用左手捏着红表笔和三极管集电极，用嘴轻轻碰一下三极管的基极，表针向右偏转，偏转角度越大，说明放大倍数 β 越大。

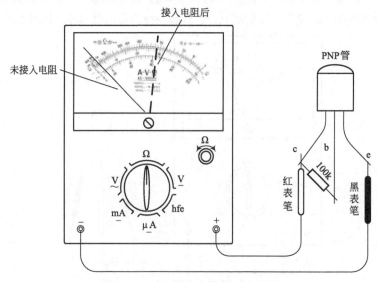

图 1-37　三极管放大倍数 β 的判断

20. 用电阻挡判断小功率单向晶闸管的极性

晶闸管是晶体闸流管的简称，又可称作可控硅整流器，以前被简称为可控硅，晶闸管是PNPN 四层半导体结构，它有三个极：阳极（A）、阴极（K）和门极也叫控制极（G），符号如图 1-38 所示。

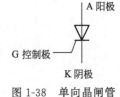

图 1-38 单向晶闸管

晶闸管具有硅整流器件的特性，能在高电压、大电流条件下工作，且其工作过程可以控制，被广泛应用于可控整流、交流调压、无触点电子开关、逆变及变频等电子电路中。小功率晶闸管的外形与三极管的外形基本一样，判断小功率单向晶闸管的极性是必要的。

晶闸管的控制极与阴极之间有一个 PN 结，而阳极与阴极之间有两个反向串联的 PN 结，因此用万用表 $R×10\text{k}$ 挡可首先判断控制极（G）。

方法如图 1-39 所示，将黑表笔接某一电极，红表笔依次接触另外两个电极，假如有一次的阻值很小约几百欧，而另一次阻值很大约几千欧，这时黑表笔所接的一极为控制极（G），在阻值小的那次测量中，红表笔所接的一极为阴极（K），而在阻值大的那次测量中，红表笔所接的一极为阳极（A）。如果两次测出的阻值都很大，说明黑表笔接的不是控制极，应该换测其他电极。

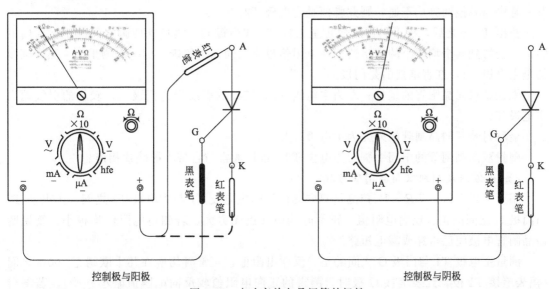

图 1-39 小功率单向晶闸管的极性

21. 用万用表判断单向晶闸管的好坏

① 将黑表笔固定接在阳极（A），将红表笔固定接在阴极（K），由于单向晶闸管是由PNPN 四层 3 个 PN 结组成，阳极与阴极电阻都很大，此时，万用表指针应无偏转，或有极小的偏转。如图 1-40 所示。

② 这时可用一只几十欧的电阻，在阴极（A）与控制极（G）之间搭接一下，若万用表指针向右大幅度偏转，且在将电阻撤去后，表针仍维持在偏转后的位置，则所测晶闸管是好的。

③ 按上述方法测试，无论如何不出现上述现象，则该晶闸管是坏的。

22. 用万用表判别双向晶闸管各电极

用万用表 $R×1$ 或 $R×10$ 挡分别测量双向晶闸管三个引脚间的正、反向电阻值，若测得

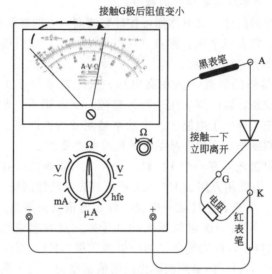

图 1-40 判断单向晶闸管的好坏

某一管脚与其他两脚均不通，则此脚便是主电极 T2。

找出 T2 极之后，剩下的两脚便是主电极 T1 和门极 G。测量这两脚之间的正、反向电阻值，会得到两个均较小的电阻值。在电阻值最小（约几十欧姆）的一次测量中，黑表笔接的是主电极 T1，红表笔接的是门极 G。

螺栓型双向晶闸管的螺栓一端为主电极 T2，较细的引线端为门极 G，较粗的引线端为主电极 T1。

金属封装双向晶闸管的外壳为主电极 T2。

塑封双向晶闸管的中间引脚为主电极 T2，该极通常与自带小散热片相连。

23. 用万用表判别双向晶闸管好坏

用万用表 $R \times 1$ 或 $R \times 10$ 挡测量双向晶闸管的主电极 T1 与主电极 T2 之间、主电极 T2 与门极 G 之间的正、反向电阻值，正常时均应接近无穷大。若测得电阻值均很小，则说明该晶闸管电极间已击穿或漏电短路。

测量主电极 T1 与门极 G 之间的正、反向电阻值，正常时均应在几十欧姆至 100Ω 之间（黑表笔接 T1 极，红表笔接 G 极时，测得的正向电阻值较反向电阻值略小一些）。若测得 T1 极与 G 极之间的正、反向电阻值均为无穷大，则说明该晶闸管已开路损坏。

24. 用万用表判断电容器的好坏

电容器是一个充放电的元件，有一个充电过程，根据这个原理可以简单地判断电容器的好坏。

使用万用表 $R \times 100$ 或 $R \times 1k$ 挡，将两表笔分别接触电容器的两极，如图 1-41 所示，表针左右摆动一次，摆动的幅度越大，说明电容量越大，若电容器质量好，极间的漏电电阻很大，测量时表针摆动后便立即回到无穷大处，如不能回到无穷大处，则表明电容器的漏电比较大，如果表针根本不动（正反多试几次），说明被测电容器内部断路，如果表针不往回走，说明电容器已经击穿。

此种方法适用于容量 $1\mu F$ 以上的电容器，$0.01 \sim 1\mu F$ 之间的电容器用此种方法很难判断好坏。

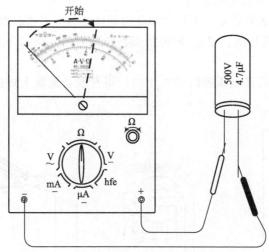

图 1-41 万用表判断 1μF 以上电容器的好坏

25．用万用表判断三相笼式电动机定子绕组的首尾端

确定三相笼式电动机定子首尾端一般有三种方法：直流法、交流法、剩磁法。

（1）直流法

① 首先用万用表分辨出三相绕组，并作出分组标记。

② 将万用表的挡位调整到最小的毫安挡，两支表笔与一相绕组的两端接牢固。

③ 用电池连接另一绕组，当电池接通瞬间，注意观察表针的摆动方向并判断，如图 1-42 所示。

指针向右摆动，则表明电池的正极与黑表笔所接端为同名端；

指针向左摆动，则表明电池的负极与红表笔所接端为同名端。

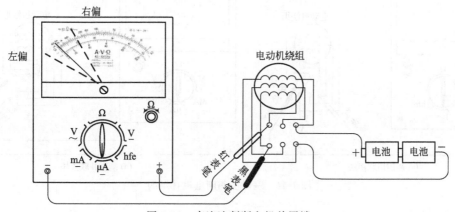

图 1-42 直流法判断电机首尾端

④ 对已判断完毕的绕组作出极性标记。

⑤ 将电池再与另一组绕组连接，按上述方法重复一次，即可找出三相绕组的首尾端。

⑥ 注意电池与绕组不要长时间接通，否则电池将很快耗尽。

（2）交流电压法

① 首先用万用表分辨出三相绕组，并作出分组标记。

② 如图 1-43 所示，将任意两组绕组串联后与电压表连接（也可使用万用表交流电压

挡），另一绕组经开关接于安全电源上。

③ 接通电源后电压表有指示，则说明串联的两绕组为异名端相接（即首尾端），若无指示，则为同名端（首、首与尾、尾）。两种状态再各试一次，以确保判断无误。判断完毕的绕组作出极性标记。

④ 将接电源的绕组与接电压表的绕组中的一组互换，重复上述操作，即可找出三相绕组的首尾端。

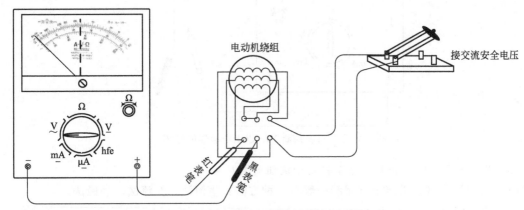

图 1-43　交流电压法判断电机首尾端

（3）剩磁法

将电动机三相绕组与万用表直流电流毫安挡串联接成闭合回路（也可以四个并联），如图 1-44 所示。转动电动机的转子，若指针摆动，则说明三相绕组中有一相绕组的首尾端接反，可将一相绕组的两个引线调换一下再试，直到指针不摆动为止。

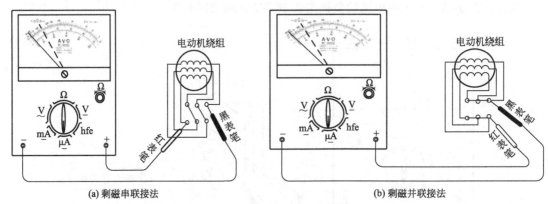

(a) 剩磁串联接法　　　　　　　　　　　　　　(b) 剩磁并联接法

图 1-44　剩磁法判断电机首尾端

使用剩磁法判断定子绕组的首位端，有时不一定可行，原因是有的电动机可能剩磁很弱，使电流表指针不摆动或摆动很小，难以保证判断的准确性。

26. 判断发光二极管的极性

发光二极管是设备上作为工作状态指示的常用发光元件。发光二极管的引线一般是一长一短，短的是负极，长的为正极，如图 1-45 所示。

判断前万用表表针机械零位应准确，万用表选用 $R \times 100$ 或 $R \times 1k$ 挡，如图 1-46 所示，用万用表的表笔接触发光二极管的两根引线，如果指针不摆动至无穷大位置，调换发光二极

图 1-45　发光二极管实物

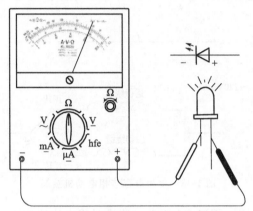

图 1-46　判断发光二极管的极性

管引线再测，这时指针摆动，摆动范围为 4～30kΩ，发光二极管即发出弱光。

发光二极管发光时，红表笔接触的是发光二极管的负极，而黑表笔接触的是发光二极管的正极。

27. 判断三相异步电动机的转速

将万用表挡位开关调到直流 20～50mA 挡，两支表笔接在任意一个绕组的两端，如图 1-47 所示，注意应事先将电动机端子的连接片拆除。均匀地转动电动机转子一周，仔细观察表针的摆动，摆动一次为有一对磁极（磁极对数 p），根据异步电动机转速公式可以计算得出电动机同步转速：

$$n = \frac{60f_1}{p}$$

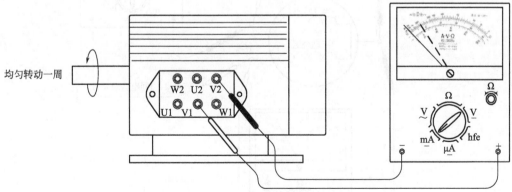

图 1-47　判断三相异步电动机的转速的接线方法

28. 单相电容移相电动机绕组的判断

单相电容移相电动机具有启动转矩大，启动电流小，功率因数高的特点，在家用电器中广泛应用，但由于单相电动机的接线多是软线连接，在维修时容易将接线注明损坏，如果不按要求接线，会有烧坏电动机的可能。利用万用表检查单相电动机接线端子，有利于维修安装工作。

单相电容移相电动机是由两个绕组组成，即运行绕组（主绕组）和启动绕组（副绕组），启动绕组线细圈数多电阻大，运行绕组线较粗电阻小，两个绕组的一端并联接电源一相，另一端之间连接电容器接电源的另一相。现介绍单相电容移相电动机常用的接线方法，如图 1-48 所示。

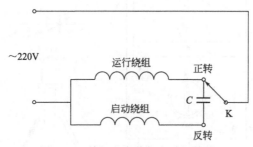

图 1-48　单相电容移相电动机接线

检查电动机绕组时可用万用表 $R×1$ 挡，测量时将电容器取下，分别测量各线头之间的电阻，通过测量结果判断绕组端，方法如图 1-49 所示。测量电阻最大两端是电容器的连接端，另一端直接接电源的一端。

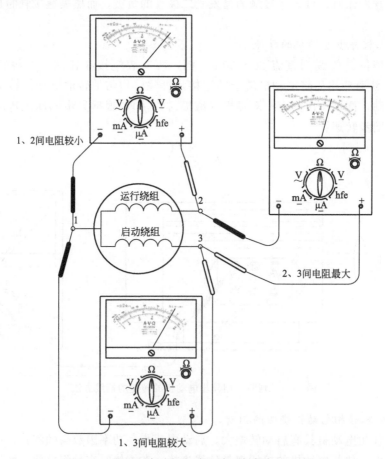

图 1-49　单相电容移相电动机端子判断方法示意图

29. 用简便的方法确定单相有功电能表的内部接线

单相有功电能表的内部有一套电压线圈和一套电流线圈。通常,电压线圈和电流线圈在端子"1"处用电压小钩连在一起。可以根据电压线圈电阻值大,电流线圈电阻值小的特点,采用下面方法确定它的内部接线。

用万用表测量电能表内部线圈,如图 1-50 所示,将万用表置于 $R \times 1k$ 挡,一支表笔接"1"端,另一支表笔依次接触"2"、"3"、"4"端。测量电阻值近似为零的是电流线圈;电阻值为 1200Ω 左右的是电压线圈。

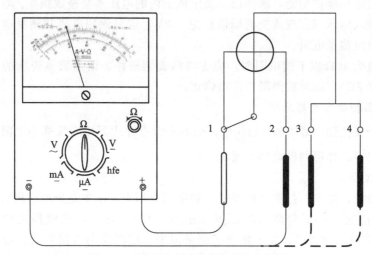

图 1-50　用万用表测量电能表内部线圈

五、数字式万用表的使用

现在,数字式测量仪表已成为主流,有取代模拟式仪表的趋势。与模拟式仪表相比,数字式仪表灵敏度高,准确度高,显示清晰,过载能力强,便于携带,使用更简单。下面以 DT9217 型数字万用表为例(见图 1-51),简单介绍其使用方法和注意事项。

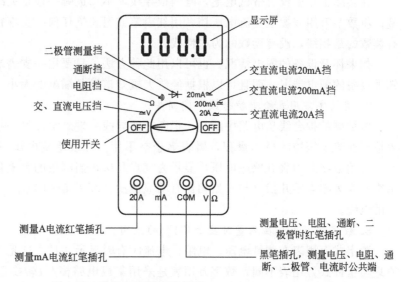

图 1-51　数字式万用表的外观

1. 交直流电压的测量

根据需要将量程开关拨至～V，红表笔插入 VΩ 孔，黑表笔插入 COM 孔，并将表笔与被测线路并联，读数即显示。测量交流电压时数字前无极性显示，测量直流电压时数字前显示"＋"表示红表笔所接的为正极，显示"－"表示红表笔所接的为负极。

2. 电阻的测量

将量程开关拨至 Ω 位置，红表笔插入 VΩ 孔，黑表笔插入 COM 孔。红、黑两表笔分别接触电阻两端，即可显示数值，在数字的后面有单位显示，单位有 Ω、kΩ、MΩ。

电阻挡有过电压保护功能，瞬间误测规定范围内的电压不会造成损坏。数字式万用表电阻挡最大允许输入电压（直流或交流峰值）为 250V，这是误用电阻挡测量电压时仪表的安全值，但不可带电测量电阻。

测量电阻值为 10Ω 以下的电阻时，应先将两表笔短路，读出表笔连线的自身接触电阻（一般为 0.2～0.3Ω），以对被测阻值作出修正。

3. 用蜂鸣器挡检查电路通断

应将功能开关拨到"蜂鸣器" ○))) 挡，而不要像指针式万用表那样用电阻挡。测量时只要没有听到蜂鸣声，即可判断电路不通。

4. 测量二极管

使用"二极管、蜂鸣"挡测二极管时，数字式万用表显示的是所测二极管的压降（单位为 mV）。正常情况下，正向测量时压降显示为"400～700"，也就是正向压降为 0.4～0.7V。反向测量显示为"1"，表示超出了测量范围，说明反向电阻很大。若正反测量均显示"000"，说明二极管短路；正向测量显示超出"1"，说明二极管开路。

5. 测量交直流电流

将量程开关拨至电流挡的合适量程，黑表笔插入 COM 孔，红表笔插入 mA 孔或 20A 孔，并将万用表串联在被测电路中即可。测量直流量时，数字万用表能自动显示极性。电流测量完毕后应将红表笔插回"VΩ"孔，若忘记这一步而直接测电压，会造成万用表的损坏。

6. 数字万用表作为试电笔使用

在实际工作中没有带试电笔，有两根导线，不知道哪一根是火线，可以用数字万用表测量。将数字万用表拨至交流电压挡，用红表笔或黑表笔任何一支都行，将表笔接触导体，则有读数的是相线，没有读数的为中性线。

如果怀疑设备的漏电情况，也可以用此种方法，只要用一支表笔触一下设备的外壳即可知道设备的漏电情况，而且可以根据经验大概知道设备漏电的大小。

7. 用数字万用表检测护套线中间断头

将被测的护套线从电路中断开，把断芯的导线一端悬空，另一端接在火线上，数字万用表拨至交流电压挡的最小量程，黑表笔悬空不用，红表笔从电源一端沿着导线外皮慢慢移动，开始数字万用表有感应电压，显示为零点几伏，当测量的表笔移动到断头处时，电压显示突然变为零点零几伏（与开始相比有明显减少，相差 8～10 倍）。此种方法不适用于有铠装的电缆。

8. 数字式万用表在测量时显示"1"的原因

数字式万用表在测量电压、电阻、电流时有时显示"1"，这是因为数字式万用表的测量原理与指针式万用表不同，数字万用表是采用集成电路模/数转换器和液晶显示器，将被测量的数值直接以数字形式显示出来的一种电子测量仪表。当被测电量超出电路分析能力时，数字万用表保护电路工作，以防止损坏表内的集成电路模/数转换器，所以显示屏上显示"1"，表示所测量的电量，已经超出了测量量程范围，提醒工作人员需要确定量程或挡位。

第三节　钳形电流表的使用

钳形电流表最大的优点是可以在不断开被测线路的情况下测量线路上的电流。钳形电流表一般只测量工频交流电流，也有一些专门用以测量直流电流的钳形电流表。常用的钳形电流表如图 1-52 所示。

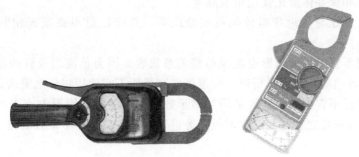

图 1-52　钳形电流表外形

一、钳形电流表测量前的准备工作

为了保证测量的准确和安全，在使用之前应对钳形电流表进行以下的检查。

① 外观检查：不应有损坏等缺陷，尤其要注意，钳口闭合应严密，其铁芯部分应无锈蚀，无污物。

② 指针式钳形电流表的指针应指"0"，否则应调整至"0"位。

③ 估计被测电流的大小，选用适当的挡位。选挡的原则是：调在大于被测值，且又和它接近的那一挡。

测量时，打开钳口，将被测导线钳入钳口内，如图 1-53(a) 所示。

闭合钳口，表针偏转，即可读出被测电流值。读数前应尽可能使钳形电流表表位放平，

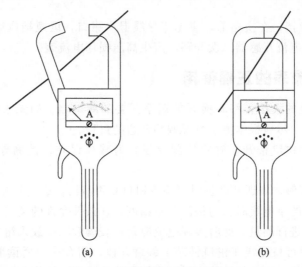

(a)　　　　　　　　　　(b)

图 1-53　钳形电流表的常规测量

若钳形电流表有两条刻度线，取读数时，要根据挡位值，在相应的刻度线上取读数，如图 1-53(b) 所示。

二、钳形电流表测量中应注意的事项

① 测量前对表做充分的检查，并正确地选挡。

② 测试时应戴手套（绝缘手套或清洁干燥的线手套），必要时应设监护人。

③ 需换挡测量时，应先将导线自钳口内退出，换挡后再钳入导线测量。

④ 被测导线的电压，不能超过钳表的电压等级。

⑤ 绝缘不良和裸导体禁止使用钳表测量。

⑥ 测量时，注意与附近带电体保持安全距离，并应注意不要造成相间短路和相对地短路。

⑦ 高温环境不宜测量，钳形电流表是整流系仪表，因为整流二极管的温度特性，在高温环境使用时会影响测量数值，所以，在温度较高场所不宜使用钳形电流表进行测量。

⑧ 强磁场附近不宜测量，外界磁场对测量数值影响很大，钳形电流表不宜在汇流排和大容量电动机、变压器之类高负荷电流设备旁进行测量，应换一个地方测量，以减少磁场引起的误差。

⑨ 潮湿地方和雷雨天气不宜进行测量，因钳形电流表必须手持直接测量运行中的电气设备，测量时钳形电流表的钳口、手柄以及测量人员的手部必须保持清洁、干燥。

⑩ 钳形电流表测量非工频电流误差大。钳形电流表的工作原理决定了要在规定的频率下使用，钳形电流表除测量正弦波电流外，对其他波形电流的测量都会产生误差，一般奇次谐波比偶次谐波的波形误差大，特别是 3 次谐波，误差最大，用钳形电流表测量半波整流电流，误差也较大。

⑪ 使用后，应将挡位置于电流最高挡，有表套时将其放入表套，存放在干燥、无尘、无腐蚀性气体且不受振动的场所。

⑫ 钳口不能有污物，检查仪表的钳口上是否有杂物或油污，待清理干净后再测量，因为钳口如果闭合不严，在测量时会出现电磁振动，影响测量结果。

⑬ 不可测高压电流，被测电路的电压不可超过钳形电流表的额定电压。钳形电流表不能测量高压电气设备。

⑭ 测量中不可换挡，在换挡前，应先将导线退出钳口，更换挡位后再测量，以防止在切换挡的空间，造成电流互感器二次开路，产生高压损坏电流表。

三、钳形电流表的正确使用

① 估计被测电流的大小，将转换开关调至需要的测量挡。如无法估计被测电流大小，先用最高量程挡测量，然后根据测量情况调到合适的量程。

② 握紧钳柄，使钳口张开，放置被测导线。为减少误差，被测导线应置于钳形口的中央。

③ 钳口要紧密接触，如遇有杂音时可检查钳口是否清洁，或重新开口一次，再闭合。

④ 测量 5A 以下的小电流时，为提高测量精度，在条件允许的情况下，可将被测导线多绕几圈，再放入钳口进行测量。此时实际电流应是仪表读数除以放入钳口中的导线圈数。

⑤ 测量小电流时可将导线在钳口铁芯上缠绕几匝，闭合钳口后读取读数。这时导线上的电流值＝读数÷匝数（匝数的计算：钳口内侧有几条线，就算作几匝）。

⑥ 使用后，应将挡位置于电流最高挡，有表套时将其放入表套，存放在干燥、无尘、无腐蚀性气体且不受振动的场所。

四、线路中各种电流

电流是分析电气设备是否正常运行的重要依据，能依据现场情况将所测得的电流确定为什么电流是一项重要工作，否则将不能正确判断设备是否正常运行。图 1-54 是线路中的各种电流。

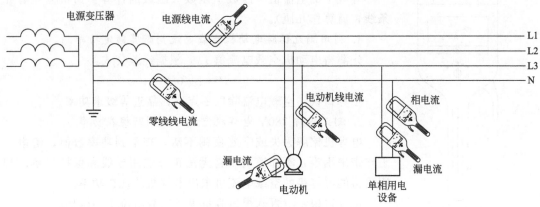

图 1-54　线路中的各种电流

五、钳形电流表的使用技巧

1. 用钳形电流表测量三相三线电路电流

一般是每次测量一条导线上的电流。如果测量三相三线负载（如三相异步电动机）的电流时，同时钳入两条导线，如图 1-55 所示，则指示的电流值应是第三条线的电流。

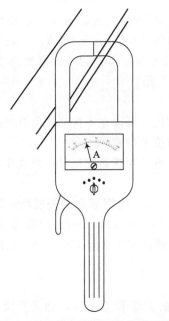

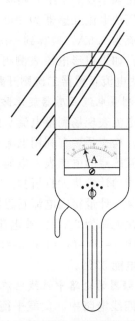

图 1-55　三相三线电路钳两条线的测量　　　图 1-56　三相四线电路四线钳三线的测量

2. 用钳形电流表测量三相四线电路零线电流

若是在三相四线系统中，同时钳入三条相线测量，如图 1-56 所示，则指示的电流值，应是工作零线上的电流值，也称不平衡电流。

3. 用钳形电流表测量小电流

如果导线上的电流太小，即使置于最小电流挡测量，表针偏转角仍很小，读数不准确，可以将导线在钳臂上盘绕数匝后测量，如图 1-57 所示，将读数除以匝数，即是被测导线的实测电流数。

导线上的电流值=读数÷匝数（匝数的计算：钳口内侧有几条线，就算作几匝）。

4. 利用测无铭牌电动机空载电流判断其额定功率

先测得电动机空载电流值 I_0，根据经验公式：

$$P \approx I_0/0.8$$

估算口诀：空载电流除以零点八，靠近等级求功率。

5. 测无铭牌 380V 电焊机空载电流判断视在功率

电焊机铭牌丢失或字迹模糊不清，查不到功率数值，给电工工作带来困难，不知道功率将无法正确选用导线和保护设备。利用测得的电焊机的空载电流可求出电焊机的视在功率。

估算口诀：三百八焊机容量等于空载电流 I_0 乘以五。

$$S \approx 5I_0$$

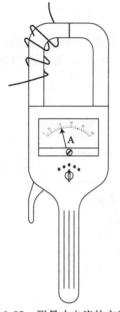

图 1-57   测量小电流的方法

6. 用钳形电流表检查电流互感器二次侧是否开路

运行中的电流互感器二次回路在任何时候都不允许开路运行。但电流互感器二次开路或连接不良，一般不太容易被发现，电流互感器本身无明显变化时，会长期处于开路状态，只有在发现表针指示不正常或电能损失过大时才会被发现。其实在日常巡视检查设备时，用钳形电流表测量一、二次侧的电流并换算为同级电流，并相互对照，即可以发现电流互感器是否开路或因接触不良处于半开路状态。

例如使用的电流互感器为 200/5A，电压 400V，用钳形电流表测得一次电流为 100A，测得二次电流为 2.5A，换算到一次电流为 $2.5 \times 200/5 = 2.5 \times 40 = 100A$，即表明电流互感器运行正常；如果钳形电流表测得二次电流为零或 2A 时，换算到一次电流为 $2 \times 200/5 = 80A$，即表明电流互感器二次则开路或接触不良（版开路）。

7. 现场测量电流互感器变比防止电能漏计量

用钳形电流表现场测量电流互感器变比的简单方法，可以在不拆动任何原线路和不影响供电情况下，检查是否有利用电流互感器变比窃电的技术措施。

配电流互感器的电能表，电能计算为电表读数×电流互感器变比时，当改变电流互感器变比时，电能的计量将大打折扣。

例如，某一计量箱内电流互感器变比标定位 150/5A，用钳形电流表现场测量负荷电流为 90A，二次电流为 2A，计算电流互感器的实际变比 $n = I_1/I_2 = 90/2 = 45$。但已知电流互感器标定变比 $n = I_1/I_2 = 150/5 = 30$，可见电流互感器标定变比值 150/5 是不对的，这样该电能表漏计电能 33%。

8. 有变频器的电路中性线电流可能很大

在三相四线电路中，负载平衡时，中性线电流的矢量和等于零，当装有变频设备时，由于变频电路的主要元件是晶闸管调压电路，使用三相晶闸管调压器后，由于在不同的相位触发导通，中性线的电流矢量和都不为零。如果使用的是单相变频器，而其他两相未使用变频器，其中一相在不同相位触发，产生的电流波形是断续载波而不是连续的正弦波，所以中性线的电流矢量和也不为零。在某些相位触发条件下，中性线的电流有可能大于线电流。

第四节　兆欧表的使用

兆欧表（俗称绝缘摇表）的选用，主要考虑仪表的额定电压和测量范围是否与被测的电气设备相适应。一般原则是：测量高压电气设备的绝缘电阻，应使用额定电压较高的兆欧表；兆欧表的测量范围不应过多地超过被测设备的绝缘电阻值，否则读数误差较大。

常用的兆欧表有手摇发电式和电子式，如图 1-58 所示。

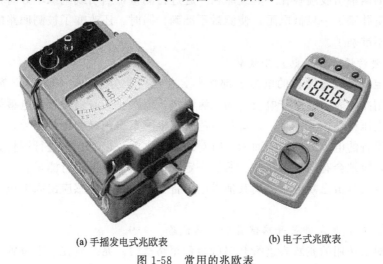

(a) 手摇发电式兆欧表　　　(b) 电子式兆欧表

图 1-58　常用的兆欧表

一、兆欧表的正确使用

1. 使用兆欧表的额定电压要适应

兆欧表的形式有很多种，仅按额定电压就有 9 种，电工常用的有 500V、1000V、2500V 三种电压规格。使用时，先根据被测电气设备的电压等级，选择相应电压兆欧表。一般情况下，在测 500V 以下的电气设备及线路绝缘电阻时采用 500V 兆欧表；在测 500V 以上电气设备及线路绝缘电阻时，采用 1000V 或 2500V 的兆欧表。

根据电气设备电压的高低选用不同电压等级的兆欧表来测量其绝缘电阻的实践原理：高压设备如用低压兆欧表测量绝缘电阻，由于绝缘较厚，在单位长度上的电压分布较小，不能形成介质极化，对潮气的电解作用亦减弱，所测出的数据不能真实反映情况。反之，如果低压设备用高压兆欧表测量其绝缘电阻，很可能击穿绝缘。因此，测量电气设备的绝缘电阻时，一般规定：1000V 以下用 500V 或 1000V 兆欧表；1000V 以上的则使用 1000V 或 2500V 的兆欧表。

2. 兆欧表应水平放置，并应远离外界磁场

兆欧表应水平放置，兆欧表向任何方向倾斜，都会增大兆欧表的误差。兆欧表安放位置要确保引线之间和引线与地之间有一定距离，同时要尽量远离通有大电流的导体，以免由于

外磁场的影响而增大测量误差。特别在带电设备附近测量时，测量人员和兆欧表的位置必须选择适当，保持安全距离，以免兆欧表引线或测量人员触碰带电部分。

3. 应使用表计专用的测量线，不应使用绞型绝缘软线

兆欧表的引线必须用绝缘良好的两根单芯多股软线，最好使用表计专用测量线。不能用双股绝缘线，更不能将两根引线相互缠绕在一起或靠在一起使用；引线不宜过长，也不能与电气设备或地面接触，否则会严重影响测量效果。当"L"端引线必须经其他支撑才能和被测设备接触时，必须使用绝缘良好的支持物，并通过试验，保证未接入被测设备前兆欧表指针指示"∞"位置，否则其测出的绝缘电阻值将虚假减小。

兆欧表从端钮"L"的引线和从接地端钮"E"的引线可采用不同颜色，以便于识别和使用。另外，兆欧表的引线、表壳等均要求清洁干燥。

若兆欧表的两根引线缠绕在一起或靠在一起进行测量，当引线绝缘不好时，就相当于使被测的电气设备并联了一只低电阻，使测量不准确；同时，还改变了被测回路的电容，做吸收比试验时就不准确了。

4. 测量前要对设备全停电充分放电

测量前一定要将被测设备的电源全部切断，并进行充分放电，特别是电容性的电气设备。绝不允许用兆欧表去测量带电设备的绝缘电阻，以防止人身、设备触电事故的发生。即使加在设备的电压很低，对人身、设备没有危险，也测不出正确的测量结果，达不到测量的目的。被测试设备的电源虽已切断而未进行对地放电之前，也不允许进行测量。因为设备在电容量很大时，对地会有高的电位差，所以一定要先行放电，再进行测量。

有的被测试设备虽已断电，但离其他带电设备很近，有可能感应出高电压，应采取预防措施。

5. 测量前应对兆欧表进行开路试验和短路试验

测量前应对所选用的兆欧表进行开路试验和短路试验。兆表放在水平位置，在未接线之前，先转动兆欧表手柄看指针是否在"∞"的位置；再将 L 和 E 两个接线端短路，缓慢地转动手柄，看指针是否指在"0"处。

开路试验时，指针应指示"∞"的位置。指针指不到"∞"位置的常见原因有：①表内游丝变质、变形，残余力矩发生变化（变大时指不到"∞"位置，变小时超过"∞"位置）；②发电机电压不足；③电压回路电阻变质，阻值发生变化（阻值增高指针到"∞"位置，阻值变小指针超出"∞"位置）；④电压线圈短路或断路；⑤轴尖磨损或轴承碎裂；⑥测量完电容设备后，兆欧表停止转动，表笔没有离开测试设备接触点，而设备处于放电状态，这时指针可能会超过"∞"位置。

开路试验的方法（L 线、E 线分开）：摇动手柄到 120r/min，表针应指在"∞"位置，如图 1-59 所示。

短路试验时指针应指示在"0"位置。指针指不到零位的常见原因有：①电流回路电阻值变化（阻值增大后指针指不到位，阻值减小指针超出零位）；②电压回路电阻发生变化（阻值增大后指针超过零位，阻值减小时指针指不到零位）；③表内游丝变质、变形；④电流线圈、零点平衡线圈有短路或断路；⑤轴尖磨损或轴承碎裂；⑥接线端钮伺短路线（表笔线）断路。

短路试验的方法（L 线、E 线短接）：摇动兆欧表达 120r/min，指针应能稳定地指在"0"，如图 1-60 所示。

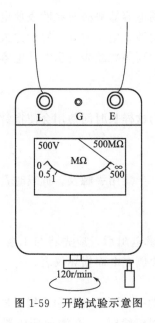

图 1-59　开路试验示意图　　　　　　图 1-60　短路试验示意图

6. 被测的电气设备必须与电源断开，在测量中禁止他人接近设备

7. 使用兆欧表时，接线应正确

使用兆欧表之前，应先了解它的三个接线端钮的作用与代表符号。L 是线路端钮，测试时接被测设备；E 是地线端钮，测试时接被测设备的外壳；G 是屏蔽端钮（即保护），测试时接被测设备的保护遮蔽部分或其他不参加测量的部分。测量时接线必须正确。例如测量电动机绕组对地绝缘时，L 接绕组的端头，E 接电动机外壳；测两线间的绝缘电阻时，两根导线与 L 和 E 分别连接；测量电缆的绝缘电阻时，L 接芯线，E 接外层铅皮，G 接到芯线绝缘层上（为消除因线芯绝缘层表面漏电所引起的测量误差）。

8. 摇测要稳定，每分钟 120 转

测量时，顺时针摇动兆欧表摇把，要均匀用力，切忌忽快忽慢，以免损坏齿轮组。逐渐使转速达到基本恒定转速 120r/min（以听到表内"嗒嗒"声为准）。待调速器发生滑动后，即可得到稳定的读数。

一般来讲，兆欧表转速的快慢不影响对绝缘电阻的测量。因为兆欧表上的读数是反映发电机电压与电流的比值，在电压有变化时，通过兆欧表电流线圈的电流也同时按比例变化，所以电阻读数不变。但如果兆欧表发电机的转速太慢，由于此时电压过低，也会引起较大的测量误差。兆欧表的指针位于中央刻度时，其输出电压为额定电压的 90％以上，如指示值低于中央刻度，则测试电压会降低很多，例如 1000V 兆欧表测量 10MΩ 绝缘电阻时，电压为 760V，测量 5MΩ 绝缘电阻时，会降到 560V。因此在使用兆欧表时，应按规定的转速摇动，一般规定为 120r/min，可以有±20％的变化，但最多不能超过±25％。

9. 测量大型设备一定要先撤线，后停兆欧表

摇测电容器极间绝缘、高压电缆芯间绝缘时，因极间电容值较大，应将兆欧表摇至规定转速状态下，待指针稳定后，再将兆欧表引线接到被测电容器的两极上，注意此时不得停转兆欧表。由于对电容器的充电，指针开始下降，然后重新上升，待稳定后，指针所指示的读数即为被测电容器绝缘电阻值。读完表针指示值后，在接至被测电容器的引线未撤离以前，不准停转兆欧表，而要保持继续转动。因为在测量电容器绝缘电阻要结束时，电容器已储备

有足够的电能，若在这时突然将兆欧表停止运转，则电容器势必对兆欧表放电，此电流方向与兆欧表输出电流方向相反，所以使指针朝反方向偏转。电压愈高、容量愈大的设备，常会使表针过度偏转而损伤，有的甚至烧损兆欧表。因此要等兆欧表的引线从电容器上取下后再停止转动。拆除引线时必须注意安全，以免触电。

10. 兆欧表不能测量0.1MΩ以下的电阻

兆欧表不允许作为测量电路通断的表使用，因为这样长时间使用会使指针转矩过量，极易损坏仪表。

11. 兆欧表未放电不可触及导体

兆欧表未停止转动之前或被测设备未放电之前，严禁用手触及。拆线时，也不要触及引线的金属部分。

12. 禁止先停表后撤线

测量大电容的电气设备绝缘电阻时，在测定绝缘电阻后，应先将与L接线柱的连线断开，再降速松开兆欧表手柄，以免被测设备向兆欧表倒充电而损坏仪表。

13. L、E端错接线，测量值误差很大

兆欧表测量绝缘电阻的接线顺序是，仪表的L端接被测部分的引出线，E端接设备的外壳或接绝缘强度低的部分（如测量变压器高对低之间绝缘时），在测量变压器高压对低压之间的绝缘电阻时，若错把L线接低压，E接高压，测量结果与正确接线相比有很大差别。

这是因为兆欧表的接地端E和它的内部接线的绝缘水平，一般比线路端L要低，当有污脏情况或E端引线绝缘不好时，兆欧表又是放在地上或变压器顶盖上测量，测量时兆欧表L端的高电压，会有一部分经外壳接地与E产生一个泄漏电流，使测量的绝缘电阻值减小，造成测量误差。

14. 屏蔽端G不是可有可无

兆欧表的测量机构是磁电系流比计型仪表，在L、E两端的电压高达几百伏，有的甚至达到数千伏的直流电压，在这样高的电压下L、E端之间的绝缘物表面将形成泄漏电流。如果把这两个电流都引入测量机构，会给测量结果带来很大的误差，屏蔽环的作用就是便于泄漏电流直接从屏蔽端G流回发电机负极，使所测得的绝缘电阻真正是介质本身的电阻。特别是在相对湿度大于80%的潮湿天气或对电缆的绝缘电阻进行测量时，必须接屏蔽线。

15. 用兆欧表测量绝缘时规定摇测时间为1min

用兆欧表测量绝缘电阻时，一般规定以摇测1min后的读数为准。因为在绝缘体上加上直流电压后，流过绝缘体的电流（吸收电流）将随时间的增长而逐渐下降。而绝缘的直流电阻率是根据稳态传导电流确定的，并且不同材料的绝缘体，其绝缘吸收电流的衰减时间也不同。但是试验证明，绝大多数材料其绝缘吸收电流经过1min已趋于稳定，所以规定以摇测1min后的绝缘电阻值来确定绝缘性能的好坏。

二、兆欧表的应用技能

1. 摇测电动机对地（外壳）绝缘电阻

对于低压电动机（单相220V，三相380V），新电动机应用1000V兆欧表测量，运行过的电动机，用500V兆欧表测量。

测量前应将端子上的原有的电源线拆去。

测"对地绝缘时"，实际就是测量绕组对机壳之间的绝缘电阻，至于电动机外壳是否做过接地，不影响其测量结果。

测量时，电动机端子上的连接片不用拆开，兆欧表的 L 线接任一个端子，E 线接外壳，如图 1-61 所示，以 120r/min 转速摇至 1min 时读数。

电动机绝缘电阻合格值：对于额定电压 380V 的电动机，新电动机（交接试验）绝缘电阻＞1MΩ，运行过（预防性试验）的电动机＞0.5MΩ 为合格；对于额定电压为 220V 的电动机，新电动机＞1MΩ，运行过的电动机＞0.5MΩ 为合格。

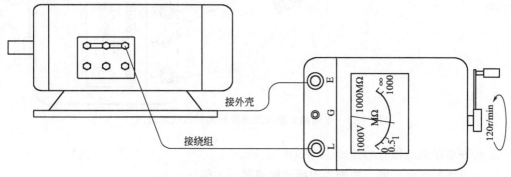

接外壳

接绕组

图 1-61　测量电动机定子绕组的对地绝缘

2. 摇测电动机相间绝缘电阻

选用兆欧表电压等级同上。

测量前将电动机端子上原有的连接片拆去，L 线、E 线分别接在 U1、V1、W1 三个端子上任意两个测量，如图 1-62 所示，共三次（如 U1-V1、U1-W1、V1-W1）。

摇测方法及绝缘电阻要求同上。

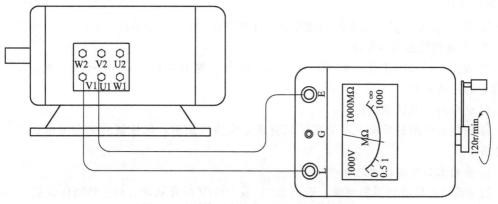

图 1-62　测量电动机定子绕组的相间绝缘

3. 摇测低压电力电缆绝缘的电阻

测量额定电压在 1000V 以下的电力电缆应使用 1000V 的兆欧表。1000V 以下的无铠装低压电缆的测量"相对相"的绝缘，有铠装的测量"相对相及地"的绝缘。图 1-63 所示是电缆"相对相及地"绝缘摇测接线示意图。

摇测电缆绝缘电阻时应注意的安全事项及合格值如下。

① 选用电压等级相等的兆欧表，并仔细检查，确认其完好、准确。

② 将电缆退出运行。

③ 对电缆放电。

④ 做好安全技术措施：验电，确无电压后，挂临时接地线。

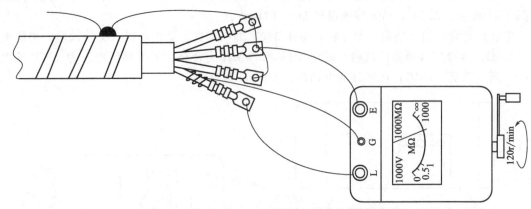

图 1-63   电缆相对相及地绝缘摇测的接线示意图

⑤ 拆开电缆两端原有的接线。

⑥ 在电缆的非测量端，挂警告类标示牌或派专人值守。

⑦ 测量各线芯对其他线芯及地（金属护套或铠）的绝缘。如测 U 相线芯，将 V、W 线芯用裸导线连接并接至铠，再接到兆欧表的"E"。

⑧ 在被测线芯的绝缘层上，用软裸导线紧绕 3～5 匝后，改用有绝缘层的导线接到兆欧表的"G"。

⑨ 一人在有可靠绝缘的情况下，持接在"L"端的测试线。

⑩ 一个人摇动兆欧表，达 120r/min 时，令"L"线接触 U 相线芯，并开始计时。15s、60s 各记读数一次。

⑪ 至 1min 后读数，必要时应做记录。先撤"L"线，再停摇表。

⑫ 将 U 相线芯对地放电。

⑬ 重复⑦～⑫项工作，测 V、W 线芯的绝缘，这时要将"G"端接线分别改接在 V、W 线芯的绝缘皮上。

⑭ 必要时出具试验报告。

⑮ 对绝缘电阻的要求：不论交接试验还是预防性试验，低压试验电力电缆以 >10MΩ 为合格。

4. 摇测低压电容器的绝缘电阻

测量低压并联电容器的绝缘，选用 500V 或 1000V 的兆欧表。对于预防性试验，兆欧表应有 1000MΩ 的有效刻度，对于交接试验，兆欧表应有 2000MΩ 的有效刻度。

并联电容器绝缘电阻的要求：预防性试验 >1000MΩ，交接试验 >2000MΩ 为合格。

测量电容器绝缘电阻的接线如图 1-64 所示。

测量低压电容器绝缘的安全事项如下。

① 选用适宜的兆欧表，并仔细检查，确认其完好、准确。

② 将电容器退出运行。

③ 对电容器放电（先做各极对地放电，再做极间放电）。

④ 做安全技术措施：验电，确无电压后，挂临时接地线。

⑤ 拆开电容器上原有的接线。

⑥ 擦拭干净电容器端子的瓷绝缘。

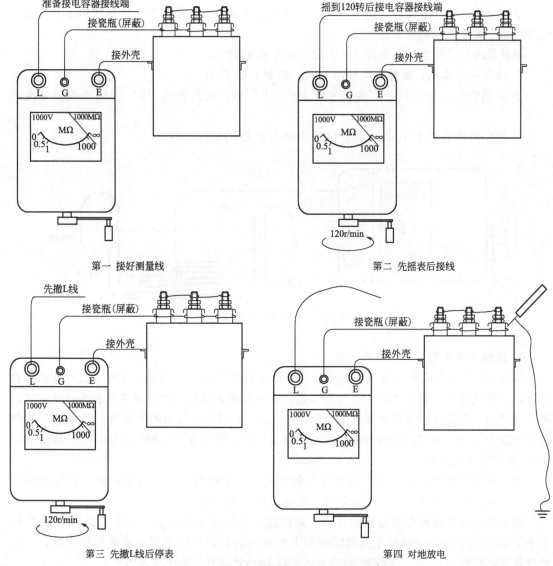

第一 接好测量线

第二 先摇表后接线

第三 先撤L线后停表

第四 对地放电

图 1-64 测量电容器绝缘电阻接线示意图

⑦ 用软裸导线在每个端子的瓷绝缘上各紧绕 3~5 匝，改用有绝缘层的导线接到兆欧表的"G"端。

⑧ 用导线将电容器三个端子短接（待测）。

⑨ 将兆欧表"E"端接线，接到电容器的外壳的带有标记处。

⑩ 一人手持绝缘用具挑着"L"端的测试线。

⑪ 一人摇动兆欧表达 120r/min 时，令"L"线接触电容器三极的短接线，并开始计时。

⑫ 至 60s 时读数，必要时应做记录。

⑬ 撤开"L"测试线，再停止摇表。

⑭ 对电容器放电。

⑮ 必要时出具试验报告。

5. 低压导线绝缘测量

单股导线在穿管敷设前，应检查导线绝缘层是否良好，以防敷设后应导线绝缘不良造成线路故障。测量导线绝缘方法如下。

测量低压导线的绝缘，选用 500V 或 1000V 的兆欧表。

① 准备一个水桶，将导线头拉出水面，如图 1-65 所示。

② 水桶内放一个金属片，连接兆欧表的"E"端。兆欧表的"L"端接要测量导线的一端。

③ 摇动兆欧表达 120r/min 时，电阻不应小于 2MΩ。

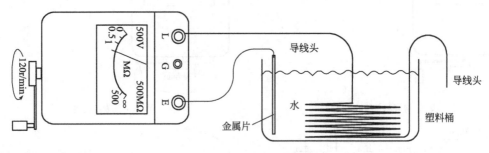

图 1-65   低压导线绝缘测量

6. 摇测油浸式变压器的绝缘电阻

检查 10kV 电力设备的绝缘电阻应选用 2500V 的兆欧表；使用前对兆欧表进行外观检查应良好，外壳完整、摇把灵活、指针无卡阻、表板玻璃无破损；然后对兆欧表进行开路试验和短路试验，开路试验是将两支表笔（L 和 E）分开，摇动兆欧表的手柄达 120r/min，表针指向无限大（∞）为好；短路试验：摇动兆欧表手柄。将两支表笔瞬间搭接一下，表针指向"0"，说明兆欧表正常。

摇测变压器绝缘电阻，第一项是高对低及地（一次绕组对二次绕组和外壳）的绝缘电阻，第二项是低对高及地（二次绕组对一次绕组和外壳）的绝缘电阻。

油浸式变压器绝缘电阻合格值要求：高对低及地的绝缘电阻值，变压器体温在 20℃ 时不小于 300MΩ；本次测得的绝缘电阻值与上次测得的数值换算到同一温度下相比较，本次数值降低不得超过 30%；吸收比 R60/R15，在 10～30℃ 时应为 1.3 及以上。

摇测变压器一次绕组对二次绕组及地（壳）的绝缘电阻的接线，如图 1-66 所示。将一次绕组三相引出端 1U、1V、1W 用裸铜线短接，以备接兆欧表"L"端；将二次绕组引出端 N、2U、2V、2W 及地（壳）用裸铜线短接后，接在兆欧表"E"端；必要时，为减少表面泄漏影响测量值，可用裸铜线在一次侧瓷套管的瓷裙上缠绕几匝之后，再用绝缘导线接在兆欧表"G"端。

摇测变压器二次绕组对一次绕组及地（壳）的绝缘接线，如图 1-67 所示。将二次绕组引出端 2U、2V、2W、N 用裸铜线短接，以备接兆欧表"L"端；将一次绕组三相引出端 1U、1V、1W 及地（壳）用裸铜线短接后，接在兆欧表"E"端；必要时，为减少表面泄漏影响测量值，可用裸铜线在二次侧瓷套管的瓷裙上缠绕几匝之后，再用绝缘导线接在兆欧表"G"端。

7. 其他电器的绝缘电阻检查

检查电器的绝缘电阻是一项重要的安全工作，根据绝缘电阻是电气设备正常工作应带电

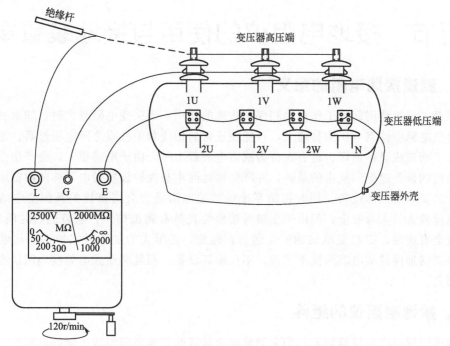

图 1-66　摇测变压器一次绕组对二次绕组及地（壳）的绝缘电阻的接线

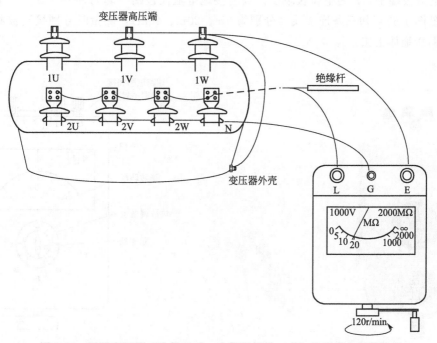

图 1-67　摇测变压器二次绕组对一次绕组及地（壳）的绝缘电阻的接线

部位与正常工作时不应带电部位这一要求，对于各种电气设备，将兆欧表的"E"接在电气设备不应带电的部位，比如外壳、框架等地方，兆欧表的"L"接电气设备正常带电部位，就可以测量它们之间的电阻。

　　对于 220V 电器，其绝缘电阻不应小于 0.25MΩ。

第五节 接地电阻仪的使用与接地装置要求

一、测量接地电阻的意义

电工都知道接地网起着工作接地和保护接地的作用,当接地电阻过大时,如果发生接地故障,会使电源中性点电压偏移增大,可能使正常的相线和中性点之间电压过高,超过绝缘要求的水平而造成设备损坏。还有在雷击或雷电波袭击时,由于电流很大,会产生很高的残压,使附近的设备遭受到反击的威胁,并降低接地网本身保护设备带电导体的耐雷水平,达不到设计的要求而损坏设备。同时接地系统的接地电阻是否合格直接关系到变电站运行人员、变电检修人员人身安全,但由于土壤对接地装置具有腐蚀作用,随着运行时间的加长,接地装置会有腐蚀,影响变电站的安全运行,因此,必须大力加强对接地网接地电阻的监测。如果对接地网接地电阻测试不准确,不仅损坏设备,而且会造成诸如接地网误改造等不必要的损失。

二、接地电阻仪的组件

接地电阻仪(也称接地摇表)用来测量接地装置的接地电阻值或土壤的电阻率。它由一台手摇发电机、一个检流计和一套测量机构所组成。常用的接地电阻仪有三个或四个接线端子,C为电流极端子,P为电位极端子。成套接地电阻仪包括一套附件——有两个辅助接地极铁钎(见图1-68)和三条连接线(分别为5m、20m、40m),测量时分别接到被测接地体和两个辅助接地体上去。

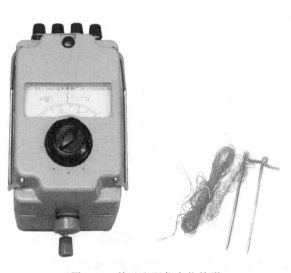

图1-68 接地电阻仪实物外形

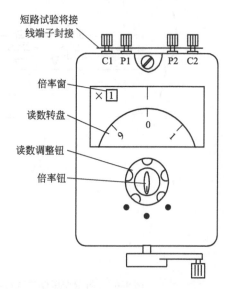

图1-69 接地电阻仪的试验

三、接地电阻仪测量前的检查与接线

① 应选用精度及测量范围足够的接地电阻仪。

② 外观检查：表壳应完好无损；接线端子应齐全完好；检流计指针应能自由摆动；附件应齐全完好（有 5m、20m、40m 线各一条和两个接地钎子）。

③ 调整：将表位放平，检流计指针应与基线对准，否则应调整。

④ 短路试验：将表的四个接线端（C1、P1、P2、C2）短接；表位放平，倍率挡置于将要使用的一挡；调整刻度盘，使"0"对准下面的基线；摇动摇把到每分钟 120 转，检流计指针应不动，如图 1-69 所示。

⑤ 按图 1-70 所示接好各条测试线，5m 线与被测的接地极连接，20m 线与 P1 电位极连接，40m 线与 C1 电流极连接。

⑥ 摇动摇把，同时调整刻度盘使指针能对准基线。

⑦ 读取刻度盘上的数，读数×倍率＝被测接地电阻值。

⑧ 不再使用时应将仪表的接线端短封，防止在开路状态下摇动摇把，造成仪表损坏。接地电阻仪禁止进行开路试验。

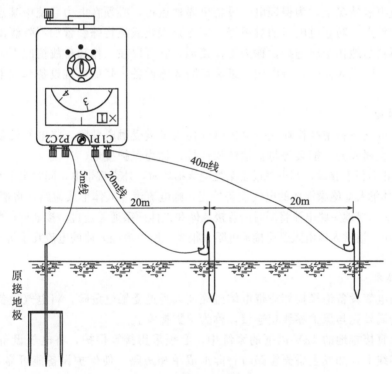

图 1-70 接地电阻仪电极接线

四、接地电阻仪的正确使用

① 先切断与之有关的电源，断开与接地线的连接螺栓，将被测接地装置退出运行。禁止带设备测量接地线路，要与被保护设备断开，保证测量结果的准确性和测量工作的安全。

② 测量线的上方不应有与之相平行的强电力线路，下方不应有与之平行的地下金属管线，以免影响测量精度。

③ 雷雨天气不得测量防雷接地装置的接地电阻，禁止雨后测量，下雨后和土壤吸收水分太多的时候，以及气候、温度、压力等急剧变化时不能测量。此时测量出的结

果不准确。

④ 使用之前必须做短路试验，禁止开路试验。将表的四个接线端（C1、P1、P2、C2）短接；表位放平稳，倍率挡置于将要使用的一挡；调整刻度盘，使"0"对准下面的基线；摇动摇把到每分钟 120 转，检流计指针应不动。

⑤ 被测接地极环境有要求，被测接地极附近不能有杂散电流和已极化的土壤。探测针应远离地下水管、电缆、铁路等较大金属体，其中电流极应远离 10m 以上，电位极应远离 50m 以上，如上述金属体与接地网没有连接时，可缩短距离 1/3～1/2。

⑥ 测量导线要绝缘，接地电阻仪连接线应使用绝缘良好的专用导线，以免有漏电现象。

五、电气接地的种类

在电气工程上，接地主要有工作接地、保护接地、保护接零、重复接地、过电压保护接地等，现分别介绍如下。

1. 工作接地

在正常或事故情况下，为保证电气设备可靠地运行，必须在电力系统中某点（如发电机或变压器的中性点，防止过电压的避雷器之某点）直接或经特殊装置如消弧线圈、电抗、电阻、击穿熔断器与地作金属连接，称为工作接地。它可以在工作和事故情况下，保证电气设备可靠地运行，降低人体的接触电压，迅速切断故障设备，降低电气设备和配电线路对绝缘的要求。

2. 保护接地

为防止因电气设备绝缘损坏或带电体碰壳使人身遭受触电危险，将电气设备在正常情况下不应带电的金属外壳、框架等与接地体相连接，称为保护接地。

如果电气设备没有接地，当电气设备某处绝缘损坏时，外壳将带电，同时由于线路与大地间存在电容，人体触及此绝缘损坏的电气设备外壳，则电流流经人体形成通路，将遭受触电危险。设有接地装置后，接地短路电流将同时沿着接地体和人体两条通路流过，接地体电阻愈小，流经人体的电流越小，通常人体电阻要比接地电阻大很多，所以流经人体的电流几乎等于零，使人体避免触电的危险。

3. 保护接零

为防止因电气设备绝缘损坏或带电体碰壳使人身遭受触电危险，将电气设备在正常情况下不带电的金属外壳与保护零线相连接，称为保护接零。

在中性点直接接地的 1kV 以下的系统中，必须采用接零保护，将电气设备的外壳直接接到系统的零线上，如发生碰壳短路时，即形成单相短路，使保护设备能可靠地迅速动作，以断开故障设备，使人体避免触电的危险。

4. 重复接地

在中性点直接接地的低压三相四线制或三相五线制保护接零供电系统中，将保护零线一处或多处通过接地体与大地作再一次的连接，称为重复接地。

当系统中发生碰壳或接地短路时，可以降低零线的对地电压；当零线发生断裂时，可以使故障程度减轻。

5. 过电压保护接地

过电压保护装置或设备的金属结构，为消除过电压危险影响的接地，称为过电压保护接地，也称为防雷接地。

对于直击雷，避雷装置（包括过电压保护接地装置在内）促使雷云正电荷和地面感应负电荷中和，以防止雷击的产生，对于静感应雷，感应产生的静电荷，其作用是迅速地把它们导入地中，以避免产生火花放电或局部发热造成易燃或易爆物品燃烧爆炸的危险。

6. 防静电接地

为防止可能产生或聚集静电荷，对设备、管道和容器等所进行的接地，称为防静电接地。

设备移动或物体在管道中流动，因摩擦产生静电，它聚集在管道、容器和储罐或加工设备上，形成很高电位，对人身安全及设备和建筑物都有危险。作为防静电接地，静电一旦产生，就被导入地中，以消除其聚集的可能。

7. 隔离接地

把电气设备用金属机壳封闭，防止外来信号干扰，或把干扰源屏蔽，使它不影响屏蔽体外的其他设备的金属屏蔽接地，称为隔离接地。

把干扰源产生的电场限制在金属屏蔽的内部，使外界免受金属屏蔽内干扰源的影响。也可以把防止干扰的电气设备用金属屏蔽接地，任何外来干扰源所产生的电场不能进入机壳内部，使屏蔽内的设备，不受外界干扰源的影响。

8. 电法保护接地

为保护管道不受腐蚀，采用阴极保护或牺牲阳极保护等接地，称为电法保护接地。

输送介质的长距离管道，为防止各种腐蚀因素的危害，确保管道投产后长期安全运转，通常全线路采用以外电源阴极保护为主，牺牲阳极保护为辅的电法保护，作为管道防腐的第二道防线。

9. 各种电器接地连接

各种接地装置见图 1-71。注意此图仅为连接示意，不意味着允许可同时采用。

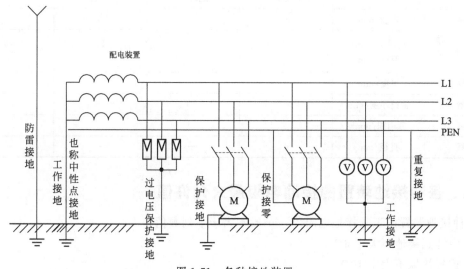

图 1-71　各种接地装置

六、接地装置的测量周期

① 测量时间应在每年的春季三、四月份；

② 变配电所的接地装置，每年一次；

③ 10kV 及以下线路变压器的工作接地装置，每两年一次；

④ 低压线路中性线重复接地的接地装置，每两年一次；

⑤ 车间设备保护接地的接地装置，每年一次；

⑥ 防雷保护装置的接地装置，每年一次。

七、接地装置的敷设与连接要求

① 接地体顶面埋深不应小于0.6m。

② 垂直敷设的接地体长度不应小于2.5m。

③ 垂直接地体的间距不应小于长度的2倍，水平接地体的间距不应小于5m。

④ 接地体（线）应采用搭焊连接，接至电气设备上的接地线，应用镀锌螺栓连接，有色金属接地线不能采用焊接时，可用螺栓连接。

⑤ 接地体搭焊应符合下列规定：

a. 扁钢为其长度的2倍，至少为三面施焊；

b. 圆钢为其直径的6倍，双面施焊；

c. 圆钢与扁钢连接时，其长度为圆钢直径的6倍。

八、对接地装置导线截面积的要求

人工接地体水平敷设时，可采用圆钢、扁钢，垂直敷设时，可采用角钢、圆钢等。其截面积一般不应小于表1-2所列数值。

表1-2　对接地装置导线截面积的要求

种类	规格与单位	接地线		接地干线	接地体
		裸导体	绝缘线		
圆钢	直径/mm	—	—	6	8
扁钢	截面积/mm²	24	—	24	48
	厚度/mm	—	—	—	4
角钢	厚度/mm	3	—	3	4
钢管	管壁厚度/mm	—	—	—	3.5
铜线	截面积/mm²	4	—	—	—
铁线	直径/mm	4	—	—	—

九、各种接地装置的接地电阻最大允许值

各种接地装置的工频接地电阻值，一般不大于下列数值：

① 中性点接地不大于4Ω；

② 重复接地不大于10Ω；

③ 独立避雷针为10Ω；

④ 电力线路架空避雷线，根据土壤电阻率不同为10～30Ω；

⑤ 变、配电所母线上的阀型避雷器为5Ω；

⑥ 变电所架空进线段上的管型避雷器为10Ω；

⑦ 低压进户线的绝缘子铁脚接地电阻值为30Ω；

⑧ 烟囱或水塔上避雷针的接地电阻值为10～30Ω。

十、对运行中的接地装置进行安全检查

1. 接地装置的检查内容

① 检查接地线各连接点的接触是否良好，有无损伤、折断和腐蚀现象。

② 对含有重酸、碱、盐或金属矿岩等化学成分的土壤地带，应定期对接地装置的地下部分挖开地面进行检查，观察接地体腐蚀情况。

③ 检查分析所测量的接地电阻值变化情况，是否符合规程要求。

④ 设备每次检修后，应检查其接地线是否牢固。

2. 接地装置的检查周期

① 变电所的接地网一般每年检查一次。

② 根据车间的接地线及零线的运行情况，每年一般应检查 1～2 次。

③ 各种防雷装置的接地线每年（雨季前）检查一次。

④ 对有腐蚀性土壤的接地装置，安装后应根据运行情况每五年左右挖开局部地面检查一次。

⑤ 手动工具的接地线，在每次使用前应进行检查。

十一、接地体施工安装的技术要求

① 人工接地体所采用的材料，垂直埋设时常用直径为 50mm、管壁厚不小于 3.5mm，长 2～2.5m 的钢管；也可采用长 2～2.5m，40mm×40mm×4mm 或 50mm×50mm×5mm 的等边角钢。水平埋设时，其长度应为 5～20m。若采用扁钢，其厚度不应小于 4mm，截面积不小于 48mm^2；用圆钢，则直径不应小于 8mm。如果接地体是安装在有强烈腐蚀性的土壤中，则接地体应镀锡或镀锌并适当加大截面。注意不准采用涂漆或涂沥青的办法防腐蚀。

② 安排接地体位置时，为减少相邻接地体之间的屏蔽作用，垂直接地体的间距不应小于接地体长度的两倍；水平接地体的间距，一般不小于 5m。

③ 接地体打入地下时，角钢的下端要削尖；钢管的下端要加工成尖形或将圆管打扁后再垂直打入；扁钢埋入地下时则应立放。

④ 为减少自然因素对接地电阻的影响并取得良好的接地效果，埋入地中的垂直接地体顶端，距地面不应小于 600mm；若水平埋设时，其深度也不应小于 600mm。

⑤ 埋设接地体时，应先挖一条宽 500mm，深 800mm 的地沟，然后再将接地体打入沟内，上端露出沟底 100～200mm，以便对接地体上连接扁钢和接地线进行焊接。焊接好后，经检查认为焊接质量和接地体埋深均合乎要求时，方可将沟填平夯实。为日后测量接地电阻方便，应在适当位置加装接线卡子，以备测量时接用。

十二、金属外壳及架构需要进行接地的电气设备

为保证人身和设备的安全，对下列电气设备的金属外壳及架构，需要进行接地或接零。

① 电机、变压器、开关及其他电气设备的底座和外壳。

② 室内、外配电装置的金属架构及靠近带电部分的金属遮栏、金属门。

③ 室内、外配线的金属管。

④ 电气设备的传动装置，如开关的操作机构等。

⑤ 配电盘与控制操作台等的框架。

⑥ 电流互感器、电压互感器的二次绕组。

⑦ 电缆接头盒的外壳及电缆的金属外皮。

⑧ 架空线路的金属杆塔。

⑨ 民用电器的金属外壳，如扩音器、电风扇、洗衣机、电冰箱等。

十三、被保护电气设备的接地端不断开测试将会产生的影响

一般情况下，在测试接地电阻时，要求被保护电气设备与其接地端断开，这是因为如果不断开被保护电气设备接地端，在接地电阻过大或接触不好的情况下，仪表所加在接地端的电压或电流会反串流入被保护的电气设备，如果一些设备不能抵抗仪表所反串的电压、电流，可能会给电气设备造成损坏，另外一些电气设备由于漏电，使漏电电流经过测试线进入仪表，将仪表烧坏。所以在测量时要求断开被保护电气设备的接地端。

第六节　安装式交流电压表的使用

一、电压的有关知识

1. 电压单位

电压是以伏特（V）为单位，简称伏，常用的单位还有千伏（kV）、毫伏（mV）、微伏（μV）等。它们之间的换算关系是：

$1kV=1000V$　　　$1V=1000mV$　　　$1mV=1000\mu V$

2. 电压的分类

电压可分为直流电压和交流电压、高电压、低电压和安全电压。

交流电也称"交变电流"，简称"交流"，一般指大小和方向随时间作周期性变化的电压或电流。它的最基本的形式是正弦电流。我国交流电供电的标准频率规定为 50 赫兹（Hz），日本、欧美等国家为 60Hz。

直流电是指方向一定且大小不变的电流，人们使用的手电筒和拖拉机、汽车上的电池都是直流电。

高、低压的区别是：以电气设备的对地电压值为依据，对地电压高于 250V 的为高压，对地电压小于 250V 的为低压。

安全电压指人体较长时间接触而不致发生触电危险的电压。国家标准 GB 3805—83 安全电压规定了为防止触电事故而采用的，由特定电源供电的电压系列。我国对工频安全电压根据使用环境规定了以下五个等级，即 42V、36V、24V、12V 和 6V。

3. 常见电气设备的电压值

电视信号在天线上感应的电压约 0.1mV；

维持人体生物电流的电压约 1mV；

碱性电池标称电压 1.5V；

电子手表用氧化银电池两极间的电压 1.5V；

一节蓄电池电压 2V；

手持移动电话的电池两极间的电压 3.6V；

对人体安全的电压干燥情况下不高于 36V；

家庭电路的电压 220V（日本和一些欧洲国家的家用电压 110V）；

动力电路电压 380V；

无轨电车电源的直流电压 550～600V;

地铁直流电压 815V;

列车上方电网电压 1500V;

电视机显像管的工作电压 10kV 以上;

发生闪电的云层间电压可达 10^3 kV;

干电池两级间的电压 1.5V。

4. 电路的连接与电压的关系

由于电路中各种电气设备的连接方法不同,各负载两端(元件)的电压也不一样。

串联是将电路元件(如电阻、电容、电感、电池等)逐个顺次首尾相连接,串联电路两端总电压等于各负载(元件)电路两端电压和,如图 1-72(a) 所示。电源串联等于电压相加,手电筒就是利用电池的串联工作,1.5V 的电池四个串联得到 6V 的电压,手电筒就很亮,如图 1-72(b) 所示。

$$U_{总} = U_1 + U_2 + U_3$$

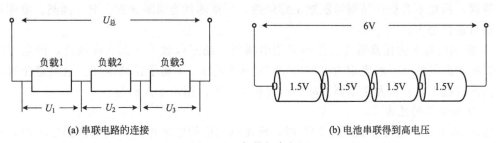

(a) 串联电路的连接　　　　　　　(b) 电池串联得到高电压

图 1-72 串联电路电压

并联就是首与首、尾与尾相接连起来并与电源的正负极相连。并联电路各支路两端电压相等,且等于电源电压,如图 1-73(a) 所示。电源并联时总电压不变,但输出能力增倍,如图 1-73(b) 所示。

$$U_{总} = U_1 = U_2 = U_3$$

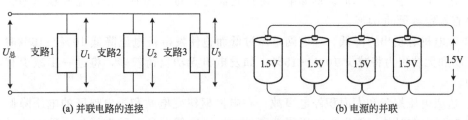

(a) 并联电路的连接　　　　　　　(b) 电源的并联

图 1-73 并联电路电压

5. 电压偏高的危害

电气设备应当在额定的电压范围内使用,如果电压偏高对电气设备的使用是不利的。

① 偏高的工作电压将直接影响灯泡和其他电器的使用寿命。如果普通灯泡的工作电压升高 5%,则它的寿命将缩短一半。反过来,若电压降低到额定值的 95%,则平均寿命将延长一倍。

偏高的工作电压,将使灯泡和镇流器的耗电明显升高。从高压钠灯的工作情况来看,当工作电压上升至额定电压的 1.1 倍时,光通量将升至额定值的 1.35 倍,其功耗将增至额定值的 1.3 倍。

偏高的工作电压同样对电动机、变压器类的用电设备的使用寿命及工作性能带来诸多不良影响。对于电机类设备，由于其自身损耗几乎与其工作电压的平方成正比，偏高的工作电压将使电机的损耗显著上升，电机发热严重，长时间工作将直接影响电机的正常使用寿命，同时还会使电机的运行噪声增加，整体工作效率下降。

② 居民用电量大幅增加。电压高于标准值，对于电饭锅、电水壶等短时使用的热功率性电器来说，影响不大，因为电压高造成的功率加大体现为完成任务时间缩短，不会造成用电量加大，但对于电视、电脑、洗衣机、电压力锅等以时间为主要计量单位的电器来说，由于这些电器并非始终工作在额定功率，电压升高，会导致其实际功率加大，就意味着用电量大幅增加，这就是很多住户在搬入新小区后感觉用电量增加的主要原因。

③ 设备损坏的可能性加大，跳闸次数增多。大多数民用电器（特别是笔记本电脑等高科技产品）的用电最高电压标准是 240V，部分宽电压机型耐压强度为 250V，235V 作为标准电压输送，遇到电网电压波动时，极易超过 240V，特别是在高温高湿的情况下，容易产生电弧放电，部分合格电器有可能出现漏电跳闸现象，这也是许多新建小区频繁跳闸的一个主要原因；质量不合格产品则可能被击穿烧毁，严重的甚至引发火灾。电压越高，家用电器漏电的可能性越大。

④ 家用电器失去保修服务。各种家用电器的产品三包政策中都明确规定，因电压过高而导致的产品损坏（一般表现为电容击穿或起火冒烟），不属于保修范围。这就意味着在电压过高的情况下，一旦发生电器损坏，所有损失只能由用户个人承担。

6. 电压偏低的危害

① 烧坏电机。电压降低超过 10% 时，将使电动机的电流过大，线圈的温度过高，严重时会使电动机拖不动机械（如风机、水泵等）而停止运转或无法启动，甚至烧坏电动机。

② 电灯发暗。电压降低 5%，普通电灯的照度降低 18%；电压降低 10%，则照度降低约 35%。

③ 增大线损。在输送一定电力时，电压降低，电流增大，线损也相应增大。以最高负荷为 100 万千瓦的电力系统为例，每年线损电量增大约 5000 万千瓦·时。

④ 送变电设备能力降低。例如电压降低到额定值的 80% 时，变压器和线路输送的有功负荷只有额定容量的 64%。

⑤ 发电机有功出力降低。当电网电压过低而迫使发电机电压降低 10%～16% 时，发电机的有功和无功出力将减少 10%～15%。如发电机无功负荷较多，将进一步减少有功负荷的能力。

⑥ 造成电压崩溃和大面积停电事故。在电网枢纽变电站和受电地区的电压降低到额定电压的 70% 左右时就可能发生电压崩溃事故，即送电线路负荷稍有增加，受电地区电压下降，进一步造成线路负荷增加。如此形成恶性循环，甩去大量负荷，造成大面积停电事故。

7. 过电压

电力系统正常运行时，电气设备的绝缘处于电网的额定电压下，但是，由于雷击、操作、故障或参数配合不当等原因，电力系统中某些部分的电压可能升高，有时会大大超过正常运行状态的数值，这种电压升高就称为过电压。

8. 过电压的种类

过电压分外过电压和内过电压两大类。

外过电压又称雷电过电压、大气过电压，由大气中的雷云对地面放电而引起，分直击雷过电压和感应雷过电压两种。雷电过电压的持续时间约为几十微秒，具有脉冲的特性，故常称为雷电冲击波。直击雷过电压是雷闪直接击中电工设备导电部分时所出现的过电压。雷闪击中带电的导体，如架空输电线路导线，称为直接雷击。雷闪击中正常情况下处于接地状态的导体，如输电线路铁塔，使其电位升高以后又对带电的导体放电称为反击。直击雷过电压幅值可达上百万伏，会破坏电工设施绝缘，引起短路接地故障。感应雷过电压是雷闪击中电工设备附近地面，在放电过程中由于空间电磁场的急剧变化而使未直接遭受雷击的电工设备（包括二次设备、通信设备）上感应出的过电压。因此，架空输电线路需架设避雷线和接地装置等进行防护。通常用线路耐雷水平和雷击跳闸率表示输电线路的防雷能力。

内过电压是指电力系统内部运行方式发生改变而引起的过电压，有暂态过电压、操作过电压和谐振过电压。暂态过电压是由于断路器操作或发生短路故障，使电力系统经历过渡过程以后重新达到某种暂时稳定的情况下所出现的过电压，又称工频电压升高，常见的有以下几种。

① 空载长线电容效应。在工频电源作用下，由于远距离空载线路电容效应的积累，使沿线电压分布不等，末端电压最高。

② 不对称短路接地。三相输电线路 a 相发生短路接地故障时，b、c 相上的电压会升高。

③ 甩负荷过电压。输电线路因发生故障而被迫突然甩掉负荷时，由于电源电动势尚未及时自动调节而引起的过电压。

操作过电压是由于进行断路器操作或发生突然短路而引起的衰减较快持续时间较短的过电压，常见的有以下几种。

① 空载线路合闸和重合闸过电压。

② 切除空载线路过电压。

③ 切断空载变压器过电压。

④ 弧光接地过电压。

谐振过电压是电力系统中电感、电容等储能元件在某些接线方式下与电源频率发生谐振所造成的过电压。一般按起因分为：①线性谐振过电压；②铁磁谐振过电压；③参量谐振过电压。

二、交流电压表的使用要求

交流电压表主要应用在配电柜上用于监视线路的线电压或相电压，一般低压 220V 线路用 250V 量程电压表，380V 线路用 450V 量程电压表，高压线使用 kV 单位的电压表，但必须通过电压互感器测量高压线路的电压。常用的电压表如图 1-74 所示。

| 380V线路应用的电压表 | 220V线路应用的电压表 | 高压线路应用的电压表 |

图 1-74　交流电压表的外形

1. 交流直流要分清

要注意被测电压是直流还是交流，并据此选择相应的电压表，要注意直流电压表的极性。直流电压表的"＋"端要与被测电压的正极连接，电压表的"－"端要与负极相连。交流电压表连接不分正负极。

2. 电压表不能串联接线

测量电压的基本法则是把电压表的两端并联在被测电压的两端，从表盘上即可读出被测电压的数值。如果是串联在电路中，会因负荷电流大于电表电流而烧毁仪表。即使未烧毁，也会因仪表电阻太大与负载串联，造成电路电压下降。

3. 选择量程要正确

电压表的量程一定要与被测电压相适应。仪表量程太小，会造成仪表过载，指针偏转过头，甚至打弯指针；量程太大，指针偏转太小，使得计量不准确。一般应使被测值尽可能接近表的量程。当然，也要考虑被测值可能的变化。例如测量 380V 交流电压，应选择量程为 450V 或 500V 的交流电压表；测量 220V 交流电压，应选用 250V 的交流电压表。

4. 不可以直接测量高电压

当被测电压高于仪表量程时，无法直接用仪表测量，必须采取其他措施。电力系统中通常采用通过电压互感器把电压表接入电力系统的办法，它能把一个交流高电压变成一个交流低电压，用于 10kV 电力系统中的电压互感器能把 10kV 变为 100V。配用这种互感器的电压表的线圈电压为 120V，而刻度盘的满量程电压为 12kV。这样，通过测量 100V 的低电压，就可以直接反映出 10kV 的高压值。

5. 必须有短路保护装置

由于电压测量是并联在电路的两端，如果没有短路保护装置，仪表发生故障时，将造成电路的短路事故和人身事故。短路保护一般采用熔断器，熔丝可用 1～3A。

三、低压电压表的常见接线

1. 电压表线电压、相电压测量接线

线电压的测量一般用普通设备的电源监视，电压表应并联接在电源开关负载侧。图 1-75 为线电压测量接线原理图，图 1-76 为相电压测量接线原理图，熔断器 FU1、FU2 起短路保护作用，所装的熔体可用 2A 或 4A 的，熔断指示器应向外，电压表量程以 450V 的为宜。图 1-77 和图 1-78 是元件实物接线示意图。

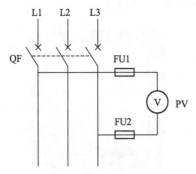

图 1-75　线电压测量接线原理图

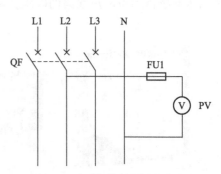

图 1-76　相电压测量接线原理图

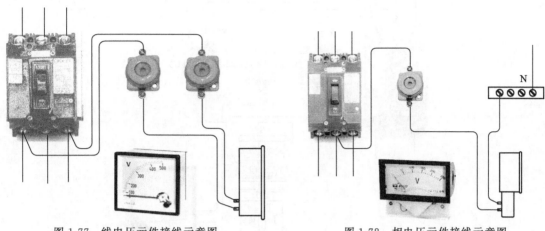

图 1-77 线电压元件接线示意图   图 1-78 相电压元件接线示意图

2. 交流电压表经 LW2-5.5/F4-X 型转换开关测量三相线电压

此测量电路多用于大型设备的电源监视。接线原理图如图 1-79(a) 所示。QS 为低压隔离开关，若系统无隔离开关，FU1、FU2、FU3 可接至隔离触头的静触头侧。图 1-79(b) 为 LW2 转换开关工作位置触点连接情况和电压指示。

熔断器 FU1、FU2、FU3 起短路保护作用，所装的熔体可用 2A 或 4A 的，熔断指示器

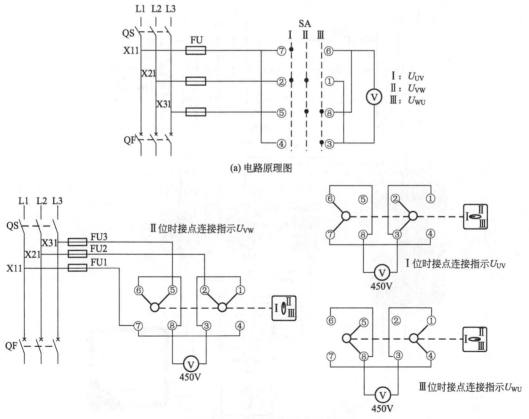

图 1-79

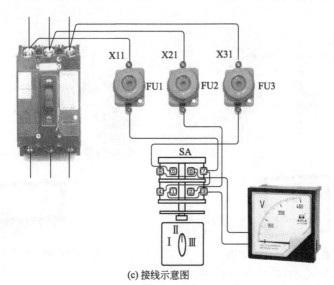

(c) 接线示意图

图 1-79　交流电压表经 LW2-5.5/F4-X 转换开关测量三相线电压电路原理图和接线示意图

应向外，电压表量程以 450V 的为宜。LW2 型转换开关监测三相线电压实物接线示意图如图 1-79(c) 所示。

3. 交流电压表经 LW5-15-0410/2 型转换开关测量三相线电压（见图 1-80）

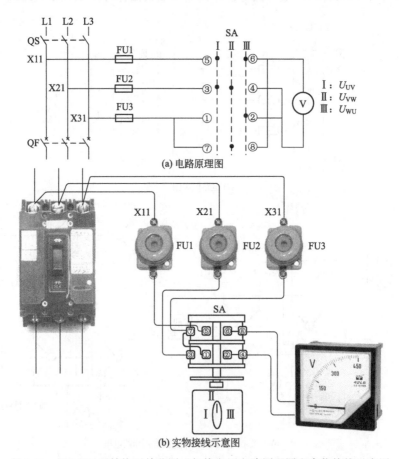

图 1-80　经 LW5 型转换开关监测三相线电压电路原理图和实物接线示意图

第七节　安装式交流电流表的使用

一、电流的知识

1. 电流的形成

电流，是指电荷的定向移动。电源的电动势形成了电压，由此产生了电场力，在电场力的作用下，处于电场内的电荷发生定向移动，就形成了电流。通俗地说电流是电压做功的一种表现，要将电能转换成人们需要的其他能，如热能、光能、动力等，就必须有电流的作用。

2. 电流的单位与换算

电流的大小称为电流强度，简称电流，符号为 I，是指单位时间内通过导线某一截面的电荷量，规定每秒通过 1 库仑的电量称为 1 安培（A）。安培是国际单位制中电流的基本单位。除了安培（A），常用的单位还有千安（kA）、毫安（mA）、微安（μA）等。

$$1kA = 1000A, \quad 1A = 1000mA, \quad 1mA = 1000\mu A$$

3. 电流的种类

电流分为交流电流和直流电流。插电源的用电器使用的是交流电，使用外置电源的用电器用的是直流电。交流电一般在家庭电路中有着广泛的使用，如 220V 的电压，直流电被广泛使用于手机（锂电池）之中，电池（1.5V）、锂电池、蓄电池等为直流电。图 1-81 所示为交直流电流波形。

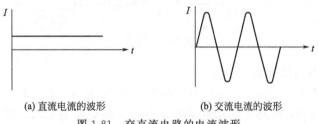

(a) 直流电流的波形　　　　　(b) 交流电流的波形

图 1-81　交直流电路的电流波形

4. 电流与电路

① 通路　电路中的电源、导线、开关、负载（用电器）连接好，闭合开关，处处相通的电路叫作通路如图 1-82 所示。通路时将有电流产生。

② 开路　开关未闭合，或电线断裂、接头松脱致使线路在某处断开的电路，叫作开路，

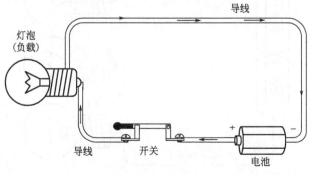

图 1-82　通路

如图 1-83 所示。开路时没有电流产生。

③ 断路　导线不经过用电器直接跟电源两极连接的电路，叫作短路，如图 1-84 所示。短路时有极大的短路电流，将造成电源和线路的破坏。

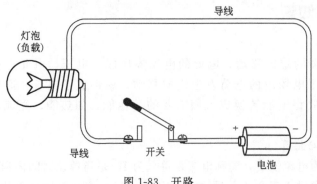

图 1-83　开路

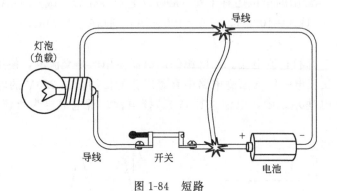

图 1-84　短路

5. 电路的连接与电流关系

用电器串联连接时，电路中的电流处处相等，即 $I_总 = I_1 = I_2 = I_3$，如图 1-85 所示。

用电器并联连接时，电路中的总电流等于各个支路电流的总和，即 $I_总 = I_1 + I_2 = I_3$，

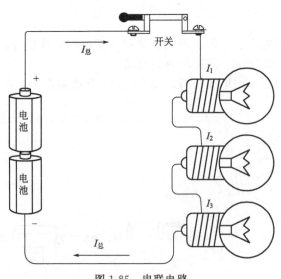

图 1-85　串联电路

如图 1-86 所示。

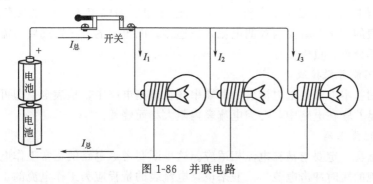

图 1-86 并联电路

6. 电流的三大效应

① 热效应 就是导体通电时会发热，把这种现象叫作电流的热效应。比较熟悉的焦耳定律，就是定量说明电流在传输过程中将电能转换为热能的定律。

② 磁效应 任何通有电流的导线，都可以在其周围产生磁场的现象，称为电流的磁效应。变压器、电磁铁、电动机、电磁炉等就是利用电流的磁效应工作的电器。

③ 化学效应 化学效应主要是电流中的带电粒子（电子或离子）参与而使得物质发生了化学变化。电解水或电镀等都是利用电流的化学效应加工产品的。

7. 焦耳定律

电流通过导体产生的热量跟电流的平方成正比，跟导体的电阻成正比，跟通电的时间成正比。

焦耳定律数学表达式为 Q（热量）$=I^2Rt$，导出公式有 Q（热量）$=UIt$ 和 Q（热量）$=U^2/R \times t$。前式为普遍适用公式，导出公式适用于纯电阻电路。

注意问题：电流所做的功全部产生热量，即电能全部转化为内能，这时有 Q（热量）$=W$。电热器和白炽灯属于上述情况。

在串联电路中，因为通过导体的电流相等，通电时间也相等，根据焦耳定律可知导体产生的热量跟电阻成正比。

在并联电路中，导体两端的电压相等，通电时间也相等，根据焦耳定律，可知电流通过导体产生的热量跟导体的电阻成反比。

二、交流电流表的使用要求

电流表用来测量电路中的电流。电流表要串联在电路中使用。电流表本身内阻非常小，所以绝对不允许不通过任何用电器而直接把电流表接在电源两极，这样会使通过电流表的电流过大，烧毁电流表。常用的交流电流表的外形如图 1-87 所示。

图 1-87 交流电流表的外形

1. 交流、直流要分清

要注意被测电流是直流还是交流，并据此选择相应的电流表，要注意直流电流表的极性。直流电流表的"＋"端要与被测电流入极连接，电流表的"－"端要与流出端相连。交流电流表连接不分正、负极。

2. 电流表不能并联接线

测量电流的基本方法是把电流表的两端串联在被测电路中，从表盘上即可读出被测电压的数值。如果是并联在电路中，会因电流表内阻太小而烧毁。

3. 选择量程要正确

电流表的量程一定要与被测电流相适应。这里既要考虑电路的正常工作电流，又要考虑电路中可能出现的短时冲击电流。一般来说，电流表的量程应为工作电流的 1.3～1.5 倍。

4. 大电流测量要用互感器

测大电流的电流表，不采用简单地加粗仪表线圈导线直径的做法，而是从仪表的外部去解决。

电流互感器，简称 CT，它的结构类似一个变压器，有一个一次绕组和一个二次绕组。使用时，一次绕组串在被测回路中，流过被测电流，它是电流互感器的一次电流；二次绕组接到交流电流表两端。

5. 电流测量线路的三个不允许

电流测量电路不能装开关、熔断器，导线不允许有接头，这是因为电流测量仪表是串联在电路中，如果安装开关动作、熔断器熔断、导线连接不良，会造成负载电路中断运行。

在装有电流互感器的测量电路中，电流互感器二次线路更不能装开关、熔断器，导线不允许有接头，虽然电流互感器二次线路发生故障不会影响一次电路的运行，但是电流互感器二次线路如果因为开关、熔断器、导线等原因造成开路，此时二次电流为零，互感器铁芯中的磁通完全由一次电流产生，当一次电流足够大时，由于没有二次磁通的去磁作用，其数值会大大增加，以致造成铁芯的磁饱和，并会使铁芯发热，严重时会烧毁电流互感器。另外，由于二次绕组开路，过高的磁通变化率会在二次绕组两端产生高压电，可能破坏二次绕组的绝缘，也会危及人身及设备安全。

6. 电流互感器使用中二次侧不可以开路

电流互感器在使用中相当于一台串联接法的变压器。它的一次绕组始终流过被测电流，该电流会在互感器的铁芯中产生一个磁通，这个磁通又会在二次绕组中感应出一个电流。二次电流也会在铁芯中产生一个磁通，假如工作中的电流互感器二次开路，此时二次电流为零，铁芯中的磁通完全由一次电流产生，当一次电流足够大时，由于没有二次磁通的去磁作用，其数值会大大增加，以致造成铁芯的磁饱和，并会使铁芯发热，严重时会烧毁电流互感器。另外，由于二次绕组开路，过高的磁通变化率会在二次绕组两端产生高压电，可能破坏二次绕组的绝缘，也会危及人身及设备安全。

7. 电流互感器二次侧开路的危害

① 产生很高的电压，对设备和运行人员的安全造成危害。

② 铁芯损耗增大，严重发热，有烧坏绝缘的可能。

③ 铁芯中产生剩磁，导致互感器误差增大，影响计量准确性。

④ 由于二次回路开路，会使电流表指示异常，失去对电流监视作用，继电保护装置无法正常工作，致使保护失灵，会对主电路的异常运行失去监视，若不及时处理，可能造成严

重后果。

8. 运行中的电流互感器的安全规定

① 电流互感器的二次接线应选用 2.5mm² 的单股绝缘铜导线，中间不能有接头，更不能装开关、熔断器等。二次线上的各接点必须拧紧。

② 电流互感器二次侧的一端（K2）应作良好接地。

③ 工作中的电流互感器如果暂时停用，必须把二次绕组短接并接地。

9. 运行中电流表损坏了应采取的方法

运行中电流表损坏了是常有的事情，如果是直入式接法的电流表损坏，电路就会中断，电器停止工作，如果是经电流互感器接线的电流表损坏，线路还照常工作，但因为电流表损坏造成了电流互感器二次开路。电路互感器二次开路是很危险的，因为它会产生高电压，危及设备和人身的安全，应当立即停电更换。如果不能立即更换电流表，可以将损坏相原来连接电流表的电线（电流互感器二次侧线）短路连接，如图 1-88 所示。

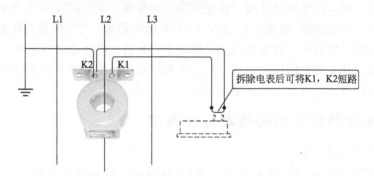

图 1-88　电流表损坏可将互感器二次线短接

10. 电流互感器二次侧短路不会有危险

接在电流互感器副线圈上的仪表线圈的阻抗很小，相当于在副线圈短路状态下运行。互感器副线圈端子上电压只有几伏，因而铁芯中的磁通量是很小的。原线圈磁动势虽然可达几百或上千安匝或更大，但是大部分被短路副线圈所建立的去磁磁动势所抵消，只剩下很小一部分作为铁芯的励磁磁动势以建立铁芯中的磁通。

当二次侧短路时，就有电流产生并有二次磁通，二次磁通对一次磁通产生去磁作用，使一次磁通不能增加，就不会在二次绕组产生高电压，没有高电压，电流就不会变大，始终维持在一个较小的电动势下工作，与正常连接电流表时的状态一样，所以电流互感器二次短路不会发生危险。

11. 没有合适的电流表更换的处理方法

没有合适的电流表更换，线路又不允许开路，这时可以一块其他量程的电流表暂时连接上，最好是与原来的电流表量程成倍数的关系，以便于计算读数。

例如，一块 400A 电流表损坏了，线路电流约 200A，现在只有 800A 电流表，接上后应当怎么读数？由于流过电流表的电流还是 2.5A，表针摆起高度还是原来那么高，但 400A 电流表与 800A 电流表的刻度不同，这时在读数时要注意，800A 电流表表盘上的读数要除以 2 才是应测的电流。

又如，一块 800A 电流表损坏了，线路电流约 400A，现只有 400A 电流表，接上以后应当怎么读数？由于流过电流表的电流还是 2.5A，表针摆起高度还是原来那么高，但 400A 电流表与 800A 电流表的刻度不同，这时在读数时要注意，400A 电流表表盘上的读数要乘以 2 才是应测的电流。

12. 配电流互感器测量交流大电流接线应注意的事项

（1）选表及电流互感器的原则

① 对单台设备电流测量时，电流表的量程应略大于设备的额定电流。如监视三相 380V、45kW 电动机的负荷电流（额定值为 85A），可选用量程为 100A 电流表。按电流表上的提示，配用 100/5 的电流互感器。

② 对于监视一个馈电回路的电流，电流表的量程应在该回路计算电流的 1.5 倍左右。例如，某馈电回路的计算电流为 211A，可选用量程为 300A 的电流表，按表的提示，配用 300/5 的电流互感器。

③ 电流表配用的电流互感器，一般使用母线式的（LMZ 型），精度应不低于 0.5 级。电流互感器的一次额定电流应等于电流表的量程。

（2）安装要求

从电流互感器接至电流表的导线，应使用铜芯绝缘线，截面积应不小于 2.5mm^2。电流互感器的一端（一般为 K2）应接保护导体（TT 系统中接地，TN-C 系统中接 PEN，TN-S 系统中接 PE）。对于监视大容量电动机的负荷电流，为防止启动电流对电流表的冲击，可利用运行回路中某元件上的常闭触点，将 K1、K2 暂时短接，当电动机启动过程结束，达到运行状态时，此常闭触点再打开，这时电流表才开始使用。

三、电流表测量电路的基本连接方法

1. 直入式交流电流表接线

国产直入式交流电流表，最大可生产 200A 量程的，根据安装条件，一般情况下，所测量的电流超过 50A 时，就不宜使用直入式电流表。安装时，交流电流表的两个端子不分"＋"、"－"极性，只要将电流表串入被测导线即可。直入式交流电流表接法如图 1-89 所示。

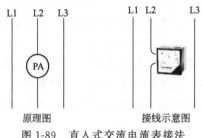

图 1-89　直入式交流电流表接法

直入式交流电流表选表的原则如下。

① 对单台设备电流测量时，电流表的量程应略大于设备的额定电流，又要考虑电路中可能出现的短时冲击电流（一般为负荷电流的 1.1～1.3 倍）。

② 对于监测一个馈电回路的电流，电流表的量程应在该回路计算电流的 1.3～1.5 倍左右。

2. 一只电流互感器一只电流表接线

此种测量电流的方式，只适用于三相平衡电路的电流测量。图 1-90（a）是原理图，图 1-90（b）是实物接线示意图。

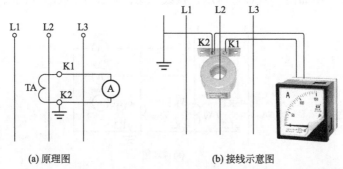

图 1-90　一只电流互感器一只电流表接线原理图和接线示意图

3. 两只电流互感器三只电流表测量三相线电流

此种测量电流的方式,只适用于三相三线电路,不管负荷平衡与否,高压线路基本都是这种接法,均能反映各相线电流。图 1-91(a) 为接线原理图,接线示意图如图 1-91(b) 所示。

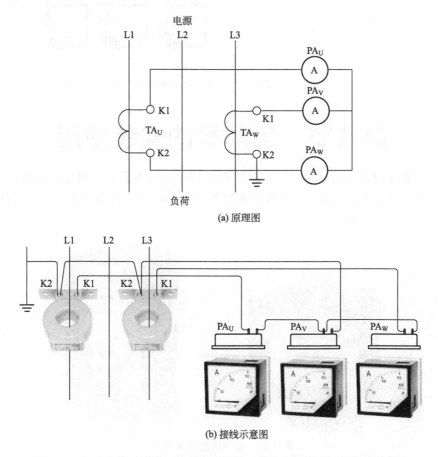

图 1-91　两只电流互感器三只电流表测量三相线电流原理图与接线示意图

4. 三只电流互感器三只电流表接线

此种测量方法,一般用于三相四线系统中,最常见的是装在低压受馈电线路,用以监测总的负荷电流。原理图如图 1-92(a) 所示，接线示意图如图 1-92(b) 所示。

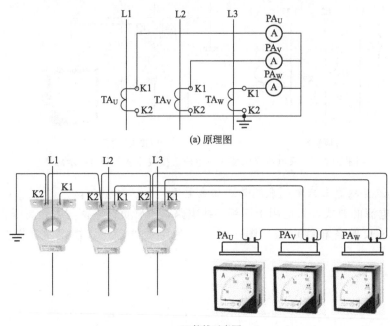

(a) 原理图

(b) 接线示意图

图 1-92　三只电流互感器三只电流表接线原理图和接线示意图

第八节　电能表的安装使用

电能表是用来测量电能的仪表，常用的有单相有功电能表和三相有功电能表。图 1-93 所示是现在常用的电能表外形。有功电能表的单位是 kW·h，俗称"度"，表示用电器工作 1h（小时）所消耗的电能。

图 1-93　常用的电能表外形

一、电能表的使用安装要求

1. 安装环境要求

电能表应安装在清洁、干燥的场所，周围不能有腐蚀性或可燃性气体，不能有大量的灰尘，不能靠近强磁场，与热力管线应保持 0.5m 以上的距离，环境温度应在 0～40℃之间。

明装电能表距地面应在 1.8～2.2m 之间，暗装应不低于 1.4m。装于立式盘和成套开关柜时，不应低于 0.7m。电能表应固定在牢固的表板或支架上，不能有振动。安装位置应便于抄表、检查、试验。电能表应垂直安装，垂直度偏差不应大于 2°。

2. 型号规格选择

电能表的选择要使它的型号规格与被测的负荷性质和供电制式相适应，它的电压额定值要与电源电压相适应，电流额定值要与负荷相适应。

3. 接线方法规定

弄清电能表的接线方法，然后再接线。接线一定要细心，接好后仔细检查。如果发生接线错误，轻则造成电量不准或者电表反转，重则导致烧表，甚至危及人身安全。

4. 配电流互感器使用要求

电能表配合电流互感器使用时，电能表的电流回路应选用 2.5mm² 的独股绝缘铜芯导线，电压回路应选用 1.5mm² 的独股绝缘铜芯导线，中间不能有接头，不能装设开关与保险。所有压接螺钉要拧紧，导线端头要有清楚而明显的编号。互感器二次绕组的一端要接地。

配用电流互感器时，电流互感器的二次侧在任何情况下都不允许开路。二次侧的一端应作良好的接地。接在电路中的电流互感器如暂时不用时，应将二次侧短路。

容量在 250A 及以上的电能表，需加装专用的接线端子，以备校表之用。

5. 直入式电能表选表的原则

① 电能表的额定电压应与电源电压相适应。

② 电能表的额定电流应等于或略大于负荷电流。

有些表实际使用电流可达额定电流的两倍（俗称二倍表）；或可达额定电流的四倍（俗称四倍表）。例如，表盘上标示"10（20）A"，就是二倍表，虽然它的额定电流为 10A，但是可以超载使用到 20A；表盘上标示"5（20）A"，就是四倍表，虽然它的额定电流为 5A，但是可超载使用到 20A。

6. 配电流互感器电能表的选用及电流互感器的选用

① 电能表的额定电压应与额定电源电压相适应。

② 电能表的额定电流应是 5A 的。

③ 电流互感器应使用 LQG-0.5 型电流互感器，精度应不低于 0.5 级。电流互感器的一次额定电流，应等于或略大于负荷电流。例如，负荷电流为 80A，可使用 LQG-0.5 100/5 的电流互感器。

7. 电能表使用时的注意要点

① 用户发现电能表有异常现象时，不得私自拆卸，必须通知有关部门作处理。

② 保持电能表的清洁，表上不得挂物品，不得经常在低于电能表额定值的 10% 以下工作，否则应更换容量相适应的电能表。

③ 电能表正常工作时，由于电磁感应的作用，有时会发出轻微地"嗡嗡"响声，这是正常现象。

④ 如果发现所有电器都不用电时，表中铝盘仍在转动，应拆下电能表的出线端。如果铝盘随即停止转动，或转动几圈后停止，表明室内电路有漏电故障；若铝盘仍转动不止，则表明电能表本身有故障。

⑤ 转盘转动的快慢跟用户用电量的多少成正比，但不同规格的表，尽管用电量相同，

转动的快慢也不同，或者虽然规格相同，用电量相同，但电能表的型号不同，转动的快慢也可能不同，所以，单纯从转盘转动的快慢来证明电能表准不准是不确切的。

8. 电能表的安装位置

电能表安装在用户电源开关的前面，第一是为了防止由于室内电路出现问题，而导致短路电流回流出现电涌损坏电能表，第二是电能表不应受用户电源开关的控制，防止出现盗电现象。

二、电能表的接线

1. 单相直入式有功电能表接线

单相直入式有功电能表，是用以计量单相电器消耗电能的仪表，单相电能表可以分为感应式和电子式电能表两种。目前，家庭使用的多数是感应式单相电能表，直入式电能表是将电能表电源端直接串入电源线中，负荷电流流经电表，常用额定电流有 2.5A、5A、10A、15A、20A 等规格。单相电能表的规格号有多种常用的有 DD862、DD90、DDS、DDSF 等，图 1-94 单相直入式有功电能表接线原理图，图 1-95 单相直入式有功电能表实物接线示意图。

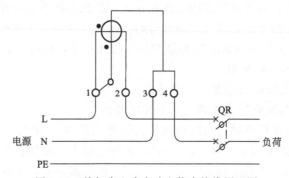

图 1-94　单相直入式有功电能表接线原理图

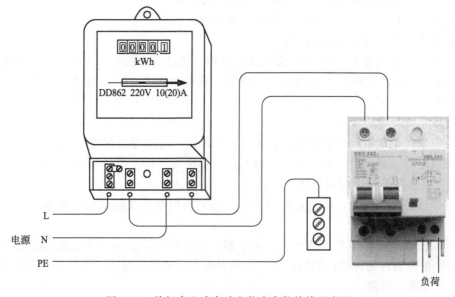

图 1-95　单相直入式有功电能表实物接线示意图

单相电能表常见的接线形式为交叉式接线，也叫跳入式接线，如图 1、3 为进线，2、4 为出线，接线柱 1 要接相线（火线），3 接零线（N 线）。

2. 单相有功电能表配电流互感器接线

当单相负荷电流过大，没有适当的直入式有功电能表可满足其要求时，应当采用经电流互感器接线的计量方式。图 1-96 是单相有功电能表配电流互感器接线原理图，接线示意图如图 1-97 所示。

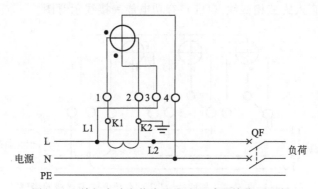

图 1-96 单相有功电能表配电流互感器接线原理图

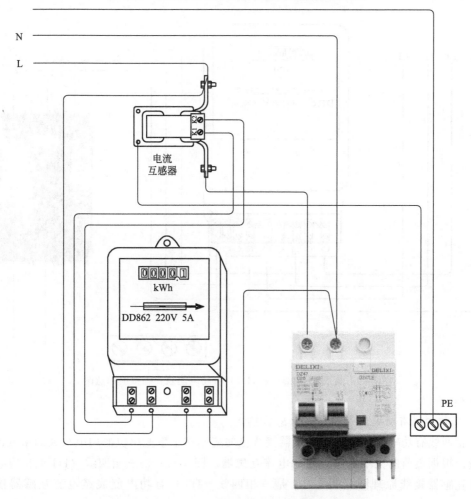

图 1-97 单相有功电能表配电流互感器接线示意图

3. 直入式三相四线有功电能表作有功电量计量接线

三相有功电能表主要应用在企事业单位的用电系统进行电能计量。根据负荷的大小有直入式接线和经电流互感器接线两种，根据用电系统的不同三相电能表有 DS 型和 DT 型，DS型适用于三相三线对称或不对称负载作有功电量的计量，DT 型可对三相四线对称或不对称负载作有功电量的计量。

图 1-98 是直入式三相四线（DT）有功电能表接线负荷电流不大于 60A 的用电系统接线原理图，图 1-99 是直入式三相四线（DT）有功电能表接线示意图。

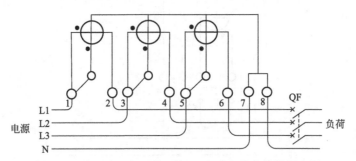

图 1-98　直入式三相四线（DT）有功电能表接线原理图

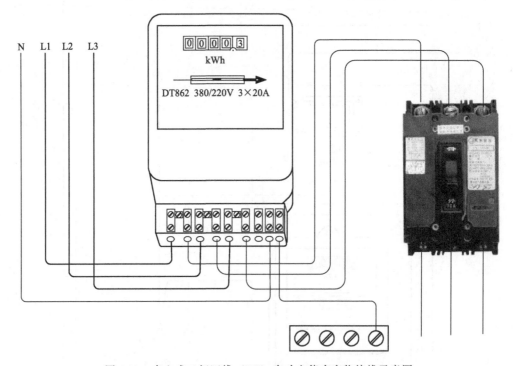

图 1-99　直入式三相四线（DT）有功电能表实物接线示意图

4. 三相四线有功电能表经电流互感器接线

三相四线有功电能表经电流互感器接线主要应用在企事业单位的用电很大的系统进行电能计量，根据负荷的大小配选合适的电流互感器。图 1-100 是三相四线（DT）有功电能表经电流互感器接线原理图，图 1-101 是三相四线（DT）有功电能表经电流互感器接线示意图。

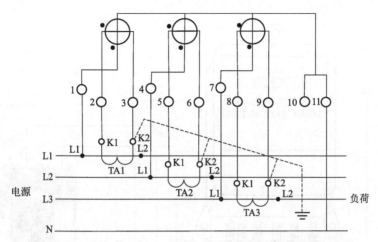

图 1-100 三相四线（DT）有功电能表经电流互感器接线原理图

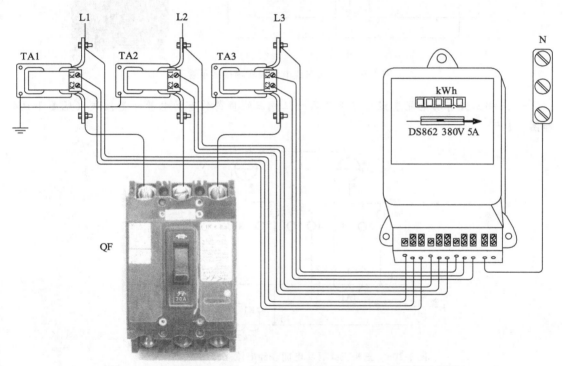

图 1-101 三相四线（DT）有功电能表经电流互感器实物接线示意图

5. 三相三线电能表对三相三线负荷作有功电量计量接线（见图 1-102 和图 1-103）

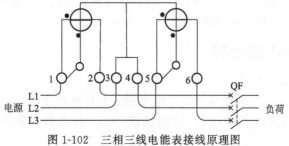

图 1-102 三相三线电能表接线原理图

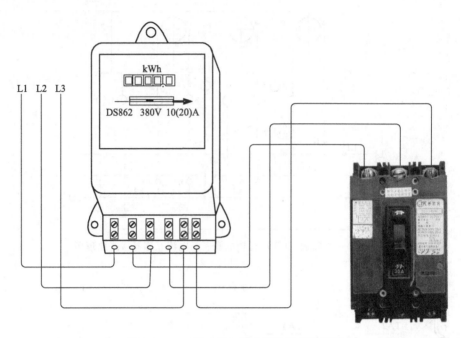

图 1-103　三相三线电能表实物接线示意图

6. 三相三线有功电能表经电流互感器对三相三线负荷作有功电量计量接线（见图 1-104
和图 1-105）

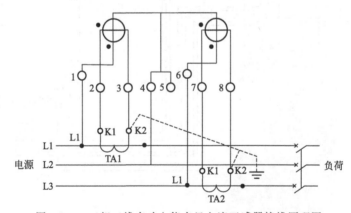

图 1-104　三相三线有功电能表经电流互感器接线原理图

7. 三只单相电能表对三相四线负荷作有功电量计量接线

在三相四线系统中用三只单相直入式有功电能表计量有功电能的接线原理图如图 1-106
所示，其选表原则及安装要求，与单相直入式有功电能表相同，只是中性线是三只电能表串
接，不应单独接中性线，接线示意图如图 1-107 所示。

三、电能表用电量计算

1. 直入式电能表电量计算

$$用电量＝本月电表数－上月电表数$$

例：某电能表本月读数 2568，上一个月读数 2397，用电量为多少？

$$用电量＝2568－2397＝171（度）$$

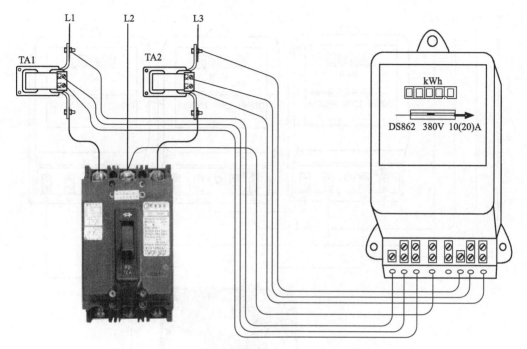

图 1-105　三相三线有功电能表经电流互感器实物接线示意图

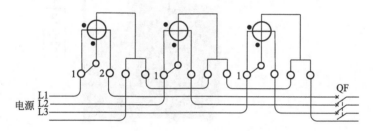

图 1-106　三只单相电能表对三相四线负荷作有功电量计量接线原理图

2. 配电流互感器电能表用电量计算

$$用电量＝(本月电表数－上月电表数)×电流互感器电流比$$

例：某电能表本月读数 568，上一个月读数 239，电流互感器 100/5，用电量为多少？

$$用电量＝(568－239)×20＝6580(度)$$

3. 配电流互感器和电压互感器电能表用电量计算

$$用电量＝(本月电表数－上月电表数)×电流互感器电流比×电压互感器电压比$$

例：某电能表本月读数 458，上一个月读数 449，电流互感器为 100/5，电压互感器为 10/0.1，用电量为多少？

$$用电量＝(458－449)×20×100＝18000(度)$$

4. 三只单相电能表计量三相四线负荷用电量计算

$$用电量＝A 相用电量＋B 相用电量＋C 相用电量$$

例：某单位电能表 A 相用电量 124，B 相用电量 156，C 相用电量 149，总用电量为多少？

$$总用电量＝124＋156＋149＝429(度)$$

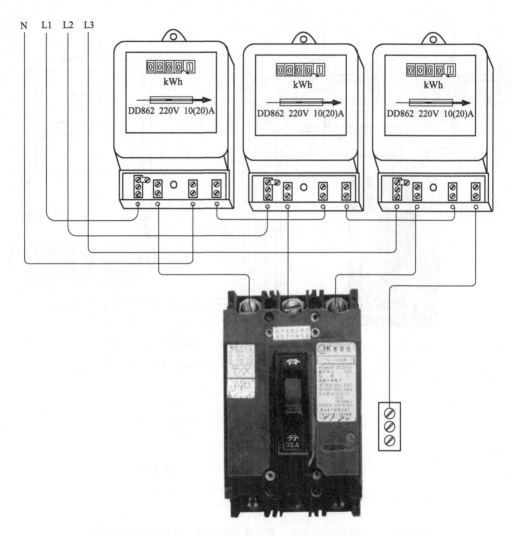

图 1-107　三只单相电能表对三相四线负荷作有功电量计量实物接线示意图

四、电能表接线错误的后果

1. 单相电能表接线错误的后果

① 零线和相线颠倒。如图 1-108 所示，这种接线是将电流线圈串入零线电路中了，但是，如果发生电源线、负载的中性线同时接地，或用户将自己的电灯、电器等接到相线与大

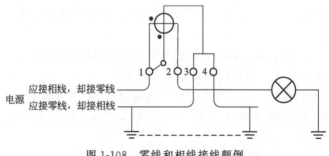

图 1-108　零线和相线接线颠倒

地之间的电压上时，则电能表虽有电压，但流经电流线圈的电流要减小很多或等于零。因此，会造成电能表少计量或不计量，这是非常危险的，也是绝对不允许的。

② 电能表的端子反接。电能表的端子有进线端和出线端，如果将电源线与负载线接反，如图 1-109 所示，由于电能表的同名端反接，其电能表铝盘要反转，铝盘的反转会产生很大的负误差，误差可达 $-10\%\sim-20\%$。

③ 电流线圈与电源短路。如图 1-110 所示，造成这种错误接线的主要原因是不了解电能表的接线形式，将单进单出接线方法当成双进双出的接线形式。发生这种错误接线时，轻则熔断器熔断，开关跳闸，重者还会烧毁电能表。

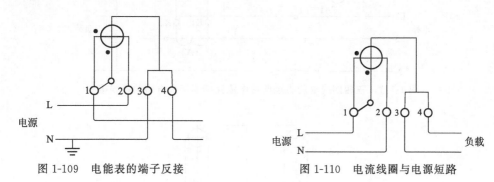

图 1-109 电能表的端子反接   图 1-110 电流线圈与电源短路

④ 连接片没有接上。当电能表直接接入电路时，如果电压连接片没有接上，则因电压线圈上无电压而使铝盘不转动。

2. 三相四线有功电能表接线错误的后果

① 三相四线电能表电压线圈中性点与线路中性点断开的后果：三相四线电能表的中性点与线路的中性线断开没接或者连接不实有接触电阻时，当三相电压发生不对称时，电能表的电压线圈中性点与中性线 N 之间将产生电压差 U_0，如果中性线电流又不等于零（$I_N \neq 0$），则电能表所反映的功率要比实际功率少 ΔP，即 $\Delta P = U_0 I_N \cos\varphi_N$。

在低压三相四线电路中，如果三相电压误差为 5%，三相电流误差为 50%，因中性线断开引起的误差约为 $\pm2\%$。所以，在进行电能表的接线时，中性线必须连接，而且要接牢，并尽量减小接头处的接触电阻，以保证计量的准确性。

② 三相四线电能表不能用两台电流互感器接入电路计量用电量。在三相四线电路中，如果用三相四线电能表配两台电流互感器接入电路计量用电量，如图 1-111 所示，在三相平衡中性线电流等于零时，这种接线是可以正确计量的。但是三相四线用电的电路中中性线的电流很难等于零，这时就要产生计量误差，误差可达 $\pm15\%$ 左右，所以，三相四线电路不能采用这种接法，必须采用三个电流互感器的接线方法。

③ 用两元件三相三线电能表计量三相四线电路的有功电能是错误的。如果将两元件三相三线电能表按图 1-112 所示接线，接入到三相四线电路中，由于三相四线电路的中性线不等于零，就会产生计量误差。

a. 当 A 相与中性线间接有功率因数较低的负荷时，如电焊机，电能表的铝盘可能反转并少计量电量。

b. 当 B 相与中性线间接有功率因数较低的负荷时，电能表可能不转并少计量电量。

c. 当 C 相与中性线间接有功率因数较低的负荷时，电能表的铝盘转速要加快并多计量电量。

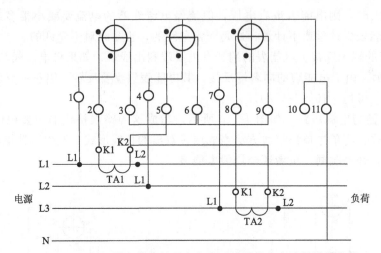

图 1-111 三相四线电能表经两台电流互感器接入电路的错误接线

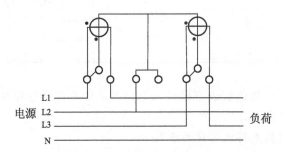

图 1-112 三相三线两元件电能表测量三相四线电路有功电能的错误接线

第九节 温度测量仪表的使用

温度测量仪表虽不是电工仪表，但却是电器安全工作中不可缺少的仪表。一般来说造成电器故障的主要原因之一是电器过热，温度测量可以发现电器线路、接点开关等处的电气安全缺陷，为电气检修人员提供了良好的检查手段。

一、半导体点温计

点温计的基本工作原理是让温度去改变一个电参数（如电阻），从而改变整个电路的工作状态，由此测量相应的温度，实物如图 1-113 所示。由于感温部分是半导体热敏电阻，故又称半导体点温计。它可以测量一个很小面积的温度，因此特别适宜测量触头、接点等部位的温度。

点温计在使用前，首先要把转换开关从"关"的位置打到"校正"挡，这时表针会自动打向满刻度；如果表针不指在满刻度，可调节表外的校正旋钮，使之指到满刻度。然后，再把转换开关打到"测量"位置，表针此时指示的是环境温度。把测试探头轻轻触及需要测温的位置，表针稳定后即指示该测点的温度。有的表有两挡量程，这就应根据被测温度适当选用。点温计的探头前端有的用金属壳保护起来，有的没有这些外壳，传感器裸露在外部，使用时应特别小心。点温计在使用中应避免振动，不要在强磁场中使用，更不能用来测量裸露的带电体。

图 1-113 半导体点温计

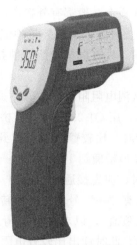

图 1-114 红外线测温仪

二、红外线测温仪

红外线测温仪的工作原理其实很简单，它采用红外线技术可快速方便地测量物体的表面温度，不需接触被测物体而快速测得温度读数。只需瞄准，按动触发器，在 LCD 显示屏上读出温度数据。红外线测温仪重量轻、体积小、使用方便，并能可靠地测量热的、危险的或难以接触的物体，而不会污染或损坏被测物体。实物如图 1-114 所示。红外线测温仪应用领域非常广泛。

使用红外线测温仪测量温度时，要将红外线测温仪对准要测的物体，按触发器在仪器的 LCD 上读出温度数据，保证安排好距离和光斑尺寸之比和视场。

用红外线线测温仪时，一定要注意以下几点注意事项。

① 只能测量物体的表面温度，不能测量其内部温度。

② 红外线测温仪不能透过玻璃进行温度测量，玻璃有很特殊的反射和透过特性，不能精确读数，但可通过红外线窗口测温。红外线测温仪最好不用于光亮的或抛光的金属表面的测温（不锈钢、铝等）。

③ 要仔细定位热点，发现热点，用红外线测温仪瞄准目标，然后在目标上作上下扫描运动，直至确定热点。

④ 使用红外线测温仪时，要注意环境条件：烟雾、蒸汽、尘土等，它们均会阻挡仪器的光学系统而影响精确测温。

⑤ 使用红外线测温仪时，还要注意环境温度，如果红外线测温仪突然暴露在环境温差为 20℃ 或更高的情况下，允许仪器在 20min 内调节到新的环境温度。

第十节　直流电桥的使用

直流电桥是可以精准测量直流电阻的仪器，使用时要特别注意，如果使用不当，不仅达不到应有的测量准确度，反而会使电桥受到损坏。直流电桥分为单臂和双臂两种，单臂直流电桥一般被用来测量中值电阻（$1 \sim 0.1 \text{M}\Omega$）；双臂直流电桥一般用来测量小电阻（$1 \sim 10^{-5}\,\Omega$）。

直流电桥的使用方法如下。

① 电桥面板上一般都有外接电源端钮（标有 B+、B−）和外接检流计端钮（标有 G+、G−）。如果需要外接电源或外接检流计时，要根据电桥使用说明书进行接线。

② 测量前，先将电桥检流计锁扣打开，检流计指针可以自由摆动，并调整检流计指针指在零点。

③ 根据被测电阻阻值的估算，适当选择比例臂比率，使得比较臂可调电阻各挡都能充分利用。例如，用 QJ-23 型单臂电桥测量较小的电阻，比例臂比率可选择为 0.001，这样当电桥达到平衡时，比较臂电阻可读到四位数。假定读数为 9882Ω，则 $R_x = 0.001 \times 9882 = 9.882\Omega$，这样可精确到 1/1000。

④ 测量时，应先接通电源按键（标有 B），然后再接通检流计按键（标有 G）。如果检流计指针向标有 "＋" 号的方向偏转，则需要调节比较臂旋钮，增加比较臂电阻值（反之应减小比较臂电阻值），以求电桥平衡。当反复调节比较臂电阻，检流计指针指示在零位时，说明电桥平衡，此时读出比较臂电阻值，则被测电阻 R_x ＝比例臂比率×比较臂电阻值。

⑤ 在测量电感性线圈的电阻时（例如电力变压器线圈电阻），应注意接通电源按键后，稍停一段时间再接通检流计按键，同时特别注意测量中间不得断开电源按键，待调节电桥达到平衡以后，应先断开检流计按键并闭合检流计的锁扣，再断开电源按键，否则，由于被测线圈电感较大，会产生较大的感应电动势反冲检流计，使检流计烧毁。

⑥ 应使用已知电阻值的专用导线进行测量接线，计算测量结果要考虑测量导线对被测电阻值的影响。

一、直流单臂电桥的使用

1. 直流单臂电桥各个钮功能作用

直流单臂电桥各个钮功能如图 1-115 所示。

比较臂：4 挡，分别由面板上的四个读数盘控制，可得到从 1～9999000Ω 范围内的任意

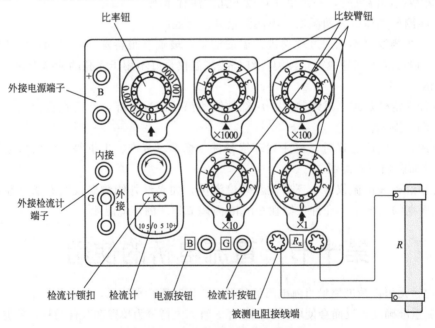

图 1-115 直流单臂电桥各个钮功能

电阻值,最小步进值为1Ω。

比例臂(也称倍率臂):有7个挡,即0.001、0.01、0.1、1、10、100、1000,由转换开关SA换接。

检流计(也称表头):是指示测量值的"+、—"误差,根据"+、—"误差调节比较臂各旋钮,使检流计"+、—"误差平衡,表示比较臂的数值与被测电阻值相等。

电源开关按钮B:是电桥的电源开关旋钮,是一种具有自锁控能的旋钮,按下旋钮呈锁定接通状态,再按一下旋钮自锁解除,按钮弹起电源断开。

检流计接通按钮G:为点动工作,按下旋钮检流计接通,松开旋钮检流计断开,这种操作方法是为了防止由于"+、—"误差太大,造成检流计指针偏摆过大造成检流计损坏。

被测臂:标有"R_x"的两个端钮是用来连接被测电阻的接线端。

2. 直流单臂电桥测量电阻的操作步骤

① 打开检流计机械锁扣,调节调零器使指针指在零位,如图1-116所示。

图1-116 检流计调零

图1-117 测量时先按B钮后按G钮

注意以下问题。

a. 发现电桥电池电压不足应及时更换,否则将影响电桥的灵敏度。

b. 当采用外接电源时,必须注意电源的极性。将电源的正、负极分别接到"+"、"—"端钮,而且不要使外接电源的电压超过电桥说明书上的规定值。

② 选择适当的比例臂,使比例臂的四挡电阻都能被充分利用,以获得四位有效数字的读数。

提示:估测电阻值为几千欧时,比例臂应选×1挡;四个比较臂的读数为XXXXΩ。

估测电阻值为几百欧时,比例臂应选×0.1挡;四个比较臂的读数为XXX.XΩ

估测电阻值为几十欧时,比例臂选×0.01挡;四个比较臂的读数为XX.XXΩ

估测电阻值为几欧时,比例臂选×0.001挡。四个比较臂的读数为X.XXXΩ

③ 接入被测电阻时,应采用较粗较短的铜导线连接,并将接头拧紧,以免由于导线电阻和接触电阻影响测量准确度。

④ 测量时应先按下电源按钮B,使电桥电路接通,再按下检流计按钮G。如图1-117所示。

提示:若检流计指针向"+"方向偏转,应增大比较臂数值,反之,则应减小比较臂数值。如此反复调节,直至检流计指针指在零位。

⑤ 测量完毕要先断开检流计按钮G,再断开电源按钮B。然后拆除被测电阻,最后锁上检流计机械锁扣。对于没有机械锁扣的检流计,应将按钮"G"按下并锁住。

3. 计算电阻值

被测电阻值＝比例臂数(倍率)×比较臂读数

例如，测量某一个线圈的电阻，比例臂设定×0.01挡，四个比较臂的读数为5（×1000挡）、6（×100挡）、8（×10挡）、9（×1挡），则被测线圈的电阻值＝比例臂数（倍率）×比较臂读数＝0.01×5689＝56.89Ω。

4. 单臂电桥的电桥保养

① 每次测量结束，将盒盖盖好，存放于干燥、避光、无振动的场合。

② 发现电池电压不足应及时更换，否则将影响电桥的灵敏度。

③ 当采用外接电源时，必须注意电源极性。

④ 不要使外接电源电压超过电桥说明书上的规定值。

⑤ 搬动电桥时应小心，做到轻拿轻放，否则易使检流计损坏。

二、直流双臂电桥的使用

单臂电桥不适于测量1Ω以下的小电阻。这是因为，当被测电阻很小时，由于测量中连接导线的电阻和接触电阻的影响，势必造成很大的测量误差。

直流双臂电桥又称凯尔文电桥，可以消除接线电阻和接触电阻的影响，是一种专门用来测量小电阻的电桥。双臂电桥的各个功能钮如图1-118所示。

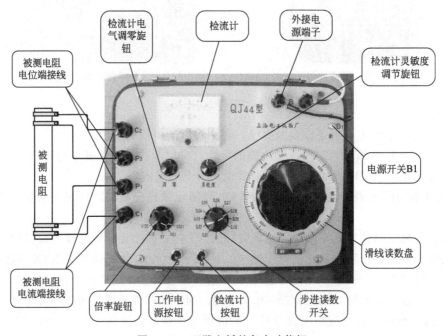

图1-118　双臂电桥的各个功能钮

1. 双臂电桥的各个功能钮的作用

① 试验引线四根，分别单独从双臂电桥的C1、P1、C2、P2四个接线柱引出，由C1、C2与被测电阻构成电流回路，而P1、P2则是电位采样，供检流计调平衡使用。

必须注意：电流接线端子C1、C2的引线应接在被测绕组的外侧，而电位接线端子P1、P2的引线应接在被测绕组的内侧。

目的：可以避免将 C1、C2 的引线与被测绕组连接处的接触电阻测量在内。

② 倍率旋钮：被测电阻范围与倍率位置选择按表 1-3。

表 1-3 被测电阻范围与倍率位置选择

倍率	被测电阻范围/Ω
×100	1.1～11
×10	0.11～1.1
×1	0.011～0.11
×0.1	0.0011～0.011
×0.01	0.00011～0.0011

③ 检流计（也称表头）：是指示测量值的"＋、—"误差，根据"＋、—"误差调节比较臂各旋钮，使检流计"＋、—"误差平衡，表示比较臂的数值与被测电阻值相等。

④ 电源开关 B1：是电桥电源的总开关。

⑤ 工作电源按钮 B：按下工作电源按钮，对被测电阻 R_x 进行充电，是一种具有自锁控能的旋钮，按下旋钮呈锁定接通状态，再按一下旋钮自锁解除，按钮弹起电源断开。

⑥ 检流计接通按钮 G：为点动工作，按下旋钮检流计接通，松开旋钮检流计断开，这种操作方法是为了防止由于"＋、—"误差太大，造成检流计指针偏摆过大造成检流计损坏。

⑦ 检流计电气调零旋钮：在未接被测电阻之前，按下检流计工作电源旋钮 B，检查并调整指针的零位。

⑧ 检流计灵敏度调节旋钮：是配合滑线读数盘一同使用，当移动滑线盘 4 小格，检流计指针偏离零位约 1 格，灵敏度就能满足测量要求。在改变灵敏度时，会引起检流计指针偏离零位，在测量之前，随时都可以调节检流计零位。

2. 双臂电桥的操作步骤

① 接通电源开关 B1，待电桥内部电路稳定后（约 5min），调节调零旋钮使检流计指针指零。

② 将灵敏度旋钮放在最低位置。

③ 将待测电阻以四端接线的形式接入电桥 C1、P1、C2、P2 的接线柱上，如图 1-119 所示。

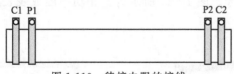

图 1-119 待接电阻的接线

提醒：为了测量准确，采用双臂电桥测试小电阻时，所使用的四根连接引线一般采用较粗、较短的多股软铜绝缘线，其阻值一般不大于 0.01Ω。因为如果导线太细、太长，电阻太大，则导线上会存在电压降，而电桥测试时使用的电池电压不高，如果引线上存在的压降过大，会影响测试时的灵敏度，影响测试结果的准确性。

④ 估计被测电阻值大小，将倍率开关和电阻读数步进开关放置在适当位置。

⑤ 先按下电池按钮"B"，对被测电阻 R_x 进行充电，待一定时间后，估计充电电流逐

渐趋于稳定，再按下检流计按钮"G"，根据检流计指针偏转的方向，逐渐增加或减小步进读数开关的电阻数值，使检流计指针指向"零位"，并逐渐调节灵敏度旋钮，使灵敏度达到最大，同时调节电阻滑线盘，使检流计指针指零。

⑥ 在灵敏度达到最大，检流计指针指示"零"位稳定不变的情况下，读取步进开关和滑线盘两个电子读数并相加，再乘上倍率开关的倍率读数，即为被测电阻阻值。

操作经验：在灵敏度达到最大，检流计指针指示"零"位稳定不变的情况下，可先断开检流计按钮"G"，在读数结束经复核无疑问后，再断开电池按钮"B"。

⑦ 测试结束时，先断开检流计按钮"G"，然后才可以断开电池按钮"B"，最后拉开电桥电源开关"B1"，拆除电桥到被测电阻的四根引线 C1、P1、C2 和 P2。

3. 被测电阻计算

$$被测电阻值＝倍率读数×（步进读数＋滑线读数）$$

例如，测量某一开关接触电阻的结果，倍率设定为 0.1，步进读数为 0.04，滑线读数为 0.005，被测开关的接触电阻＝0.1×（0.04＋0.005）＝0.1×0.045＝0.0045Ω。

4. 双臂电桥使用注意事项

① 测有电感线圈的直流电阻时，应先按下"B"按钮，后按下"G"按钮，断开时，应先断开"G"按钮，后断开"B"按钮。

② 按"B"按钮后若指针满偏，则要立即松开"B"，调步进值（倍率和步进读数）后再按"B"，以免烧坏检流计。

③ 被测电阻至电桥的接线电阻应小于 0.01Ω。

④ 测量完毕后，应将"B"和"G"按钮松开，"B1"开关扳向断开位置。

⑤ 在电池盒内，装入 1.5V、1 号电池 4～6 节并联使用和 2 节 6F22、9V 并联使用，此时电桥就能正常工作。如用外接直流电源 1.5～2V 时，电池盒内的 1.5V 电池应预先全部取出。

第十一节　功率因数表的使用与接线

三相功率因数表用于测量三相对称电路的功率因数，是变配电设备不可缺少的一种仪表，尤其是在装有功率补偿的电容柜上更是必须安装的。在配电柜上常用的三相功率因数表如图 1-120 所示。功率因数表接线时需要将电压和电流接入表内才可使用，接线时应注意表后端的接线柱标号。图 1-121 所示为三相功率因数表表后接线柱情况及接线方法示意。

图 1-120　常用的三相功率因数表

三个电压接线柱分别标有 U_A、U_B、U_C，两个电流接线柱标有 I_A，意思是功率因数表所取电流应与左边电压接线柱所接电压同相，并且与负荷电流同方向的电流互感器二次电流应以标有※号的接线柱流入，从另一个接线柱流出。左边电压接线柱也标有※号，也是说明此电压应与电流同相。下面通过一个实例来具体介绍一下功率因数表的正确接线方法。

图 1-122 是一个低压母线示意简图。准备在电容柜上安装一只三相功率因数表，由于安装位置有限，为功率因数表取电流的电流互感器安装在中相（绿相）。

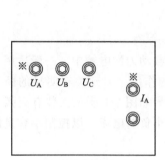

图 1-121 功率因数表的接线柱

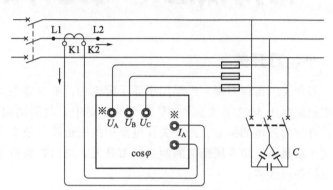

图 1-122 功率因数表在低压母线的接线示意图

由于电流互感器安装在中相（绿相），这时电压接线柱左边那个（也就是第一相）应接绿色相电压。然后以绿色设定为 U_A，结果是功率因数表的电压相序绿—黄—红为正相序，这与实际电压相序不一致，一定要特别注意，否则功率因数表将不能正常工作。图中所标的 U_A、U_B、U_C 即为相序表测定的结果，则在中间的电压接线柱应接黄色相电压，右边的电压接线应接红色相电压。

电压线接好后，再看电流线怎样连接。由于电流互感器的极性标注法是减极性的，即一次电流从 L1 端流入互感器，则互感器的二次电流从 K1 端流出，所以就应把电流互感器的 K1 端与功率因数表的标有※号的电流接线往相连，K2 端与另一电流接线柱相连。这样就相当于负荷电流流入了标有※号的电流接线柱。

虽然功率因数表装在电容柜上，但它反映的是低压总母线上的功率因数，故电流互感器应安装在总母线上。

第二章

常用低压电气元件的应用

一、刀开关

刀开关（也称刀闸）广泛用于低压配电柜、电容器柜及车载动力配电箱中。一般适用于交流额定电压 380V，直流 440V 以下的电路中，起隔离电源的作用。刀开关有明显的断开点，可作为停电的标志。刀开关在电路中的图形符号及文字符号如图 2-1 所示。装有灭弧罩的或在动触头上装有辅助速断触头的刀开关，可以接通或切断小负荷电流，以控制小容量的用电设备或线路。

1. 常用刀开关的种类

（1）HK 系列胶盖闸的使用

胶盖刀闸开关即 HK 系列开启式负荷开关（以下称刀开关），它由闸刀和熔丝组成，如图 2-2 所示。刀开关有二极、三极两种，具有明显断开点，熔丝起短路保护作用。它主要用于电气照明线路、电热控制回路，也可用于分支电路的控制，并可作为不频繁直接启动及停止小型异步电动机（4.5kW 以下）之用。

（2）HS、HD 系列开关板用刀闸

HS、HD 系列开关板用刀闸如图 2-3 所示，可在额定电压交流 500V、直流 440V、额定电流 1500A 以下，用于工业企业配电设备中，作为不频繁地手动接通和切断或隔离电源之用。

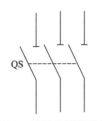

图 2-1　刀开关图形符号及文字符号 　　　 图 2-2　HK 型刀闸（胶盖闸）　　　 图 2-3　HD、HS 系列刀闸

（3）HH 系列封闭式负荷开关

HH 系列封闭式负荷开关（俗称铁壳开关）如图 2-4 所示，它是由灭弧栅、闸刀开关、管式熔断器及钢壳等组成。侧面手柄操作，手柄为抽拉式，操作时需拉长，向上扳为合闸，向下扳为分闸。操作机构安装联锁装置，保证钢壳打开时不能合闸，而手柄处于合闸位置时

打不开箱盖。钢壳侧面装有储能弹簧，当转动手柄分、合闸时，弹簧被拉长储能。当转动到一定角度时，弹簧释放能量，达到快速通断，加速灭弧的效果。同时，由于操作机构采用了弹簧储能式，加快了开关的通断速度，使电能能快速通断，而与手柄的操作速度无关，与闸刀开关相比它有以下特点。

图 2-4　HH 系列封闭式负荷开关　　　图 2-5　HR 系列刀熔开关

① 触头设有灭弧室（罩），电弧不会喷出，可不必顾虑会发生相间短路事故。

② 熔断丝的分断能力高，一般为 5kA，高者可达 50kA 以上。

③ 操作机构为储能合闸式，且有机械联锁装置。前者可使开关的合闸和分闸速度与操作速度无关，从而改善开关的动作性能和灭弧性能；后者则保证了在合闸状态下打不开箱盖及箱盖未关妥前合不上闸，提高了安全性。

④ 有坚固的封闭外壳，可保护操作人员免受电弧灼伤。

铁壳开关在安装时应注意下列事项。

① 铁壳开关必须垂直安装，安装高度以操作方便为准则，一般安装在距离地面 1.3～1.5m 左右。

② 铁壳开关的外壳接地螺钉必须可靠地接地或接零。

③ 电源线和电动机的进出线都必须穿过开关的进出线孔，并在进出线孔假装橡胶皮圈。

④ 100A 以上的铁壳开关，应将电源进线接在开关的上柱头，电动机引出线接在下柱头；100A 以下的铁壳开关，则应将电源进线接在开关的下柱头，而将电动机的引出线接上柱头。

⑤ 接线时应使电流先经过刀开关，再经过熔断器，然后才进入用电设备，以便检修。

（4）HR 系列刀熔开关

HR3 型熔断器式刀开关是 RTO 型有填料熔断器和刀开关的组合电器，如图 2-5 所示，因此具有熔断器和刀开关的基本性能，适用于交流 50Hz、380V 或直流电压 440V，额定电流 100～600A 的工业企业配电网络中，作为电气设备及线路的过负荷和短路保护用。一般用于正常供电的情况下不频繁地接通和切断电路，常装配在低压配电屏，电容器屏及车间动力配电箱中。

2. 刀开关安装和使用中的安全注意事项

① 安装单投式刀开关时，必须垂直安装使静触头在上面，动触头（刀片）在下面，电源线接在静触头侧，动触头侧接负载线。图 2-6 所示刀开关只能垂直安装，不得水平安装，使用时必须将胶盖盖好。

② 普通 HD 及 HS 型刀开关不得带负荷操作。

③ 带有熔断器的刀开关，更换熔体时，要换件与原件的规格应相同，不可随意代替。

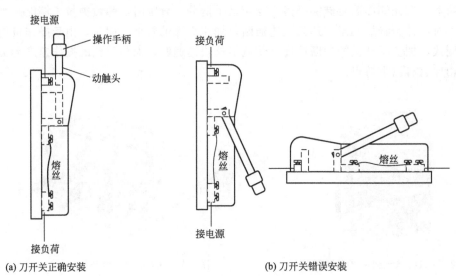

(a) 刀开关正确安装　　　　　　　　　　　　(b) 刀开关错误安装

图 2-6　刀开关的安装

④ 刀开关的选用方法，对于普通负荷选用的额定电流不应小于电路最大工作电流，对于电动机电路，刀开关的额定电流为电动机额定电流的 3 倍。

3. 运行中刀开关的巡视检查

① 电流表指示或实测负荷电流是否超过开关的额定电流，触头有无过热现象。如触头刀片发生严重变色或严重氧化应及时进行处理或更换。

② 检查触头接触是否紧密，有无烧伤及麻点，三相触头动作位置是否同步。

③ 绝缘杆、灭弧罩、底座是否完整，有无损坏现象；胶盖闸的胶盖有无破碎或脱落。

④ 刀开关及操作机构是否完好，分合指示是否与实际状态相符。

二、断路器

断路器也称低压自动开关或空气开关，俗称塑壳开关。断路器在电路中的图形符号如图 2-7 所示，它既能带负荷通断电路，又能在线路上出现短路故障时，其电磁脱扣器动作，使开关跳闸；出现过负荷时，其串联在一次线路的热元件，使双金属片弯曲，热脱扣器使开关跳闸。断路器内部构造如图 2-8 所示，但 DZ 系列断路器断开时没有明显的断开点。

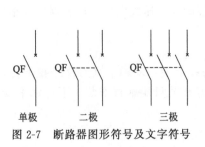

图 2-7　断路器图形符号及文字符号

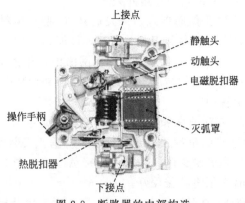

图 2-8　断路器的内部构造

保护电动机用断路器用来保护电动机的过载和短路，亦可分别作为电动机不频繁启动及线路的不频繁转换之用。目前常用断路器如图 2-9 所示，国产型号有 DZ、C45、NC、DPN 等系列。

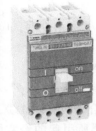

图 2-9　常用 DZ 系列断路器的外形

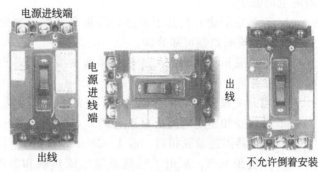

图 2-10　断路器的安装

1. 断路器的保护作用

断路器每一相主触头的负荷侧都连接有电磁脱扣器和热脱扣器，如图 2-11 所示。当电路中电流突然增大，例如短路电流，电磁脱扣器中的线圈由于电流突然增大，线圈的磁场也增大，增大的磁场通过铁芯吸合衔铁，衔铁动作，带动杠杆向上动作，使锁扣打开，主触头在弹簧的作用下分断电路。小型断路器的电磁脱扣电流（也就是短路保护电流）一般是按断路器额定电流的 3～5 倍定制的。

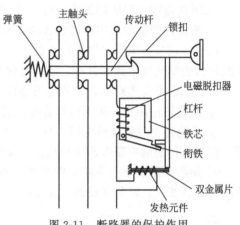

图 2-11　断路器的保护作用

当电路出现过负荷时（也就是过流保护），串联电路中的发热元件产生温升，使双金属片发生弯曲，带动杠杆向上动作，使锁扣打开，主触头在弹簧的作用下分断电路。小型断路器的过流保护一般是出厂时已经整定好的，不需要自己整定，但使用时有些断路器的额定电流不一定是过流保护电流。这种情况使用在三相黑壳断路器一定要加以注意。

2. 断路器的安装

断路器当无明确规定时，宜垂直安装，其倾斜度不应大于 5°，上端接电源进线，下端为出线，向上扳把为合闸。特殊情况下水平安装时，左为进线，右为出线，向左扳把为合闸。断路器不允许倒着安装。

3. 断路器的维护

① 断开断路器时，必须将手柄拉向"分"（OFF）字处，闭合时将手柄推向"合"（ON）字处。若要将自动脱扣（自动跳闸）的断路器重新闭合，应先将手柄拉向分闸（OFF），使断路器脱扣复位，然后再将手柄推向合闸（ON），断路器才可以合上闸。

② 装在断路器中的电磁脱扣器，用于调整牵引杆与双金属片间距离的调节螺钉不得任意调整，以免影响脱扣器动作而发生事故。

③ 当断路器电磁脱扣器的整定电流与使用场所设备电流不相符时，应检验设备，重新调整后，断路器才能投入使用。

④ 断路器断开短路电流后，应立即进行以下检查。

a. 上下触点是否良好，螺钉、螺母是否拧紧，绝缘部分是否清洁，发现有金属粒子残渣时应清除干净。

b. 灭弧室的栅片间是否短路，若被金属粒子短路，应用锉刀将其清除，以免再次遇到短路时，影响断路器可靠分断。

c. 电磁脱扣器的衔铁，是否可靠地支撑在铁芯上，若衔铁滑出支点，应重新放入，并检查是否灵活。

d. 当开关螺钉松动，造成分合不灵活，应打开进行检查维护。

e. 过载脱扣整定电流值可进行调节，热脱扣器出厂整定后不可改动。

f. 断路器因过载脱扣后，经 1～3min 的冷却，可重新闭合合闸按钮继续工作。

g. 因选配不当，采用了过低额定电流热脱扣器的断路器所引起的经常脱扣，应更换。在低于额定值下使用时，将因温升过高而使断路器损坏。

4. 断路器使用中的安全注意事项

① 断路器的额定电压应与线路电压相符，断路器的额定电流和脱扣器整定电流应满足最大负荷电流的需要。

② 断路器的极限通断能力，应大于被保护线路的最大短路电流。

③ 断路器的类型选用应适合线路工作特点，对于负荷启动电流倍数较大，而实际工作电流较小，且过电流整定倍数较小的线路或设备，一般应选用延时型断路器，因为它的过电流脱扣器为热元件组成，具有一定的延时性。对于短路电流相当大的线路，应选用限流型自动开关。如果开关选择不当，就有可能使设备或线路无法正常运行。

④ 断路器使用中一般不可以自己调整过电流脱扣器的整定电流。

⑤ 线路停电后恢复供电时，禁止自行启动的设备，不宜单独使用断路器控制，而应选用带有失压保护的控制电器或采用交流接触器与之配合使用。

⑥ 如断路器缺少部件或部件损坏，不得继续使用。特别是灭弧罩损坏，不论是多相或单相均不得使用，以免在断开时无法有效地熄灭电弧而使事故扩大。

三、低压熔断器

低压熔断器（俗称保险丝）适用于低压交流或直流系统中，串接在电路中，当电路正常时，熔丝温度较低，不能熔断，如果电路发生严重过载或短路并超过一定时间后，电流产生的热量使熔丝熔化并分断电路，起到保护的作用。低压熔断器是作为线路和电气设备的过载及系统的短路保护元件，在原理图上熔断器的图形符号及文字符号如图 2-12 所示。

熔断器一般由熔断体（熔丝）及支持件（底座）组成，支持件是熔断器底座与载熔件的组合，由于熔断器的类型及结构不同，底座的额定电流是配用熔丝的最大额定电流。常用熔断器的外形如图 2-13 所示。

FU

图 2-12　熔断器符号

RL型熔断器　　　　　RT型熔断器

图 2-13　常用熔断器的外形

1. 熔断器的安装与熔丝的选用

① 熔断器当无明确规定时，宜垂直安装，其倾斜度不应大于 5°，上端接电源进线，下端为出线，特殊情况下水平安装时，左为进线，右为出线，熔断器不允许下进线上出线的接线方法。RL 型螺旋式熔断器，顶芯端必须电源进线，螺口端接出线，如图 2-14 所示，不允许反接接线，以保证在更换熔断器芯时螺口不带电。

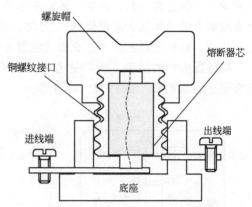

图 2-14　RL 型熔断器安装要求

② 一般照明线路熔丝的额定电流不应超过负荷电流的 1.5 倍。

③ 动力线路熔丝的额定电流不应超过负荷电流的 2.5 倍。

④ 运行中的单台电机采用熔断器保护时，熔丝电流规格应为电动机额定电流的 1.5～2.5 倍。多台电动机在同一条线路上采用熔断器保护时，熔丝的额定电流应为其中最大一台电动机额定电流的 1.5～2.5 倍，再加上其余电动机额定电流的总和。

⑤ 并联电容器在用熔断器保护时，熔丝额定电流，单台按电容器额定电流的 1.5～2.5 倍，成组装置的电容器，按电容器组额定电流的 1.3～1.8 倍选用。

⑥ 熔断器（或熔丝管）的额定电流不应小于熔丝的额定电流。

2. 熔断器的使用维护

① 熔丝熔断后，在恢复前应检查熔断原因，并排除故障，然后再根据线路及负荷的大小和性质更换熔丝或熔丝管。

② 磁插式熔断器因短路熔断时，发现触头烧坏再次投入前应修复，必要时予以更换。

③ RM 和 RTO 系列熔断器在更换熔丝管时应停电操作，应使用专用绝缘柄操作，不应带负荷取下或投入。

④ 半导体器件构成的电路采用熔断器保护时应采用快速熔断器。

⑤ 对于 RM、RT、RL 系列熔断器，其熔丝熔断后，不能用普通的 RC1A 系列熔断器所用熔体代换。

四、接触器

交流接触器是一种广泛使用的开关电器。在正常条件下，可以用来实现远距离控制或频繁地接通、断开主电路。接触器主要控制对象是电动机，可以用来实现电动机的启动、正反转运行等控制，也可用于控制其他电力负荷，如电热器、电焊机、照明支路等。接触器具有失压保护功能，有一定过载能力，但不具备过载保护功能。交流接触器在电路的图形符号如图 2-15 所示。

图 2-15　接触器的图形符号

工作原理：交流接触器结构如图 2-16 所示，交流接触器具有一个套着线圈的静铁芯，一个与触头机械地固定在一起的动铁芯（衔铁）。当线圈通电后静铁芯产生电磁引力使静铁芯和动铁芯吸合在一起，动触头随动铁芯的吸合与静触头闭合而成接通电路。当线圈断电或加在线圈上的电压低于额定值的 40% 时，动铁芯就会因电磁吸力过小而在弹簧的作用下释放，使动、静触头自然分开。交流接触器外形与接线端如图 2-17 所示。

接触器的种类很多，国产的型号主要有 CJ10、CJ12、CJ20、CJ22、CJ24、B 系列等，还有引进的新系列，如 3TH、3TB 等。

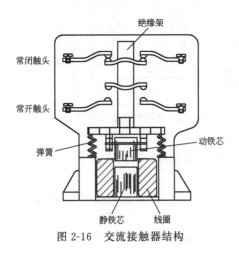

图 2-16　交流接触器结构

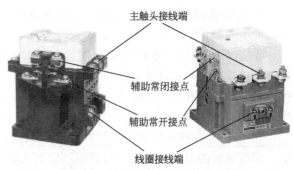

图 2-17　交流接触器外形与接线端

1. 接触器的安装与使用

接触器使用寿命的长短及工作的可靠性，不仅取决于产品本身的技术性能，而且与产品的使用维护是否得当有关。在安装、调整时应注意以下各点。

① 安装前应检查产品的铭牌及线圈上的数据（如额定电压、额定电流、操作频率等）是否符合实际使用要求。

接触器额定电压指的是线圈的工作电压，不是所要控制电路（也就是主回路）的电压。

接触器额定电流是指接触器主触头长期允许通过的电流；接触器的主触头并联使用时，并联后额定电流为原额定电流乘以并联系数，即 $I_e \times K$。两极并联时并联系数为 $K = 1.6$，三极并联时并联系数为 $K = 2.25$，四极并联时并联系数为 $K = 2.8$。此方法只适用于交流，不适用于直流。

例如，额定电流为 20A 的接触器，两极并联的额定电流为 $20 \times 1.6 = 32A$，三极并联的额定电流为 $20 \times 2.25 = 45A$。

操作频率是接触器一小时内允许接通、分断电路的次数。

② 接触器安装时为便于以后检修查找故障，纵向安装时，主触头上端应为进线端，三相电源的顺序由左至右为 A、B、C，如图 2-18 所示。接触器横向安装时，主触头左边应为进线端，右边为出线端，三相电源的顺序由上至下为 A、B、C，如图 2-19 所示。辅助触点可以根据接线便利的原则，就近连接，没有具体方向的要求。

③ 安装时一般应垂直安装，其倾斜角不得超过 5°，有散热孔的接触器，应将散热孔放在上下位置，以利于散热，降低线圈的温度。

④ 用于分合接触器的活动部分，要求产品动作灵活无卡住现象。

⑤ 安装接线时，应注意勿使螺钉、垫圈、接线头等零件遗漏，以免落入接触器内造成

卡住或短路现象。安装时,应将螺钉拧紧,以防振动松脱。

⑥ 原来带有灭弧室的接触器,绝不能不带灭弧室使用,以免发生短路事故,陶土灭弧罩易碎,应避免碰撞,如有碎裂,应及时调换。

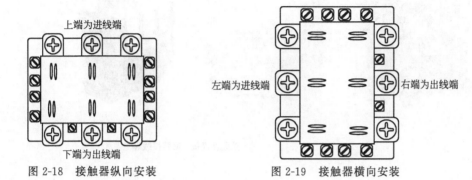

图 2-18 接触器纵向安装　　　　　图 2-19 接触器横向安装

2. 接触器的运行维护

① 检查最大负荷电流是否超过接触器规定的负荷值。

② 检查接触器线圈温升是否低于 65℃。

③ 监听接触器内有无放电声以及电磁系统有无过大的噪声和过热现象。

④ 检查触头系统和连接点有无过热烧损现象。

⑤ 检查灭弧罩是否完整,如有损坏应更换后再运行。

⑥ 检修触头系统,用细锉或细砂纸打光接触面,保持触头原有状态,调整接触面及接触压力,以保持三相同时接触,触头烧损严重的应更换。

⑦ 检查灭弧罩内部附件的完好性,并清擦烟痕等杂质。

⑧ 检查吸合铁芯的接触表面是否光洁,是否有凹凸不平或油污情况,短路环是否断裂或过度氧化及脱出情况,吸合是否良好,断开后,是否返回到正常位置。

⑨ 检查交流接触器的分、合信号指示是否与电路状态相符。

⑩ 检查电磁线圈有无过热现象,电磁铁上的短路环有无脱出和损伤现象。

⑪ 检查辅助触点有无烧蚀现象。

⑫ 检查铁芯吸合是否良好,有无较大的噪声,断开后是否能返回到正常位置。

⑬ 检查周围的环境有无变化,有无不利于接触器正常运行的因素,如振动过大、通风不良、导电尘埃等。

五、热继电器

热继电器是控制保护电气元件。热继电器是利用电流的热效应来推动动作机构,使控制电路分断,从而切断主电路。它主要用于电动机的过载保护,有些热继电器还具有断相保护、电流不平衡保护功能。在原理图中,热继电器各部分的图形符号及文字符号如图 2-20

热元件部分　　　　由热元件驱动的　　　　由热元件驱动的
　　　　　　　　　　常开触点　　　　　　　常闭触点

图 2-20 热继电器各部分的图形符号及文字符号

所示，图 2-21 是几种常用的热继电器的外形和接线端。

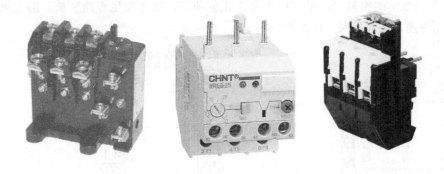

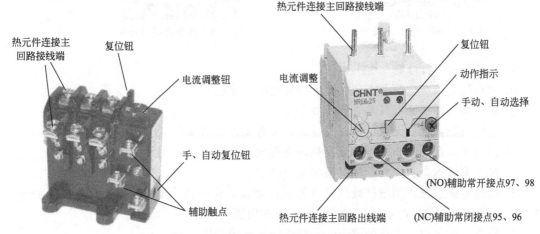

图 2-21　几种热继电器的外形和接线端

1. 热继电器的工作原理

热继电器基本结构由热元件、触头系统、动作机构、复位按钮、整定电流装置和温度补偿元件等部分组成。图 2-22 所示是 JR15 系列热继电器结构原理图。

热元件共有两块，是热继电器的主要部分，它是由双金属片及围绕的双金属片外面的电阻丝组成。双金属片是由两种线胀系数不同的金属片焊合而成。使用时将电阻丝直接串接在

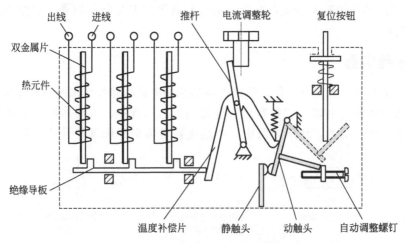

图 2-22　JR15 系列热继电器结构原理图

异步电动机的三相电路上。常闭触头接于电动机控制电路的接触器线圈支路上。当电动机绕组因过载引起过电流时，并经一定时间后，发热元件所产生的热量足以使双金属片弯曲，并推动绝缘导板向右移动一定距离，导板又推动温度补偿片与杠杆，使动触头与静触头分开，从而使电动机线路接触器断电释放，将电源切除，起到保护作用。电源切断后，热继电器开始冷却，过一段时间双金属片恢复原状，于是触头在弹簧的使用下自动复位。

这种热继电器也可用手动复位。这时只要将螺钉拧出到一定位置，使触头的转动超过一定角度，在此情况下，即使双金属片冷却，触头也不能自动复位，必须采用手动。即按下复位按钮使触头变位，这在某种要求故障未被排除而防止电动机再行启动的场合是必须的。

2. 热继电器的安装

热继电器的合理选用与正确使用直接影响到电气设备能否安全运行，因此在安装时应着重注意以下问题。

① 热继电器安装接线时，应清除触点表面的污垢，以避免电路不通或因接触电阻过大而影响热继电器的工作特性。

② 热继电器与其他电器安装在一起时，应安装在其他电器的下方，以避免其动作特性受到其他电器发热的影响。

③ 热继电器的主回路连接导线不宜太细，避免因连接端子和导线发热影响热继电器正常工作。

3. 热继电器的选用

类型选用：一般轻载启动，长期工作制的电动机或间断长期工作的电动机，可选用两相结构的热继电器；当电源电压均衡性和工作条件较差时可选用三相结构的热继电器；对于定子绕组为三角形接线的电动机，可选用带断相保护装置的热继电器，型号可根据有关技术要求和与交流接触器的配合相适应来选择。

① 热继电器额定电流的选择：热继电器的额定电流可按被保护电动机额定电流的 $1.1 \sim 1.5$ 倍选择，热继电器的动作电流可在其额定电流的 $60\% \sim 100\%$ 的范围内调节，整定值一般应等于电动机的额定电流。

② 与热继电器连接的导线截面应满足最大负荷电流的要求，连接应紧密，防止接点处过热传导到热元件上，造成动作值的不准确。

③ 热继电器在使用中，不能自行更动热元件的安装位置或随便更换热元件。

④ 热继电器故障动作后，必须认真检查热元件及触点是否有烧坏现象，其他部件有无损坏，确认完好无损时才能再投入使用。

⑤ 具有反接制动及通断频繁的电动机，不宜采用热继电器保护。

热继电器动作后的复位时间，当处于自动复位时，热继电器可在 5min 内复位，当调为手动复位时，则在 3min 后，按复位键能使继电器复位。

⑥ 热继电器一般有手动复位和自动复位两种形式，实际工作中应设置为哪种形式，要根据具体的情况而定，从控制电路的情况而言，采用按钮控制的手动启动和手动停止的控制电路，热继电器可设置为自动复位形式。采用自动控制器件控制的自动电路和有先后动作关系程序电路，热继电器应设置为手动复位形式。对于重要设备，热继电器动作后，需检查电动机与拖动设备，为防止热继电器自动复位，设备再次启动而脱扣的，此时要采用手动复位形式。对于热继电器和接触器安装在远离操作地点的，且电动机过载的可能性又比较大时，也宜采用手动复位形式。图 2-23 是现在使用广泛的热继电器的复位选择和辅助触点。

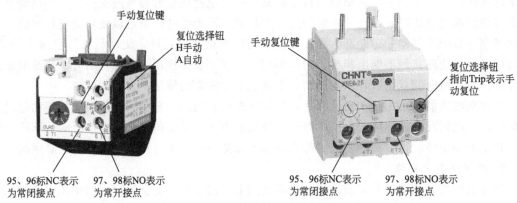

图 2-23   热继电器的复位选择和辅助触点

4. 热继电器的维护

① 热元件烧断。当热继电器动作频率太高，负载侧发生短路或电流过大，致使热元件烧断。要排除此故障应先切断电源，检查电路排除短路故障，再重选用合适的热继电器，并重新调整整定值。

② 热继电器误动作，这种故障的原因是整定值偏小，以致未过载就动作，电动机启动时间过长，使热继电器在启动过程中就有可能脱扣；操作频率过高，使热继电器经常受启动电流冲击。使用场所有强烈的冲击和振动，使热继电器动作机构松动而脱扣，另外，如果连接导线太细也会引起热继电器误动作。针对上述故障现象应调换适合上述工作性质的热继电器，并合理调整整定值或更换合适的连接导线。

③ 热继电器不动作。由于热元件烧断或脱落，电流整定值偏大，以致长时间过载仍不动作，有导板脱扣、连接线太粗等原因，使热继电器不动作，因此对电动机也就起不到保护作用。根据上述原因，可进行针对性修理。另外，热继电器动作脱扣后，不可立即手动复位，应过 2min，待双金属片冷却后，再使触头复位。

六、按钮

控制按钮属于主令电器之一，一般情况下不直接控制主电路的通断，而是在控制电路中发出"指令"去控制接触器或继电器等。它一般由按钮帽、复位弹簧、桥式动触点、静触点和外壳组成，其触点容量小，通常不超过 5A。有动合（常开）触点、动断（常闭）触点及组合触点（常开、常闭组合为一体的按钮），按钮颜色有红、绿、黑、黄、白等颜色。按钮的图形符号、文字符号和外形如图 2-24 所示。

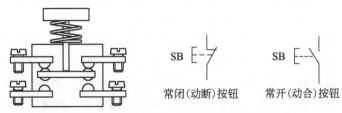

图 2-24   按钮内部结构及图形符号和文字符号

1. 控制按钮颜色的使用规定

控制按钮使用的颜色有红、黄、绿、蓝、黑、白和灰色，控制按钮的颜色及其含义如下。

① 红色控制按钮的一个含义是"停止"或"断电"，另一个含义是"处理事故"。

② 绿色控制按钮的含义是"启动"或"通电"，如正常启动、启动一台或多台电动机、装置的局部启动、接通一个开关装置（投入运行）。

③ 黑、白或灰色控制按钮的含义是"无特定用意"，除单功能的"停止"和"断电"按钮外的任何功能。

④ 黄色控制按钮的含义是"参与"。

应用举例：①防止意外情况；②参与抑制反常的状态；③避免不需要的变化（事故）。

2. 按钮的使用维护

① 按钮应安装牢固，接线应正确。通常，红色按钮作停止用，绿色、黑色按钮表示启动或通电。

② 应经常检查按钮，及时清除它上面的灰尘，必要时采取密封措施。

③ 若发现按钮接触不良，应查明原因，若发现触头表面有损伤或灰尘，应及时修复或清除。

④ 用于高温场合的按钮，因塑料受热易老化变形，而导致按钮松动，为防止因接线螺钉相碰而发生短路故障，应根据情况，在安装时增设紧固圈或给接线螺钉套上绝缘管。

⑤ 带指示灯的按钮一般不宜用于通电时间较长的场合，以免塑料件受热变形，造成更换灯泡困难。若欲使用，可降低灯泡电压，以延长其使用寿命。

⑥ 安装按钮的按钮板或盒，应采用金属材料制成，并与机械总接地母线相连，悬挂式按钮应有专用的接地线。

七、电动机综合保护器

电动机综合保护器是一种新型的电动机保护装置，它与热继电器不同，工作原理也不同，电动机综合保护器是利用电子测量装置，将电动机电流转换成电子信号，由一个主控电路进行比较运算，得出结果后带动控制元件输出控制指令。电动机综合保护器的优点是使用范围广，调节电流范围大，一般为 2～80A，动作时间 0～120s 可调。电动机综合保护器有两种工作形式：一种是不需要辅助电源的，只有一个常闭接点，如图 2-25 所示，接于电动机控制电路；另一种是需要辅助电源的，能够监视各种运行状态并发出信号，如图 2-26 所示。

电动机综合保护器具有对称性故障（如过载、堵转、过压、欠压等）及非对称性故障（如断相、电流不平衡）的保护功能，与交流接触器配合使用能对任何类型三相电动机起快速、可靠的保护。

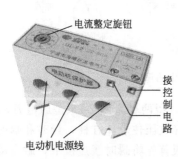

图 2-25　无辅助电源的电动机综合保护器

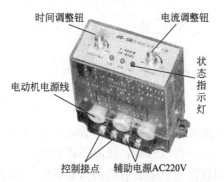

图 2-26　有辅助电源的电动机综合保护器

1. 电动机保护器的安装与选择

① 根据所需保护电动机的额定电流选择相对应规格的电动机综合保护器。在特殊情况下，大规格电动机综合保护器可用增加穿过保护器匝数的方法，应用在小功率电动机；5A规格的电动机综合保护器可通过安装于电流互感器二次侧的方法，应用于大功率电动机。

② 将交流接触器到电动机的三相电线分别穿过保护器的三只穿线孔，相序任意。

③ 将电动机综合保护器的输出接口串入交流接触器的二次控制回路中，控制接点 K1、K2 任意连接。

④ 将动作电流调节在所要求设定的电流值，一般设定等于电动机的额定电流。

⑤ 电动机综合保护器的保护特性的选择：

反时限特性的电动机综合保护器宜用在负载波动较大、长期工作、间断长期工作的场合；

定时限特性的电动机综合保护器宜用在频繁启动及频繁正反转的场合，如行车等起重设备。

2. 电动机保护器的维护

无辅助电源的电动机综合保护器的输出接口采用无触点的固态式交流电子开关，故检验开关的通断特性不能简单地用万用表电阻挡来测量。

电动机综合保护器使用于自动控制线路，电动机综合保护器动作后要重新启动，必须切断控制回路，使电动机综合保护器的输出接口断电复位，否则将拒绝启动。

无辅助电源电动机综合保护器的输出接口不能直接控制直流接触器类设备，需控制直流类设备时（用于 PLC），必须选用晶体管输出类电动机综合保护器。

电动机综合保护器无温度保护功能，故用户需注意电动机的工作环境温度及通风冷却情况。

八、时间继电器

时间继电器是控制线路中常用电器之一。它的种类很多，在交流电路中使用较多的有空气阻尼式时间继电器、电子式时间继电器。时间继电器在电路中的符号如图 2-27 所示。

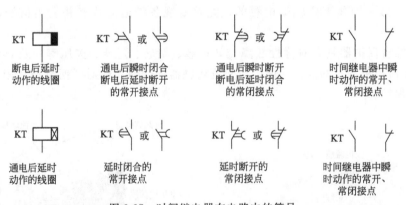

图 2-27　时间继电器在电路中的符号

空气阻尼式时间继电器，有通电延时型和断电延时型两种，图 2-28 是通电延时型时间继电器，其动作过程是：线圈不通电时，线圈的衔铁释放压住动作杠杆，延时和瞬时接点不动作，当线圈得电吸合后，衔铁被吸合，衔铁上的压板首先将瞬时接点按下，触点动作发出瞬时信号，这时由于衔铁吸合动作杠杆不受压力，在助力弹簧作用下慢慢地动作（延时），动作到达最大位置杠杆上的压板按动延时接点，接点动作发出延时信号，直至线圈无电释放，动作结束。

图2-29是断电延时型时间继电器，其特点是线圈是倒装的，其动作过程是：线圈得电吸合时，瞬时接点受衔铁上的压板动作，接点动作发出瞬时动作的信号，同时衔铁的尾部压下动作杠杆，延时接点复位，当线圈失电时，衔铁弹回，动作杠杆不再受压而在助力弹簧的作用下，开始动作（延时），动作到达最大位置时，杠杆上的压板按动延时接点，接点动作发出延时信号。

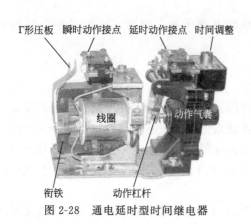

图2-28　通电延时型时间继电器　　　　图2-29　断电延时型时间继电器

1. 空气阻尼式时间继电器的安装与调整

① 空气阻尼式时间继电器由于采用电磁线圈动作原理，不宜采用横向安装，应垂直安装，线圈置于下方。

② 调整时用手将电磁铁的衔铁按到吸合位置，延时机构应立即启动，直至延时触点闭合为止，此时瞬动触点应可靠转换。

③ 释放衔铁时（在工作位置）动触点应迅速返回原位，瞬动动断触点闭合，动合触点应断开。

④ 检查继电器内部接线的牢靠程度及所有螺钉、螺母是否紧固。

⑤ Γ形动板在任何位置，均应使瞬动切换触点的动断触点可靠断开（两触点距离不得小于1.5mm），动合触点可靠闭合（超行程不小于0.5mm）。

2. 电子式时间继电器的特点及使用要点

电子式时间继电器如图2-30，它是通过电子线路控制电容器充放电的原理制成的。它的延时范围宽可达0.1～60s、1～60min。它具有体积小、重量轻、精度高、寿命长等优点。使用时应注意以下几点。

① 正确连接工作电压，电子式时间继电器的电压种类有交流、直流、低电压多种类型。

② 应尽量避免继电器输出端和输入端及线圈公共线连通，因为线圈断电时，会有去励磁现象，线圈上的反电势会加在触点上，使触点的断开电压增大，同时也会干扰其他电路。

③ 应采用电弧抑制保护措施，当继电器触点断开感性负载电路时，负载中储存的能量必须通过触点燃弧来消耗，为了消除和减轻电弧在断开感性负载时的危害，延长触点

晶体管时间继电器

晶体管时间继电器底座

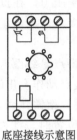
底座接线示意图

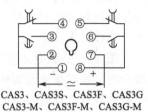
CAS3、CAS3S、CAS3F、CAS3G
CAS3-M、CAS3F-M、CAS3G-M
小型电子式时间继电器外形与接线图

图 2-30　电子式时间继电器

的使用寿命，消除或减轻继电器对相关灵敏电路的电磁干扰、损害，通常采用电弧抑制保护措施。

九、中间继电器

中间继电器主要在电路中起信号传递与转换作用，用它可实现多路控制，并可将小功率的控制信号转换为大容量的触点动作。中间继电器触点多，一般有四对触点（四个常开四个常闭），可以扩充对其他电器的控制作用。中间继电器各部分的图形符号及文字符号如图 2-31 所示。中间继电器适用于交流 50Hz、电压 500V 及以下及直流电压 440V 及以下的控制电路中，触点额定电流为 5A。

选用中间继电器，主要依据控制电路的电压等级（交流、直流、低电压），同时还要考虑触点的数量、种类及容量应满足控制线路的要求，中间继电器外形及其各接线端位置如图 2-32 所示。

KA　线圈　　　KA　常开接点　　　KA　常闭接点

图 2-31　中间继电器的图形及文字符号

常闭接点(上)

常开接点(下)

线圈接线端之一(另一端在对应的另一侧)

图 2-32　中间继电器外形及其各接线端位置

1. 中间继电器的安装与使用

中间继电器使用寿命的长短、工作的可靠性，不仅取决于产品本身的技术性能，而且与产品的使用维护是否得当有关。中间继电器在安装、调整时应注意以下各点。

① 安装前应检查产品的铭牌及线圈上的数据（如额定电压、电流、操作频率等）是否符合实际使用要求。

② 中间继电器使用前应认真检查额定电压，中间继电器额定电压指的是线圈电压，不是所控制电路的电压。

③ 为便于以后检修查找故障中间继电器的安装与接触器的安装一致，纵向安装时，触点上端应为进线端，三相电源的顺序由左至右为 A、B、C。横向安装时，触点左边应为进线端，右边为出线端，三相电源的顺序为由上至下为 A、B、C。

④ 安装时一般应垂直安装，其倾斜角不得超过 5°。

⑤ 用于分合接触器的活动部分，要求产品动作灵活无卡住现象。

2. 中间继电器的运行维护

① 检查中间继电器最大负荷电流是否超过接触器规定的负荷值。

② 检查中间继电器线圈温升是否低于 65℃。

③ 检查交流接触器的分、合信号指示是否与电路状态相符。

④ 检查铁芯吸合是否良好，有无较大的噪声，断开后是否能返回到正常位置。

⑤ 检查周围的环境有无变化，有无不利于接触器正常运行的因素，如振动过大、通风不良、导电尘埃等。

十、行程开关

1. 行程开关的作用

行程开关是位置开关的主要种类。行程开关的图形符号和文字符号如图 2-33 所示，其作用与按钮相同，能将机械信号转换为电气信号，只是触点的动作不靠手动操作，而是由生产机械运动部件的碰撞行程开关的操作头使触点动作来实现接通和分断控制电路，其结构如图 2-34 所示。通常被用来限制机械运动的位置和行程，使运动机械按一定位置或行程自动停止、反向运动、变速运动或自动往返运动等。使用时应根据机械与行程开关的传动与位移关系选择合适的操作头形式。

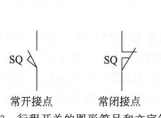

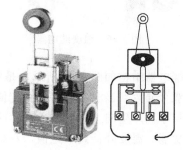

SQ 常开接点　　SQ 常闭接点	
图 2-33　行程开关的图形符号和文字符号	图 2-34　行程开关结构

2. 行程开关的安装维护

在实际生产中，将行程开关安装在预先安排的位置，当装于生产机械运动部件上的模块撞击行程开关时，行程开关的触点动作，实现电路的切换。因此，行程开关是一种根据运动部件的行程位置而切换电路的电器，它的作用原理与按钮类似。

行程开关广泛用于各类机床和起重机械，用以控制其行程、进行终端限位保护。在电梯的控制电路中，还利用行程开关来控制开关轿门的速度、自动开关门的限位及轿厢的上、下限位保护。

行程开关可以安装在相对静止的物体（如固定架、门框等，简称静物）上或者运动的物体（如行车、门等，简称动物）上。当动物接近静物时，开关的连杆驱动开关的接点引起闭合的接点分断或者接点闭合，使控制电路和机构动作。图 2-35 是行程开关的动作过程。

行程开关在安装时注意撞击模块与开关动作头的距离，撞击模块形状过大容易造成开关动作头损坏，撞击模块过小容易造成动作失误。

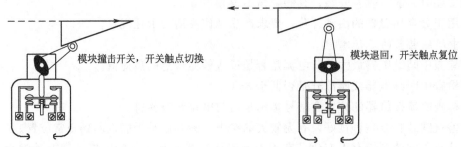

模块撞击开关，开关触点切换

模块退回，开关触点复位

图 2-35　行程开关动作过程

十一、温度继电器

温度继电器是一种定值型温度控制元件，当外界温度达到设定值时动作，继电器实物如图 2-36 所示。它在电路图中的符号是 KTP，如图 2-37 所示。

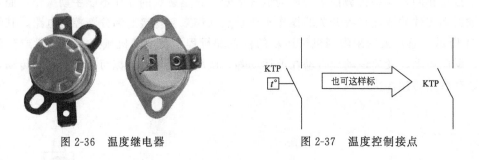

图 2-36　温度继电器

图 2-37　温度控制接点

温度继电器结构如图 2-38 所示，是将两种线胀系数相差悬殊的金属牢固地复合在一起形成蝶形双金属片。当温度升高到一定值，双金属片就会由于下层金属膨胀伸长大，上层金属膨胀伸长小而产生向上弯曲的力，弯曲到一定程度便能带动接点动作，实现接通或断开负载电路的功能。温度降低到一定值，双金属片逐渐恢复原状，恢复到一定程度便反向带动电触点，实现断开或接通负载电路的功能。

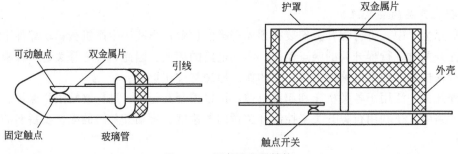

图 2-38　温度继电器结构

温度继电器的划分及使用如下。

按温度划分：0～300℃，5℃一个规格。

按动作性质划分：常开型、常闭型。

温度继电器最大负荷电流一般为 3～5A，可直接控制接触器线圈，注意负荷要小于温度继电器规定的负荷值。

温度继电器安装时尽量贴近被测物体，以提高测量温度的准确性。工作中温度继电器表面保持清洁，以减少对温度测量影响。

温度继电器的引线应采用搭线焊接，焊锡要饱满。

温度继电器常温检测，以常闭型为例，常温时触点的接触电阻应为零，当温度继电器靠近规定热源温度时，触点立即断开，回复到环境温度，1～3min触点复位。常开型温度继电器动作相反。

十二、电接点温度计

1. 电接点温度计的作用

电接点温度计是利用温度变化时带动触点变化，当其与上、下限接点接通或断开的同时，使电路中的继电器动作，从而自动控制及报警。实物如图2-39。

上接点的指针是温度上限，下接点的指针是温度下限，中间的黑色指针指示是实际压力的数值，同时也是控制接点的公共端，如图2-40的②。当温度达到上限时与上限接点接通，如图2-40中的②、③通，当温度达到下限时，与下限接点接通，如图2-40中的②、①通，实际温度在上、下限之间时，公共端与上限、下限都断开，以达到温度控制的目的。

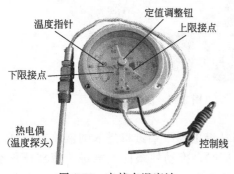

图2-39　电接点温度计

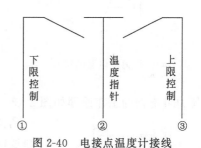

图2-40　电接点温度计接线

2. 电接点温度计的安装与维护

在使用时应严格遵守温度计的使用要求，不可超过使用参数的规定，电接点温度计的控制功率为10VA，最大允许电流为0.7A。

温度探头内装有膨胀系数较大的气体（如氯甲烷），当温度变化时，温包内压力也随之变化，通过毛细管把温包中的压力信号传送给二次表头来显示温度。

温度表头实质上是压力很低的电接点压力表。它把温包压力信号转换成相应温度值反映在表盘刻度上。另外，指针旋转带动电接点动触头，接通整定报警温度回路，发出报警信号。使用注意事项如下。

① 温度探头所连接的毛细管不能断线、被压扁，否则不能传递信号。

② 整套试验：用一暖水瓶盛满开水，先检查表头指针是否在当时环境温度刻度上，然后把温度探头放在开水瓶瓶口处慢慢熏，看表针是否缓慢上升，再把温包插入暖水瓶中，稍停片刻，表指针示值应接近100℃。认真观察表针有无卡针、跳针现象。一切正常后再缓慢拔出探头，表针示值应缓慢下降，当把探头拔出后，再稍停片刻，表针应回到环境温度位置

上。在降温过程中，也要看有无卡针、跳针现象。

③ 温度报警试验：表头内有三个指针，分别接有三根引出线，组成两对接点，其中一对是下限接点，一对是上限接点。温度报警只用上限接点。红针为共用电源线，黑针为下限接点，黄针为上限接点。在升温、降温过程中同时试验电接点工作情况，用一只万能表打到电阻挡，表笔接触黄针、红针引出线，接通时表针回零，断开时表针无穷大。

④ 一般电接点温度计为了观察方便，表头安装在设备附近（毛细管必须够长），但为了保护毛细管，毛细管外边应套以钢管或硬质塑料管为好。就地安装把毛细管盘成圈即可。

十三、压力继电器

1. 压力继电器的作用

气压、液压系统中当压力达到预定值时，能使电接点动作的元件是压力继电器，符号如图 2-41 所示。压力继电器是利用气体或液体的压力来启动电气接点的压力电气转换元件。当系统压力达到压力继电器的调定值时，接点动作发出电信号，控制其他电气元件（如电磁铁、接触器、时间继电器、电磁离合器等）动作，迫使系统卸压、换向，或关闭电动机使系统停止工作，起到安全保护控制作用等。图 2-42 是压力继电器实物。

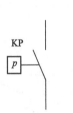

图 2-41　压力继电器的符号　　　　　图 2-42　压力继电器

压力继电器的工作原理如图 2-43 所示，当从继电器下端进口进入的液体或气体，压力达到调定压力值时，推动柱塞向上推进，使杠杆移动，并通过杠杆放大后推动微动开关动作。调整钮可以改变弹簧的压缩量从而调节继电器的动作压力。

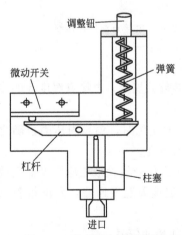

图 2-43　压力继电器的结构

2. 压力继电器的安装与维护

选择压力继电器的主要依据是它们在系统中的作用、额定压力、最大流量、压力损失数值、工作性能参数和使用寿命等。通常按照液压系统的最大压力和通过阀的流量，从产品的样本中选择合适的压力继电器的规格。

① 压力继电器与管路连接紧密，密封良好，防止密封材料掉落管路中，以免影响灵敏度。

② 压力继电器能够发出电信号的最低工作压力和最高工作压力的差值称为调压范围，压力继电器也应在此调压范围内选择。

③ 可根据系统性能要求选择压力继电器的结构形式，如低压系统可选用直动型压力继电器，而中高压系统应选用先导型压力继电器。根据空间位置、管路布置等情况选用板式、管式或叠加式连接的压力继电器。

3. 压力继电器常见故障

① 当阀芯或推杆发生径向卡紧时，摩擦力增加。这个阻力与阀芯和推杆的运动方向相反，它的一个方向帮助调压弹簧力，使油液压力升高，另一个方向帮助油液压力克服弹簧力，使油液压力降低，因而使压力继电器的灵敏度降低。

② 在使用中由于微动开关支架变形或零位可调部分松动，都会使原来调整好或在装配后保证的微动开关最小空行程变大，灵敏度降低。

③ 液体型压力继电器的泄压腔如不直接接回油箱，由于泄油口背压过高，也会使灵敏度降低。

十四、速度继电器

1. 速度继电器的作用

速度继电器是将机械的旋转信号转换为电信号的电气元件。速度继电器的转子是与被控制电动机的转子相接，继电器的辅助触点在一定转速情况下会动作，其动合触点闭合，动断触电断开，速度继电器主要作用是对电动机实现反接制动的控制。在电路图中，速度继电器的图形符号和文字符号如图 2-44 所示。

图 2-44　速度继电器的图形符号和文字符号

2. 速度继电器的工作原理

速度继电器的转子是一个永久磁铁，与电动机或机械轴连接，随着电动机旋转而旋转，速度继电器的结构如图 2-45 所示。定子与笼式转子相似，内有短路条，它也能围绕着转轴转动。当转子随电动机转动时，它的磁场与定子短路条相切割，产生感应电势及感应电流，这与电动机的工作原理相同，故定子随着转子转动而转动起来。定子转动时带动杠杆，杠杆推动触点，使之闭合与分断。当电动机旋转方向改变时，继电器的转子与定子的转向也改变，这时定子就可以触动另外一组触点，使之分断与闭合。当电动机停止时，继电器的触点即恢复原来的静止状态。

由于继电器工作时是与电动机同轴的，不论电动机正转或反转，电器的两个常开触点，

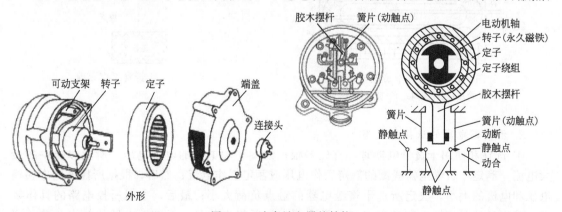

图 2-45　速度继电器的结构

就有一个闭合，准备实行电动机的制动。一旦开始制动，由控制系统的联锁触点和速度继电器的备用闭合触点，形成一个电动机相序反接（俗称倒相）电路，使电动机在反接制动下停车。而当电动机的转速接近零时，速度继电器的制动常开触点分断，从而切断电源，使电动机制动状态结束。

常用的速度继电器有 JY1 型和 JFZ0 型两种。其中，JY1 型可在 700～3600r/min 范围内可靠地工作；JFZ0-1 型使用于 300～1000r/min；JFZ0-2 型适用于 1000～3600r/min。它们具有两个常开触点、两个常闭触点，触点额定电压为 380V，额定电流为 2A。一般速度继电器的转轴在 130r/min 左右即能动作，在 100r/min 时触头即能恢复到正常位置。可以通过螺钉的调节来改变速度继电器动作的转速，以适应控制电路的要求。

3. 速度继电器的安装与维护

① 速度继电器的转轴与电动机要同轴连接，必须使两个轴的中心线重合，以免因为不同轴造成继电器摆轴，使胶木摆杆损坏，无法产生动作信号。

② 速度继电器安装接线时，根据运行要求注意正反向触点不能接反，以免产生错误信号。

③ 速度继电器的外壳要可靠接地。

十五、干簧继电器

1. 干簧继电器的作用与工作原理

干簧继电器主要由干式舌簧片与励磁线圈组成。干式舌簧片（触点）是密封的，由铁镍合金做成，接触良好，具有优良的导电性能。触点密封在充有氮气等惰性气体的玻璃管中，因而有效地防止了尘埃的污染，减少了触点的腐蚀，提高了工作可靠性。其结构如图 2-46 所示。

工作原理：如果把一块磁铁放到干簧管附近，如图 2-47 所示，或者在干簧管外面的线圈上通入电流，则两个簧片在磁场的作用下被磁化而相互吸引，使簧片接触，被控电路就会接通；把磁铁拿开或断开线圈的电流，由于磁场消失，簧片依靠自身的弹力分开，被控电路就会断开。干簧继电器的激励线圈可以套在干簧管的外面，利用线圈内磁场驱动干簧管。也可以放在干簧管的旁边，利用线圈外磁场驱动干簧管。

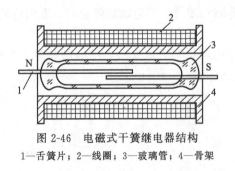

图 2-46　电磁式干簧继电器结构

1—舌簧片；2—线圈；3—玻璃管；4—骨架

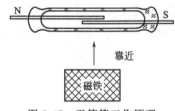

图 2-47　干簧管工作原理

2. 干簧继电器的选择与使用

① 选择和使用干簧继电器时，首先要根据线圈驱动电路的电源电压、所能够提供的最大电流，确定干簧继电器线圈的额定工作电压或额定工作电流；然后，根据所控电路中切换电压和电流的大小，决定所选干簧继电器的触点负荷大小；最后，根据所控电路的具体要求，确定所选干簧继电器的触点组数及形式。需要指出的是，干簧继电器的触点负荷（容

量）远没有电磁继电器大，受触点负荷能力所限，干簧继电器一般适合用于各种小电流、快速切换的电路中。

② 许多常见的电路图中，将干簧继电器绘成图 2-48 所示的图形符号，在分析和阅读时显得直观明了，这一图形符号是由"干簧管图形符号＋线圈图形符号＝干簧继电器图形符号"演变而来。但注意它不是规范的图形符号，标准的图形符号与电磁继电器是一致的，读者应了解这一点，以免造成不必要的疑惑或误解。

图 2-48　电路中干簧继电器符号

③ 微型干簧继电器尽管生产厂家不同，但这类产品外壳的标识中大部分都包含有"SIP-1A05"和"DIP-1B12"、"DIP-1C24"等字符。其含义：左边的 3 个字母"SIP"、"DIP"代表产品封装形式；"1A"、"1B"、"1C"分别表示"1 组常开触点"、"1 组常闭触点"、"1 组转换触点"（个别产品的"1A"则表示触点最大允许电流为 1A）；"05"、"12"、"24"分别表示线圈的额定工作电压为 5V、12V、24V。

④ 干簧继电器在电子电路使用中，继电器线圈在断电瞬间会产生自感电压，有可能损坏驱动线圈的晶体三极管或集成电路等。为此，应视具体情况在线圈两端并联限压保护二极管来消除自感电压的危害，其情形与电磁继电器完全一样。但要注意，有些微型全密封干簧继电器在内部已经集成了这个二极管，使用时必须识别线圈引脚的极性，将线圈引脚正确接入到驱动电路中。

十六、固态继电器

1. 固态继电器的作用

固态继电器是一种无触点通断的电子开关，固态继电器的文字符号是 SSR，固态继电器由三部分组成：输入电路、隔离（耦合）和输出电路。按输入电压的不同类别，输入电路可分为直流输入电路、交流输入电路和交直流输入电路三种，如图 2-49 所示是几种常用固态继电器，固态继电器利用电子元件，如开关三极管、双向晶闸管等半导体器件的开关特性，可达到无触点无火花地接通和断开电路的目的，固态继电器为四端有源器件，其中两个端子为输入控制端，另外两端为输出受控端。图 2-50 为固态继电器的符号，为实现输入与输出之间的电气隔离，器件中采用了高耐压的专业光电耦合器。当施加输入信号后，其主回路呈导通状态，无信号时呈阻断状态。整个器件无可动部件及触点，可实现相当于常用电磁

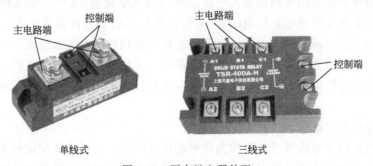

单线式　　　　　　　　　三线式

图 2-49　固态继电器外形

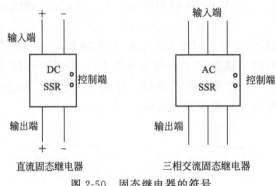

图 2-50　固态继电器的符号

继电器一样的功能。其封装形式也与传统电磁继电器基本相同。

固态继电器问世于 20 世纪 70 年代，由于它的无触点工作特性，使其在许多领域的电控及计算机控制方面得到日益广泛的应用。固态继电器输入控制电压 4～32V，输出电流 4～800A。

2. 根据负载类型选择固态继电器

在使用中流过固态继电器输出端的稳态电流不得超过产品规范规定的相应环境温度下的额定输出电流，电路中可能出现的浪涌电流不得超过继电器的过负载能力，一般都留有一定的余量。双向晶闸管输出大多用于阻性负载，单向晶闸管反并联输出大多用于感性和容性负载。大多数负载都可使用"过零"型，但需要调压（如调光），少数感性负载（如变压器）必须使用"随机"型。

几乎没有完全无浪涌的固态继电器负载，即使电热元件，尽管它们是纯阻性的，由于具有正的温度系数，低温时电阻较小，因而通常表现为较大的启动电流。如电热炉接通电流常为稳态电流的 1.3～14 倍，白炽灯接通电流常为稳态电流的 10 倍，卤钨灯的浪涌电流可以高达稳态值的 25 倍。有些金属卤化物灯的开启过程需几分钟，在这个过程中，灯及其镇流器可能表现为容性和感性，可能伴随有高达稳定值数十倍的电流脉冲。

容性负载具有潜在的危险性。因为充电时其最初表现为短路，在充电时会出现很高的浪涌电流，该电流靠电源内阻、电路电阻和电路电感来限制。如分合电力电容器不但要考虑浪涌电流，还要考虑其"过补"时的过电压。

感性负载会产生大的浪涌电流，关断时又可能产生 2 倍于电源电压的过电压。如交流电磁铁、接触器在非激励状态输入阻抗低，通电时会出现 3～4 倍于稳态电流的浪涌电流。有饱和剩磁的变压器，若接通时继续向剩磁方向励磁，由于严重的磁饱和，在开始的半周会出现几乎仅由绕组电阻决定的浪涌电流，它甚至可达稳态电流的 30 倍。交流感应电动机启动时的浪涌电流最大值是稳态额定电流的 5～7 倍，而且其启动时的浪涌电流，从初始的堵转电流逐渐过渡到稳态电流，过渡的持续时间与电机及负载的惯性关系很大，可以从十几个电源周波到几十秒。所以建议用户选用固态继电器时，应先认真分析研究或测试负载的浪涌特性，然后再选择固态继电器。固态继电器必须在保证稳态工作的前提下，能够承受这个浪涌电流。

（1）固态继电器过电流的保护

固态继电器是以半导体开关器件作为功率输出部件的，对温度的变化较为敏感，过电流会使半导体芯片过热而造成品质下降、寿命降低甚至永久性损坏。虽然固态继电器在瞬间可以承受额定电流 10 倍以上的浪涌电流，但超过此值很容易造成永久性损坏，因而，过电流的保护是很重要的。过电流的保护方法很多，关键在于反应速度要快。对以晶闸管为输出器件的交流固态继电器，由于晶闸管需电流过零关断的特性，则对于在 10ms（50Hz 线路）以内超过 SSR 浪涌电流承受值的浪涌电流和短路电流，一般的保护电路是无效的，应考虑采用半导体器件专用的快速熔断器。熔断器的标称熔断电流不应超过 SSR 的标称电流值。市售的快速熔断器种类较多，但质量差异较大，选择时应加以注意。

（2）固态继电器过电压的保护

当负载为感性或容性时，很可能产生大于固态继电器所能承受的瞬态电压（阻断电压）和电压上升（du/dt）。若保护措施不当或响应不灵敏，不仅会造成固态继电器失控，严重时还可能烧毁固态继电器或设备。因此，过电压的保护是必需的，普遍的应用是外加瞬态抑制（RC 吸收）电路和电压钳位电路（双向稳压二极管、压敏电阻）。

现在多数产品内部已加上 RC 吸收回路或压敏电阻，能起到一定保护作用。建议用户在使用时根据负载的有关参数和环境条件，认真计算和试验 RC 回路的选值。若满足不了，应再并联一个 RC 回路和压敏保护电路。在一般情况下 RC 吸收回路可以有效地抑制加至固态继电器的瞬态电压和电压指数上升率（du/dt），压敏电阻保护电路可以吸收宽脉冲的过电压。

（3）固态继电器过热保护

如固态继电器过热，轻则失控，重则造成永久性损坏，建议加装过热保护措施，通常的做法是保证固态继电器的地板处温度不超过 75～80℃。一般的温度保护电路就可以达到目的，比较经济实惠的是在散热器上靠近 SSR 底板处安装温控开关，温升达到限定温度时切断 SSR 输入信号。

（4）固态继电器的输入端要求

固态继电器有直流控制输入和交流控制输入两类。直流控制输入均采用恒流源电路，输入电压范围 3～32V，输入电流 5～15mA，可方便地与 TTL 电路（晶体管逻辑电路）及微机接口。安装时需注意控制端的正负极性。交流控制输入的固态继电器控制电压为 90～280VAC，用于无直流电源的场合。

（5）根据电路的电源电压、瞬态电压和 du/dt 选择固态继电器

直流固态继电器只适用于控制直流电源和负载，交流固态继电器只适用于控制交流电源和负载。负载电源的电压不能超过继电器的额定输出电压，也不能低于规定的最小输出电压。使用中，可能加至固态继电器输出端的最大电压峰值，一定要低于固态继电器的瞬态电压值。在切换交流电感负载，如单相电机和三相电机负载，或这些负载电路通电时，固态继电器输出端都可能会出现两倍于电源电压峰值的电压。对此类负载，最好选用额定输出电压单相为 280VAC，三相为 530VAC 的交流固态继电器。峰值阻断电压分别可达 800V 和1400V。对感性和容性负载，当交流固态继电器在零电流关断时，电源电压不为零，并且以较大的 du/dt 值加至固态继电器输出端，因此应选用 du/dt 高的继电器，尤其用于正反转控制固态继电器。

3. 小型固态继电器的检测

（1）交、直流固态继电器的判别

小型固态继电器与三相固态继电器不同，这种继电器接线端大小一样，如图 2-51 所示，在直流固态继电器外壳的输入端和输出端旁，均标有＋、－符号，并注有 DC 输入、DC 输出字样。而交流固态继电器只在输入端上标出＋、－符号，输出端无正、负之分。

（2）输入端与输出端的判别

无标识的固态继电器如图 2-52 所示，用万用表 $R \times 10k$ 挡，通过分别测量各引脚的正、反向电阻值来判别输入端与输出端。当测出某两引脚的正向电阻较小，而反向电阻为无穷大时，这两只引脚即为输入端，其余两脚为输出端。而在阻值较小的一次测量中，黑表笔接的是正输入端，红表笔接的是负输入端。若测得某两引脚的正、反向电阻均为 0，则说明该固态继电器已击穿损坏。若测得固态继电器各引脚的正、反向电阻值均为无穷大，则说明该固态继电器已开路损坏。

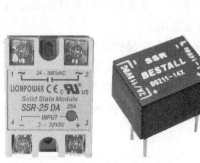

图 2-51　小型固态继电器

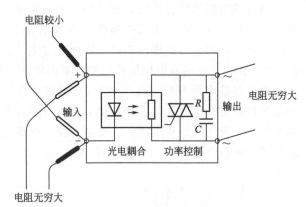

图 2-52　固态继电器检测

（3）输出端的检测

使用一台 DC5V 稳压电源，将数字万用表拨至 $2k\Omega$ 电阻挡测量输出端的通、断电阻。合上 DC5V 的直流电源后，测得电阻值为 $1.343k\Omega$，表明内部双向晶闸管导通，此时能接通负载。断开直流电源时，仪表显示溢出符号"1"（电阻值为无穷大），说明被测器件关断，此时可切断负载。注意，根据被测固态继电器型号的不同，所测得的输出端的通态电阻值也有所不同，其值的范围是比较大的，有的为几十欧，有的为几千欧。输出端的通态电阻与输入电流有关。在 $10 \sim 20mA$ 范围内，输入电流越大，通态电阻越小。电流值的大小取决于输入端所加直流电压的大小，但所加的输入电压值不得超过被测器件的额定输入电压值。此外，若输入端直流电压的极性接反了，固态继电器是不能正常工作的。

十七、指示灯

指示灯主要用于各种电气控制线路中作指示信号、预告信号、事故信号及其他指示信号之用。目前较常用的型号有 XD、AD1、AD11 系列等。指示灯的图形符号及文字符号和外形如图 2-53。

图 2-53　指示灯的图形符号及文字符号

指示灯供电的电源可分为交流和直流，电压等级有 6.3V、12V、24V、36V、48V、110V、127V、220V、380V 多种。常用的指示灯如图 2-54 所示。

图 2-54　常用指示灯外形

电气装置中指示灯的颜色标志的使用规定如下。

① 红色指示灯的含义是"危险和告急"。红色指示灯说明"有危险或必须立即采取行动"，"设备已经带电"。

应用举例：a. 有触及带电或运动部件的危险；b. 因保护器件动作而停机；c. 温度已超过（安全）极限；d. 润滑系统失压。

② 黄色指示灯的含义是"注意"。黄色指示灯说明"情况有变化或即将发生变化"。

应用举例：a. 温度（或压力）异常；b. 仅能承受允许的短时过载。

③ 绿色指示灯的含义是"安全"。绿色指示灯说明"正常或允许进行"。

应用举例：a. 机器准备启动；b. 自动控制系统运行正常；c. 冷却通风正常。

④ 蓝色指示灯的含义是"按需要指定用意"。蓝色指示灯说明"除红、黄、绿三色之外的任何指定用意"。

应用举例：a. 遥控指示；b. 选择开关在"设定"位置。

⑤ 白色指示灯的含义是"无特殊用意"。

十八、压力控制器

压力控制器是一种随压力变化可以输出开关信号的控制装置。其工作原理是利用弹性元件随着压力的升降而伸长或缩短的变化特性，通过杠杆与拨臂，拨动微动开关，使开关触点闭合或断开，从而达到对压力进行控制的目的。其结构如图 2-55 所示。图 2-56 是压力控制器的工作原理，当压力升高时，1、2 闭合，1、3 断开；当压力下降时；1、2 断开，1、3 闭合。

压力控制器开关动作压力可以调节，并且开关恢复的差动值也可以调节。如工作压力为 0~1.47MPa 的控制器，开关的动作压力值可以在这个范围调节，而开关动作和恢复的差动值在 0.1~0.27MPa 之间可以调节。这样用一个开关就可以实现压力的两位式控制。例如，将整定值调整为 1MPa，差动值调整为 0.2MPa，则压力的控制范围是 1~1.2MPa（指针指示值为压力下降开关动作值）。

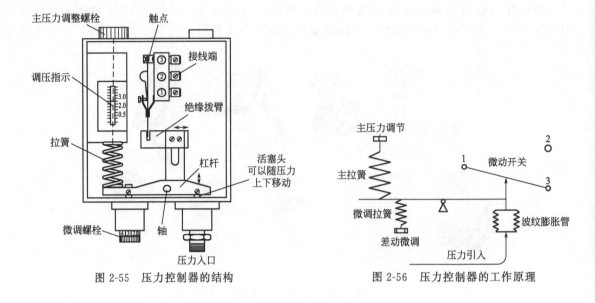

图 2-55 压力控制器的结构   图 2-56 压力控制器的工作原理

十九、压力式温度控制器

现在使用的开水器有两种控制方式,简单实用的是用压力式温度控制器控制开水器的加热棒工作,另一种是采用电子测温电路控制。不管哪一种控制方式,都是利用控制器发出的信号来控制接触器的通断,从而达到加热的目的。

压力式温度控制器(也称机械式温度控制器)由温包、毛细管和显示测量仪表组成,如图 2-57 所示,它是利用温包里的气体或液体因受热而改变压力,通过毛细管带动显示测量仪表中的传动机构,由指针指示测量值。测量范围一般为 $-80 \sim 400\,℃$,可测量液体、气体的温度。毛细管的长度为 $3 \sim 20\text{m}$,能就地集中测量,但这种精度较低,其精度等级只有 2.5 级。测温毛细管的机械强度差,损坏后不宜修复,因此敷设时应避免遭受机械损坏,还要注意不要将毛细管沿冷热介质的管道和设备壁敷设,以免影响精度。

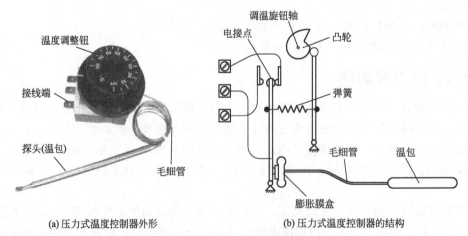

(a) 压力式温度控制器外形   (b) 压力式温度控制器的结构

图 2-57 压力式温度控制器

1. 压力式温度控制器使用注意事项

压力式温度控制器是利用密封容器内的工作介质(气体、蒸气或液体)随着温度的变化，压力发生改变的原理制成的。在使用、安装中要注意下面几个问题。

① 充气体或液体的压力式温度控制器的仪表读数不仅与温包的温度有关，而且受毛细管和弹簧管温度的影响，也就是受周围环境温度的影响，虽然采用了一定的补偿办法，但还不能使环境温度的影响得到完全的补偿。因此规定了使用时环境温度的变化范围。

② 使用时温度一定不能超过其测量上限值。一旦超过后，温包内所有液体全部汽化，这时的蒸气压力已不是饱和蒸气压了，因此与温度响应关系发生了变化，测量结果肯定是不准确的，甚至还会由于蒸气的剧烈膨胀而损坏仪表。

③ 压力式温度控制器的毛细管容易发生断裂和渗漏，安装时要注意不要铺设在容易被破坏和被磨损的地方。在选择适当位置稍微拉紧后，用夹子固定，并用角铁保护，转弯处不可成直角。毛细管不应与蒸汽管等高温热源靠近或接触。

2. 压力式温度控制器使用的检测方法

压力式温度控制器使用的检测方法如图 2-58(a) 所示，用万用表电阻挡 $R \times 1$ 挡测量控制器的触点（常开或常闭），将探头放入热水中（一定要是控制器测量范围内温度），再放入凉水中，检查触点断开或接通。

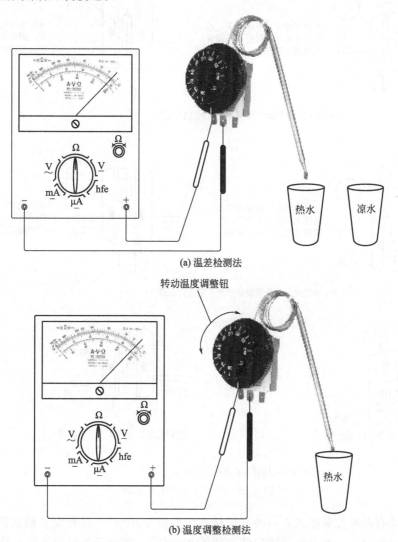

(a) 温差检测法

(b) 温度调整检测法

图 2-58　压力式温度控制器的检测

也可以将探头置于被测温度的介质内，转动温度调整钮，当高于或低于介质温度时触点断开或接通，如图 2-58(b) 所示。

二十、浮子开关

浮子开关也称浮漂开关，常见的浮子开关一般用在水箱里面控制水位，用水箱高液位或低液位作报警。还可以用在饮水机、空调、加湿器、雾化器、空压机、净水器、热水炉、水池、油箱、油罐、压力罐及一些有酸碱液体的大小型设备。

浮子开关是在密闭的非导磁性管内安装一个或多个干簧管，然后将此管穿过一个或多个中空且内部有环形磁铁的浮球，工作原理如图 2-59 所示，液体的上升或下降将带动浮球一起上下移动，使该非导磁性管内的干簧管产生吸合或断开的动作，从而输出一个开关信号，也叫无源触点信号。

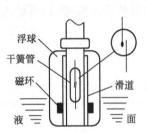
水位下降时，浮球向下，磁铁滑下离开干簧管，干簧管内的触点断开

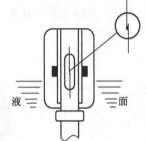
水位上升时，浮球漂向上端，磁铁下滑靠近干簧管，干簧管内的触点吸合接通

(a) 单触点下沉断开型浮子开关的工作原理

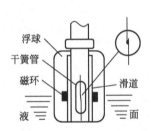
水位下降时，浮球向下垂，磁铁下滑靠近干簧管，干簧管内的触点吸合接通

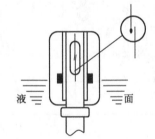
水位上升时，浮球向上，磁铁滑下离开干簧管，干簧管内的触点断开

(b) 单触点下沉接通型浮子开关的工作原理

下沉时触点1、2接通，1、3断开

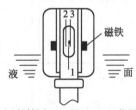
上浮时触点1、2断开，1、3接通

(c) 多触点三线浮子开关的工作原理

图 2-59　浮子开关的工作原理

浮子开关有两种安装形式：一种是连杆式，如图 2-60(a)，这种安装形式适用于液面变化不大的液面控制；一种是线缆式安装，如图 2-60(b)，适用于液面变化较大的场所。

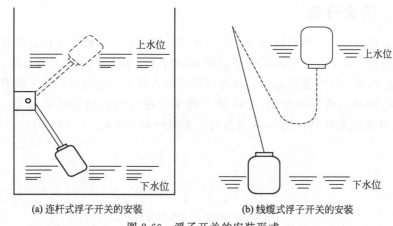

(a) 连杆式浮子开关的安装　　　(b) 线缆式浮子开关的安装

图 2-60　浮子开关的安装形式

二十一、万能转换开关

　　LW 型万能转换开关，用在交、直流 220V 及以下的电气设备中，可以对各种开关设备作远距离控制之用。它可作为电压表、电流表测量换相开关，或小型电动机的启动、制动、正反转转换控制，及各种控制电路的操作。其特点是开关的触点挡位多，换接线路多，一次操作可以实现多个命令接换，用途非常广泛，故称为万能转换开关。

　　在电路图中的图形符号如图 2-61 所示。有时还需给出转换开关转动到不同位置的接点通断表。图 2-62 是常用的几种万能转换开关。

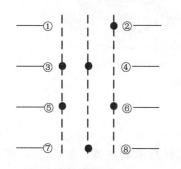

图形符号和接点

触点通断表

触点号	I	II	II
1　　2			×
3　　4	×	×	
5　　6	×		×
7　　8		×	

表中有"×"记号的表示在该位置触点是接通的，例如在"II"位置，触点3、4通，7、8通，其余位置不通

图 2-61　万能转换开关图形符号和接点通断表

图 2-62　几种万能转换开关的外形

二十二、组合开关

组合开关实质上也是一种特殊刀开关，只不过一般刀开关的操作手柄是在垂直安装面向上或向下扳动操作，而组合开关的操作手柄则是平行于安装面，向左或向右转动操作而已。组合开关多用在机床电气控制线路中，作为电源的引入开关，也可以用作不频繁地接通和断开电路、换接电源和负载以及控制 5kW 以下的小容量电动机的正反转和星三角启动等。图 2-63 是组合开关图形符号，图 2-64 为组合开关的外形与结构。

图 2-63　组合开关图形符号

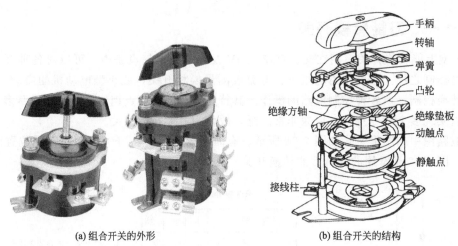

(a) 组合开关的外形　　　　　　　　(b) 组合开关的结构

图 2-64　组合开关的外形与结构

二十三、信号继电器

信号继电器在继电保护中用来发出指示信号，因此又称指示继电器，如图 2-65 所示，信号继电器的文字符号为 KS。10kV 系统中常用的 DX 型、JX 型电磁式信号继电器，有电流型和电压型两种。电流型信号继电器的线圈为电流线圈，阻抗小，串联接在二次回路内，不影响其他元件的动作；电压型信号继电器的线圈为电压线圈，阻抗大，必须并联使用。

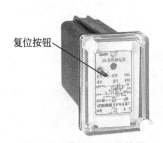

图 2-65　信号继电器外形

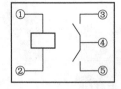
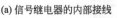

(a) 信号继电器的内部接线

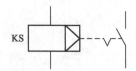

(b) 信号继电器的图形符号和文字符号

图 2-66　信号继电器的内部接线与符号

信号继电器在继电保护装置中主要有两个作用：一是机械记忆作用，当继电器动作后，信号掉牌落下，用来判断故障的性质和种类，信号掉牌为手动复位式；另一个是继电器动作后，信号接点闭合，发出事故、预告或灯光信号，告诉值班人员，尽快处理事故。

　　信号继电器的内部接线如图 2-66 所示，图形符号为 GB4728 规定的机械保持继电器线圈符号，其触点上的附加符号表示非自动复位触点。信号继电器结构如图 2-67 所示。

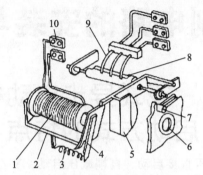

图 2-67　信号继电器结构

1—线圈；2—电磁铁；3—弹簧；4—衔铁；5—信号牌；6—玻璃窗口；
7—复位旋钮；8—动触点；9—静触点；10—接线端子

　　信号继电器的工作过程：无信号时衔铁 4 打开，支撑信号牌 5 不会掉下，动触点 8 不动作，绝缘面向上，静触点 9 不能接通。当线圈吸合时，衔铁 4 吸合，信号牌 5 失去支撑掉下，带动动触点 8 转动 90°，使动触点的金属面向上与静触点接通，发出动作信号。信号牌掉下后不论衔铁是吸合还是打开，信号牌都不能自动复位，只有在人工按下复位钮时才能恢复到原始状态，所以信号继电器具有机械保持功能，在信号报警电路中应用最多。

第三章

常用控制电路的安装与维护

第一节　笼式异步电动机几种启动方式的特点

电动机启动方式有：全压直接启动、自耦减压启动、Y-△启动、软启动器、变频器、调级调速等，其中软启动器和变频器启动为新的节能启动方式。当然也不是一切电动机都要采用软启动器和变频器启动，应从经济性和适用性方面考虑。下面是几种启动方式比较。

1. 电动机全压直接启动

在电网容量和负载两方面都允许全压直接启动的情况下，可以考虑采用全压直接启动。其优点是操纵控制方便，维护简单，而且比较经济。主要用于小功率电动机的启动，从节约电能的角度考虑，大于10kW的电动机不宜用此方法。

2. 电动机自耦减压启动

电动机自耦减压启动是利用自耦变压器的多抽头减低电压，既能适应不同负载启动的需要，又能得到较大的启动转矩，是一种经常被用来启动容量较大电动机的减压启动方式。它的最大优点是启动转矩较大，当其自耦变压器绕组抽头在80%处时，启动转矩可达直接启动时的64%。并且可以通过抽头调节启动转矩。至今仍被广泛应用。

3. 电动机Y-△启动

对于正常运行的定子绕组为三角形接法的笼式异步电动机来说，如果在启动时将定子绕组接成星形，待启动完毕后再接成三角形，就可以降低启动电流，减轻启动时电流对电源电压的冲击。这样的启动方式称为星三角减压启动，简称为星-角启动（Y-△启动）。采用星-角启动时，启动电流只是原来按三角形接法直接启动时的1/3。如果直接启动时的启动电流以6~7倍额定电流计算，则在星三角启动时，启动电流才是2~2.3倍额定电流。这就是说采用星三角启动时，启动转矩也降为原来按三角形接法直接启动时的1/3。适用于空载或者轻载启动的设备。并且同其他减压启动器相比较，其结构最简单，检修比较方便，价格也最便宜。

4. 电动机软启动器

这是利用了晶闸管的移相调压原理来实现对电动机的调压启动，主要用于电动机的启动控制，启动效果好，但成本较高。因使用了晶闸管元件，晶闸管工作时谐波干扰较大，对电网有一定的影响。另外，电网的波动也会影响晶闸管元件的导通，特别是同一电网中有多台晶闸管设备时。因此晶闸管元件的故障率较高，因为涉及电力电子技术，因此对维护技术人员的要求也较高。

5. 电动机变频器启动

变频器是现代电动机控制领域技术含量最高、控制功能最全、控制效果最好的电机控制装置，它通过改变电源的频率来调节电动机的转速和转矩。因为涉及到电力电子技术、微机技术，因此成本高，对维护技术人员的要求也高，因此主要用在需要调速并且对速度控制要求高的领域。

在以上几种启动控制方式中，星三角启动，自耦减压启动因其成本低，维护相对于软启动和变频控制容易，目前在实际运用中还占有很大的比重。但因其采用分立电气元件组装，控制线路接点较多，在其运行中，故障率相对比较高。从事电气维护的技术人员都知道，很多故障都是电气元件的触点和连线接点接触不良引起的，在工作环境恶劣（如粉尘、潮湿）的地方，这类故障比较多，检查起来颇费时间。另外，有时根据生产需要，要更改电机的运行方式，如原来电机是连续运行的，需要改成定时运行，这时就需要增加元件，更改线路才能实现。有时因为负载或电机变动，要更改电动机的启动方式，如原来是自耦启动，要改为星三角启动，也要更改控制线路才能实现。

第二节　电动机单方向运行控制的安装与维护

单方向运行控制电路是一种应用最广泛的电路，小从一个门铃的控制，大到数百千瓦的设备启动，都是由单方向基本电路演变而成的，以下将对其典型电路逐一介绍，包括电路的工作原理、安装接线和检修重点。

一、点动控制电路

点动控制电路是在需要动作时按下控制按制 SB，SB 的常开触点接通电源，电气元件得电工作。图 3-1(a) 是一个电铃控制电路，按下 SB 按钮电铃 HA 得电发出铃声。图 3-1 (b) 是接触器点动控制，按下 SB 按钮常开触点接通电源，接触器 KM 线圈得电，主触点闭合，设备开始工作，松开按钮后触点断开电路，接触器断电，主触头断开，设备停止。此种控制方法多用于起吊设备的"上"、"下"、"前"、"后"、"左"、"右"及机床的"步进"、"步退"等控制。

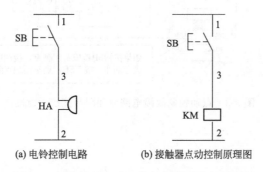

(a) 电铃控制电路　　　　(b) 接触器点动控制原理图

图 3-1　电铃控制电路和接触器点动控制原理图

图 3-2 是接触器点动控制接线示意图，点动控制的要点是有操作才有控制动作，SB 控制元件可以是按钮，也可以是其他能够自动复位的控制元件，如压力、温度等。

点动电路的常见故障是，没有操作设备就动作，可是操作设备又停止了，变成了点断控制。故障原理如图 3-3 所示。出现这种现象，是由于控制元件的触点粘连或接错，接成常闭

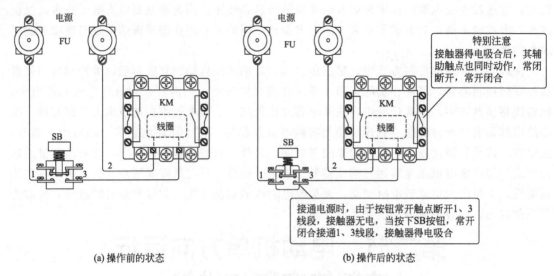

特别注意
接触器得电吸合后，其辅助触点也同时动作，常闭断开，常开闭合

接通电源时，由于按钮常开触点断开1、3线段，接触器无电，当按下SB按钮，常开闭合接通1、3线段，接触器得电吸合

(a) 操作前的状态　　　　　　　　　　(b) 操作后的状态

图 3-2　接触器点动控制接线示意图

触点了。在有些保护功能中采用点断控制，即线路有电 KM 吸合，其主触点闭合接通电路，线路如果无电，KM 不吸合，也就不能接通电路，从而起到保护功能。

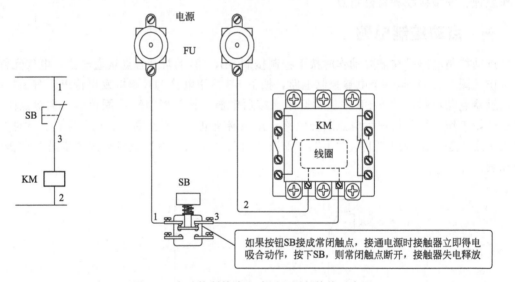

如果按钮SB接成常闭触点，接通电源时接触器立即得电吸合动作，按下SB，则常闭触点断开，接触器失电释放

图 3-3　点动控制故障电路原理图与接线示意图

二、自锁电路

自锁电路（也称为自保电路），是当控制元件按钮松开以后，按钮的触点也断开了接触器电路，还能保持接触器得电保持吸合的电路。自锁电路是利用接触器本身附带的辅助常开触点来实现自锁功能的。如图 3-4 所示，当接触器吸合的时候辅助常开触点同时接通，当松开控制按钮 SB，触点断开后，电源还可以通过接触器辅助触点继续向线圈供电，保持线圈得电吸合，这就是自锁功能，"自锁"又称"自保持"，俗称"自保"，是设备长时间运行的基本控制电路的一种控制形式。

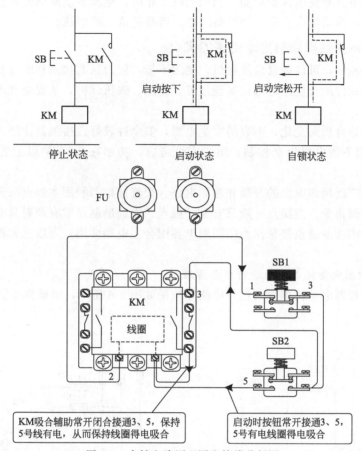

KM吸合辅助常开闭合接通3、5，保持5号线有电，从而保持线圈得电吸合

启动时按钮常开接通3、5，5号有电线圈得电吸合

图 3-4　自锁电路原理图和接线分析图

三、电动机单方向运行电路接线步骤

（一）刀开关直接控制电动机启动电路

电动机单方向运行是应用最多的控制电路，日常的水泵、风机等都是单方向电路，也是电工必须掌握的基本电路，图 3-5 是电动机利用刀开关直接启动的几种电路，可以用作不频繁地接通和断开电路以及控制 5kW 以下的小容量电动机控制。

开关直接启动电动机电路具有接线简单、检修方便的特点，但是这种电路有一个最不安

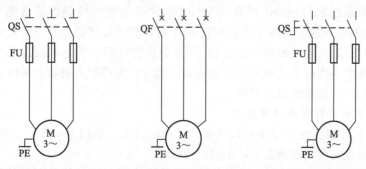

刀闸直接控制电动机电路　　　断路器直接控制电动机电路　　万用转换开关直接控制电动机电路

图 3-5　刀开关直接启动的几种电路

全的缺点，就是不具有失压保护功能，当电动机工作时，电源突然断电开关没有拉开时，如果这时电源恢复，电动机会立即启动设备工作，容易造成生产事故。

（二）接触器控制电动机启动电路的优点

采用接触器控制，可以频繁启停电机，闸刀不能，闸刀只起接通和断开负载的功能。而接触器在与其他元件配合使用时可以实现过流、短路、失压保护，从安全性考虑接触器启动比闸刀控制要好。

接触器触点分合瞬间变化，不容易发生电弧，安全性较好。接触器比闸刀方便得多，闸刀只适合 5kW 以下的电机启动控制，出于安全考虑，功率在 7.5kW 以上的应使用接触器启动。

接触器控制广泛用作电力的开断和控制电路。交流接触器利用主触点来开闭电路，用辅助触点来执行控制指令。主接点一般只有常开触点，而辅助触点常有两对具有常开和常闭功能的触点，小型的接触器也经常作为中间继电器配合主电路使用，可以远程控制或实现弱电控制强电的功能。

1. 接触器控制电动机单方向运行电路原理

利用接触器控制电动机单方向运行电路原理图如图 3-6 所示，电动机单方向运行接线示意图如图 3-7 所示。

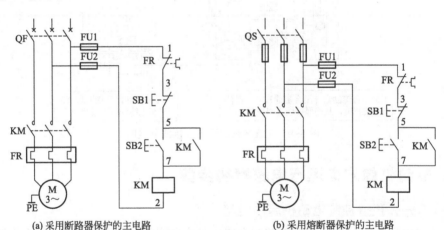

(a) 采用断路器保护的主电路   (b) 采用熔断器保护的主电路

图 3-6   利用接触器控制电动机单方向运行电路原理图

单方向运行电路工作过程：合上电源开关 QF，按下启动控制按钮 SB2，接触器 KM 线圈得电铁芯吸合，主触点闭合使电动机得电运行，KM 的辅助常开触点也同时闭合，实现了电路的自锁，电源通过 FU1→SB1 的常闭→KM 的常开触点→接触器的线圈→FU2，松开 SB2，KM 也不会断电释放。当按下停止按钮 SB1 时，SB1 常闭触点打开，KM 线圈断电释放，主、辅触点打开，电动机断电停止运行。FR 为热继电器，当电动机过载或因故障使电机电流增大，热继电器内的双金属片温度会升高，使 FR 常闭触点打开，KM 失电释放，电动机断电停止运行，从而实现过载保护。

2. 电动机单方向运行电路接线步骤

① 第一步，元件根据便于接线的原则固定在配电盘上，如图 3-8 所示，连接控制电源，从开关的负荷侧接线到控制熔断器 FU 的进线端。

② 连接 1、2 号控制线，如图 3-9 所示。1 号线从熔断器接至热继电器的常闭触点进线端（进线端也称触点的前端），1 号线的作用是控制电路的电源。2 号线从熔断器接到接触器

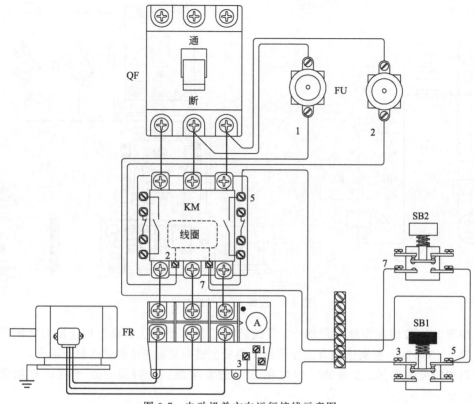

图 3-7 电动机单方向运行接线示意图

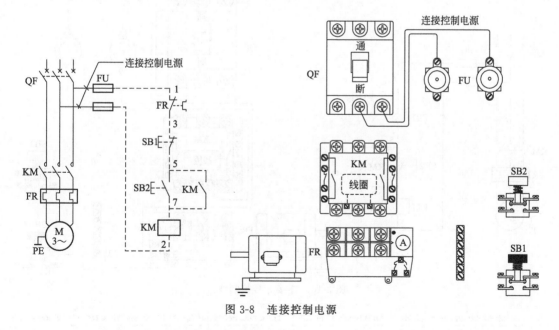

图 3-8 连接控制电源

线圈的一端,如果是 220V 控制电路 2 号线接 N 线。为了便于分析电路和检修,线圈的另一端(也就是 2 号线)一般不接任何控制触点。

③ 连接 3 号线,如图 3-10 所示。3 号线是从热继电器的常闭触点出线端(也称触点的

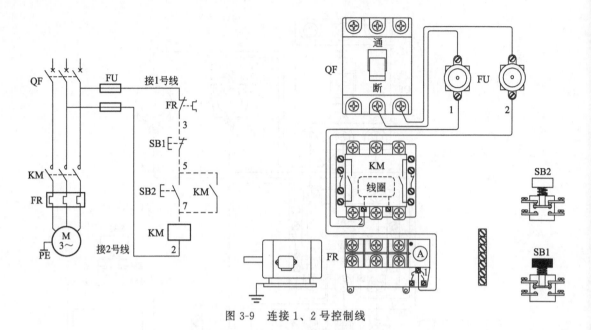

图 3-9   连接 1、2 号控制线

后端）接至 SB1 按钮常闭触点前端。3 号线的作用是电动机正常运行时 FR 的常闭触点闭合，接通 1、3 号线，控制按钮有操作信号，当发生过电流时 FR 的常闭触点断开，3 号线无电，控制按钮失去作用。3 号线一定接在 SB1 的常闭触点，否则 SB2 的启动控制将不起作用。

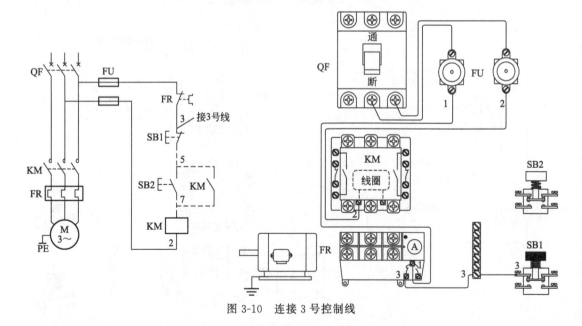

图 3-10   连接 3 号控制线

④ 连接按钮的 5 号线，如图 3-11 所示。从 SB1 的常闭触点后端接至 SB2 常开触点前端，用于对 SB2 启动控制提供电源（前端、后端是指控制信号的运动方向，前端表明信号流入端，后端表明信号流出端）。

⑤ 连接 7 号线，如图 3-12 所示。7 号线是从 SB2 的后端接至接触器 KM 的线圈。7 号

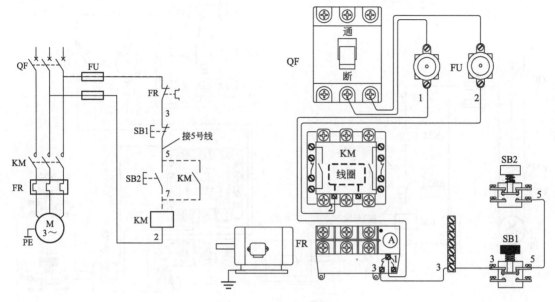

图 3-11　连接 5 号控制线

线的主要作用是启动，当按下 SB2 常开触点接通 5、7 线段，7 号线有电，KM 线圈得电立即吸合，主触点闭合，松开 SB2 按钮 7 号线断电，KM 失电释放，主触点又断开。

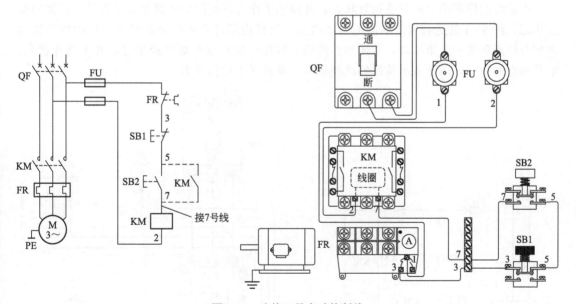

图 3-12　连接 7 号启动控制线

⑥ 连接自锁电路，如图 3-13 所示。自锁电路是由接触器常开触点并联在 SB2 触点两端的 5、7 号线组成，已经接在 KM 线圈的 7 号线再接一根线，接到接触器自身辅助常开触点的一端（后端），从 SB1 后端的 5 号位置再接一根线到接触器辅助常开触点的一端（前端），5 号线和 7 号线必须接同一对辅助常开触点。当接触器吸合时，5、7 连通才可以保持接触器有电吸合，实现接触器的自锁功能。

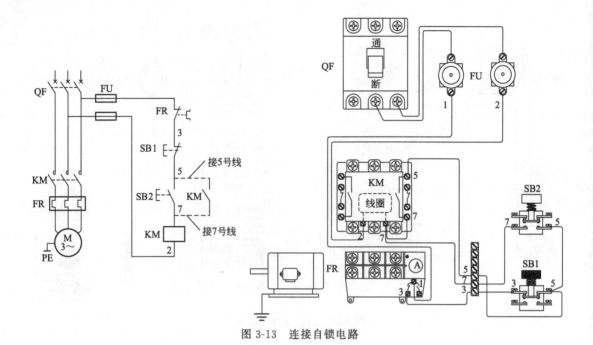

图 3-13　连接自锁电路

四、怎样利用指示灯表示接触器工作状态

指示灯的作用是表示设备运行状态，并提示工作人员电路中的接触器是否处于正常的通断状态，图 3-14 就是利用接触器的辅助触点，连接指示灯表示接触器状态。接触器的常闭和常开触点各接一个指示灯，常闭触点的指示灯用于表示接触器已经带电，处于断开状态，常开触点的指示灯用于表示接触器已经吸合，设备处于运行状态。

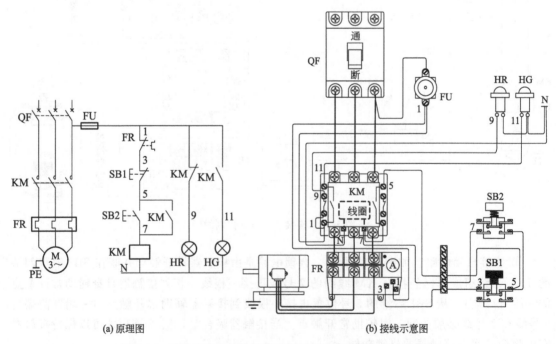

(a) 原理图　　　　　　　　　　　　(b) 接线示意图

图 3-14　用指示灯表示接触器工作状态的原理图和接线示意图

五、怎样利用指示灯监视热继电器工作状态

（一）直接利用热继电器常开触点监视运行状态

利用热继电器的触点，可以简便快捷地分析电路故障。图 3-14 指示灯电路只表示接触器的工作状态，HR 红灯亮时说明接触器断电未吸合，但不能表明断电的原因，尤其是在设备巡视中要求快捷明确地判断故障原因，就可以利用热继电器另一个常开触点连接一个指示灯，当热继电器动作后，常闭触点断开了控制电路，接触器断电释放，常开触点闭合接通指示灯，提示工作人员电动机电流过大热继电器动作，需尽快处理。图 3-15 是一个利用热继电器的常开触点的报警电路。

特别说明：此电路的热继电器是手动复位的，不能应用在自动复位电路中，由于热继电器 4min 以后复位，报警指示也会消失。

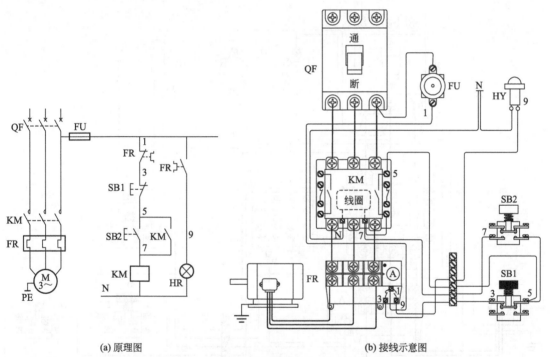

(a) 原理图　　　　　　　　　　　　(b) 接线示意图

图 3-15　利用热继电器常开触点的报警电路的原理图和接线示意图

（二）加装中间继电器保持热继电器信号

在电路中大部分的热继电器是自动复位，由于热继电器复位后信号也消除，为便于查找故障，可以加装一个中间继电器 KA，利用热继电器的信号，使继电器吸合并自锁，这样就不会因为热继电器自动复位而使信号消失。图 3-16 就是加装一个中间继电器保持热继电器发出的信号，当电动机发生过电流后，热继电器 FR 的常闭触点动作，断开 1、3 线段，使接触器释放，同时热继电器 FR 的常开触点闭合接通 1、9 线段，使中间继电器 KA 得电吸合，中间继电器常开触点闭合接通 1、13 线段，指示灯 HY 亮，发出信号，同时其常开触点闭合接通 11、9 线段实现中间继电器自锁。当热继电器自动复位后，中间继电器仍保持吸合信号不消失，维修人员排除故障后，可按下报警解除按钮 SB3，SB3 的常闭触点断开 1、11 线段，解除 KA 的自锁，KA 断电复位，信号灯 HY 也熄灭。

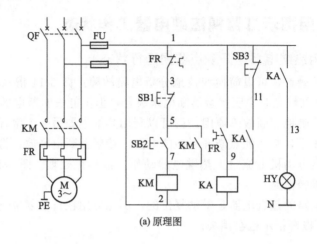

(a) 原理图

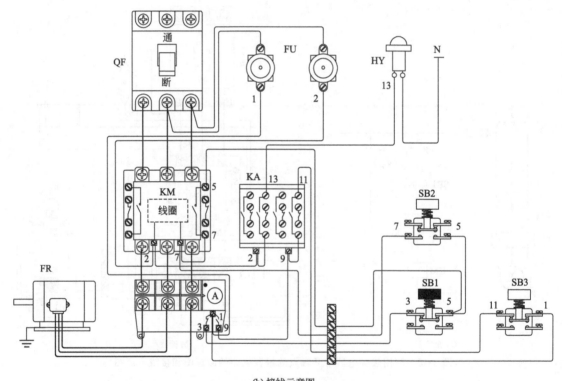

(b) 接线示意图

图 3-16　利用中间继电器监视热继电器运行原理图和接线示意图

（三）利用信号继电器保持热继电器信号

图 3-17 是利用信号继电器监视热继电器运行的原理图，使用信号继电器最大的特点是，信号继电器具有自保持功能，可以简化电路的接线。当电动机发生过流现象后，FR 的常闭触点动作，断开 1、3 线段，使接触器释放，同时 FR 的常开触点闭合接通 1、9 线段，使信号继电器 KS 得电动作，常开触点闭合接通 1、11 线段，指示灯 HY 亮，发出信号。当热继电器自动复位后，信号继电器也断电，由于信号继电器具有机械自保持功能，仍保持信号不消失，当维修人员排除故障后，可按下信号继电器的复位钮，触点断开，解除信号灯 HY。图 3-18 是利用信号继电器监视热继电器运行接线示意图。

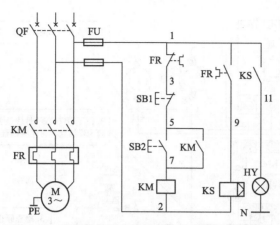

图 3-17 利用信号继电器监视热继电器运行原理图

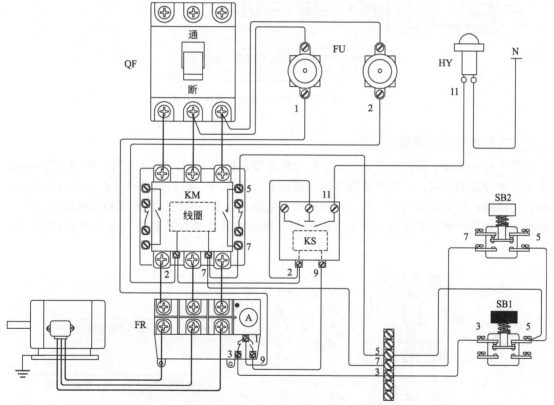

图 3-18 利用信号继电器监视热继电器运行接线示意图

六、电动机单方向运行电路检修要点

（一）按下启动按钮不能启动

按下启动按钮不能启动，接触器 KM 不吸合，主要是没有控制信号，在接触器良好的情况下，应主要检查控制线路是否有接线故障和触点接触不良，检查步骤如图 3-19 所示。

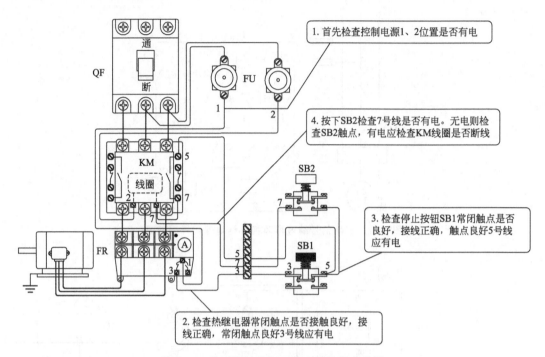

1. 首先检查控制电源1、2位置是否有电

4. 按下SB2检查7号线是否有电。无电则检查SB2触点，有电应检查KM线圈是否断线

3. 检查停止按钮SB1常闭触点是否良好，接线正确，触点良好5号线应有电

2. 检查热继电器常闭触点是否接触良好，接线正确，常闭触点良好3号线应有电

图 3-19 按下启动按钮不能启动的检查步骤

（二）通电后立即启动

通电后接触器立即得电吸合，是一种非常危险的电气故障，极易造成设备和人身事故。出现这种故障的原因，主要是控制电路的触点有粘连现象，遇到这种故障时，应首先停电，断开主回路，防止设备启动。然后再检查控制电路，根据现象可以判断是控制电路中的常开触点在无操作的情况下接通了，正常运行的电路出现这种故障检查的重点和步骤如图 3-20 所示。

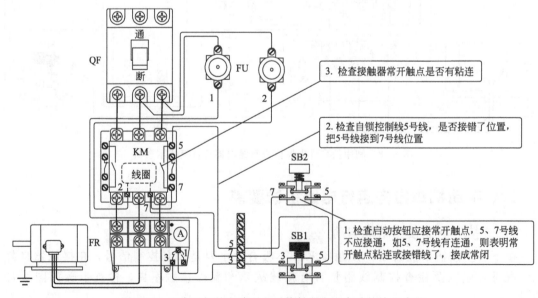

3. 检查接触器常开触点是否有粘连

2. 检查自锁控制线5号线，是否接错了位置，把5号线接到7号线位置

1. 检查启动按钮应接常开触点，5、7号线不应接通，如5、7号线有连通，则表明常开触点粘连或接错线了，接成常闭

图 3-20 正常运行的电路通电后接触器立即启动的检查步骤

（三）启动后不能自锁

不能自锁是接触器吸合后，松开启动按钮接触器就立即释放，设备不能保持运行。通过原理图可以知道要实现自锁功能是利用接触器的辅助常开触点，如果接触器的辅助常开触点损坏，在接触器吸合时不能闭合是不能实现自锁的。还有就是 5 号线和 7 号线的连接位置是否正确。图 3-21 是常见由于辅助触点接线错误而不能实现自锁的两个例子，这两个例子的

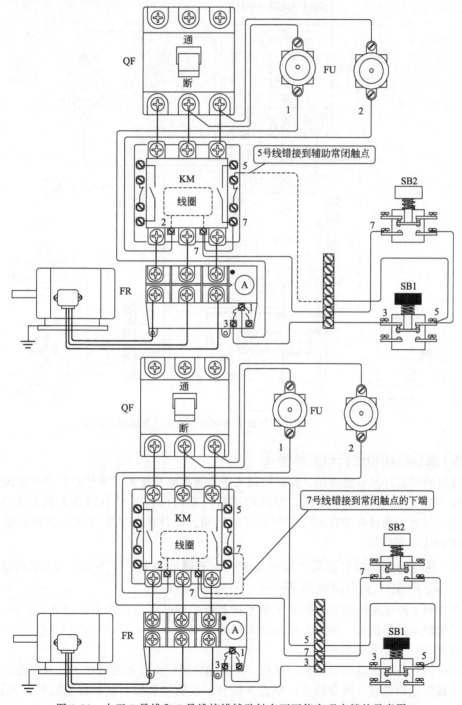

图 3-21　由于 5 号线和 7 号线接错辅助触点而不能实现自锁的示意图

共同点是 5 号线和 7 号线都分别接在不同的触点上了，当接触器吸合时无法接通 5 号线和 7 号线，从而不能实现自锁。

图 3-22 是 5 号线起始端接错了地方而不能实现自锁的示意图，5 号线与 7 号线接到一起了，启动没有问题，但是松开启动按钮 SB2 后 5 号线也同时断电，所以不能实现自锁。

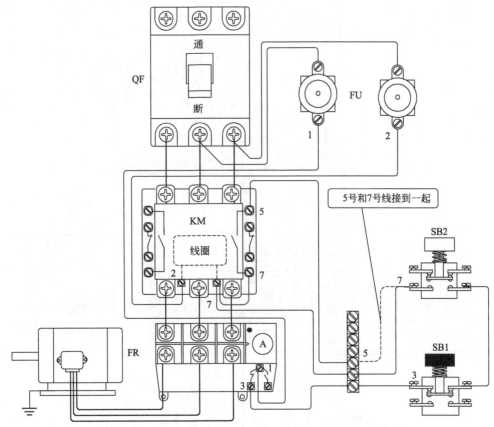

图 3-22　5 号线起始端接错了地方而不能实现自锁的示意图

（四）能够启动和运行但不能停止

能够启动和运行但不能停止，除接触器由于自身故障粘连外，不停止的主要原因是按下停止按钮 SB1 不能断开 3 号线和 5 号线的连接，重点检查 5 号自锁线的接线是否正确。图 3-23 是 5 号自锁线没有接在 SB1 常闭触点的后端，而是接在 SB1 常闭触点的前端，造成停止按钮 SB1 不起作用。

（五）通电后立即吸合又马上断开又吸合，不停地通断，按下 SB1 故障消除，松开 SB1 又不停地通断

出现这种不停地通断现象，基本上都是接触器的辅助触点接线错误造成的，图 3-24 就是由于自锁触点接错位置，造成得电后立即吸合又马上断开，不停地通断，按下 SB1 故障消除，松开 SB1 又不停地通断。

故障分析：自锁触点没有接常开触点，而接到常闭触点，通电时由于 5 号有电，通过常闭触点接触器立即吸合，吸合后常闭触点又断开，接触器释放，接触器释放触点复位 5、7 号线又接通，接触器又吸合，吸合后触点又断开，只有当按下 SB1，SB1 的常闭触点断开 3、

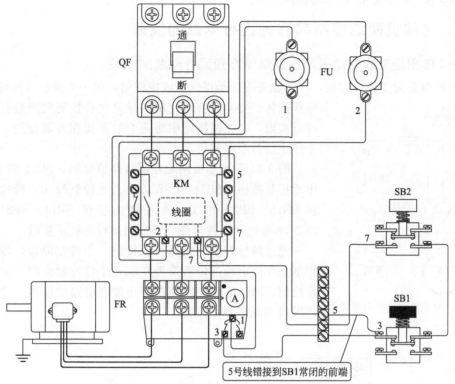

图 3-23　停止按钮 SB1 不起作用接线错误示意图

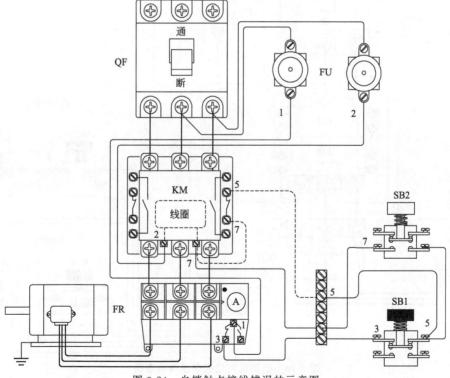

图 3-24　自锁触点接线错误的示意图

5 号线的线段，5 号线无电，接触器才停止。

七、电动机两地控制单方向运行电路的安装

（一）按钮控制的电动机两地控制单方向运行电路的安装

两地控制是为了操作方便，一台设备有几个操纵盘或按钮站，每一个操作点都可以进行

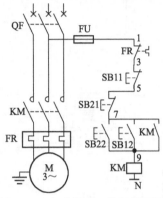

图 3-25 电动机两地控制原理图

操作控制。要实现两地控制实际只要将控制电路进行改变就可以实现，在控制线路中将两个启动按钮并联使用，而将两个停止按钮串联使用。

图 3-25 是电动机两地控制线路原理图，SB11 和 SB12 为甲地控制按钮，SB21 和 SB22 为乙地控制按钮，两地启动按钮 SB12、SB22 并联，两地停止按钮 SB11、SB21 串联。图 3-26 是电动机两地控制单方向运行接线示意图。

通过两地控制的电路可以得到一个控制原理，增加启动控制是在原启动按钮两端再并联一个常开触点即可实现多启动控制，增加停止控制是在停止按钮电路中串联一个常闭触点即可实现多停止控制。

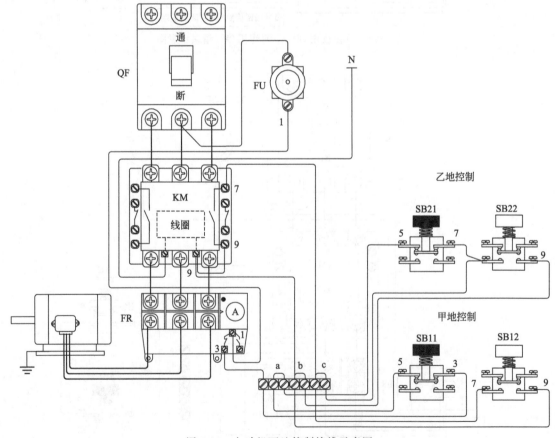

图 3-26 电动机两地控制接线示意图

（二）两地控制的变化为手动、自动两种控制

两地控制是为了操作方便，一台设备几个控制点，一个操作点在设备上利用功能开关进行自动操作控制，一个控制点利用按钮可以手动控制。要想实现自动、手动控制，并不复杂，只需两地控制中的某一地点的控制元件，更换为所需的控制元件就可以实现。图 3-27 是利用限位开关和按钮组成的手动、自动控制的原理图，图 3-28 是利用限位开关和按钮组成的手动、自动控制的接线示意图。

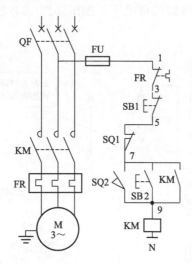

图 3-27　利用限位开关和按钮组成的手动、自动两种控制原理图

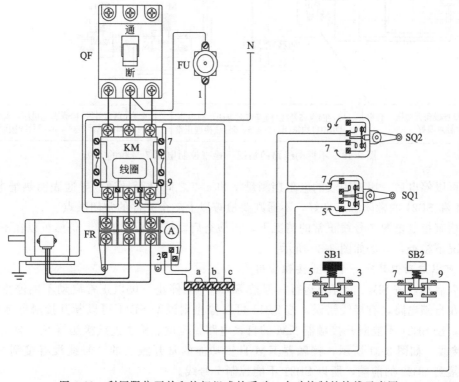

图 3-28　利用限位开关和按钮组成的手动、自动控制的接线示意图

（三）电动机两地控制单方向运行电路检查要点

检查电路接线有无错误。电路采用 220V 控制电压，应选用 220V 的接触器，特别提示：220V 是指接触器的线圈电压，而不是主回路的电压。

1. 不能启动

操作 SB12 和 SB22 都不起作用，通过原理图分析可知，要想启动，电源通过 FR、SB11、SB21 常闭触点电路中的 7 号线必须有电，启动时按下 SB12 或 SB22 按钮 9 号线才能有电，根据原理可以在不拆动线路的情况下，按图 3-29 的方法检查 7 号线路，并根据现象再作正确处理。

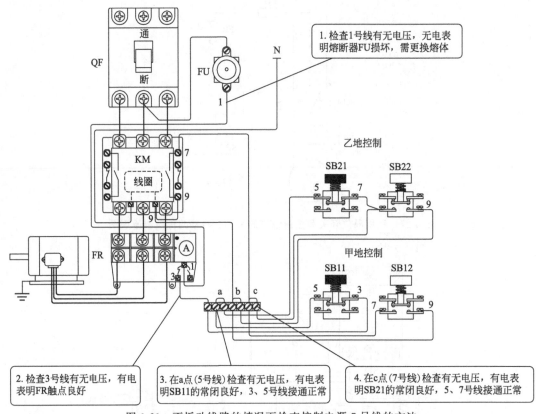

1. 检查1号线有无电压，无电表明熔断器FU损坏，需更换熔体

2. 检查3号线有无电压，有电表明FR触点良好

3. 在a点(5号线)检查有无电压，有电表明SB11的常闭良好，3、5号线接通正常

4. 在c点(7号线)检查有无电压，有电表明SB21的常闭良好，5、7号线接通正常

图 3-29　不拆动线路的情况下检查控制电源 7 号线的方法

也可以停电后，用万用表的电阻挡测量 1 和 c 点之间是否导通，导通表明热继电器 FR 和 SB11 和 SB21 的常闭触点良好，不通则要检查以上三个元件的常闭触点。

在检查控制电源 7 号线正常的情况下，再检查启动控制是否正常，仍然可以在不拆动线路的情况下检查，方法如图 3-30 所示。

2. 可以启动但只有一个停止按钮管用

可以启动，按 SB11 能停止运行，但按 SB21 不能停止。可以正常启动不能停止表明故障出现在自锁电路，有接线错误，按 SB11 可以停止则说明 SB11 可以断开接触器 KM 的自锁电路，按 SB21 不能断开接触器 KM 的自锁电路，应重点检查连接接触器 KM 自锁功能的 7 号线接线。如图 3-31 所示，接触器 KM 自锁功能的常开触点的 7 号线没有接到 SB12 前端，而接到 SB22 的前端，所以 SB21 不能控制 7 号线。

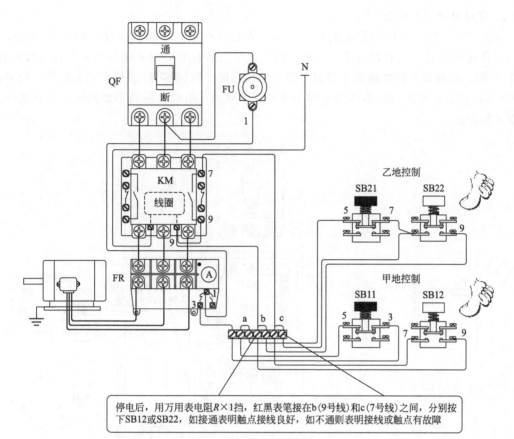

停电后，用万用表电阻R×1挡，红黑表笔接在b(9号线)和c(7号线)之间，分别按下SB12或SB22，如接通表明触点接线良好，如不通则表明接线或触点有故障

图 3-30　不拆动线路的情况下检查控制电源 9 号线的方法

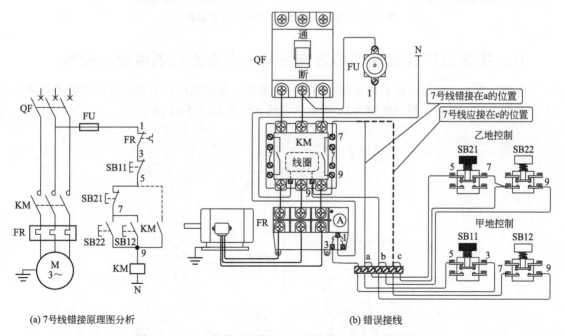

(a) 7号线错接原理图分析　　　　(b) 错误接线

图 3-31　SB11 能停止运行 SB21 不能停止运行的错误接线

3. 可以启动不能停止

可以正常启动，但不能停止表明故障出现在自锁电路，有接线错误，按 SB11 和 SB21 不能断开接触器 KM 的自锁电路，应重点检查连接接触器 KM 自锁功能的 7 号线接线位置，图 3-32 所示接触器自锁功能的 7 号线，没有连接到停止按钮 SB21 常闭触点的后端，而是接到 SB11 的前端，SB11 和 SB12 操作时不能断开 7 号线，所以接触器不能断电，只有断开总电源才能停止。

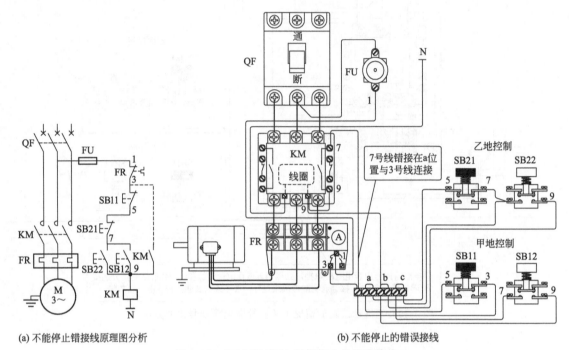

(a) 不能停止错接线原理图分析　　　　　　　　　　(b) 不能停止的错误接线

图 3-32　SB11 和 SB21 不能停止的错误接线

八、按钮控制的电动机单方向运行、点动的控制电路的安装

电动机单方向运行带点动的控制电路是一种方便的控制电路，电动机可以单独的点动工作，又可以运行控制，原理如图 3-33 所示，接线示意图如图 3-34 所示。

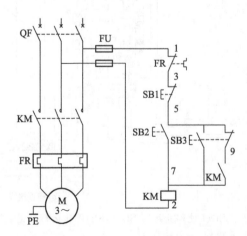

图 3-33　按钮控制的电动机单方向运行带点动的控制电路原理图

电路分析：需要运行时，按下按钮 SB2 接通 5、7 号线段，接触器 KM 线圈得电吸合，由于 SB3 的常闭触点不动作，5 号线通过 SB3 的常闭触点、KM 辅助触点闭合实现自锁，电机得电运行。需要点动时按下 SB3 时常闭触点先断开 5、9 号线段，常开触点后接通 5、7 号线段，KM 吸合电动机得电运行，但由于 SB3 的常闭触点也动作断开了接触器 KM 自锁回路，接触器 KM 无法实现自锁，松开 SB3 按钮 KM 就断电，电动机停止，实现点动控制。

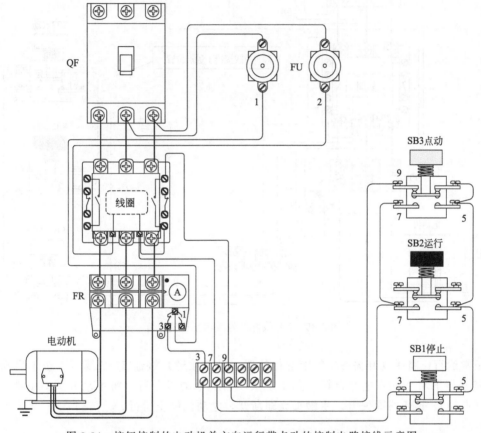

图 3-34　按钮控制的电动机单方向运行带点动的控制电路接线示意图

按钮控制的电动机单方向运行带点动的控制电路的接线和检修要点与单方向电路基本一致，重点是 SB3 的 9 号线和 7 号线不能接错，如果 7 号线和 9 号线相互接错位置，如图 3-35 所示，如果合上 QF 电源开关，接触器会立即吸合，按 SB2 没有反应，按 SB3 会出现接触器"哆嗦"一下，又立即吸合的现象。

九、转换开关控制电动机单方向运行带点动的控制电路的安装

利用转换开关控制电动机单方向运行带点动的控制电路原理图如图 3-36 所示。

点动：将手动开关 SA 扳至点动位置，置于断开位置，断开 3、7 线段。按下启动按钮 SB，接触器 KM 线圈得电吸合，其主触头闭合，电动机运行。虽然 KM 线圈得电后接触器 KM 辅助常开触点也闭合，但因为 KM 辅助常开触点与手动开关 SA 串联，而 SA 已断开，使自锁线路失去作用，一旦松开按钮 SB 则 KM 线圈立即失电，主触头断开，电动机停止运行。

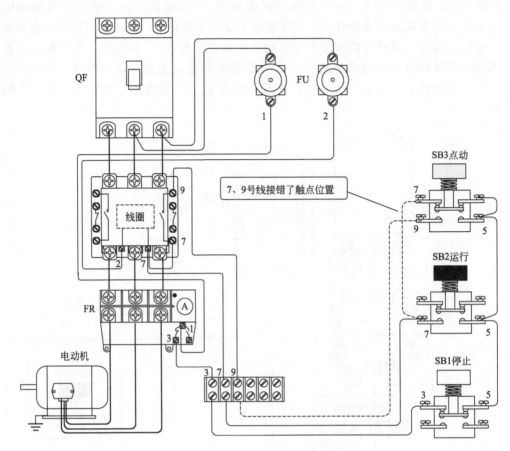

图 3-35　7 号线和 9 号线相互接错位置

正常运行：将手动开关 SA 置于运行位置（触点接通）接通 5、7 线段。按下启动按钮 SB，接触器 KM 线圈得电并自锁，其主触头闭合，电动机运行。将手动开关 SA 置于断开位置（点动），KM 线圈失电，主触头立即断开，电动机停止运行。

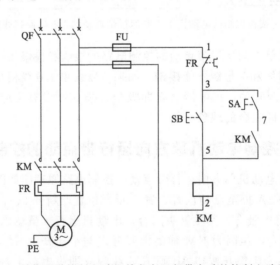

图 3-36　转换开关控制电动机单方向运行带点动的控制电路原理图

利用转换开关控制电动机单方向运行带点动的控制电路接线是在单方向接线的基础之上变化而成的，将原来的 SB1 常闭按钮换成转换开关，如图 3-37 所示。

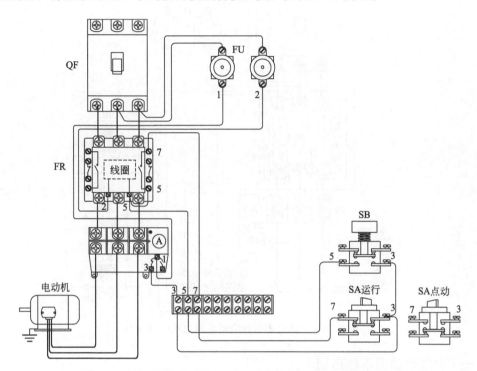

图 3-37 利用转换开关控制电动机单方向运行带点动接线示意图

十、电动机多条件启动控制电路的安装与维护

电动机多条件启动电路是在启动时，要求某个工位达到安全要求和保证人员和设备的安全，往往要求两处或多处同时操作才能发出主令信号，设备开始工作。要实现这种多信号的控制，在控制电路中需要将启动按钮（或其他电气元件的常开触点）串联，只有这些常开触点同时闭合时设备才能控制启动。这与电动机两地控制不同，两地控制是分别可以控制启动或停止。

电动机多条件启动控制电路工作过程，以图 3-38 所示两个信号控制线路为例，启动时只有将 SB2、SB3 同时按下时，才能接通控制电源 5 号线与接触器线圈 9 号线，交流接触器 KM 线圈才能通电吸合，主触点接通，电动机开始运行。而电动机需要停止时，只需按下 SB1 按钮断开 5 号线，KM 线圈失电，主触点断开，电动机停止运行。

电动机多条件启动电路的接线如图 3-39 所示，检修要点与前面的单方向基本一致，接线时应注意两个启动按钮 SB2 和 SB3 是串联连接以及自锁线的连接位置。

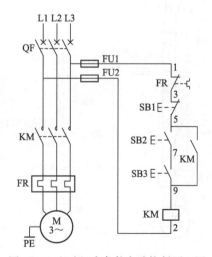

图 3-38 电动机多条件启动控制原理图

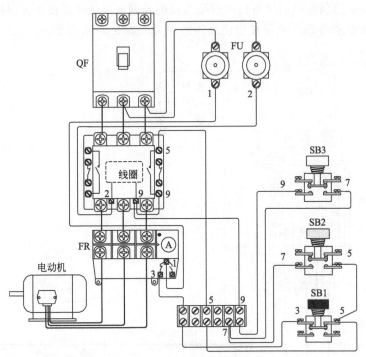

图 3-39　电动机多条件启动电路的接线示意图

（一）可以启动但不能自锁

同时按 SB2 和 SB3 可以启动，但松开后接触器立即断电，设备停止，不能实现自锁运行。

分析电路：同时按 SB2 和 SB3 可以启动，表明两个按钮串联正确，问题出现在接触器自锁线路的连接上，接触器自锁触点的上端接线（5 号线）可能连接到 SB2 的下端 7 号线位置了，如图 3-40 所示，因为松开按钮 SB2 后，断开 5、7 的连接，7 号线断电，所以不能自锁。

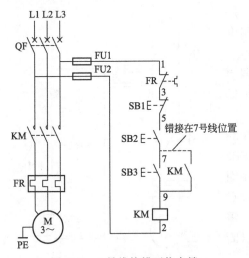

图 3-40　7 号线接错不能自锁

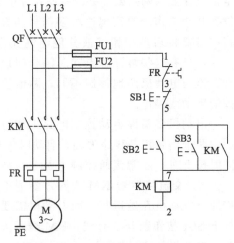

图 3-41　按钮接错变成两地启动控制

（二）按钮接错变成两地启动控制

多条件启动是控制元件串联接线，如原理图中的两个按钮，SB2 与 SB3 同时接通才具备启动条件，缺任何一个都不可以启动，这在控制电路中称为"与"控制，接线时如不加注意，SB2 和 SB3 接成并联，则变成了任何一个控制都可以启动控制，如图 3-41 所示。按 SB2 或按 SB3 都可以使接触器得电吸合，这时电路控制则变成了"或"控制，所以电路接线不是一种简单的触点连接，而是为了实现一种控制的接线。

十一、电动机多保护启动控制电路的安装与维护

电动机多保护启动电路是机械设备的外围辅助设备必须达到工作要求时电动机才可以启动的电路，如图 3-42 中的 SQ 是一个限位开关，起到位置保护作用，辅助装置未达到位置

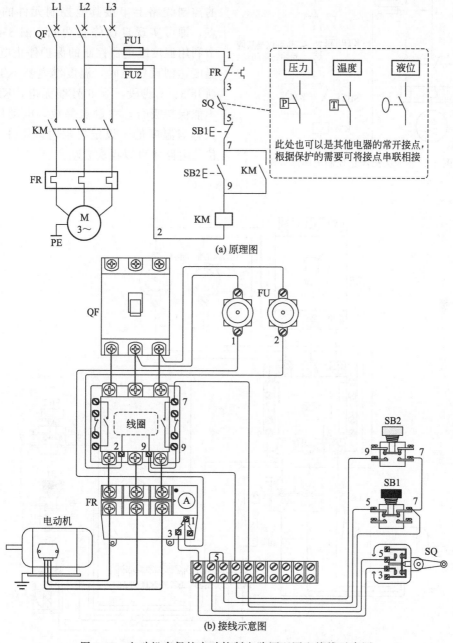

图 3-42　电动机多保护启动控制电路原理图和接线示意图

要求时，SQ 的常开触点断开 3、5 号线的连接，启动按钮 SB2 不起作用，电动机不能启动。只有当辅助装置达到要求时，SQ 的常开触点闭合，5 号线有电，SB2 启动按钮才起作用。根据工作需要，SQ 位置也可以是压力、温度、液位等多种控制，当需要多种保护启动时可将各种辅助保护设备的常开触点与停止按钮串接起来即可。当辅助设备因为某种原因达不到规定条件时其控制元件的触点断开，接触器 KM 断电，电动机停止运行。

　　将图 3-42 中的 SQ 触点改为常闭触点，电路就变成了多保护停止控制电路。多保护电路是指外围辅助设备达不到工作要求时，设备立即停止运行。根据电气控制原理，停止是断开所运行的控制线路，可以在停止按钮的控制线路上串接其他控制元件的常闭触点，即可实现自动停止功能。图 3-43 是一个利用温度继电器控制的保护停止电路，当温度达到设定值时，温度继电器 KTP 动作断开 3、5 线段，令 5 号线无电，KM 失电不能保持吸合，主触点释放，电动机停止。只有当温度低于设定要求时，KTP 触点复位，电路才可以再次启动。

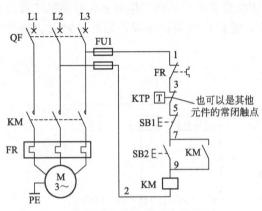

图 3-43　多保护停止控制电路原理图

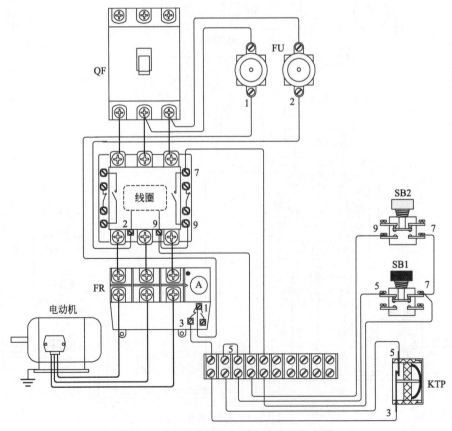

图 3-44　多保护停止控制电路接线示意图

十二、定时控制器在单方向控制电路中的应用

定时控制器是一种电子控制器件，具有时间段设计、日期设定等功能，是路灯、灯箱、霓虹灯、生产设备、农业养殖、仓库排风除湿、自动预热、自动喷淋等设备中一种理想的控制器件。以下以 KG316T 定时控制器为例讲述其在电路中的应用。

KG316T 定时控制器的功能如图 3-45 所示。控制器工作电压为 220V，输出控制为 25A、250V 交流。

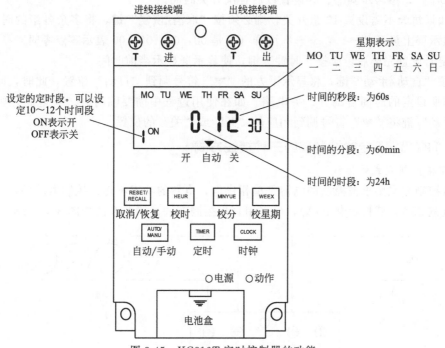

图 3-45　KG316T 定时控制器的功能

定时控制器的工作电压为 220V，进线端为控制器提供电源，同时也是一条所要控制线的输入端，定时控制器接线端标有"T"，表示此接线端在控制器内部是连通的，没有控制功能，而"进"端和"出"端是受内部控制开关控制的常开触点，有分断功能，如图 3-46 所示。

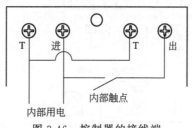

图 3-46　控制器的接线端

（一）定时控制器的设定方法

① 先检查时钟显示是否与当前时间一致，如需重新校准，按住"时钟"键的同时，查看显示屏所显示的时间是否与当前时间一样。分别按住"校星期"、"校时"、"校分"键，将

时钟调到当前时间。

②按一下"定时"键，显示屏左下方出现"1ON"字样（表示第一次开启时间）。然后按"校星期"选择五天工作制、每日相同、每日不同的工作模式，再按"校时"、"校分"键，输入所需开启的时间。

③再按一下"定时"键，显示屏左下方出现"1OFF"字样（表示第一关闭时间），再按"校星期"、"校时"、"校分"键，输入所需关闭的日期和时间。

④继续按动"定时"键，显示屏左下方将依次显示"2ON、2OFF、3ON、3OFF、……、10ON、10OFF"，参考步骤②、③设置以后各次开关时间。

⑤如果每天不需设置10组开关，则必须按"取消/恢复"键，将多余各组的时间消除，使其在显示屏上显示"－－：－－"图样（不是00：00，00：00表示零点零时）

⑥定时设置完毕后，应按"时钟"键，使显示屏显示当前时间。

⑦按"自动/手动"键，将显示下方的"▼"符号调到"自动"位置，此时，时控开关才能根据所设定的时间自动开、关电路。如在使用过程中需要临时开、关电路，则只需按"自动/手动"键将"▼"符号调到相应的"开"或"关"的位置。

（二）KG316T定时控制器的三种接线方式

1. 直接控制方式的接线

直接控制方式要求被控制的电器是单相供电，电器的功率不超过控制器的额定容量（一般阻性负载25A，感性负载20A），可采用直接控制方式。接线方法如图3-47所示。

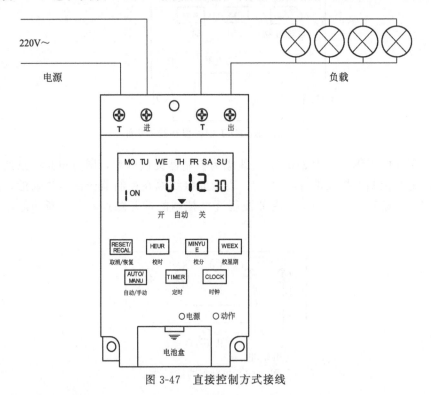

图3-47　直接控制方式接线

2. 控制220V接触器的接线

当被控制的电器是单相供电，但功率超过本开关的额定容量，那么就需要通过交流接触器来扩容控制。接线方法如图3-48所示。

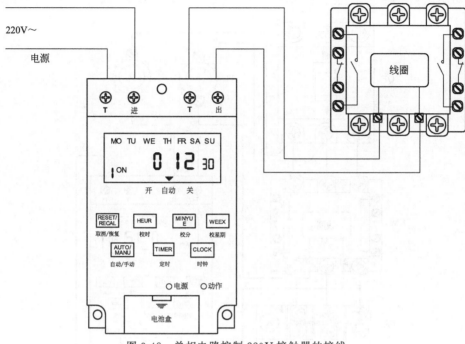

图 3-48 单相电路控制 220V 接触器的接线

3. 在三相线路的接线

被控制的电器三相供电，需要外接交流接触器。控制接触器的线圈电压为 AC220V、50Hz 的接线方法如图 3-49 所示。控制接触器的线圈电压为 AC380V、50Hz 的接线方法如

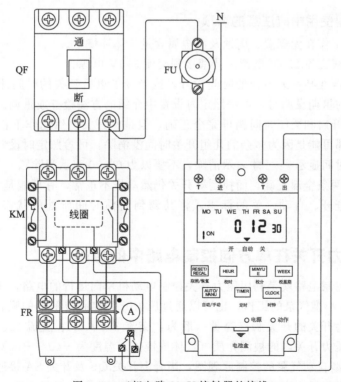

图 3-49 三相电路 220V 接触器的接线

图 3-50 所示。

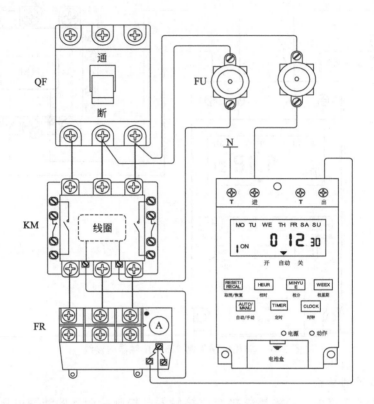

图 3-50 三相电路 380V 接触器的接线

（三）控制器使用中应注意的事项

① 控制器应工作在无潮湿、腐蚀及高金属含量气体环境中。

② 控制器进线交流 220V 电源，严禁接到交流 380V 电源。

③ 如果控制器在某一天该开的时间没开，或者开了以后到关的时间还没关，那可能是因为作定时设置的星期没调对，可按照定时设置中介绍的方法检查或重调。

④ 如果确认开启和关闭时间调得完全正确，但是本开关仍然动作不正常，或者不该关的时候被关掉，那可能是因为多余的几组开关时间没消除，可参照定时设置中介绍的方法消除（注意：开关时间显示--：--才表示消除，不要以为 00：00 表示消除）。

⑤ 如果以上两条全部正确，而控制器开关仍然动作不正常，有可能是自动/手动键被人为地改动，应检查开、自动、关的标志，将其调到当前时间所处的状态，再调回到自动位置。

十三、压力开关在单方向控制电路中的应用

小型气泵的控制电路就是利用压力开关控制电动机单向运行的电路，压力开关可以直接控制 220V 电动机小型气泵的工作，也可以通过压力开关控制接触器的吸合实现对 380V 电动机的控制，压力开关的开关触点容量一般为：交流 380V 3A、直流 220V 2.5A。使用的环境温度和进入压力开关内的被测介质（气体或液体）温度为 $-40\sim+60$℃。

图 3-51 是小型自动气泵的控制原理图，当合上开关 QF 及开关 SA 接通，电源给控制器供电。当气缸内空气压力下降到电触点压力表低压力整定值以下时，压力开关 SP 的 1、3

点接通,交流接触器 KM 通电吸合并自锁,气泵 M 启动运转,气泵开始往气缸里输送空气(逆止阀门打开,空气流入气缸内)。气缸内的空气密度逐渐增加,压力也逐渐增大,当达到预定压力时开关的 1、2 点接通,中间继电器 KA 通电吸合,其常闭触点断开 5、7 线段,切断接触器 KM 的电路,KM 即失电释放,气泵 M 停止运转,逆止阀门闭上。当气泵气缸内的压力下降到整定值以下时,1、3 又接通,气泵 M 又启动运转。如此周而复始,使气泵气缸内的压力稳定在整定值范围,满足用气的需要,停止时断开 SA 开关,气泵停止运行。

图 3-52 为小型自动气泵电路接线示意图。

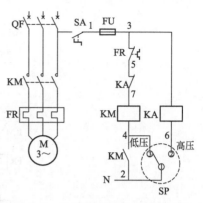

图 3-51 小型自动气泵控制原理图

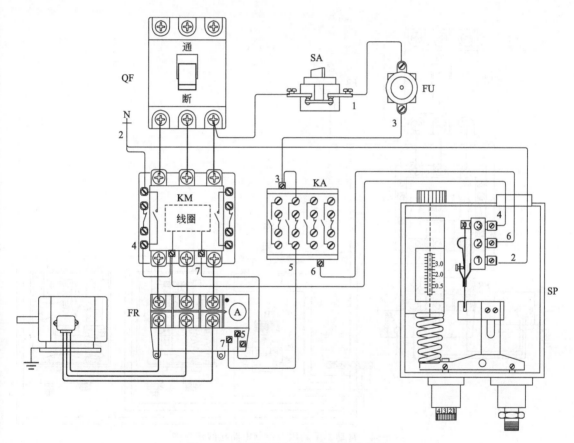

图 3-52 小型自动气泵电路接线示意图

图 3-53 是采用压力开关的自动、手动控制电路,KTP1 是压力下限启动开关,KTP2 是压力上限停止开关,如果压力控制的范围比较大,而且压力在上限和下限之间的时候,KTP1 和 KTP2 全不动作,电动机不能启动,但可以按 SB2 按钮使电动机工作。如果在运行中发现异常,而压力未到上限压力时 KTP2 不动作,需要强行停止时,可以按 SB1 按钮使电动机停止工作。图 3-54 为电路接线示意图。

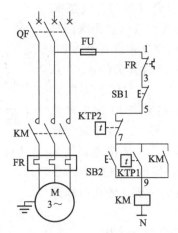

图 3-53 由两地控制电路演变为自动、手动压力控制电路

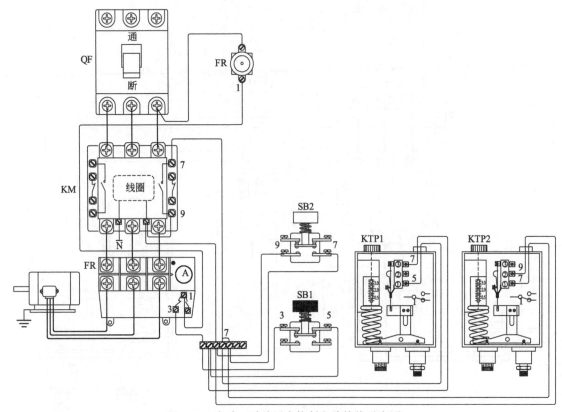

图 3-54 自动、手动压力控制电路接线示意图

十四、压力式温度控制器的控制电路

现在使用的开水器有两种控制方式，简单实用的是用压力式温度控制器控制热水器的加热棒工作，另一种是采用电子测温电路控制。不管哪一种控制方式，都是利用控制器发出的信号来控制接触器的通断，从而达到加热的目的。

图 3-55 是一种利用压力式温度控制器控制热水器的电路，接通电源开关，由于水温低，

温控器不动作，常闭触点接通，接触器 KM 得电吸合工作，HR 红灯亮，加热棒工作。当温度到达设定温度时温控器触点动作，常闭触点断开，接触器停止加热。

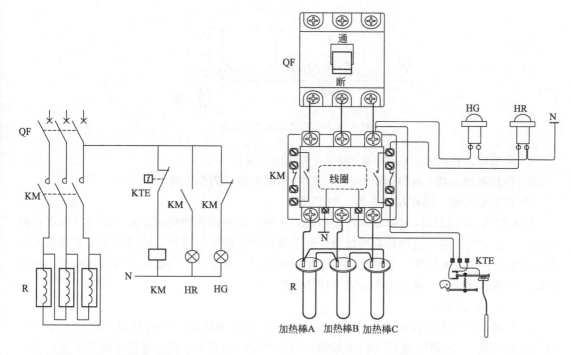

(a) 利用压力式温度控制器控制的热水器原理图　　(b) 利用压力式温度控制器控制的热水器接线示意图

图 3-55　利用压力式温度器控制的热水器电路

十五、电子式温度控制器的电路

电子式温度控制器（电阻式）是采用电阻感温的方法来测量的，一般采用白金丝、铜丝、钨丝以及半导体（热敏电阻等）为测温电阻。电子温度控制电路在日常生产、生活中得到了更为广泛的应用，因为它使用更方便且相当精确，可以监视、显示、设定上限、下限、告警、控制信号输出等功能，对人们的工作、生活起到了重要的影响。

热敏电阻式温控器是根据惠斯登电桥原理制成的，图 3-56 是惠斯登电桥的工作原理。在 AB 两端接上电源 E，根据基尔霍夫定律，当电桥的电阻 $R_1 \times R_2 = R_4 \times R_3$ 时，C 与 D 两点的电位相等，输出端 C 与 D 之间没有电流流过，热敏电阻的阻抗 R_3 的大小随周围温度的上升或下降而改变，使平衡受到破坏，C、D 之间有输出电流信号。再由运算电路处理，便可以实现对温度的监视、显示、控制功能。采用热敏电阻式构成的温控器，可以很容易地通过选择适当的热敏电阻来改变温度调节范围和工作温度。

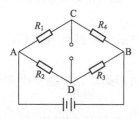

图 3-56　惠斯登电桥的工作原理

图 3-57　常用的电子式温度控制器

　　常用的电子式温度控制器如图 3-57 所示，电子式温度控制器的种类有很多，但接线并不复杂，控制器一般有三组接线端，如图 3-58 所示。

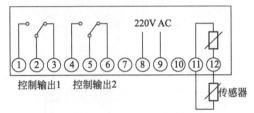

图 3-58　电子式温度控制器端子

　　① 电源输入接线端：220V 或 380V（直流或交流）。
　　② 传感器输入端：NTC 热敏电阻、PTC 热敏电阻（测温元件）。
　　③ 控制输出端：接控制继电器，PLC 等。
　　温控仪接线要根据仪表的具体情况而定，不同厂家的仪表接线端子是不同的，不可一概而论。一般情况仪表的侧面都有接线图，可以根据图上的指示接线。确定接线端子后接入电源、传感器和输出连接线。接好后还要设定仪表内部的参数，按需要设定输入规格代码和输出规格代码就可以了，确定无误后方可接通电源。

　　1. PTC 热敏电阻
　　PTC 热敏电阻是指在温度上升到某一定值时电阻急剧增加，PTC 热敏电阻在工业上可用作温度的测量与控制，也用于汽车某部位的温度检测与调节，还大量用于民用设备，如控制瞬间开水器的水温、空调器与冷库的温度，利用本身加热作气体分析和风速机等方面。
　　PTC 热敏电阻除用作加热元件外，同时还能起到"开关"的作用，兼有敏感元件、加热器和开关三种功能，称之为"热敏开关"。电流通过元件后引起温度升高，即发热体的温度上升，当超过居里点温度后，电阻增加，从而限制电流增加，于是电流的下降导致元件温度降低，电阻值的减小又使电路电流增加，元件温度升高，周而复始，因此具有使温度保持在特定范围的功能，又起到开关作用。利用这种阻温特性做成加热源，作为加热元件应用的有暖风器、电烙铁、烘衣柜、空调等，还可对电器起到过热保护作用。

　　2. NTC 热敏电阻
　　NTC 热敏电阻是指随温度上升电阻呈指数关系减小。它的测量范围一般为 $-10 \sim +300℃$，也可做到 $-200 \sim +10℃$。
　　热敏电阻器温度计的精度可以达到 0.1℃，感温时间可少至 10s 以下。它不仅适用于粮仓测温仪，同时也可应用于食品储存、医药卫生、科学种田、海洋、深井、高空、冰川等方面的温度测量。
　　定影系统温度控制电路中的热敏电阻主要用来检测热辊的工作温度，此热敏电阻一般为 NTC 负温度系数热敏电阻。检测此热敏电阻时，需要同时给电阻器加热，观察电阻器阻值的变化。

　　3. 热敏电阻的检测方法
　　① 首先将电源断开，然后对热敏电阻器进行观察，看待测热敏电阻器是否损坏，有无烧焦、引脚断裂或虚焊等情况。如果有，则说明热敏电阻器损坏。
　　② 如果待测热敏电阻器外观没有问题，清洁热敏电阻器的两端焊点，去除灰尘和氧化层，并保证热敏电阻处于常温状态。
　　③ 清洁完成后，将万用表调到欧姆挡 $R \times 1k$ 挡（根据热敏电阻的标称阻值调），然后

将万用表的红、黑表笔分别搭在热敏电阻器两端焊点处，如图 3-59 所示，观察万用表显示的数值，记录常温下的阻值。注意电阻上的标称值是生产厂家在环境温度为 25℃时所测得。

④ 将加热的电烙铁或吹风机靠近热敏电阻来给它加温。注意，电烙铁加热时不要将烙铁紧挨着电阻，以免烫坏热敏电阻。

⑤ 加热的同时，观察万用表表盘阻值，发现热敏电阻的阻值在不断地变化。

⑥ 常温下测量的热敏电阻的阻值比温度升高后的阻值大，说明该热敏电阻属于负

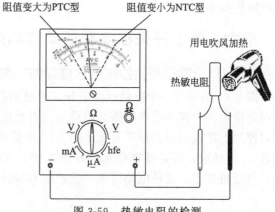

图 3-59　热敏电阻的检测

温度系数热敏电阻（NTC），其工作正常。温度升高后的阻值比常温下测量的大，说明该热敏电阻属于正温度系数热敏电阻（PTC），其工作正常。

⑦ 如果温度升高后所测得的热敏电阻的阻值与正常温度下所测得的阻值相等或相近，则说明该热敏电阻的性能失常；如果待测热敏电阻工作正常，并且在正常温度下测得的阻值与标称值相等或相近，则说明该热敏电阻无故障；如果正常温度下测得的阻值趋近于 0 或趋近于无穷大，则可以断定该热敏电阻已损坏。

图 3-60 是由温度控制器控制的通风电机自动运行电路，它可以应用在任何有温度要求

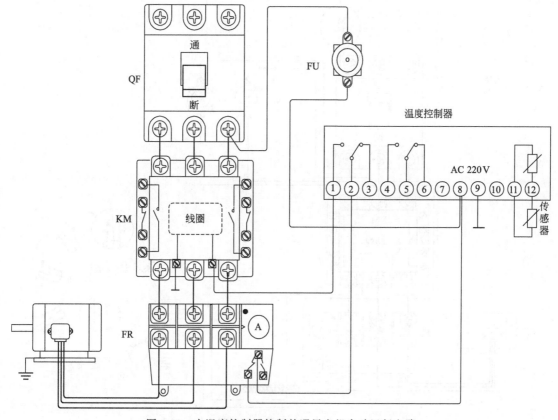

图 3-60　由温度控制器控制的通风电机自动运行电路

的控制设备中。

十六、浮子开关在电动机单方向运行电路的应用

图 3-61 是利用一个单触点浮子开关控制的降水位控制电路，降水位电路就是当水位高于设定位置的时候，接通电路开始排水，当水位到达设定位置时，水泵停止。根据这种情况可以使用上浮接通型的浮子开关，图 3-61 中的 SL 是一个上浮接通型的浮子开关，水位高时接通 3、5 线段，接触器得电水泵开始工作，水位降低开关朝下断开 3、5 线段，接触器断电，电动机停止，这种电路简单，但控制不精确，只用于要求不高的场所。

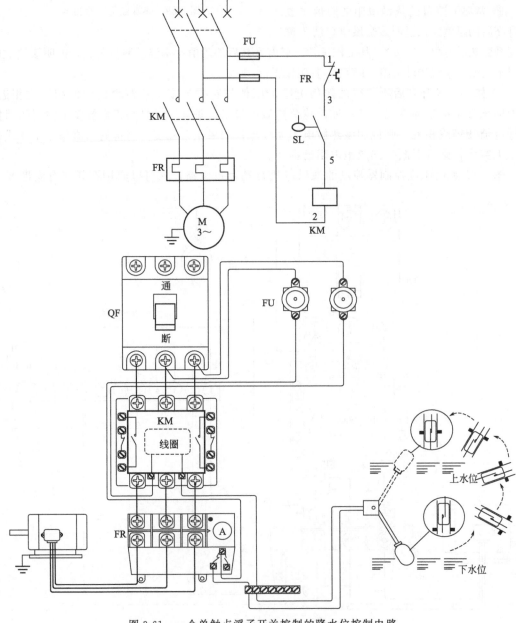

图 3-61　一个单触点浮子开关控制的降水位控制电路

（二）采用两个浮子开关控制的降水位控制电路

在有较大水位变化的场所，多使用两个或三个浮子开关控制水位的变化。图 3-62 是采用两个浮子开关控制的降水位控制电路，浮子开关为上浮接通型。SL1 为高位启动，高位时 SL1 接通，KM 吸合电动机工作，在高位时 SL2 也接通，KA 中间继电器吸合，常开触点闭合，KM 可以自锁电动机运行，当水位降低到极限位时，SL2 断开，KA 断电释放断开 KM 的自锁电路，电动机停止工作。图 3-63 为其接线示意图。

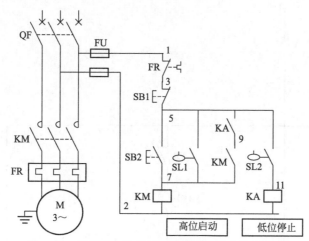

图 3-62　采用两个浮子开关控制的降水位控制电路

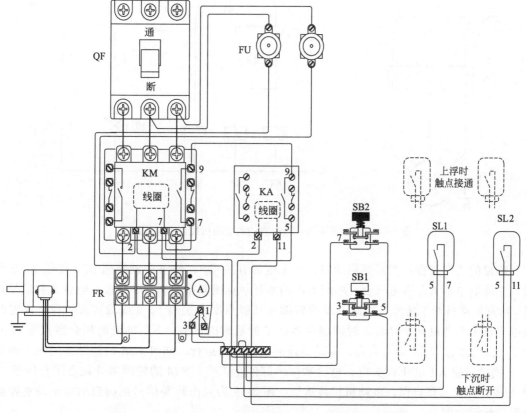

图 3-63　采用两个浮子开关控制的降水位控制接线示意图

十七、发出预警信号延时启动的控制电路

在一些大型设备所拖动运行的部件移动范围很大时或重要设备启动，需要在启动前发出工作信号，经过一段时间再启动电动机，以便告知工作人员做好准备工作或维修人员远离设备，以防事故发生。例如大型传送带启动时需要告诉传送带另一端人员做好安全准备工作。图 3-64 就是一种发出预警信号延时启动的电动机控制电路原理图。

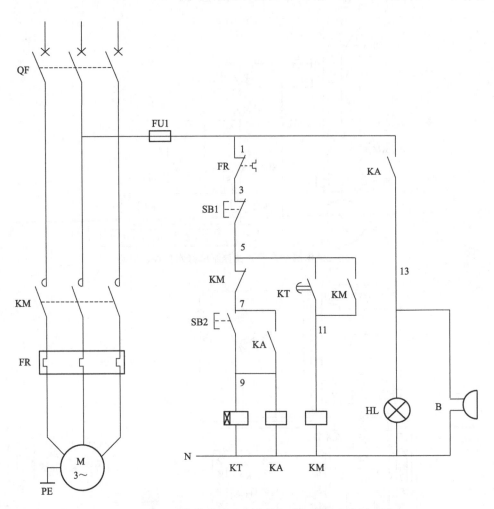

图 3-64　发出预警信号延时启动的电动机控制电路原理图

电路的工作过程：当需要启动时，合上电源开关 QF，按下启动按钮 SB2 接通 7、9 线段，中间继电器 KA 得电吸合，中间 KA 的常开触点闭合接通 1、13 线段，电铃 B 和信号灯 HL 均发出准备开车信号，同时 KA 的辅助常开触点闭合接通 7、9 线段实现自保，同时时间继电器 KT 得电开始延时，时间继电器 KT 的延时时间到，KT 的延时闭合触点接通 5、11 线段，接触器 KM 得电吸合，电动机接通电源开始运行，同时 KM 的辅助常闭触点断开 5、7 线段，使 KT 和 KA 失电，电铃和信号灯停止工作，KM 的辅助常开触点闭合接通 5、11 线段，KM 实现自保，电动机保持运行。图 3-65 为发出预警信号延时启动的电动机控制电路接线示意图。

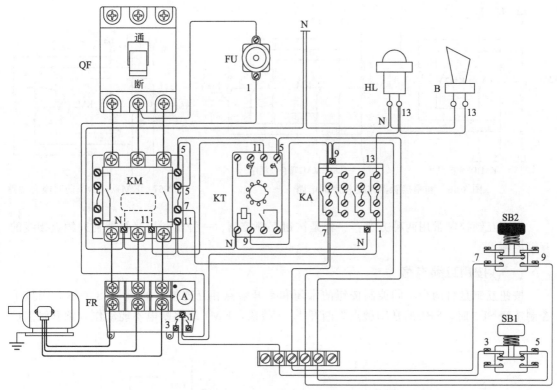

图 3-65　发出预警信号延时启动的电动机控制电路接线示意图

第三节　三相电动机正反转控制电路的安装与维护

一、如何使电动机既可正转又可反转及应特别注意事项

电动机的正转和反转，实际是电动机左转和右转，三相电动机都可以左转和右转，要想改变三相电动机的旋转方向，只需将连接电动机定子绕组的三根电源线的相序改变，就可改变旋转方向。在实际工作中改变电动机的接线很麻烦又不实际，所以在既需要正转又需要反转的电动机电路中，使用两个接触器连接同一个电动机的绕组，正转时一个接触器吸合正相序供电，反转时另一个接触器吸合反相序供电，这样就可以随时根据运行需要使电动机既可正转又可反转了。图 3-66 是利用接触器改变相序的电路。

在电动机的正反转控制电路中，要坚决避免正转和反转同时发生，这种情况是很危险的电气事故，将造成电源短路。为了防止两个接触器同时吸合动作，在控制电路中必须加装互锁控制。

二、互锁控制的目的和互锁的种类

互锁电路是当发出一个控制指令时，只允许一个接触器动作或一部分电路工作，禁止另一个接触器动作或另一部分电路工作，以免发生像图 3-67 中 KM1 和 KM2 同时动作吸合所造成的短路事故。

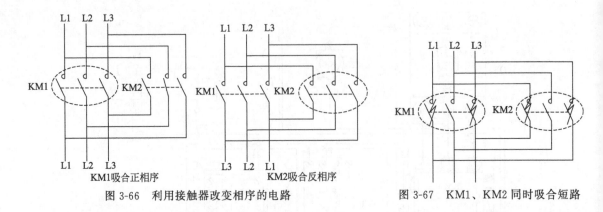

图 3-66　利用接触器改变相序的电路　　　　　图 3-67　KM1、KM2 同时吸合短路

　　实现互锁控制常用两种方法：一种是按钮互锁控制；一种是利用接触器辅助触点接线的互锁控制。

（一）按钮互锁电路

　　按钮互锁是将两个不同控制按钮的常闭和常开触点相互连接，如图 3-68 所示，当按下控制按钮 SB1 时，SB1 的常闭触点先断开 1、3 线段，KM1 线路断电不能动作，常开触点后

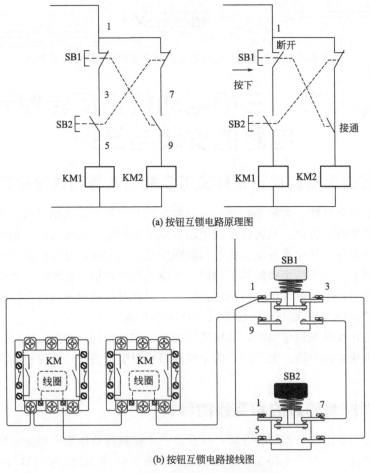

(a) 按钮互锁电路原理图

(b) 按钮互锁电路接线图

图 3-68　按钮互锁电路原理图和接线图

闭合接通 7、9 线段，KM2 线路可以得电。同样，按下 SB2 时，SB2 的常闭触点断开 1、7 线段，KM2 线路断电不能动作，从而达到一个电路工作，而禁止另一个电路工作的控制目的，按钮互锁能有效地防止由于操作人员的误操作而造成的控制事故。

（二）利用接触器辅助触点的互锁电路

接触器互锁是将两台接触器的辅助常闭触点与线圈相互联锁，如图 3-69 所示，当接触器 KM1 在吸合状态时，其辅助常闭触点也随之断开 7、9 线段，由于常闭触点接于 KM2 线路，使 KM2 不能得电吸合，从而达到只允许一台接触器工作的目的。这种控制方法能有效地防止因为接触器自身故障而造成的 KM1 和 KM2 同时吸合的事故。

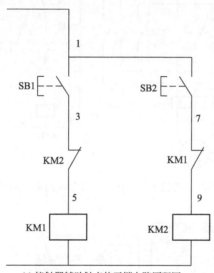

(a) 接触器辅助触点的互锁电路原理图

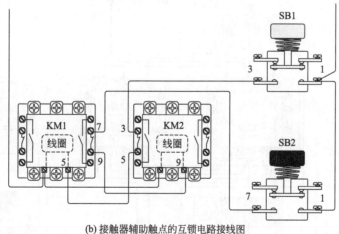

(b) 接触器辅助触点的互锁电路接线图

图 3-69　利用接触器辅助触点的互锁电路

三、电动机正反转点动控制电路

（一）采用按钮互锁控制的正、反向点动电路

三相异步电动机按钮正、反向点动控制电路如图 3-70 所示，点动控制电路是在需要设备动作时按下控制按钮 SB1，SB1 的常闭触点首先断开 KM1 的电路，使 KM1 不能得电动

作，常开触点后接通 KM2 的电路，KM2 得电吸合，电动机动作，松开 SB1，接触器 KM2 断电，电动机停止。按 SB2 工作时，KM1 吸合，KM2 不动作，如果同时按下两个按钮，两个接触器都不能得电吸合，图 3-71 是按钮正、反向点动控制电路接线示意图。

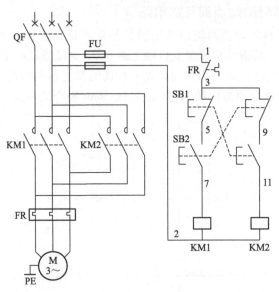

图 3-70　按钮正、反向点动控制电路电气原理图

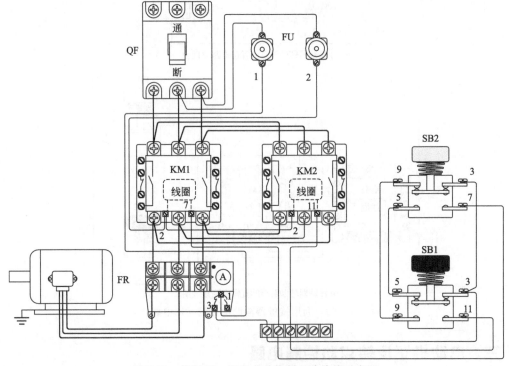

图 3-71　按钮正、反向点动控制电路接线示意图

（二）采用接触器互锁正、反向点动控制电路

三相异步电动机接触器互锁正、反向点动控制电路原理图如图 3-72 所示，点动控制电

路是在需要设备动作时按下控制按钮 SB1 接通 3、5 线段，5 号线通过 KM2 的常闭触点接通 KM1 的电路，使 KM1 得电吸合，同时 KM1 的辅助常闭触点断开 9、11 线段，使 KM2 不能得电动作。图 3-73 是接触器互锁正、反向点动控制接线示意图。

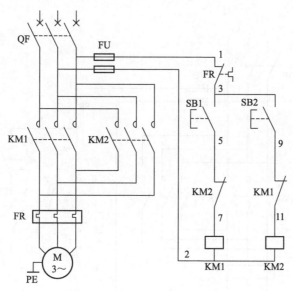

图 3-72　接触器互锁正、反向点动控制电路原理图

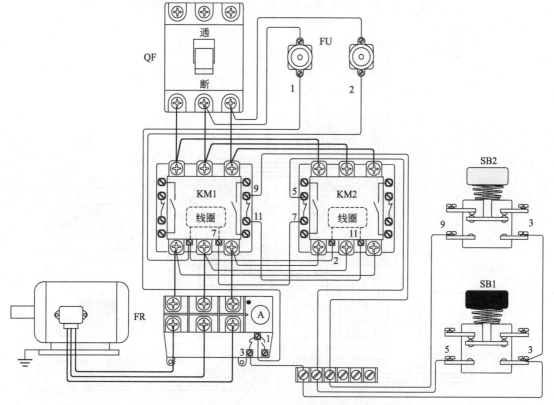

图 3-73　接触器互锁正、反向点动控制接线示意图

（三）采用接触器、按钮双互锁正、反向点动控制电路

三相异步电动机接触器、按钮双互锁正、反向点动控制电路原理图如图 3-74 所示，采用双互锁控制能更加有效地防止短路事故的发生。图 3-75 是接触器、按钮双互锁正、反向点动控制接线示意图。

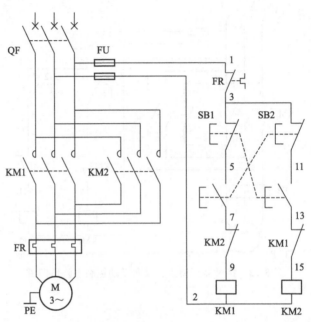

图 3-74　接触器、按钮双互锁正、反向点动控制电路原理图

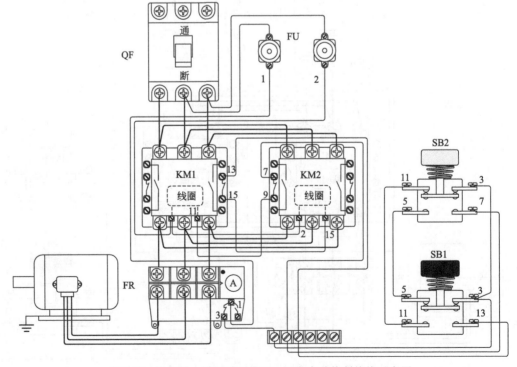

图 3-75　接触器、按钮双互锁正、反向点动控制接线示意图

四、电动机正反转运行电路

图 3-76 是采用按钮互锁和接触器互锁的双重互锁的电动机正、反两方向运行的控制电路。接触器 KM1 工作时电源相序 L1、L2、L3 电动机正转，接触器 KM2 工作时电源相序 L3、L2、L1 电动机反转。为了防止保证运行安全，电路采用了按钮和接触器双互锁控制。

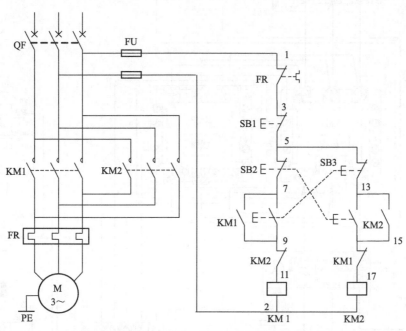

图 3-76　采用双重互锁的电动机正、反两方向运行的控制电路接法一原理图

电路工作过程：接通电源开关 QF，控制电路得电，启动时按下 SB2，SB2 的常闭触点先断开 5、7 线段，令 KM1 线路无电，SB2 的常开触点后接通 13、15 线段，电源通过 FR 的常闭（1、3 接通）→SB1 的常闭（3、5 接通）→SB3 的常闭（5、13 接通）→SB2（13、15 接通）→KM1 的常闭（15、17 接通），KM2 接触器线圈得电吸合。

KM2 吸合，KM2 的主触点闭合接通电源与电动机定子的连接，电动机定子的电源相序为 L3、L2、L1 反相序，所以反转启动。

KM2 吸合的同时，其辅助常开触点闭合接通 13、15 线段，实现 KM2 的自锁，电动机进入运行状态。KM2 的辅助常闭触点断开 9、11 线段，令 SB2 按钮即使在复位后 KM1 线圈仍不能得电吸合。

停止时按下 SB1 断开 3、5 线段，控制线路断电，接触器失电触点全部复位，电动机停止。如果没有按 SB1 停止按钮，而直接按 SB3 按钮改变旋转方向，SB3 的常闭触点先断开 5、13 线段，13 号线断电，KM2 接触器断电释放，电动机停止，同时 KM2 的辅助常闭触点也复位闭合，又接通 KM1 的线圈电路，SB3 的常开触点后接通 7、9 线段，电源通过 FR 的常闭（1、3 接通）→SB1 的常闭（3、5 接通）→SB2 的常闭（5、7 接通）→SB3（7、9 接通）→KM2 的常闭（9、11 接通），KM1 接触器线圈得电吸合。

图 3-77 所示为采用双重互锁的电动机正、反两方向运行的控制电路接法一接线示意图。

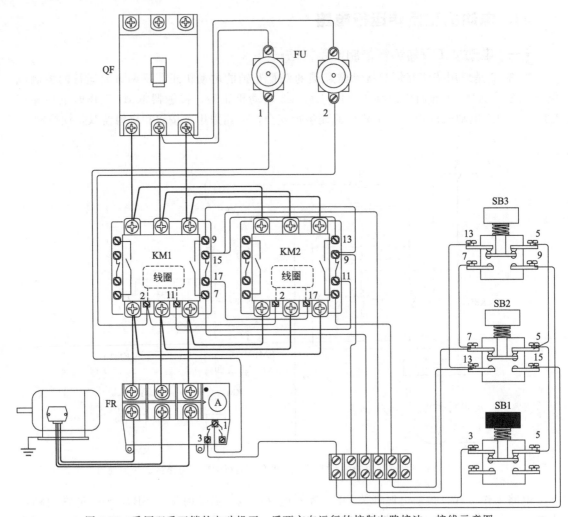

图 3-77　采用双重互锁的电动机正、反两方向运行的控制电路接法—接线示意图

（二）电动机正反转运行控制电路接线步骤

1. 第一步连接控制电源

在配电盘上安装好各种元件，先接控制电源，如图 3-78 所示。380V 控制电路，要从电动机电源开关的负荷侧取得，1 号线连接熔断器与热继电器 FR 的常闭触点的前端，作用是保证全部控制信号的电源。2 号线从熔断器连接到接触器线圈的一端，作用是保证接触器有额定电压，交流线圈连接任何一端都可以，但配电盘上的接触器的接法应该一致。

2. 第二步按钮盒内部线的连接

按钮盒的安装位置一般距配电盘较远，应先连接好按钮之间的接线，图 3-79 是按钮盒内部线的连接。5 号线连接 SB1、SB2、SB3 的常闭触点，5 号线过 SB2 的常闭触点变为 7 号线接 SB3 的常开触点，5 号线过 SB3 的常闭触点变为 13 号线接 SB2 的常开触点，这是按钮互锁接线。

3. 第三步连接 3 号控制线

如图 3-80 所示，3 号线是从热继电器 FR 的常闭触点后端（前端已接 1 号线）接到 SB1 常闭触点的前端（后端已接 5 号线），热继电器正常时常闭触点不动作，3 号线有电可保证

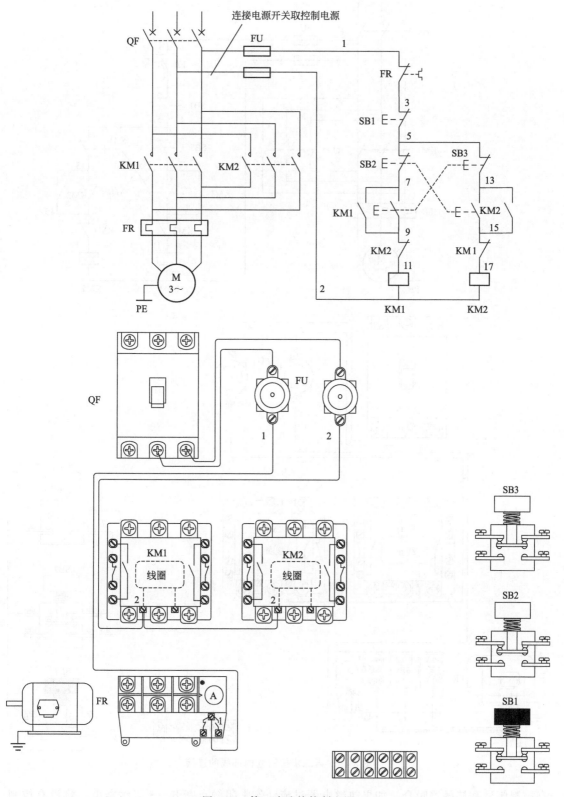

图 3-78　第一步连接控制电源

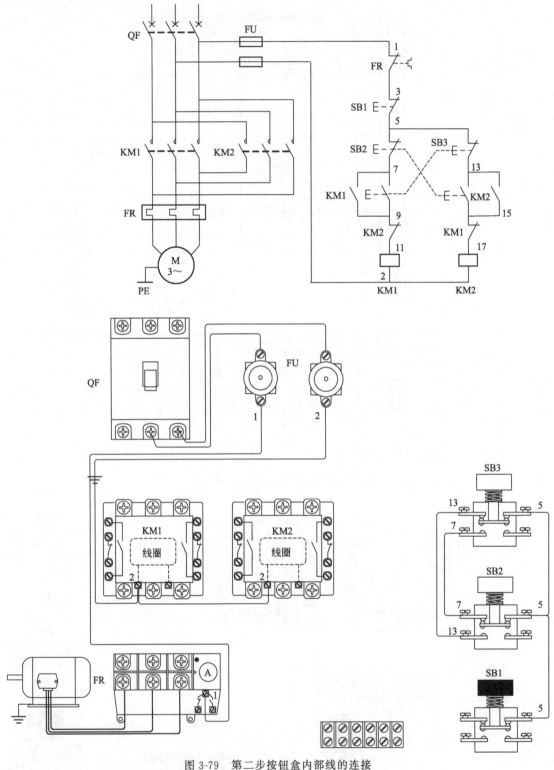

图 3-79　第二步按钮盒内部线的连接

有控制信号和接触器吸合。如果热继电器过流动作常闭触点断开，3号线断电，将没有控制信号，接触器也不吸合。

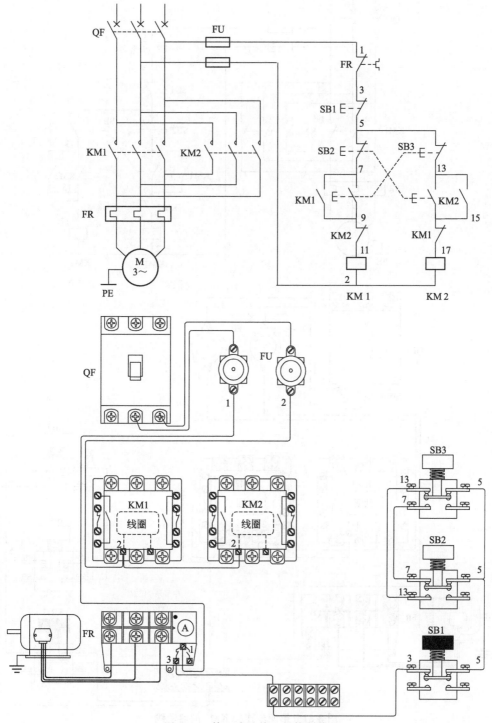

图 3-80 第三步连接 3 号控制线

4. 第四步连接 KM1 的启动线

如图 3-81 所示，KM1 的启动线是 9 号和 11 号线，9 号线从 SB3 的常开触点的后端接到 KM2 的常闭触点，通过 KM2 常闭触点变成 11 号线接至 KM1 的线圈，这是接触器互锁接线，如果 KM2 吸合或触点损坏，KM2 的常闭触点断开，KM1 不能得电吸合工作。

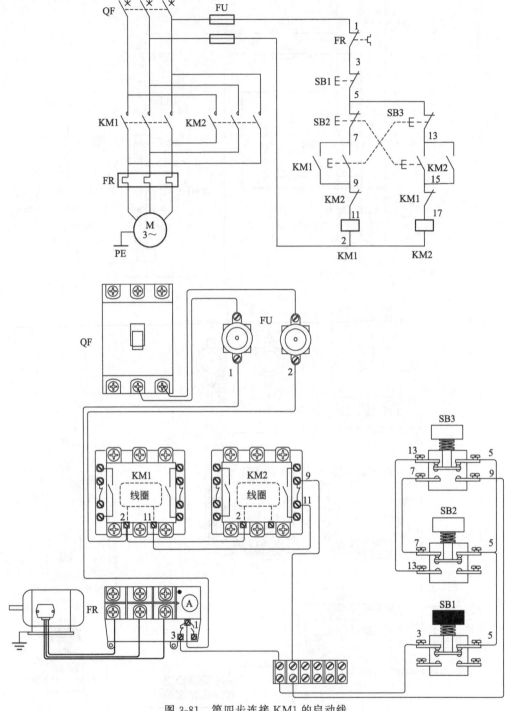

图 3-81　第四步连接 KM1 的启动线

5.第五步连接 KM2 的启动线

如图 3-82 所示，KM2 的启动线是 15 号和 17 号线，15 号线从 SB2 的常开触点的后端接到 KM1 的常闭触点，通过 KM1 常闭触点变成 17 号线接至 KM2 的线圈，这是接触器互锁接线，如果 KM1 吸合或触点损坏，KM1 的常闭触点断开，KM2 不能得电吸合工作。

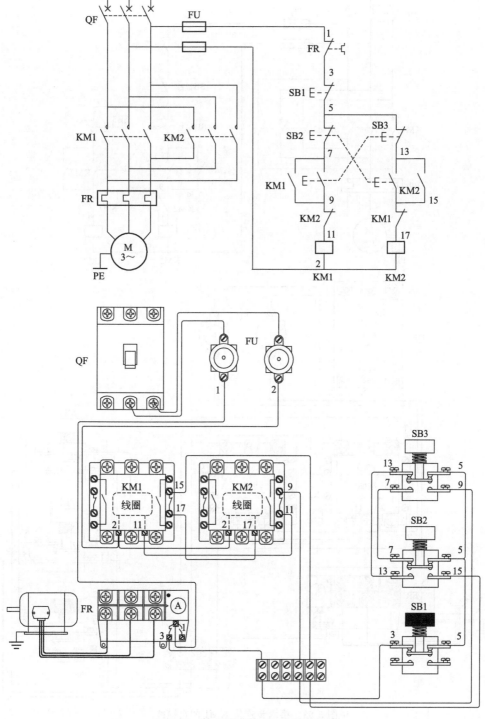

图 3-82　第五步连接 KM2 的启动线

6. 第六步连接 KM1 的自锁线

KM1 自锁是将 KM1 的辅助常开触点并联接在 SB3 按钮常开的两端，接 7 号线和 9 号线，如图 3-83 所示。

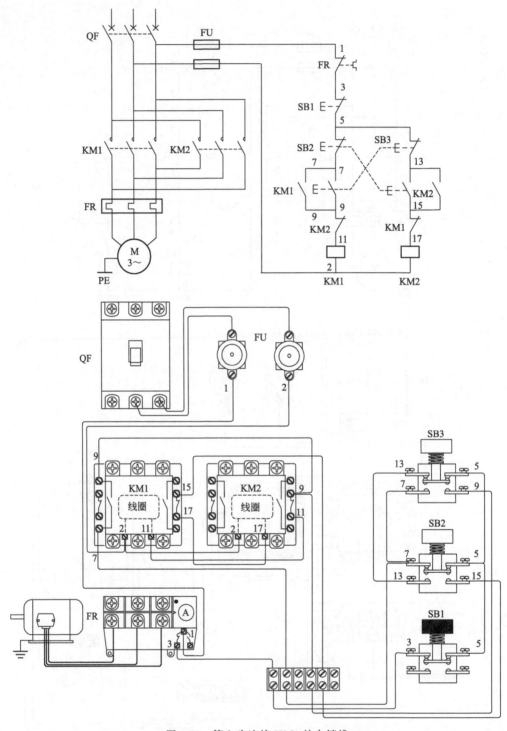

图 3-83　第六步连接 KM1 的自锁线

7. 第七步连接 KM2 的自锁线

KM2 自锁是将 KM2 的辅助常开触点并联接在 SB2 按钮常开的两端，接 13 号线和 15 号线，如图 3-84 所示。

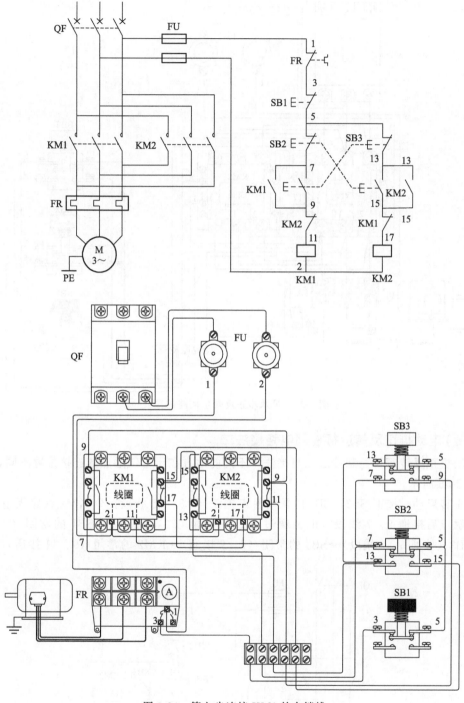

图 3-84　第七步连接 KM2 的自锁线

8. 第八步主回路线的连接

主回路的接线如图 3-85 所示，两个接触器并联，为便于分析电路，接触器的进线端的三相电源相序要排列一致，不允许改变相序。改变相序要在接触器的出线端，KM1 吸合时电源相序 L1、L2、L3 接电动机 U、V、W 端，电动机正转，KM2 吸合时电源相序 L3、L2、L1 接电动机 U、V、W 端，电动机反转。

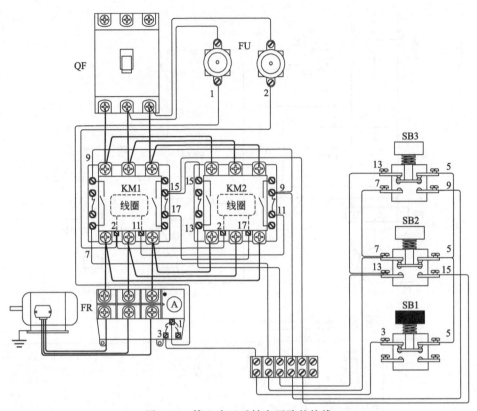

图 3-85　第八步正反转主回路的接线

（三）电动机正反转运行控制电路接法二

电动机正反转运行控制接法二与接法一不同的地方在于自锁触点的连接位置不同，原理图如图 3-86 所示。

当正转启动时按下 SB2，SB2 的常闭触点先断开 13、15 线段，令 KM2 线路无电，SB2 的常开触点后接通 5、7 线段，电源通过 FR 的常闭（1、3 接通）→SB1 的常闭（3、5 接通）→SB2（接通 5、7 线段）→SB3 的常闭（7、9 接通）→KM2 的常闭（9、11 接通），KM1

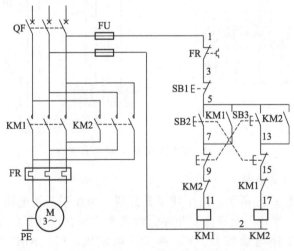

图 3-86　电动机正反转运行控制电路接法二原理图

接触器线圈得电吸合。

KM1 吸合，KM1 的主触点闭合接通电源与电动机定子的连接，电动机定子的电源相序为 L1、L2、L3 正相序，所以正转启动。

KM1 吸合的同时，其辅助常开触点闭合接通 5、7 线段，实现 KM1 的自锁，电动机进入运行状态。KM1 的辅助常闭触点断开 15、17 线段，令 SB2 按钮即使在复位后 KM2 线圈也不能得电吸合。

图 3-87 为电动机正反转运行控制电路接法二接线示意图。

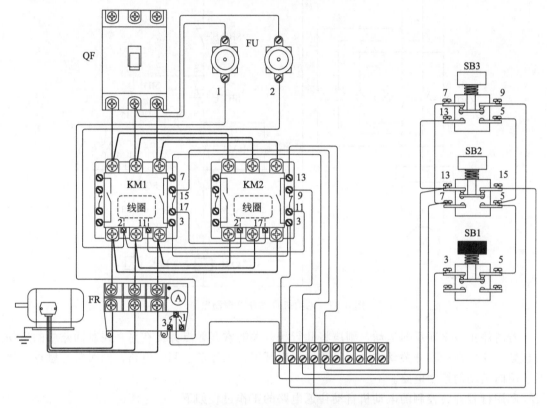

图 3-87　电动机正反转运行控制电路接法二接线示意图

（四）利用行程开关控制的电动机自动往返控制电路

电动机自动往返控制电路是按照位置控制原则的自动控制电路，是生产机械电气自动化中应用最多和作用原理最简单的一种形式。在位置控制的电气自动装置线路中，由行程开关或终端开关的动作发出信号来控制电动机的工作状态，例如图 3-88 所示工作台往返的运动。

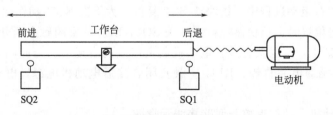

图 3-88　机械往返运动

　　若在预定的位置电动机需要停止，可以将行程开关的常闭触点串接在相应的控制电路中，这样当机械装置运动到预定位置时行程开关动作，行程开关的常闭触点断开相应的控制电路，电动机停转，机械运动也停止。控制原理如图 3-89 所示。

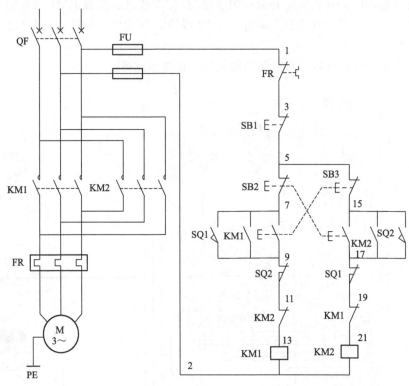

图 3-89　电动机自动往返控制电路

　　若需停止后立即反向运动，则应将此行程开关的常开触点并接在另一控制回路中的启动按钮处，这样在行程开关动作时，常闭触点断开了正向运动控制的电路，同时常开触点又接通了反向运动的控制电路。

　　利用行程开关控制的电动机自动往返电路的工作过程如下。

　　合上空气开关 QF 接通三相电源。按下正向启动按钮 SB3，接触器 KM1 线圈通电吸合并自锁，KM1 主触头闭合接通电动机电源，电动机正向运行，带动机械部件运动，电动机拖动的机械部件向左运动（设左为正向）。当运动到预定位置挡块碰撞行程开关 SQ2，SQ2 的常闭触点断开接触器 KM1 的线圈回路（9、11 线段），KM1 断电，主触头释放，电动机断电。与此同时，SQ2 的常开触点闭合接通 15、17 线段，使接触器 KM2 线圈通电吸合并自锁，其主触头使电动机电源相序改变而反转，电动机拖动运动部件向右运动（设右为反向）。

　　在运动部件向右运动过程中，挡块使 SQ2 复位，为下次 KM1 动作做好准备。当机械部件向右运动到预定位置时，挡块碰撞行程开关 SQ1，SQ1 的常闭触点断开接触器 KM2 线圈回路，KM2 线圈断电，主触头释放，电动机断电停止向右运动。与此同时，SQ1 的常开触点闭合使 KM1 线圈通电并自锁，KM1 主触头闭合接通电动机电源，电动机运转，并重复以上过程。

　　图 3-90 为电动机自动往返控制回路接线示意图。

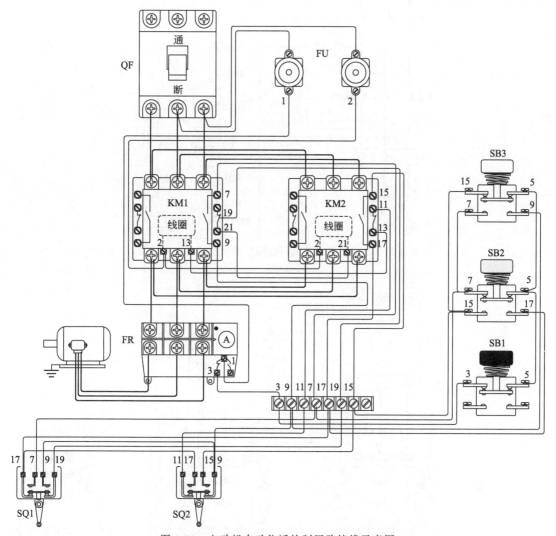

图 3-90　电动机自动往返控制回路接线示意图

（五）电动机正反转运行带限位保护控制电路

电动机正反转运行带限位保护控制电路是一种带有位置保护的控制电路，这种电路多用在具有往返于机械运动的设备上，为了防止设备在运动时超出运动位置极限，在极限位置装一个限位开关 SQ，当设备运行到极限位置时 SQ 动作，使电动机停止，原理图如图 3-91 所示，图 3-92 为其接线示意图。

（六）电动机正反转运行常见故障检修

电动机正反转运行电路实际是两个单方向电路的组合，为了保证安全运行加装互锁控制电路，所以在检查正反转电路时，常见的故障多发生在互锁和自锁电路。

1. 不能启动，按启动按钮"吧嗒吧嗒"地响不能吸合

按下启动按钮接触器"吧嗒吧嗒"地响，不能完全吸合，这表明按钮已经接通线路，接触器也得电了，但是不能自锁，吸合后又马上断电了，所以才出现这种吸断现象，发生这种故障肯定是某个元件在接触器吸合的瞬间又断开了接触器的线路。通过对原理图分析出现这种故障，肯定是接触器的互锁触点连接有错误，图 3-93 所示就是由于接触器互锁触点接线

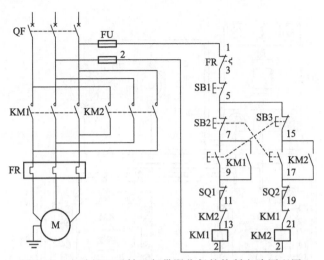

图 3-91　电动机正反转运行带限位保护控制电路原理图

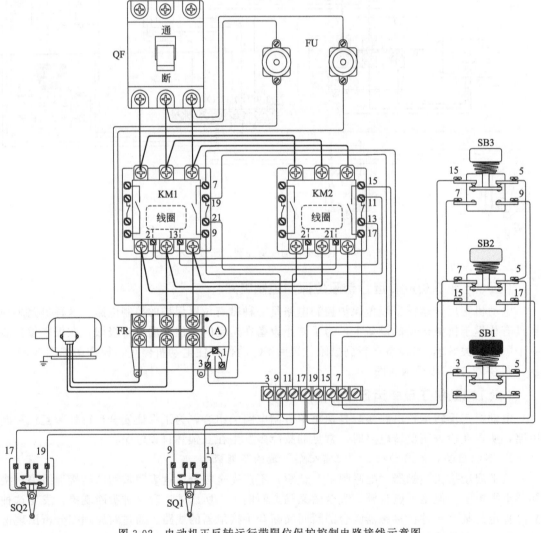

图 3-92　电动机正反转运行带限位保护控制电路接线示意图

错误，接成自己的常闭触点，按下启动按钮时电源通过常闭触点线圈吸合，可线圈吸合后常闭触点断开，线圈又断电，断电触点复位线圈又吸合，所以就会出现"吧嗒吧嗒"地响，不能吸合的现象。

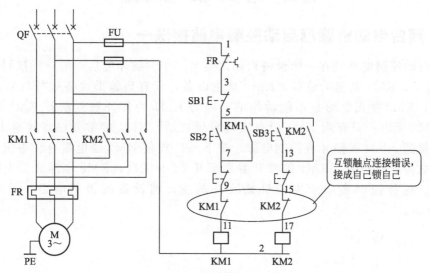

图 3-93　互锁触点连接错误造成"吧嗒吧嗒"响现象

2. 运行时按反向启动按钮不能停止正向运行

按反向按钮不能停止正向运行，通过原理图分析是接触器的自锁线可能接错位置，接触器自锁触点的出线，应当连接到自己启动按钮的下端，如果连接到互锁按钮的下端，如图 3-94 所示中的 KM1 的自锁线应接到 SB2 按钮的出线端 7 号线的位置，如果接到了 SB3 的 9 号位置，这样当按下 SB3 时，SB3 的常闭触点只断开 7、9 线段，但 9 号线仍然通过 KM1 触点与 5 号线连接有电，还可以保持 KM1 得电吸合。

KM2 的自锁线应接到 SB3 按钮的出线端 13 号线的位置，如果接到了 SB2 的 15 号位置，这样当按下 SB2 时，SB2 的常闭触点只断开 13、15 线段，但 15 号线仍然通过 KM2 触点与 5 号线连接有电，还可以仍保持 KM2 得电吸合。

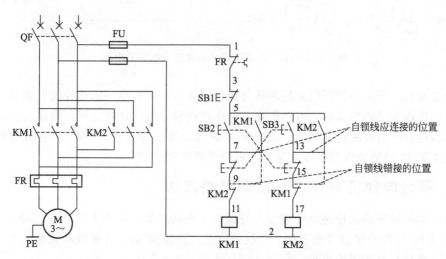

图 3-94　按反向按钮不能停止正向运行错误接线分析

第四节　三相电动机顺序控制电路的安装与维护

一、两台电动机顺序启动控制电路接法一

顺序启动控制电路是在一个设备启动之后另一个设备才能启动的一种控制方法。如图 3-95 所示，KM1 是辅助设备，KM2 是主设备，只有当辅助设备运行之后主设备才可以启动，KM2 要先启动是不能动作的，因为 KM1 的常开触点断开 KM2 的控制电路，令 KM2 无电，只有当 KM1 吸合实现自锁之后，KM1 的常开触点接通 1、9 线段使 9 号线接通，SB4 按钮才有控制电源，按下 SB4 能使 KM2 通电吸合设备工作。当辅助设备因故停止运行时，KM1 的常开触点断开 1、9 线段，KM2 也随之失电释放，主电机停止。这种控制多用于大型机械装备的主、辅设备的控制电路。元件接线如图 3-96 所示。

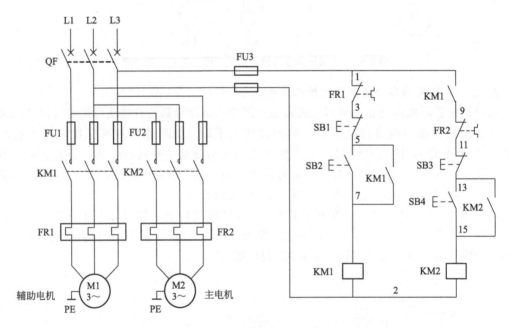

图 3-95　两台电动机顺序启动接法一电路原理图

两台电动机顺序启动控制电路的接线与维护：两台电动机顺序启动控制电路是以两台电动机单方向电路为基础组成的，电动机单方向电路的检修方法同样适用，顺序启动的接线要点是第二台电动机的控制电源连接，图 3-96 中虚线是接线的重点，KM2 的控制电源必须由 1 号线通过 KM1 的辅助常开触点取得，才可以实现顺序启动。

二、两台电动机顺序启动控制电路接法二

两台电动机顺序启动控制电路接法二与接法一不同之处，如图 3-97 所示，是在 KM2 控制电源取自 KM1 的自锁触点的下端 7 号线的位置。图 3-98 是元件接线示意图，图中，FR2 的 7 号线（虚线）是接线的重点。

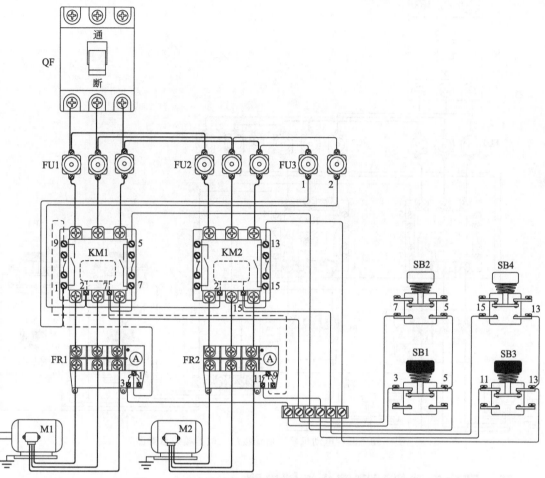

图 3-96　两台电动机顺序启动接法一电路接线示意图

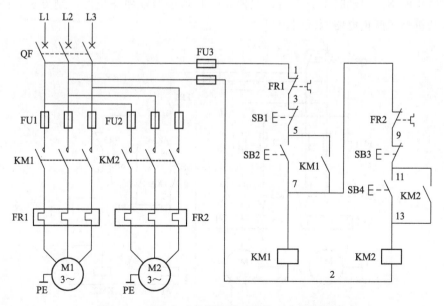

图 3-97　两台电动机顺序启动接法二电路原理图

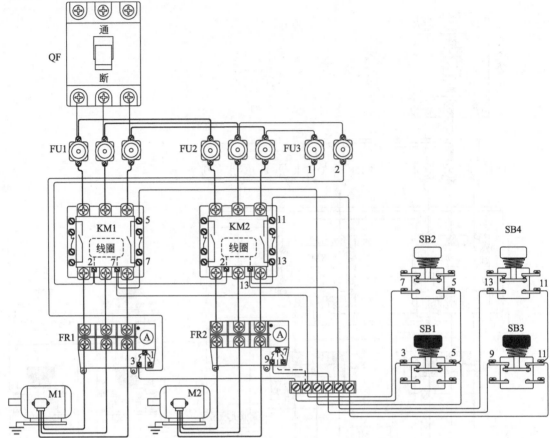

图 3-98　两台电动机顺序启动接法二电路接线示意图

三、两台电动机顺序停止控制电路

顺序停止电路是启动时不分先后，但停止时必须按照顺序停止的控制方法，图 3-99 就是两台电动机顺序停止电路原理图。

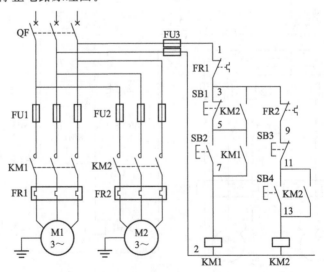

图 3-99　两台电动机顺序停止电路原理图

　　启动时，按启动按钮 SB2 或 SB4 可以分别使接触器 KM1 或 KM2 线圈得电吸合，主触点闭合，M1 或 M2 通电，电机运行工作。接触器 KM1 的辅助常开触点闭合接通 5、7 线段，KM2 的辅助常开触点闭合接通 11、13 线段，实现自锁保持运行。特别是 KM2 的另一副常开触点闭合接通 3、5 线段，将 SB1 短封。

　　停止时，按控制按钮 SB3 断开 9、11 线段，接触器 KM2 线圈失电，电机 M2 停止运行。若先停电机 M1，按下 SB1 按钮，由于 KM2 吸合没有释放，KM2 常开辅助触点与 SB1 的常闭触点并联在一起并呈闭合状态，所以按钮 SB1 断开时不起作用。只有当接触器 KM2 释放之后，KM2 的常开辅助触点断开 3、5 的连接，按钮 SB1 的切断才起作用。

　　主电机由 FR2 热继电器过流保护，辅助电机由 FR1 热继电器过流保护，如果辅助电机故障，主电机也不允许继续运行，也必须停止以防发生机械事故，所以辅助电机的过流保护的热继电器 FR1 动作断开 1、3 线段，两个电机 M1、M2 全都失电而停止运行。图 3-100 是两台电动机顺序停止控制电路接线示意图。

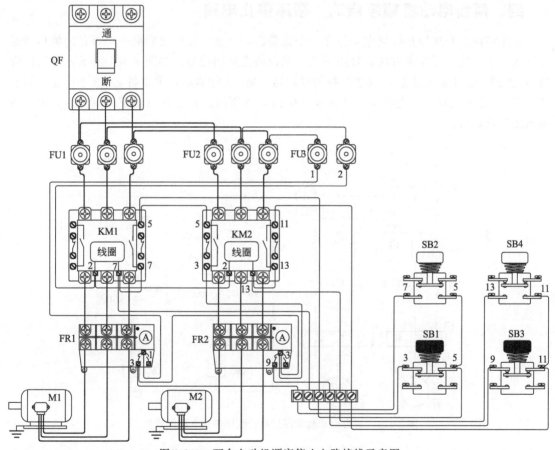

图 3-100　两台电动机顺序停止电路接线示意图

　　两台电动机顺序停止控制电路接线和检查要领如下。

　　① 控制电源 1 号线经 FR1 热继电器的常闭触点使 3 号线有电，3 号线在此分成两路，一路接 KM1 的控制按钮 SB1 的常闭，一路接 FR2 常闭触点进线端。

　　② 3 号线通过 SB1 常闭触点使 5 号线有电，5 号线一路接 KM1 的辅助常开触点前端用于 KM1 的自锁，一路接 SB2 用于 KM1 的启动控制。

③ KM1 启动时按下 SB2 按钮，常开触点闭合接通 5、7 线段，7 号线有电，7 号线连接 KM1 的线圈，7 号线有电 KM1 得电吸合，电动机 M1 运行。

④ KM1 吸合后 KM1 的辅助常开触点闭合接通 5、7 线段，KM1 实现自锁。

⑤ 3 号线连接 FR2 的常闭触点使 9 号线有电，9 号线连接 SB3 的常闭触点，通过常闭触点 11 号线有电，11 号线分成两路，一路接于 KM2 的常开触点用于 KM2 的自保，一路接 SB4 的常开触点用于启动。

⑥ KM2 启动时按下 SB4 常开触点接通 11、13 线段，13 号线有电，KM2 得电吸合，电机 M2 运行，KM2 的辅助常开触点 11、13 接通，KM3 自保。

⑦ KM2 的辅助常开触点接通 3、5 线段，短封了 SB1 的停止功能，使电动机 1 不能先停止。

⑧ 只有先按 SB3 断开 9、11 线段，令 KM2 失电释放，触点也复位，断开 3、5 的连接，这时再按 SB1 可以断开 3、5 线段，KM1 才能停止。

四、两台电动机顺序启动、顺序停止电路

顺序启动、顺序停止控制电路是在一个设备启动（或停止）之后另一个设备才能启动运行（或停止）的一种控制方法，常用于主、辅设备之间的控制。如图 3-101 所示，当辅助设备的接触器 KM1 启动之后，主要设备的接触器 KM2 才能启动，主设备 KM2 不停止，辅助设备 KM1 也不能停止。但辅助设备在运行中因某种原因停止运行（如 FR1 动作），主设备也随之停止运行。

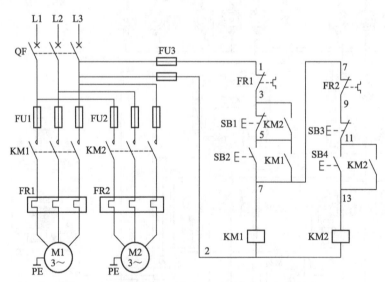

图 3-101 两台电动机顺序启动、顺序停止电路原理图

图 3-102 是两台电动机顺序启动、顺序停止的元件接线示意图。图中的虚线是接线要点。

两台电动机顺序启动、顺序停止电路接线和检查要领如下。

① KM2 的控制电源一定要从 KM1 自锁触点的后端 7 号线取，KM1 自锁后 7 号线保持有电，KM2 才能控制生效，实现 KM1 先启动，KM2 后启动。

② KM2 的常开触点并联在 SB1 按钮两端的 3 和 5 线上，当 KM2 吸合时常开触点闭合，短封了 SB1 按钮的断开功能，KM1 不能先停止，只有 KM2 断电后触点断开 3、5 的连接，

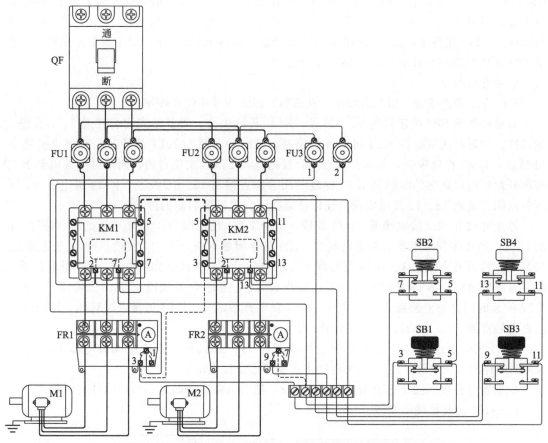

图 3-102　两台电动机顺序启动、顺序停止电路接线示意图

SB1 才能恢复控制功能，实现 KM2 先停止 KM1 后停止。

五、按照时间要求控制的顺序启动、顺序停止电路

按照时间要求控制的顺序启动、顺序停止电路原理图如图 3-103 所示。KM1、KM2、

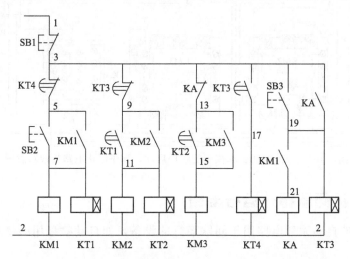

图 3-103　按照时间要求控制的顺序启动、顺序停止电路原理图

KM3 是三个接触器，它可以控制电动机、电磁阀、彩灯等。启动时按下 SB2 按钮 KM1 得电吸合，当 KM1 启动运行一段时间后 KM2 启动，再经过一段时间 KM3 启动；停止时按下 SB3 按钮 KM3 先停止，过一段时间后 KM2 停止，最后 KM1 停止。SB1 为总停止按钮，按下 SB1 不管设备运行什么状态，都立即停止。

电路分析如下。

SB1 为总停止按钮，SB2 为顺序启动按钮，SB3 为顺序停止按钮。

启动时按下 SB2 按钮接通 5、7 线段，KM1 得电吸合，常开触点闭合接通 5、7 线段实现自锁，同时时间继电器 KT1 得电开始延时，延时的时间到 KT1 的延时闭合触点接通 9、11 线段，KM2 得电吸合，其常开触点闭合接通 9、11 线段实现自锁，同时时间继电器 KT2 得电开始延时，延时的时间到 KT2 的延时闭合触点接通 13、15 线段，KM3 得电吸合，常开触点闭合接通 13、15 线段实现自锁保持运行，完成顺序启动的过程。

停止时按下 SB3 按钮接通 3、19 线段，由于 KM1 已经吸合，其常开触点闭合接通 19、21 线段，所以中间继电器 KA 得电吸合，KA 的常闭触点断开 3、13 线段，KM3 失电停止，同时 KA 常开触点接通 3、19 线段实现 KA 的自锁，KA 自锁时间继电器 KT3 得电开始延时，延时的时间到 KT3 的延时断开触点断开 KM2 电路的 3、9 线段，KM2 失电停止，同时 KT3 的延时闭合触点接通 3、17 线段，KT4 得电开始延时，KT4 的延时时间到，KT4 的延时断开触点断开 3、5 线段，KM1 停止。

KM1 失电停止，KM1 的常开触点释放断开 19、21 线段，断开中间继电器 KA 线路，KA 失电释放自锁解除，KT3 也失电停止，顺序停止过程结束。

如遇紧急情况，按下 SB1 断开 1、3 线段，控制电路全部断电，一切元件失电复位。

图 3-104 为其接线示意图。

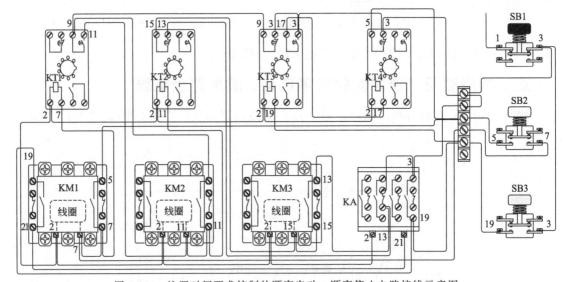

图 3-104　按照时间要求控制的顺序启动、顺序停止电路接线示意图

六、电动机间歇循环运行电路

按时间控制的自动循环电路用于间歇运行的设备，如自动喷泉用的就是这种电路，如图 3-105 所示。

电动机间歇循环运行电路的工作原理：按下启动按钮 SB2，中间继电器 KA1 得电吸合并自锁，接触器 KM 通过中间继电器 KA2 的常闭触点得电吸合，电动机运行，同时时间继电器 KT1 得电开始计时。计时时间到 KT1 的延时闭合触点接通 7、11 线段，KA2 和 KT2 得电吸合，KA2 的常闭触点断开 7、9 线段，KM 失电释放，电动机停止运行。KT2 开始延时，KT2 延时时间到，其延时断开触点断开 KA2 线圈电路，KA2 失电触点复位，KM 又得电，电动机又开始运行。KT1 再次计时，反复循环运行。KT1 是电动机运行时间计时，KT2 是电动机停止时间计时。停止时按下 SB1 按钮，中间继电器 KA1 失电断开，间歇循环停止。

图 3-106 所示为其接线示意图。

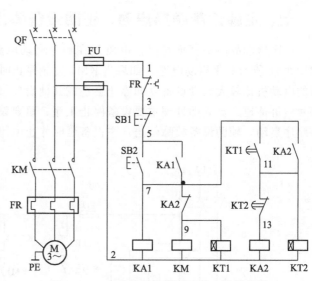

图 3-105　电动机间歇循环运行电路原理图

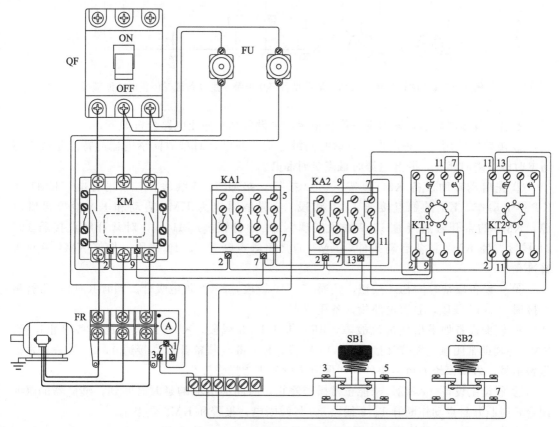

图 3-106　电动机间歇循环运行电路接线示意图

七、主辅设备顺序启动，辅助设备停止报警，主设备延时停止电路

顺序启动故障报警延时停止电路是在顺序启动电路的基础之上变化而来的。如图 3-95 和图 3-97 所示顺序启动电路，如果当 KM1 过流停止时，KM2 也立即停止，如果 KM2 所控制的电动机比较大或者设备立即停止会造成其他设备事故，辅助设备应故障停止，发出报警信号告诉值班人员立即处理重要设备停止工序，重要设备延时停止。图 3-107 是一种主辅设备顺序启动，辅助设备故障停止，主设备延时停止电路。

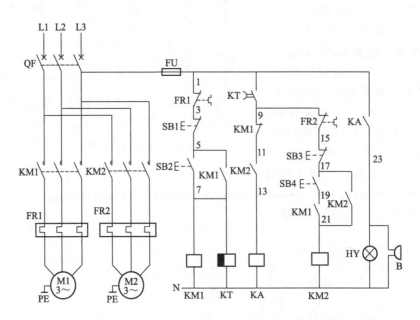

图 3-107　主辅设备顺序启动，辅助设备停止报警，主设备延时停止电路原理图

主辅设备顺序启动，辅助设备停止报警，主设备延时停止电路分析如下。

① 电路中使用了一种断电延时型时间继电器，断电延时型时间继电器的特点是继电器通电时触点瞬时闭合，断开电源时触点延时断开。

② 先启动辅助设备 KM1，按下 SB2 按钮，接通 5、7 线段，7 号线有电，KM1 和 KT 得电动作，KT 的触点接通 1、9 线段，9 号线得电为 KM2 启动和 KA 报警提供电源。KM1 的常开触点接通 5、7 线段实现 KM1 的自锁，KM1 另一对常开触点接通 19、21 线段，使 KM2 具备启动条件，KM1 的常闭触点断开 9、11 线段，做好 KM1 跳闸告警准备。

③ 主设备启动时按 SB4 按钮，接通 17、19 线段，KM2 得电吸合。同时 KM2 的常开触点接通 11、13 线段，告警电路投入备用状态。

④ 辅助设备如果出现过流故障，FR1 断开 1、3 线段，KM1 断电辅助设备停止运行。KM1 的辅助常闭触点复位又接通 9、11 线段，KA 得电其常开触点接通 1、23 线段，发出报警信号，告知值班人员尽快处理，保障主设备正常操作停止。

⑤ 假设主设备（KM2）未能正常操作停止，时间继电器的延时时间到，继电器的瞬时闭合延时断开触点动作断开 1、9 线段，9 号线断电，报警和 KM2 全停止。

图 3-108 所示为其接线示意图。

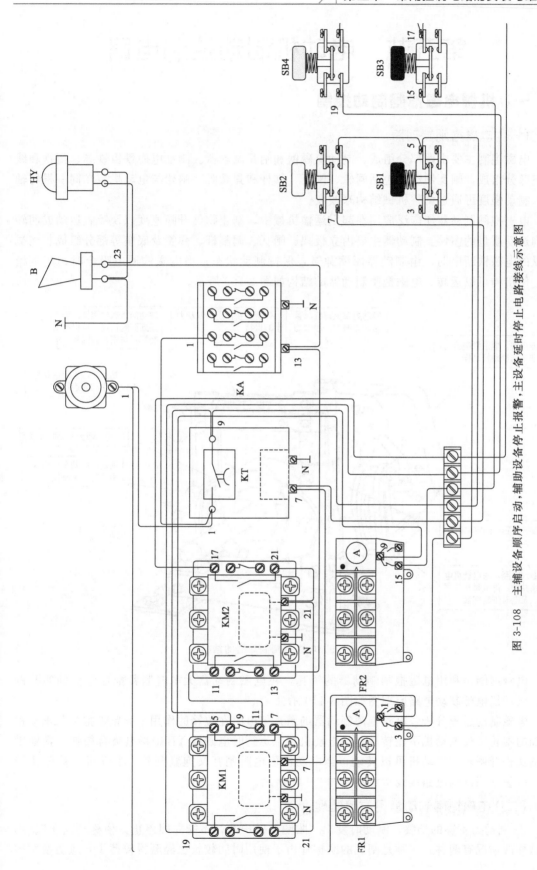

图 3-108 主辅设备顺序启动、辅助设备停止报警、主设备延时停止电路接线示意图

第五节　电动机制动控制电路

一、机械电磁抱闸制动控制

（一）电磁抱闸制动器

电磁抱闸主要由两部分组成，制动电磁铁和闸瓦制动器。制动电磁铁由铁芯、衔铁和线圈三部分组成。闸瓦制动器包括闸轮、闸瓦、杠杆和弹簧等，闸轮与电动机装在同一根转轴上。制动强度可通过调整机械结构来改变。

电磁抱闸制动器能广泛应用在起重运输机械中，制止物件升降速度以及吸收运动或回转机构运动质量的惯性。制动器主要由立板架、闸瓦、调整杆、弹簧及底座等部分组成。当被操纵的电磁铁断电时，由制动器压缩弹簧，保持制动状态；当电磁铁通电吸合时，产生松闸，使机构可以运转。电磁抱闸制动器的结构如图 3-109 所示。

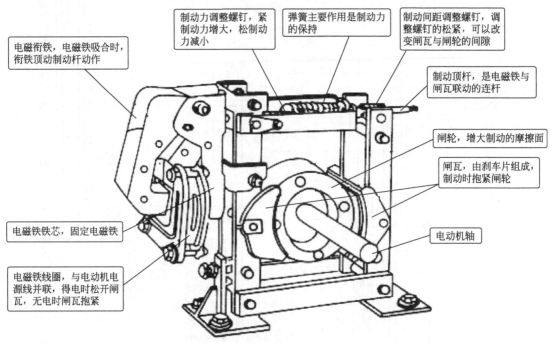

图 3-109　电磁抱闸制动器的结构

电磁抱闸是利用电磁抱闸制动器的闸瓦，在电磁制动器无电时紧紧抱住电机轴使其停止。电动机电磁制动电路原理图如图 3-110 示。

电磁制动过程分析：电磁抱闸制动器的闸瓦停电时在拉簧的作用下紧紧地抱住与电动机同轴的闸轮，使电动机不能转动，当电动机得电运行时电磁铁 YB 也得电吸合衔铁，衔铁带动闸瓦松开闸轮，电动机可以转动，当电动机停电时闸瓦又抱紧闸轮，电动机立即停止转动。电磁抱闸制动电路接线示意图如图 3-111 所示。

（二）电磁抱闸制动常见故障处理

① 制动力不够的调整，制动时发出"嗞嗞"的声响，不能立即停止，俗称"溜车"。出现这样的情况有两种：一种是闸瓦的摩擦片由于使用时间较长已经磨得较薄了，应更换摩擦

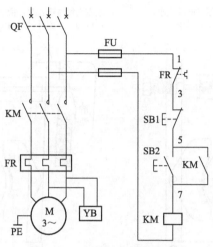

图 3-110　电磁制动电路原理图

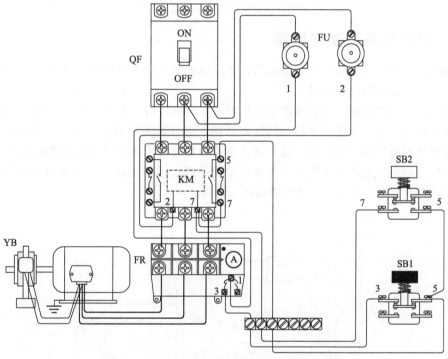

图 3-111　电动机电磁抱闸制动电路接线示意图

片；一种是制动力不够，制动螺钉松动，可以参考图 3-112，仔细调整制动螺钉。制动螺钉不能拧得过紧，因为如果调整过紧会使调整杆的压力增大，在松开运行时，需更大电磁铁的吸力，容易造成电磁铁过电流损坏。

　　② 电动机运行抱闸松开始，但闸瓦松开距离不够，有摩擦声响。原因一是顶杆与衔铁的间距不对，间距太小衔铁吸合动作的距离不足以使闸臂分开，需要将调整杆向里调整顶住衔铁。原因二是顶杆向里调整得过多，顶压衔铁的力过大，当衔铁得电吸合时，力量不足以使闸臂完全打开，而且还容易造成电磁铁过电流损坏。可参照图 3-113 调整。

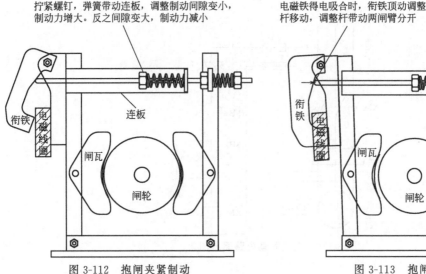

拧紧螺钉，弹簧带动连板，调整制动间隙变小，制动力增大。反之间隙变大，制动力减小
衔铁
电磁线圈
连板
闸瓦
闸轮

图 3-112 抱闸夹紧制动

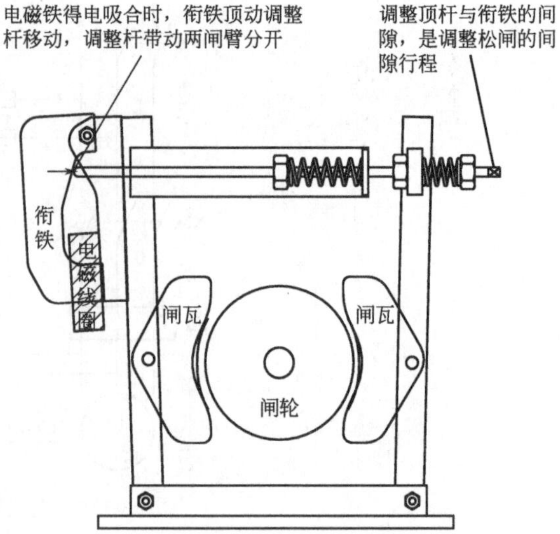

电磁铁得电吸合时，衔铁顶动调整杆移动，调整杆带动两闸臂分开
调整顶杆与衔铁的间隙，是调整松闸的间隙行程
衔铁
电磁线圈
闸瓦
闸瓦
闸轮

图 3-113 抱闸松开运行

二、电动机电容制动电路

电容制动电路是当电动机切断电源后，立即给电动机定子绕组接入电容器来迫使电动机迅速停止转动的方法叫电容制动。

电容制动的工作原理：当旋转的电动机断开交流电源时，电动机转子内仍有剩磁，随着转子的惯性转动，有一个随转子转动的旋转磁场，这个磁场切割定子绕组产生感应电动势，并通过电容器回路形成感生电流，该电流产生的磁场与转子绕组中感生电流相互作用，产生一个与旋转方向相反的制动转矩，使电动机受制动而迅速停止转动，电路原理图如图 3-114 所示，图 3-115 为电动机电容制动电路接线示意图。

QF
FU
KM1
KM2
R1
C
R2
FR
M
3~
1
FR
3
SB1
KM2
5
11
SB2
KM1
KT
13
7
KM2
KM1
9
15
2
KM1
KM2
KT

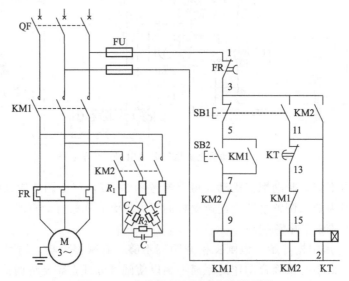

图 3-114 电动机电容制动电路原理图

电容制动电路工作过程如下。

启动时按下启动按钮 SB2，SB2 接通 5、7 线段，7 号线得电，接触器 KM1 线圈得电吸合，其主触头闭合，电动机通电运行，同时 KM1 的辅助常开触点闭合接通 5、7 线段实现KM1 的自锁，KM1 的辅助常闭触点断开 KM2 线圈回路 13、15 线段，实现互锁。

停止时按下 SB1 按钮，SB1 的常闭触点先断开 3、5 线段，KM1 线路失电，电动机停止运行。SB1 的常开触点后接通 3、11 线段，11 号线得电 KM2 得电吸合，电动机绕组与电容器接通，同时 KM2 的常开触点闭合接通 3、11 线段实线 KM2 的自保，同时时间继电器 KT得电开始延时，延时时间（制动时间）到 KT 的延时断开触点动作断开 11、13 线段，KM2线圈失电释放，KM2 主触头断开，三相电容器切除，电动机停止。

制动电路中的电阻 R_1 是电流调节电阻，用以调节制动力矩的大小，电阻 R_2 是电容器放电电阻，对于 380V、50Hz 三相笼式电动机，电容器电容值约每千瓦 $150\mu F$ 左右，电容器的耐压 500V。

电容制动电路的制动时间约为无制动停车时间的 1/20，所以电容制动是一种制动迅速、能量消耗小、设备简单的制动方法，一般适用于 10kW 以下的小容量电动机。

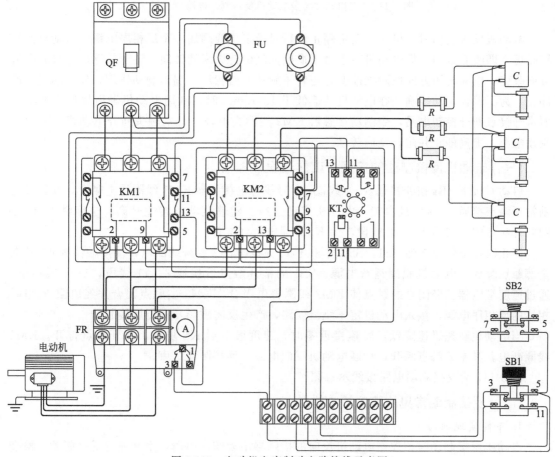

图 3-115　电动机电容制动电路接线示意图

三、三相笼式异步电动机反接制动电路

反接制动是电动机电气制动方法之一，此种方法有制动力大、制动迅速的优点，多用在停止动作要求准确的机械设备控制电路。电动机反接制动原理图如图 3-116 所示。

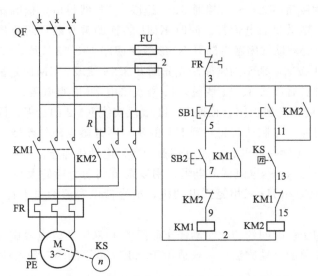

图 3-116　三相笼式异步电动机反接制动电路原理图

电动机反接制动时，可在电动机停止运行时给定子线圈加一个反相序电源，电动机的旋转磁场立即改变方向，但电动机转子由于惯性依然保持原来的转向，转子的感应电势和电流方向改变，电磁转矩方向也随之改变，与转子旋转方向相反，起到制动作用，使电动机迅速停止。为了保证制动准确，在电动机转速低于 100r/min 时，利用电动机轴所接的速度继电器常开接点断开控制电路，令制动接触器 KM2 线圈失电释放，主触头断开电动机及时脱离制动电源，准确停止并防止反向转动。

（一）电动机反接制动的接线与工作过程

启动时按下 SB2 按钮接通 5、7 线段，7 号线有电接触器 KM1 线圈得电吸合，并通过辅助常开触点接通 5、7 实现自锁，电动机启动运行。随着电动机转速升高，速度继电器 KS 的常开触点闭合接通 11、13 线段，为 KM2 通电做好准备。

停止时按下停止按钮 SB1，SB1 先断开 3、5 线段，令 5 号线断电，使接触器 KM1 断电全部触点释放，电动机脱离运行电源。SB1 的常开触点后接通 3、11 线段，11 号线有电，通过速度继电器已经闭合的触点使 KM2 线圈得电吸合，KM2 主触点闭合并经电阻 R 串联相接的反相序电源，接入电动机定子绕组回路，产生反向磁场，进行反接制动。

当电动机转速迅速降低，转速接近零时，速度继电器 KS 复原，常开触点打开，KM2 线圈断电，其常开触点断开，切断电动机反向电源，反接制动结束。

图 3-117 为反接制动电路接线示意图。

（二）反接制动常见故障的检查排除

1. 不能实现制动

电动机反接制动时，控制电动机反向的接触器不动作，因而，不能进行反接制动，检查的主要部位如下。

① 按下 SB1 按钮检查 11 号线是否有电，有电表明 SB1 的常开触点动作良好，无电应仔细检查 SB1 的触点和接线。

② 检查互锁 KM1 的常闭触点是否复位，通过原理图可知，如果 KM1 常闭触点复位，13 号线对地为相电压，如果没有则表明触点接触不良。

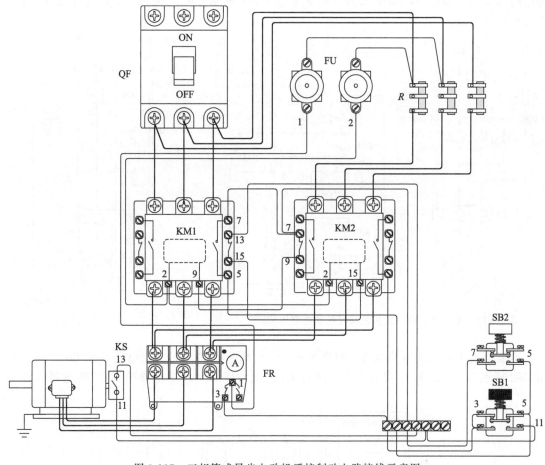

图 3-117 三相笼式异步电动机反接制动电路接线示意图

③ 速度继电器的故障，故障产生根源是电动机具备一定转速时速度继电器的触点闭合不了了，这方面的原因有：

a. 速度继电器胶木杆断裂，维修办法是更换胶木摆杆或速度继电器；

b. 速度继电器的触头接触不良，维修办法是拆开检查触头，清除触头的污物。

2. 电动机制动效果不好

制动效果不好主要是速度继电器的故障，主要原因是速度继电器设定值过高，致使过早地触点断开撤除反接制动，维修办法是重新设定整定值。这可以通过端盖上的整定螺钉来调节速度继电器的动作值，从而调整制动效果。

四、笼式电动机半波整流能耗制动电路

半波整流能耗制动就是将运行中的电动机，断开交流电源后立即接通一个半波直流电源，在定子绕组接通直流电源时，直流电流会在定子内产生一个静止的磁场，转子因为惯性在磁场内旋转，并在转子导体中产生感应电流，并与恒定磁场相互作用产生制动转矩，使电动机迅速减速，最后停止转动，电路原理图如图 3-118 所示。

半波整流能耗制动电路分析与接线如下。

制动直流电源的取得：如图 3-119 所示，当 KM2 吸合时一相交流电通过 KM2 的触点

与电动机绕组一端连接，绕组的另一端又通过 KM2 的触点接二极管 V、限流电阻 R 与 N 线形成直流回路。

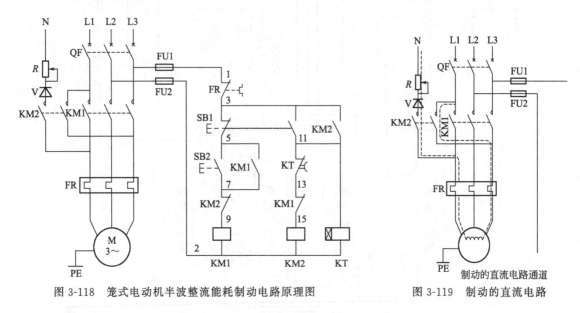

图 3-118　笼式电动机半波整流能耗制动电路原理图　　　图 3-119　制动的直流电路

半波整流能耗制动电路接线示意图如图 3-120 所示，启动时合上电源开关 QF，按下按钮 SB2 接通 5、7 线段，7 号线有电，通过 KM2 的常闭触点，令接触器 KM1 得电吸合并通

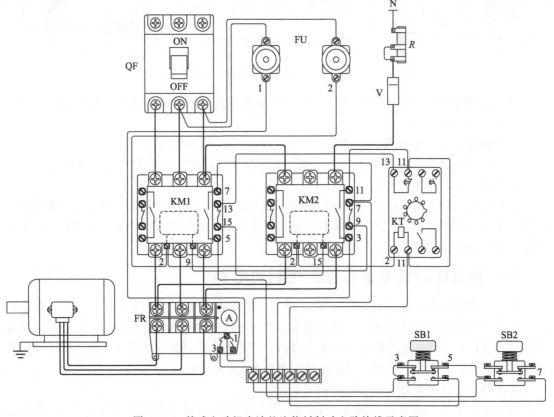

图 3-120　笼式电动机半波整流能耗制动电路接线示意图

过辅助常开触点自锁，电动机运行。同时，KM1 辅助常闭触点断开（13、15 线段）接触器 KM2 线圈回路，实现互锁，使接触器 KM2 不能动作。

停止时按下按钮 SB1，SB1 的常闭触点先断开 3、5 线段，KM1 线圈失电电动机脱离交流电源。KM1 的辅助常闭触点复位闭合（接通 13、15 线段），SB1 的常开触点后接通 3、11 线段，使接触器 KM2 和时间继电器 KT 线圈得电吸合，并通过 KM2 辅助常开触点自锁，KM2 主触点闭合接通直流电源（制动开始），同时时间继电器 KT 开始延时，经延时后 KT 的延时动断触点断开 KM2 线圈电源，KM2 失电释放，电动机停止转动。

停止速度的调整：制动时间是由限流电阻 R 的大小决定的，R 阻值小，电流大，制动速度快，R 阻值大，电流小，制动时间长。

整流二极管的选择：二极管的额定电流应大于 3.5～4 倍的电动机空载电流。

五、电动机全波能耗制动控制电路

全波能耗制动就是将运行中的电动机，从交流电源上切除并立即接通一个全波直流电源，因为全波直流电压为 $0.9U_1$，比半波直流电压（$0.45U_1$）高一倍，所以全波能耗制动具有更强的制动力。在定子绕组接通直流电源时，直流电流会在定子内产生一个静止的直流磁场，转子因惯性在磁场内旋转，并在转子导体中产生感应电势，有感应电流流过，并与恒定磁场相互作用消耗电动机转子惯性能量产生制动力矩，使电动机迅速减速，最后停止转动。电路原理图如图 3-121 所示，接线示意图如图 3-122 所示。

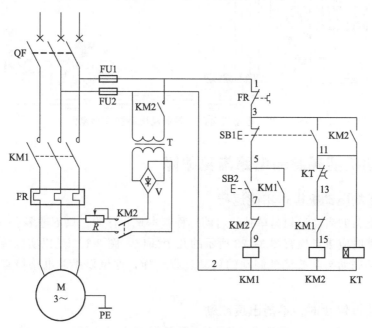

图 3-121　电动机全波能耗制动电路原理图

全波能耗制动的工作过程：停止按下按钮 SB1 先断开 KM1 线圈的电路，其主触头全部释放，电动机脱离交流电源，同时 KM1 的辅助常闭触点复位接通 13、15 线段，SB1 按钮的常开触点后接通 3、11 线段，11 号线有电使接触器 KM2 和时间继电器 KT 线圈通电，KM2 主触点闭合，将直流电源接入电动机定子绕组进入制动状态，并通过 KM2 的辅助触点实现自锁，KT 时间继电器同时开始计时，时间继电器 KT 的延时时间到，KT 的延时断开触点断开 11、13 线段，令接触器 KM2 线圈断电，KM2 常开触点断开直流电源，脱离电源及脱离定子绕组，能耗制动及时结束，保证了停止准确。

直流电源采用二极管单相桥式整流电路，电阻 R 用来调节制动电流大小，改变制动力的大小。

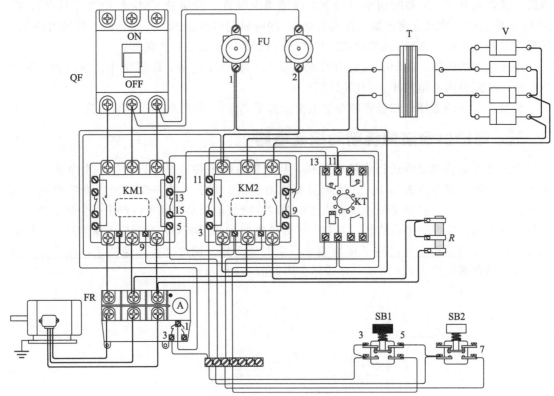

图 3-122　电动机全波能耗制动电路接线示意图

六、电动机能耗制动电路常见故障

（一）正常的电动机操作不能运行

能耗制动电路的启动过程与单独的启动过程基本是一样的，只不过多了一个制动互锁触点。在检查电路时应重点检查图 3-123 所示的几个部位，图 3-123 是以实际接线为例的检查方法。半波能耗制动与全波能耗制动的启动过程一样，这里以半波电路检查实际接线电路为例。

（二）电动机停止时，不能迅速制动

按下停止按钮时电动机不能迅速制动，说明制动电路没有工作故障，其可能的原因如下。

① 时间继电器 KT 的常闭延时断开触点闭合不好；可以断开电源，测量时间继电器常闭延时断开触点接触是否良好。

② 接触器 KM2 线圈所串联的 KM1 辅助常闭触点闭合不好；可以断开电源，用万用表电阻挡测量 13、15 线位置，若接触不良，可改接 KM1 的另一组常闭辅助触点。

③ 整流二极管击穿或断路。

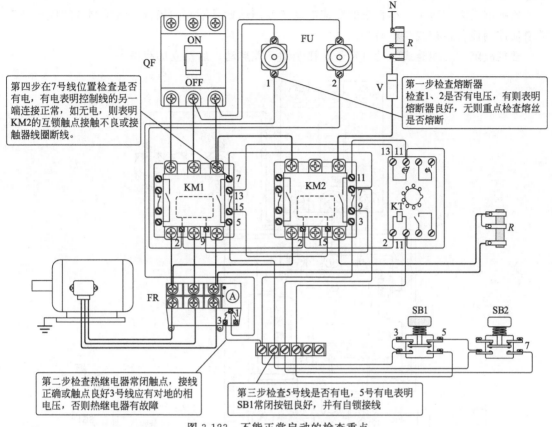

第四步在7号线位置检查是否有电，有电表明控制线的另一端连接正常，如无电，则表明KM2的互锁触点接触不良或接触器线圈断线。

第一步检查熔断器
检查1、2是否有电压，有则表明熔断器良好，无则重点检查熔丝是否熔断

第二步检查热继电器常闭触点，接线正确或触点良好3号线应有对地的相电压，否则热继电器有故障

第三步检查5号线是否有电，5号有电表明SB1常闭按钮良好，并有自锁接线

图 3-123　不能正常启动的检查重点

④ 电流调整电阻 R 烧断或击穿。

◄ （三）电动机停止运行时，能耗制动一直工作，不能自动复位 ►

能耗制动一直启动，不能自动复位的主要原因如下。

① 制动接触器 KM2 触点有熔焊现象或动作机械卡死；处理时断开电源，打开接触器 KM2 的灭弧罩，检查主触点是否熔焊，如果熔焊，则需要设法用人工分开触点，并更换合格的触点，若接触器动作机构有卡死或动作不灵活时，需要更换接触器。

② 时间继电器线圈烧毁或断线；可用万用表电阻挡对时间继电器 KT 的线圈测量，若烧毁或断线，要更换时间继电器。

七、三相笼式电动机定子短接制动电路

三相笼式电动机定子短接制动电路是在电动机切断电源停止运行的同时，将定子绕组立即短接，由于转子有剩磁存在，形成了一个旋转磁场，在电动机旋转惯性作用下磁场切割定子绕组，并在定子绕组中产生感应电动势，由于定子绕组已被接触器的常闭触头短接，所以在定子绕组回路中有感应电流，该电流又与旋转磁场相互作用，产生制动转矩，迫使电动机停止转动。原理图如图 3-124 所示，接线

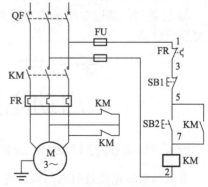

图 3-124　三相笼式电动机定子短接制动电路原理图

示意图如图 3-125 所示。

这种制动方法适用于小容量的高速电动机及制动要求不高的场合，短接制动的优点是无需增加控制设备，接线简单易行。

常见故障：三相笼式电动机定子短接制动不能启动，启动立即跳闸。

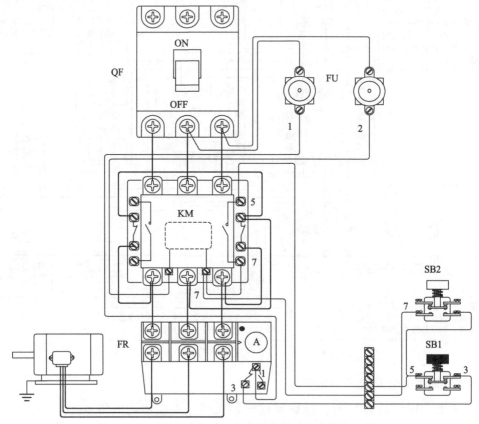

图 3-125　三相笼式电动机定子短接制动电路接线示意图

造成启动立即跳闸的主要原因有：

① 接线错误，将制动触点错接成常开触点了，造成启动时电源断路跳闸，改正错误的接线即可排除故障；

② 接触器的辅助常闭触点有熔焊现象，在接触器吸合时不能断开，而造成断路跳闸，需更换接触器。

第六节　三相电动机降压启动电路的安装与维护

一、电动机为什么要加降压启动电路

电机的启动电流近似地与定子的电压成正比，大功率电机如果直接（即全压）启动，它的启动电流可达额定电流的 4～7 倍，过大的启动电流将造成电机过热，影响电机寿命，同时电机绕组在电动力的作用下，会发生变形，可能造成短路而烧坏电机，而且还会造成电网电压显著下降而影响同一电网上其他负载的正常工作。因此要采用降低定子电压的办法来限制启动电流，即为降压启动。对于因直接启动冲击电流过大而无法承受的场合，通常采用减压启动，此时，启动转矩下降，启动电流也下降，只适合必须减小启动电流，又对启动转矩要求不高的场合。

二、什么是电动机的 Y-△ 启动

Y-△ 启动是笼式电动机定子绕组为三角形接法时，在启动时将定子绕组接成星形，待启动完毕后再改接成三角形，这种启动方法可以降低电动机的启动电流，减轻启动时因为启动电流太大对电源电压的冲击。这样的启动方式称为星三角减压启动，简称为星-角启动（Y-△ 启动）。采用星-角启动时，由于电动机绕组由三角形改接为星形连接，启动电压则为原来三角形接法的 $\frac{1}{\sqrt{3}}$，启动电流只是原来按三角形接法直接启动时的 1/3。如果直接启动时的启动电流以 6～7 倍额定电流计算，则在星三角启动时，启动电流才是额定电流的 2～2.5 倍。但是采用星三角启动时，由于启动电压降低，电动机启动转矩也降为原来按三角形接法直接启动时的 1/3。

Y-△ 启动适用于空载或者轻载启动，启动后再加大负载的机械设备。并且 Y-△ 启动同任何别的减压启动器相比较，其结构最简单，检修方便，价格也最便宜。

三、笼式异步电动机的 Y-△ 降压手动控制电路（一式）

◀◀◀ （一）笼式三相异步电动机 Y-△ 降压手动控制电路（一式）特点 ▶▶▶

图 3-126 是一种手动控制的 Y-△ 启动电路，这个线路接线比较简单，一般适用于 10～20kW 的笼式电动机 Y-△ 启动。

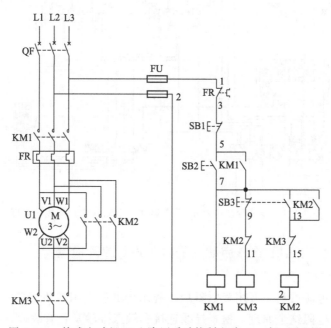

图 3-126　笼式电动机 Y-△ 降压手动控制电路（一式）原理图

（二）笼式三相异步电动机 Y-△ 降压手动控制电路（一式）分析、接线

① 合上电源开关 QF 接通三相电源。

② 启动时按下按钮 SB2，SB2 的常开触点接通 5、7 线段，7 号线有电，交流接触器 KM1 得电吸合，并通过自身的辅助常开触点接通 5、7 线段实现自锁，同时 7 号线通过 SB3 的常闭触点和 KM2 的常闭触点令 KM3 的线圈通电吸合。KM1 三个主触点闭合接通电源与电动机定子三相绕组的首端的连接，KM3 的三个主触点闭合将定子绕组的尾端连在一起，电动机绕组呈 Y 接法下低电压启动。

③ 随着电动机转速的升高，待接近额定转速时（或观察电流表接近额定电流时），按下运行按钮 SB3，SB3 的常闭触点先断开（7、9 线段）KM3 线圈的回路，KM3 失电释放，主触点释放，将三相绕组尾端的连接打开，KM3 的辅助常闭触点复位闭合接通 13、15 线段，为 KM2 通电做好准备，SB3 的常开触点后接通 7、13 线段 KM2 线圈的回路，使 KM2 线圈得电吸合，并通过自身的辅助常开触点闭合实现自锁，KM2 主触点闭合连接电动机的首尾端绕组，将电动机三相绕组连接成△形，使电动机在△形接法下运行，完成了 Y-△ 降压启动的任务。

图 3-127 是笼式异步电动机的 Y-△ 启动（手动一式）接线示意图。

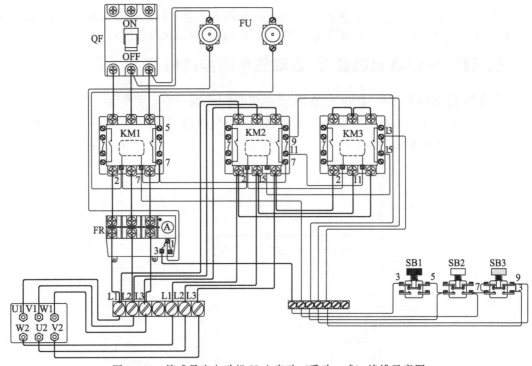

图 3-127　笼式异步电动机 Y-△ 启动（手动一式）接线示意图

（三）笼式异步电动机 Y-△ 启动（手动一式）故障检查

1. 不能启动故障检查重点

检查是在断开电源后利用万用表电阻挡，利用导通时电阻接近于零，不通时表针不动，接触不良时有较大电阻这个原理，检查导线连接和触点接触是否有故障，根据控制原理图在以下部位逐步排查。图 3-128 为 Y-△ 启动（手动一式）不能启动检查重要部位。

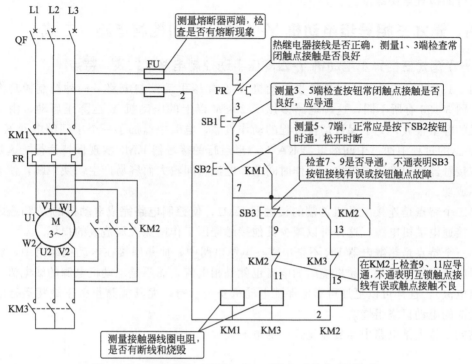

图 3-128 Y-△启动（手动一式）不能启动检查重要部位

2. 不能三角形运行

可以星形启动，不能三角形运行表明启动时正常，KM1 可以实现自锁，按 SB3 时 KM3 可以失电释放，而 KM2 不吸合，从而不能切换到三角形运行状态，说明故障出在 KM2 的控制上，重点应检查 KM2 有关的重要控制部位。图 3-129 为 Y-△启动（手动一式）不能三

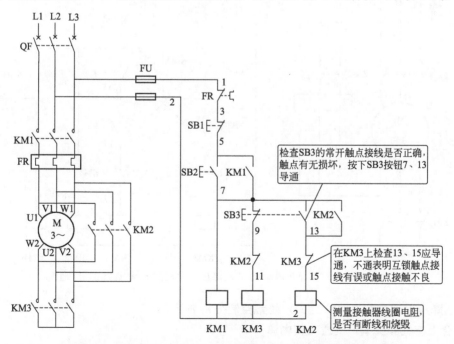

图 3-129 Y-△启动（手动一式）不能三角形运行的检查重要部位

角形运行的检查重要部位。

四、笼式三相异步电动机 Y-△ 降压手动控制电路（二式）

（一）笼式三相异步电动机 Y-△ 降压手动控制电路（二式）特点

图 3-130 所示的是笼式三相异步电动机 Y-△ 降压手动控制电路又一种控制原理图，与一式的图 3-126 有所不同，这种电路多用于 20kW 以上的电动机 Y-△ 降压启动，由于控制电动机的容量很大，为了保证切换过程的动作可靠，电路中增加了一个中间继电器 KA，在切换 Y-△ 的过程中通过中间继电器 KA 对△形运行的接触器 KM2 实现保持运行，这是为了防止在接触器的切换过程中由于动作时间差和电流瞬间较大而容易产生切换中断，使电动机启动不成功。

第二个特点是连接电动机首端的接触器 KM1，使控制电路完成电动机的 Y 和△之后再吸合，接通电动机电源，这样可以减少其他接触器因工作电弧大而造成的损坏。

第三个特点是热继电器 FR 不是串接在电源电路中，而是串接在电动机绕组中，这样热继电器中流过的电流是电动机绕组的电流也就是相电流，而不是电动机电源的线电流（电动机额定电流），这样可以更加可靠地保证电动机安全运行，尤其能防止由于缺相运行电流增大而造成的电动机绕组烧毁。

第四个特点是电路中加装监视运行的电流表 PA。

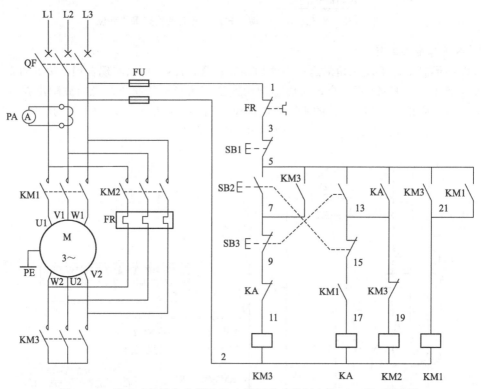

图 3-130　笼式三相异步电动机 Y-△ 降压手动控制电路（二式）原理图

Y-△ 降压手动控制电路（二式）线路控制分析如下。

① 合上空气开关 QF 接通三相电源。

② 启动时按下启动按钮 SB2，SB2 的常闭触点首先断开 13、15 线段，禁止中间继电

器 KA 动作，而后接通 5、7 线段，7 号线得电通过 SB3 常闭触点和 KA 常闭触点，使接触器 KM3 线圈通电吸合，KM3 的三个主触头将定子绕组尾端连在一起，电动机呈星形连接。KM3 的辅助常开触点闭合接通 5、21 线段，使交流接触器 KM1 线圈通电吸合，KM1 三个主触头闭合接通电动机定子三相绕组的首端，电动机在 Y 接下低压启动，KM3 的辅助常开触点闭合接通 5、7 线段实现自保，以保证松开 SB2 后电路还是呈工作状态。

③ 随着电动机转速的升高，待接近额定转速时（或观察电流表接近额定电流时），按下运行按钮 SB3，此时 SB3 的常闭触点线断开 KM3 线圈的回路（7、9 线段），使 KM3 失电释放，主触头释放将三相绕组尾端连接打开，辅助常闭触点复位接通 13、19 线段，为 KM2 得电吸合做好准备。SB3 的常开触点后接通 5、13 线段，令中间继电器 KA 线圈通电吸合，KA 的常闭接点断开 KM3 电路（9、11 线段）。13 号线得电通过 KM3 常闭接点（互锁）使接触器 KM2 线圈通电吸合，KM2 主触头闭合将电动机三相绕组连接成△形，使电动机在△形接法下运行。完成了 Y-△降压启动的任务。

④ 热继电器 FR 作为电动机的过载保护，热继电器 FR 的热元件接在三角形里面，流过热继电器的电流是相电流，定值时应按电动机额定电流的 $\frac{1}{\sqrt{3}}$ 计算。

（二）笼式三相异步电动机 Y-△降压手动控制电路（二式）的接线（见图 3-131）

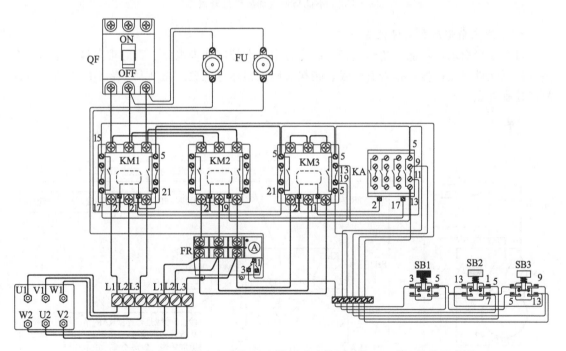

图 3-131　笼式三相异步电动机 Y-△降压手动控制电路（二式）接线示意图

（三）笼式三相异步电动机 Y-△降压手动控制电路（二式）常见故障排查

1. 不能启动故障检查重点

Y-△启动（手动二式）不能启动故障检查比较复杂，电路中有按钮互锁、接触器互锁，但是按照图 3-132 的步骤检查要点，就能很快排除故障。

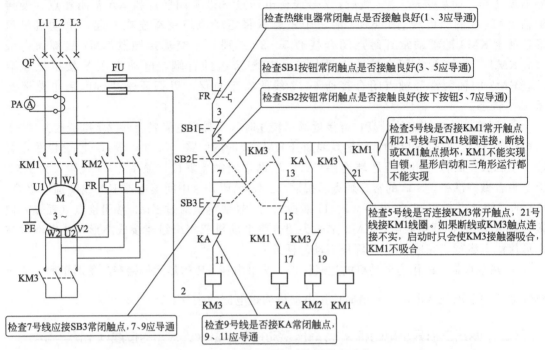

图 3-132 不能星形启动故障检查重点

2. 不能三角形运行故障检查重点

可以星形启动，不能三角形运行，故障肯定出在控制切换电路上，应重点检查跟切换有关的控制元件触点连接，是否有断线、错接、触点损坏等现象。图 3-133 是不能三角形运行故障检查重点。

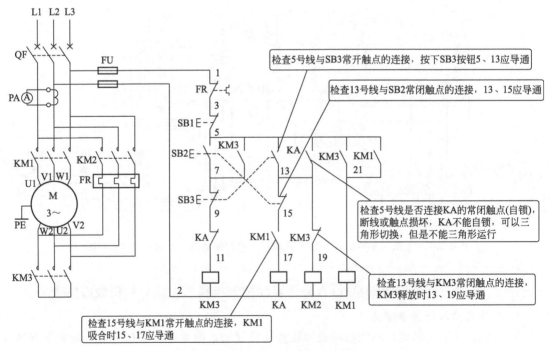

图 3-133 不能三角形运行故障检查重点

五、笼式异步电动机 Y-△ 启动自动控制电路的安装

电动机 Y-△ 启动自动控制电路是由时间继电器 KT 来完成 Y 启动与△运行的转换，自动控制能可靠地保证转换过程的准确，可以避免由于人工操作时间不准确，电动机 Y 形启动时间过长，造成电动机长时间低电压工作而烧毁。采用时间继电器控制可以保证每次的启动时间一致。Y-△ 启动自动控制电路原理图如图 3-134 所示。

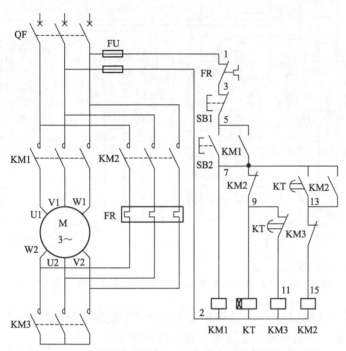

图 3-134　笼式异步电动机 Y-△ 启动自动控制电路原理图

（一）笼式异步电动机 Y-△ 启动自动控制电路分析

接通电源开关 QF，启动时按下启动按钮 SB2，SB2 的常开触点闭合接通 5、7 线段，7 号线有电使交流接触器 KM1 线圈通电吸合，KM1 通过自己的辅助常开触点自锁（接通 5、7 线段），其主触点闭合接通三相电源与电动机首端的连接，同时 7 号线通过 KM2 的常闭触点（互锁触点）使 9 号线有电，时间继电器 KT 线圈也通电吸合并开始计时，9 号线又通过时间继电器的延时断开触点使 11 号线有电，11 号线有电使交流接触器 KM3 线圈通电吸合，KM3 的主触点闭合将电动机的三相绕组的尾端连接在一起，电动机定子绕组成 Y 形连接，电动机在 Y 形接法下低电压启动。同时，KM3 的辅助常闭触点断开 13、15 线段，实现与 KM2 的互锁。

当时间继电器 KT 整定时间到时后，其延时断开触点打开 9、11 线段，9 号线断电，交流接触器 KM3 线圈失电释放，其主触点打开电动机定子绕组尾端的接线，KM3 的辅助常闭触点复位闭合，为 KM2 线圈的通电做好准备。同时，时间继电器 KT 的延时闭合触点闭合接通 7、13 线段，13 号线有电，通过 KM3 常闭触点接通 KM2 线圈回路，KM2 主触点闭合连接电动机三相绕组的首尾端，电动机定子绕组接成三角形，同时，KM2 的辅助常开触点闭合接通 7、13 线段，实现 KM2 的自锁，电动机在△形接法下运行。

（二）笼式异步电动机 Y-△ 启动自动控制电路的接线（见图 3-135）

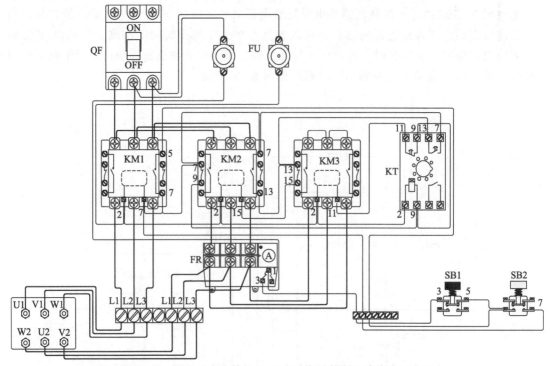

图 3-135　笼式异步电动机 Y-△ 自动启动控制电路接线示意图

（三）笼式异步电动机 Y-△ 启动自动控制电路常见故障的排除

1. Y-△ 启动自动控制电路不能星形启动故障检查重点

电路不能启动除一般地检查控制熔断器是否有熔断现象和接触器线圈是否烧毁外，更应针对有关启动控制的部分电路认真检查，检查要点如图 3-136 所示。

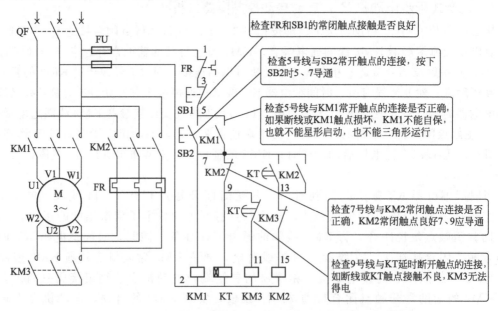

图 3-136　Y-△ 启动自动控制电路不能星形启动故障检查重点部位

2. Y-△启动自动控制电路不能三角形运行故障检查重点

不能三角形运行包括不能切换到三角形电路和不能三角形运行两种故障：不能切换到三角形电路故障是出现在时间继电器的切换和互锁控制；不能三角形运行的故障是出现在三角形接触器的自锁控制电路，图 3-137 是检查的重点部位。

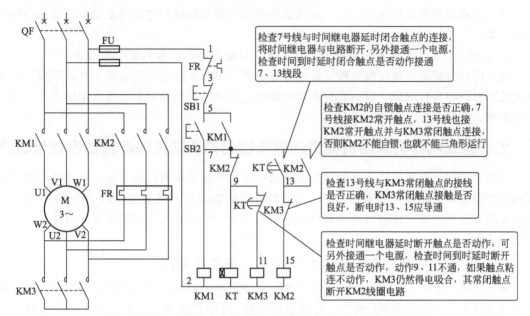

检查7号线与时间继电器延时闭合触点的连接，将时间继电器与电路断开，另外接通一个电源，检查时间到时延时闭合触点是否动作接通7、13线段

检查KM2的自锁触点连接是否正确，7号线接KM2常开触点，13号线也接KM2常开触点并与KM3常闭触点连接，否则KM2不能自锁，也就不能三角形运行

检查13号线与KM3常闭触点的接线是否正确，KM3常闭触点接触是否良好，断电时13、15应导通

检查时间继电器延时断开触点是否动作，可另外接通一个电源，检查时间到时延时断开触点是否动作，动作9、11不通，如果触点粘连不动作，KM3仍然得电吸合，其常闭触点断开KM2线圈电路

图 3-137　Y-△启动自动控制电路不能三角形运行故障检查重点

六、电动机 Y-△ 降压启动安装接线要点与故障排除

（一）接线要点

1. 必须是△形接线的 380V 笼式异步电动机

电动机 Y-△降压启动电路，只适用于绕组△形接线 380V 的笼式异步电动机，绝不可用于 Y 形接线 380V 的电动机，因为在启动时电动机已是 Y 形接线，电动机全压启动，当转入△形运行时，电动机绕组电压会由相电压变为线电压，电压升高而烧毁电动机。

2. 接线时要拆除电动机接线盒的连接片

电动机采用 Y-△降压启动电路时，电动机接线盒原来的接线端子连接片必须拆下来，六个接线端子分别与接触器连接，接线时做好导线标号，按标号正确接线，应特别注意电动机的首尾端接线相序不可有错，如果接线有错，在通电运行时会出现启动时电动机左转，运行时电动机右转，由于电动机突然反转电流剧增造成开关跳闸事故。

3. 调换电动机转向要慎重

Y-△降压启动电路如果需要调换电动机旋转方向，如果在电动机一侧需要改接四根连接线，两根首端线，两根尾端线，容易产生接线错误，对于线路不是特别了解的人员，最好在电源开关负荷侧调换电源线相序为好，这样操作不容易造成电动机首尾端接线错误。

4. 电流表的量程要合适

Y-△降压启动电路中装电流表的目的，是因为采用 Y-△降压启动的电动机容量都较大，多为重点设备的电动机，所以要监视电动机的运行电流。由于已经采用 Y-△降压启动，启动时的电流已不是直接启动的电流，启动电流只是原来三角形接法时直接启动时的 1/3，电流表的量程可按电动机额定电流的 3 倍选择。

（二）故障检查重点

1. 启动困难但可以运行

启动困难但可以运行说明控制切换正常，△形运行也正常，故障出在启动时星形连接状态，启动困难表明电动机缺相运行，应认真检查接触器的触点和连接线是否有缺相和接触不实的现象。

2. 启动正常，切换为△形运行时声音异常，转速下降几秒后热继电器动作

通过情况分析看电路接换过程正常，怀疑是在三角形运行时出现故障，转速下降、电流增大说明有缺相运行现象，应认真检查核对接线，造成的原因有接触器触点接触不良，某一相绕组首、尾端接反了。

七、笼式电动机采用自耦变压器降压启动手动控制电路的安装与维护

自耦降压启动电路是利用自耦变压器降低电动机绕组电压的启动方法，启动时电源通过自耦变压器再与电动机绕组连接，这时电动机得到的电压只有额定电压的 80% 或 65%。当电动机的转速接近额定转速时，再将自耦变压器切除，使电动机直接接在三相电源上全压进入运转状态。

（一）电动机采用自耦降压启动手动控制电路工作原理

图 3-138 是笼式三相电动机采用自耦降压启动手动控制的电路原理图，图中的 QSA 就是自耦变压器，启动时 KM1 吸合，电源通过 KM1 的触点接通变压器，变压器的自耦电压抽头再连接电动机。这样电动机就会得到一个低电压，并在低电压下启动，启动完成转为运行时 KM1 和 KM3 断开，KM2 吸合，电动机绕组直接与电源相连接，在全电压下运行。

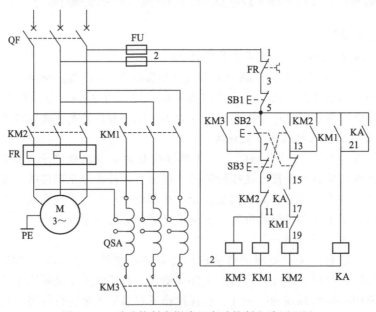

图 3-138　手动控制自耦降压启动控制电路原理图

自耦降压启动手动控制电路的基本控制与电动机正反转控制很相似，也是采用了双互锁控制，即按钮互锁和接触器互锁，以防止各接触器同时吸合。为了防止电动机直接

启动，电路中加装了一个中间继电器 KA，KA 的常开触点接在 KM2 的电路中，这样，如果不通过降压过程直接启动电动机，由于 KA 断开了 15、17 线段，KM2 不能得电吸合，只有降压启动时 KM1 吸合了以后 KA 得电吸合并自锁，按 SB3 时才可以控制全压运行的接触器 KM2。

手动控制自耦降压启动的控制过程如下。

启动时按下 SB2 按钮，SB2 按钮的常闭触点先断开 13、15 线段，切断 KM2 的电路，防止 KM2 得电动作，实现启动与运行的控制互锁，SB2 的常开触点后接通 5、7 线段，7 号线有电，通过 SB3 的常闭触点和 KM2 的常闭触点，令接触器 KM1 和 KM3 线圈得电吸合，主触头闭合，自耦变压器接成星形，由自耦变压器的 65%（或 80%）抽头端将电源接入电动机，电动机在低电压下启动。同时，KM1 常开辅助触点闭合接通 5、21 线段，使中间继电器 KA 的线圈得电，KA 得电并自锁，KA 的常开触点闭合接通 15、17 线段，为 KM2 线圈回路通电做准备，不用担心 KM1 得电，因为当 KM1 吸合时 KM1 的常闭触点已经断开了17、19 线段，实现了互锁。

当电动机转速接近额定转速时，按下运行按钮 SB3，SB3 的常闭触点首先断开 7、9 线段，9 号线断电，KM1、KM3 线圈也断电释放将自耦变压器切除，SB3 的常开触点后接通5、13 线段，13 号线有电，并通过 SB2 的常闭触点、已经闭合的 KA 常开触点、KM1 的常闭触点，使 KM2 线圈得电吸合，将电源直接接入电动机，同时 KM2 的常开触点闭合接通5、13 线段，实现 KM2 的自锁，电动机在全压下运行。

（二）电动机采用自耦降压启动手动控制电路接线

图 3-139 是电动机自耦降压手动控制电路接线示意图。

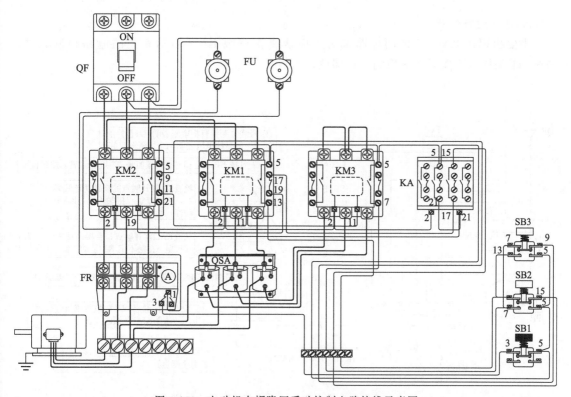

图 3-139　电动机自耦降压手动控制电路接线示意图

（三）手动控制自耦降压启动电路常见故障的检查要点

1. 不能启动的故障

主要出现在 KM1 和 KM3 的控制电路部分，应认真检查跟 KM1 和 KM3 有关的电路控制元件。图 3-140 是检查不能启动故障的重点部位（采用电阻通断测量判断方法查找故障）。

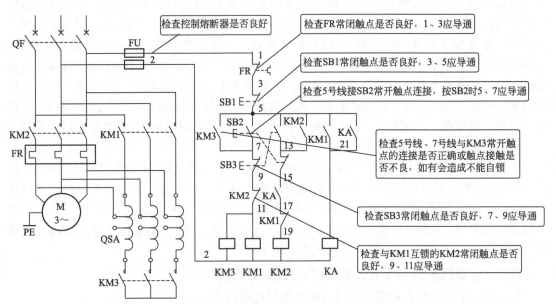

检查控制熔断器是否良好

检查FR常闭触点是否良好，1、3应导通

检查SB1常闭触点是否良好，3、5应导通

检查5号线接SB2常开触点连接，按SB2时5、7应导通

检查5号线、7号线与KM3常开触点的连接是否正确或触点接触是否不良，如有会造成不能自锁

检查SB3常闭触点是否良好，7、9应导通

检查与KM1互锁的KM2常闭触点是否良好，9、11应导通

图 3-140　手动控制自耦降压启动电路不能启动故障的检查要点

2. 不能运行的故障

主要出现在 KM2 的控制电路部分，应认真检查跟 KM2 启动有关的电路控制元件。图 3-141 是检查不能运行故障的重点部位。

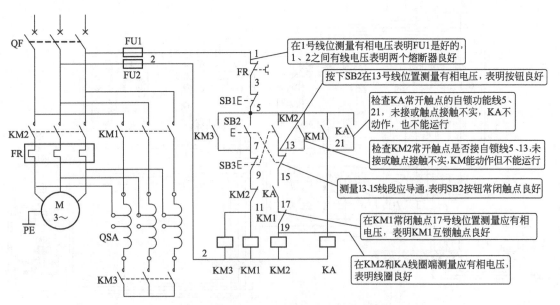

在1号线位测量有相电压表明FU1是好的，1、2之间有线电压表明两个熔断器良好

按下SB2在13号线位置测量有相电压，表明按钮良好

检查KA常开触点的自锁功能线5、21，未接或触点接触不实，KA不动作，也不能运行

检查KM2常开触点是否接自锁线5、13，未接或触点接触不实，KM能动作但不能运行

测量13、15线段应导通，表明SB2按钮常闭触点良好

在KM1常闭触点17号线位置测量应有相电压，表明KM1互锁触点良好

在KM2和KA线圈端测量应有相电压，表明线圈良好

图 3-141　手动控制自耦降压启动电路不能运行故障的检查要点

八、电动机自耦降压启动自动控制电路的安装与维护

（一）电动机自耦降压启动自动控制电路的工作原理

电动机自耦降压启动自动控制是将启动转运行的过程由时间继电器控制完成，这种控制方法更加安全可靠，可以避免由于人工操作所带来的控制时间不准确，而有可能造成启动不成功故障，影响设备生产运行。电动机自耦降压启动自动控制电路原理图如图 3-142 所示。

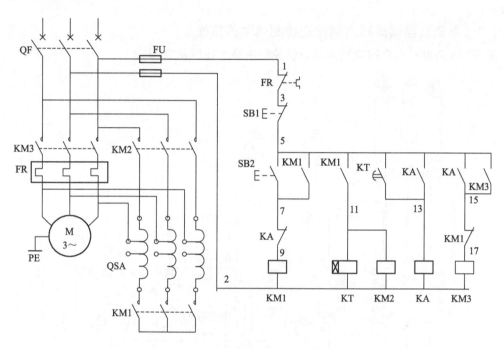

图 3-142　电动机自耦降压启动自动控制电路原理图

电动机自耦降压启动自动控制电路工作过程如下。

1. 启动过程

合上空气开关 QF 接通三相电源，启动时按下 SB2 按钮，SB2 的常开触点接通 5、7 线段，7 号线有电，通过 KA 的常闭触点使接触器 KM1 线圈通电吸合并通过辅助常开触点接通 5、7 线段实现自锁。KM1 主触头闭合，将自耦变压器线圈接成星形，与此同时，由于 KM1 的另一对辅助常开触点闭合接通 5、11 线段，11 号线得电使得接触器 KM2 线圈通电吸合，KM2 的主触头闭合，自耦变压器通电，自耦变压器的低压抽头（例如 65%）将三相电压的 65% 接入电动机，这时电动机在低电压下启动。

2. 转换过程

由于 KM1 辅助常开触点闭合接通了 5、11 线段，使时间继电器 KT 线圈通电，时间继电器开始计时，当时间到达后，KT 的延时闭合触点闭合接通 5、13 线段，13 号线有电使中间继电器 KA 线圈通电吸合并自锁。由于 KA 线圈通电吸合，其常闭触点断开 7、9 线段，使 KM1 线圈断电，KM1 常开触点全部释放，主触头断开，使自耦变压器线圈封星端打开；同时 KM2 线圈断电，其主触头断开，切断自耦变压器电源。此时 KM1 的常闭触点复位又接通 15、17 线段，KA 的常开触点接通 5、15 线段，15 号线

有电使 KM3 线圈得电吸合，KM3 主触头接通电源与电动机的直接连接，电动机在全压下进入运行状态。

KM1 断电释放，KM1 常开触点断开 5、11 线段，也使时间继电器 KT 和 KM2 线圈断电，其延时闭合触点释放，保证了在电动机启动任务完成后，使时间继电器 KT 处于断电状态。

3. 保持运行

KM3 得电吸合，KM3 的辅助常开触点闭合接通 5、15 线段，实现 KM3 的自锁运行。

（二）电动机自耦降压启动自动控制电路的接线

图 3-143 是电动机自耦降压启动自动控制电路的接线示意图。

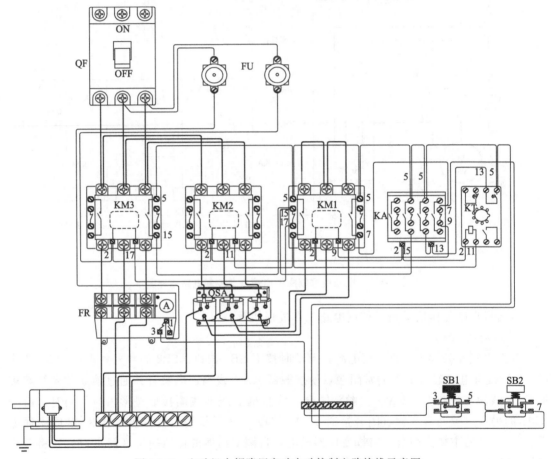

图 3-143　电动机自耦降压启动自动控制电路接线示意图

（三）电动机自耦降压启动自动控制电路常见故障的排查

1. 不能启动

可按图 3-144 所示的重点部位检查。

2. 不能运行

可以启动但不能运行，故障出在切换电路，重点应检查时间继电器和中间继电器触点和接线有无故障。图 3-145 是不能运行的检查要点部位。

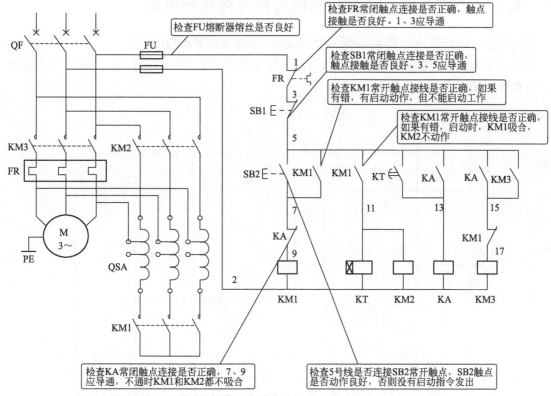

检查FU熔断器熔丝是否良好

检查FR常闭触点连接是否正确，触点接触是否良好。1、3应导通

检查SB1常闭触点连接是否正确，触点接触是否良好。3、5应导通

检查KM1常开触点接线是否正确，如果有错，有启动动作，但不能启动工作

检查KM1常开触点接线是否正确，如果有错，启动时，KM1吸合，KM2不动作

检查KA常闭触点连接是否正确，7、9应导通，不通时KM1和KM2都不吸合

检查5号线是否连接SB2常开触点，SB2触点是否动作良好，否则没有启动指令发出

图 3-144　电动机自耦降压启动自动控制电路不能启动的检查要点

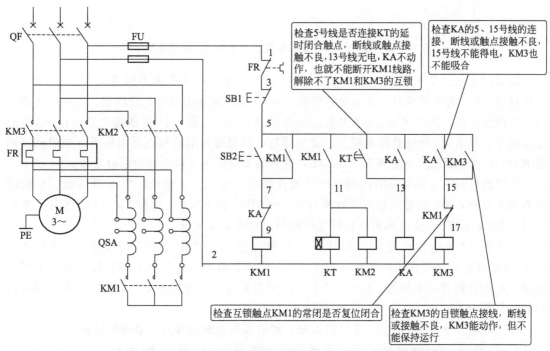

检查5号线是否连接KT的延时闭合触点，断线或触点接触不良，13号线无电，KA不动作，也就不能断开KM1线路，解除不了KM1和KM3的互锁

检查KA的5、15号线的连接，断线或触点接触不良，15号线不能得电，KM3也不能吸合

检查互锁触点KM1的常闭是否复位闭合

检查KM3的自锁触点接线，断线或接触不良，KM3能动作，但不能保持运行

图 3-145　电动机自耦降压启动自动控制电路不能运行的检查要点

九、主令开关操作的自动转换自耦降压启动电路

（一）主令开关操作的自动转换自耦降压启动电路的分析

　　主令开关操作的自动转换自耦降压启动电路原理图如图 3-146 所示，只用一个主令转换开关操作电动机的启动和停止。

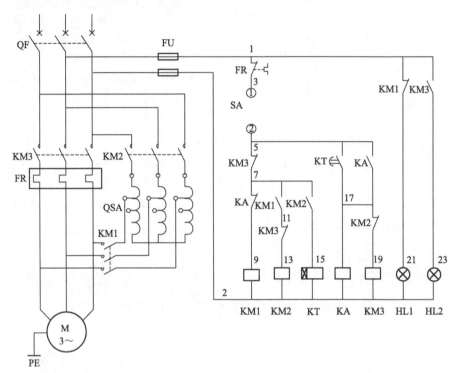

图 3-146　主令开关操作的自动转换自耦降压启动电路原理图

　　启动时接通主令开关 SA，1 号线通过 FR 的常闭触点和主令开关触点使 5 号线得电，5号线通过 KM3 的常闭触点，使 9 号线得电，KM1 接触器得电吸合，自耦变压器的抽头端与电动机绕组连接，同时 KM1 的常开触点闭合接通 7、11 线段，11 号线得电并通过 KM3 的常闭触点，使 KM2 接触器得电吸合，变压器与电源接通，电动机在低电压下开始启动，同时 KM2 的常开触点闭合接通 7、15 线段，使时间继电器 KT 得电开始延时动作。

　　时间继电器 KT 的延时时间到，延时闭合触点接通 5、17 线段，17 号线得电，中间继电器 KA 吸合，KA 的常闭触点动作断开 7、9 线段，使 KM1 失电释放，KM1 的触点断开7、11 线段，KM2 也失电释放，自耦变压器与电动机线路分离。

　　由于 KM2 失电触点复位，KM2 的常闭触点复位接通 17、19 线段，19 号线得电使KM3 得电吸合，电源直接与电动机绕组连接，电动机在全压下运行。保持运行是由中间继电器 KA 的自锁功能实现的，KA 吸合时 KA 的常开触点闭合接通 5、17 线段，实现 KA 的自锁。只要 KA 吸合，KM3 就吸合，保持电动机运行。

　　停止时断开 SA 主令开关，5 号线无电，接触器失电触点释放，电动机停止。

（二）主令开关操作的自动转换自耦降压启动电路接线示意图

　　主令开关操作的自动转换自耦降压启动电路接线示意图如图 3-147 所示。

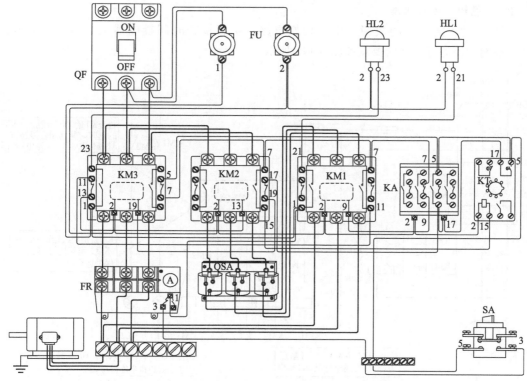

图 3-147 主令开关操作的自动转换自耦降压启动电路接线示意图

（三）主令开关操作的自动转换自耦降压启动电路常见故障分析

采用电压检测法检查电路时，应先将电动机接线断开，不应带电动机检查试验电路。

1. 不能启动

故障分析要点：不能启动故障，表明 KM1、KM2 不能得电吸合，检查的要点如图 3-148 所示。

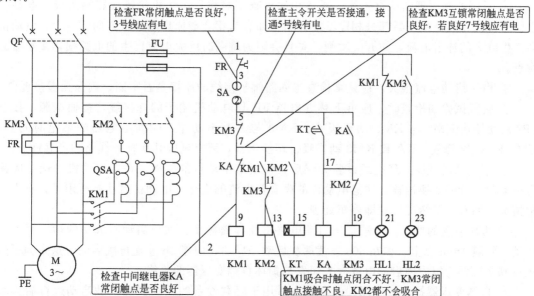

图 3-148 不能启动故障分析要点

2. 不能切换运行状态

可以启动不能运行的故障，出在切换电路，主要检查时间继电器 KT 和中间继电器 KA。不能切换运行检查的要点如图 3-149 所示。

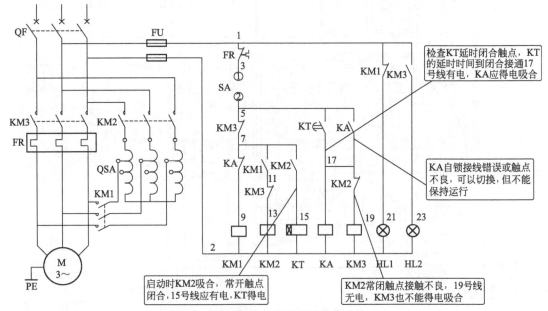

检查KT延时闭合触点，KT的延时时间到闭合接通17号线有电，KA应得电吸合

KA自锁接线错误或触点不良，可以切换，但不能保持运行

启动时KM2吸合，常开触点闭合，15号线应有电，KT得电

KM2常闭触点接触不良，19号线无电，KM3也不能得电吸合

图 3-149　不能切换运行检查的要点

十、电动机自耦降压启动电路的安装与调试注意事项

① 电动机自耦降压电路，适用于任何接法的三相笼式异步电动机。

② 自耦变压器的功率应与电动机的功率一致，如果小于电动机的功率，自耦变压器会因启动电流大发热损坏绝缘，烧毁绕组。

③ 对照控制原理图认真接线，要逐相地检查核对线号，防止接错线和漏接线。电动机主回路接线尤其是变压器部分相序不能接错，如有错相会造成启动运行方向不一致，电动机会产生巨大的冲击电流，使开关跳闸，并且会因为跳闸时巨大电流产生的电弧损坏接触器的触点。

④ 由于启动电流很大，应认真检查主回路端子接线的压接是否牢固，确保无虚接现象。

⑤ 空载试验和检查时，应拆下热继电器 FR 与电动机端子的连接线，接通电源，按下 SB2 启动按钮 KM1 与 KM2 动作吸合，KM3 与 KA 不动作。时间继电器的整定时间到，KM1 和 KM2 释放，KA 和 KM3 动作吸合切换正常，反复试验几次检查线路的可靠性。

⑥ 带电动机试验。经空载试验无误后，恢复与电动机的接线。在带电动机试验中应注意启动与运行的切换过程，注意电动机的声音及电流的变化，电动机启动是否困难，有无异常情况，如有异常情况应立即停车处理。

⑦ 再次启动的要求。自耦降压启动电路不能频繁操作，如果启动不成功的话，第二次启动应间隔 4min 以上，如在 60s 连续两次启动不成功，应停 4h 才能再次启动，这是为了防止自耦变压器绕组内因启动电流太大而发热损坏自耦变压器的绝缘。

⑧ 自耦变压器抽头的应用。65% 抽头适用于轻载设备的电动机和空载启动运行后再增加负载设备的电动机，80% 的抽头适用于重载启动运行设备的电动机。

⑨ 造成启动困难的原因。启动困难是电动机切换到运行时，热继电器动作电动机停止运行。造成的原因有：第一可能是热继电器的定值过小，应重新整定热继电器的定值；第二可能是启动时间太短，电动机的转速还没有达到要求，就切换到运行状态，会造成电动机二次启动现象，电流过大热继电器动作跳闸；第三变压器抽头不合理，设备负载较重，65％的抽头电压不能满足启动要求，可将变压器抽头改接到80％位置。

十一、绕线式电动机转子回路串频敏变阻器启动电路

（一）频敏变阻器的工作原理与电路分析

频敏变阻器实际上是一个特殊的三相铁芯电抗器，它有一个三柱铁芯，每个柱上有一个绕组，三相绕组一般接成星形，是一种新型的无触点的电磁元件，它是利用铁磁材料对于交流频率很敏感的特性制成的一种自动电器。通过绕线式电动机工作原理所知，绕线式电机的转子电动势是随转子转速而变化的，也就是随着转子电流频率而变化的，当频敏变阻器串接到绕线式电机转子电路中时，电动机在刚启动时，转子频率很高，转子电动势也很高，但随着转速的增加，转子电流频率下降，转子电动势也就下降。这时频敏变阻器中交变磁通的频率也就随着转速的上升而下降，频敏变阻器的电抗和等效电阻也就迅速下降，从而保证了电动机启动电流和启动转矩在启动过程中接近常数，得到一条近似的恒转矩特性，可以使电动机获得较好的启动性能。

频敏变阻器适用于50Hz三相交流绕线式，容量20～2000kW电动机的启动，反接之用。图3-150是绕线式电动机转子回路串频敏变阻器启动电路原理图。

频敏变阻器的优点：结构较简单，成本较低，维护方便，平滑启动。

频敏变阻器缺点：电感存在，$\cos\varphi$ 较低，启动转矩并不很大，只适于绕线式电动机轻

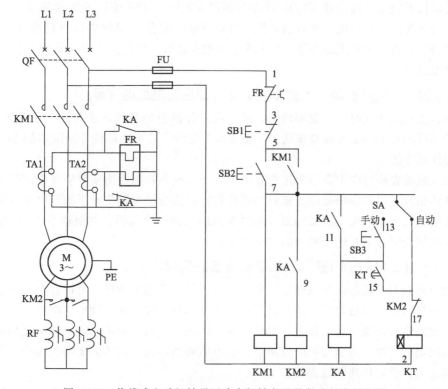

图 3-150　绕线式电动机转子回路串频敏变阻器启动电路原理图

载启动。

绕线式电动机转子回路串频敏变阻器启动电路的控制分析如下。

启动过程可分为自动控制和手动控制，由转换开关 SA 完成。

1. 自动控制过程分析

将 SA 扳向自动位置，接通 7、15 线段，按下 SB2 按钮，SB2 的常开触点接通 5、7 线段，使 7 号线有电，接触器 KM1 线圈得电吸合，主触头闭合，电动机定子接入三相电源，此时由于 KM2 不动作，频敏变阻器串入转子回路，电动机开始启动。

由于 7、15 已经接通，时间继电器 KT 也通电并开始计时，当达到整定时间后 KT 的延时闭合触点闭合接通 15、11 线段，11 号线有电，中间继电器 KA 得电吸合，KA 常开触点闭合接通 7、9 线段，使接触器 KM2 线圈回路得电，KM2 的主触点闭合，将频敏变阻器短路切除，启动过程结束。同时，KA 的另一常开触点闭合接通 7、11 线段，KA 自锁，电动机保持运行。

线路过载保护的热继电器接在电流互感器二次侧，这是因为电动机容量很大，为了提高热继电器的灵敏度和可靠性，故接入电流互感器的二次侧。

另外在启动期间，中间继电器 KA 的常闭触点将继电器的热元件短接，是为了防止因启动电流太大引起热元件误动作。在进入运行期间 KA 常闭触点断开，热元件接入电流互感器二次回路进行过载保护。

2. 手动控制

将 SA 扳至手动位置接通 7、13 线段，按下启动按钮 SB2 接通 5、7 线段，7 号线有电接触器 KM1 线圈得电吸合，并通过辅助常开触点实现自锁，主触头闭合电动机带频敏变阻器启动。

待转速接近额定转速或观察电流表接近额定电流时，按下按钮 SB3 接通 13、11 线段，中间继电器 KA 线圈得电吸合并自锁，KA 的常开触点闭合，KM2 线圈得电吸合，KM2 的主触点闭合将频敏变阻器短路切除。KA 的常闭触点断开，将热元件接入电流互感器二次回路进行过载保护。

（二）绕线式电动机转子回路串频敏变阻器启动电路的接线

在进行主回路接线时，一定要用红、黄、蓝三种颜色的导线，区分好三相电源的相序，主回路的导线的截面一定要按规定选择。图 3-151 是绕线式电动机转子回路串频敏变阻器启动电路接线示意图。

频敏变阻器安装时应牢固地固定在基座上，当基座为铁磁性物质时应在中间垫放 10mm 以上非磁性垫片，以防影响频敏变阻器的特性；连接线应按电动机转子额定电流选用相应截面的电缆线；试车前，应先测量频敏变阻器对地的测量绝缘电阻，如阻值小于 $1M\Omega$ 时，则必须先对频敏变阻器进行烘干处理后方可使用。

（三）绕线式电动机转子回路串频敏变阻器的调整

频敏变阻器上下铁芯由拉紧螺栓固定，松动或拧紧螺栓上的螺母可以在上下铁芯间增设非磁性的空气间隙，即可调整气隙，出厂时上下铁芯间气隙为零。调整气隙可以改变启动时的力矩，如果刚启动嫌启动力矩大，机械有冲击现象，但启动完毕后稳定转速又嫌低，可在上下铁芯间增设气隙，增加气隙的效果是启动电流略微增加，启动力矩略微减小，但启动完毕时力矩增大，稳定转速得以提高。

频敏变阻器一般有多组抽头，改变抽头的连接，线圈匝数改变。频敏变阻器线圈大多留

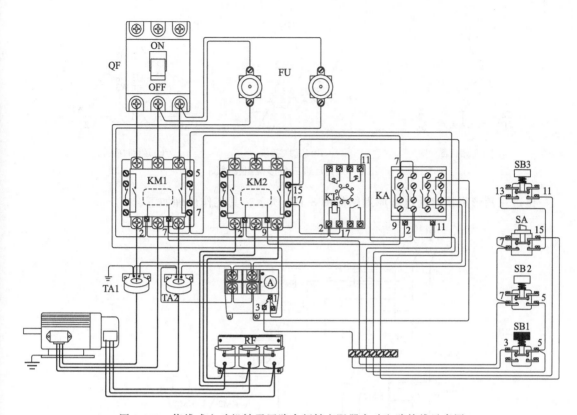

图 3-151 绕线式电动机转子回路串频敏变阻器启动电路接线示意图

有几组抽头。增加或减小匝数将改变频敏变阻器的等效阻抗，可起到调整电动机启动电流和启动转矩的作用。如果启动电流过大、启动过快，应换接匝数多的抽头；反之，则换接匝数较少的抽头。

① 当启动电流过大，启动过快，可设法增加匝数，匝数增加的效果是启动电流减小，启动力矩同时减小。

② 当启动电流过小，启动力矩不足，启动太慢时，可设法减少匝数，匝数减少的效果是启动电流增大，启动力矩同时增大。

十二、延边△形降压启动控制

（一）延边△形降压启动电路原理

延边三角形是一种特殊接线的电动机，主要用于降压启动的电动机，延边三角形电动机绕组抽头如图 3-152(a) 所示，启动时它是将电机定子绕组的一部分接成△形，另一部分由△形的顶点延伸接至电源，如图 3-152(b) 所示。运行时再接成△形，如图 3-152(c) 所示。这种电动机一般有三组线圈九个抽头。

延边△形降压启动是在 Y-△降压启动的基础上加以改进而形成的一种启动方式，它把 Y 形和△形两种接法结合起来，使电动机每相定子绕组承受的电压小于△形接法时的相电压，而大于 Y 形接法时的相电压，并且每相绕组电压的大小可随电动机绕组抽头（U3、V3、W3）位置的改变而调节，从而克服了 Y-△降压启动时启动电压偏低、启动转矩偏小的缺点。

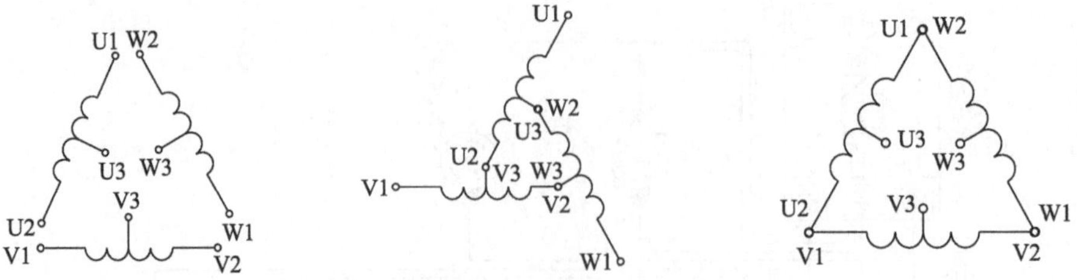

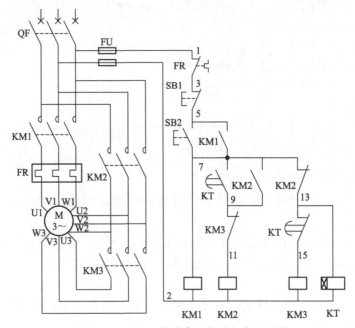

图 3-152　延边三角形绕组接线图

(a) 原始状态　　　　　(b) 启动时接线　　　　　(c) 运行时接线

延边三角形降压启动电路原理图如图 3-153 所示，其工作原理如下。

图 3-153　延边三角形降压启动电路原理图

合上电源开关 QF，启动时按下 SB2 按钮，接通 5、7 线段，7 号线得电，KM1 得电吸合，电源接通绕组的首端 U1、V1、W1，同时 7 号线通过 KM2 的常闭触点使 13 号线有电，KT、KM3 也得电吸合，KM3 将绕组抽头（U3、V3、W3）与绕组尾端（U2、V2、W2）连接在一起，电动机呈延边△形启动。KM1 的常开触点闭合接通 5、7 线段，实现 KM1 的自锁。

KT 的延时时间到，KT 的延时断开触点动作断开 13、15 线段，KM3 失电释放，同时 KT 的延时闭合触点接通 7、9 线段，9 号线有电，通过 KM3 常闭触点使 11 号线有电，KM2 得电吸合，将绕组接成△形，KM2 的常开触点闭合接通 7、9 线段实现 KM2 的自锁，电动机△形运行。

（二）延边△形降压启动电路的接线

延边三角形电动机的九个抽头全部在电动机接线盒里，工作时利用接触器可以将电动机抽头接成延边三角形和三角形。图 3-154 是延边△形降压启动电路接线示意图。在进行主回路接线时，一定要用红、黄、蓝三种颜色的导线，认真区分好三相电源的相序和绕组端子，尤其是延边三角形接线时不可有接线错误。

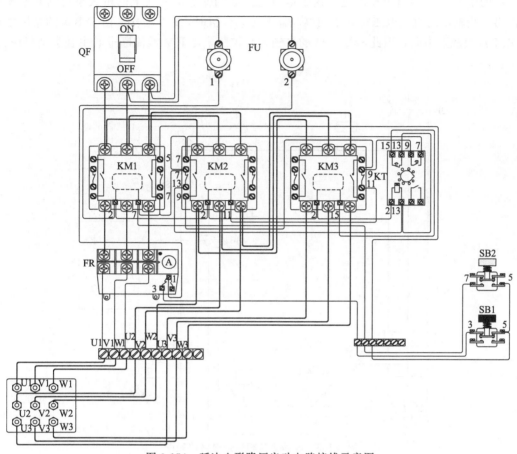

图 3-154　延边△形降压启动电路接线示意图

第七节　电动机断相保护电路

电动机的损坏除了机械方面的原因外，在电气方面最主要的因素是三相电动机缺相启动和运行。根据电动机的原理，当三相电动机缺相启动和运行时，其定子绕组不可能产生旋转磁场，旋转力矩为零，电动机只振动而不转动。电动机在进入两相电源启动时，实际上处于短路状态，其短路电流为三相启动时启动电流的 0.866 倍，而一般异步电动机启动电流为额定电流的 4~7 倍，故电动机在进入两相电源启动时，相当于两相短路时的电流为额定电流的 3.464~6.062 倍，所以这个电流，既比启动电流小，又比电动机额定电流大得多，因而在电动机缺相启动和运行时，极易烧坏电动机，增加电动机的缺相保护电路是一项重要的电动机技术保护措施。

一、电动机利用不平衡电压的断相保护电路

（一）利用不平衡电压的断相保护电路的工作原理

运行中的三相 380V 电动机缺一相电源后，变成两相运行，如果运行时间过长则有烧毁电动机的可能。为了防止缺相运行烧毁电动机，有多种保护方案。图 3-155 为一种三相电压

平衡点的电动机断相保护电路原理图，当电动机运行时发生断相后三相电压不平衡时，三个电容器的中性点 O 将有电压产生，这个电压通过断相保护电路板上的桥式整流则有直流电压输出，当输出的直流电压达到中间继电器 KA 动作值时，KA 动作，由于 KA 的常闭触点与 KM 自锁触点串联，因此断开 KM 的自锁运行控制，使 KM 线圈断电其主触头全部释放，电动机停止。

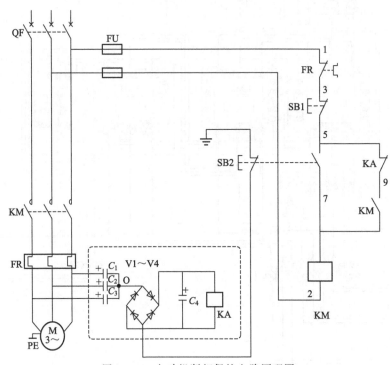

图 3-155　电动机断相保护电路原理图

（二）电路接线

断相保护电路的接线并不复杂，只是在原有的控制电路上加装一个电路板，如图 3-156

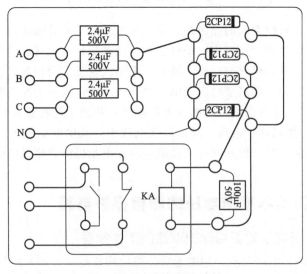

图 3-156　断相保护电路板

所示，电路板可以自己制作，元件选择：电容器 $C_1 \sim C_3$（平衡采样）——2.4μF/500V、C_4（滤波）——100μF/50V，整流二极管 V1~V4——2CP12×4，KA 可用直流 12V 的小型继电器。做好后将继电器的常闭触点与原电路中的自锁触点串联，也可以串联在热继电器常闭触点与 SB1 之间。

图 3-157 为电动机利用不平衡电压断相保护电路接线示意图。

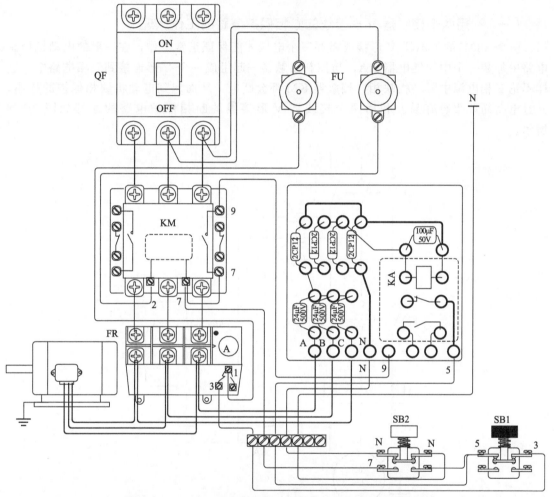

图 3-157　电动机利用不平衡电压断相保护电路接线示意图

（三）断相保护电路常见故障排查

1. 电源工作正常时断相保护动作，使电动机停止运行

出现这种情况主要是采样电容器的故障，当电容器发生漏电时，电容器电流增大，中性点电位升高，造成有直流电压输出，KA 动作，令接触器跳闸，可参照本书第一章如何用好万用表中的用万用表判断电容器的好坏一节，认真检查电容器是否漏电，查出后更换新电容器即可。

2. 出现缺相后不能发出保护指令

不能发出保护指令的第一个主要原因是有断线的地方，要认真检查保护电路板各接点，主要检查整流二极管是否有击毁，因为桥式整流电路的四个二极管如果有一个损坏

（或断线），全波整流电路会变成半波整流，输出电压由 $0.9U_2$ 变成 $0.45U_2$，电压降低一半，继电器 KA 因电压低而不动作。第二是 KA 的常闭触点是否有粘连现象，由于 KA 采用的是 12V 小型继电器，触点间距比较小，当电流较大时，容易发生触点粘连现象而无法断开电路。

二、利用两个接线器 V 形接线的断相保护电路

（一）利用两个接线器 V 形接线的断相保护电路的工作原理

两个 380V 的继电器 V 形接线需要三个电压才能保证正常工作，在一般的电动机控制电路中加装一个中间继电器 KA，与控制接触器一起组成一个 V 形连接到三相电路中，这样不论三相电源中哪一相缺相，接触器 KM 都会断电，从而起到电动机缺相保护的作用，并且电路简单改装容易。利用两个接线器 V 形接线的断相保护电路的原理如图 3-158 所示。

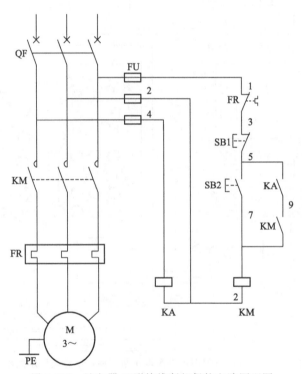

图 3-158　继电器 V 形接线断相保护电路原理图

继电器 V 形接线电路的工作原理：当三相电源良好时，KM 和 KA 都能正常吸合工作，如果缺 A 相，KA 不能吸合，KA 的常开触点无法接通 KM 的自锁，所以 KM 不能运行；如果缺 B 相，KA 和 KM 都不能得电吸合，电路不工作；如果缺 C 相，KA 虽能吸合，但 KM 不能吸合，电路还是不能工作。

（二）利用两个接线器 V 形接线的断相保护电路的接线

利用两个接线器 V 形接线的断相保护电路的元件必须使用线圈电压 380V 的接触器和继电器，380V 控制电路，不能 380V 和 220V 混用，也不能单独采用 220V 控制电路，因为 220V 为单相电压，不能起到监视三相电源的作用。图 3-159 是接触器和继电器 V 形接线断相保护电路接线示意图。

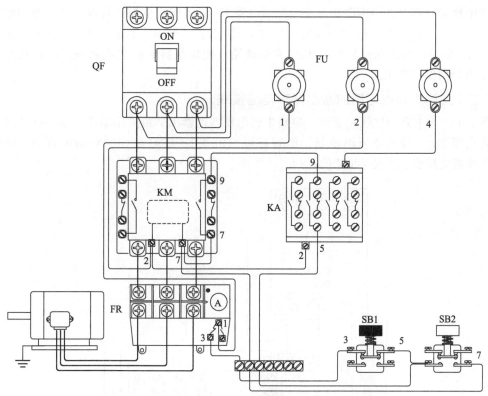

图 3-159 接触器和继电器 V 形接线断相保护电路接线示意图

（三）利用两个接线器 V 形接线的断相保护电路的常见故障

利用两个接线器 V 形接线的断相保护电路在使用当中除接线错误外，发生的故障概率很少，最容易发生故障的部位是中间继电器的常开触点有接触不实现象，造成断相保护。

三、利用电容器监测中性点电压的断相保护电路

（一）监测中性点电压的断相保护电路的工作原理

在电路中用三个电容值相等的电容器接成星形与电动机并联，如图 3-160 所示，在星形

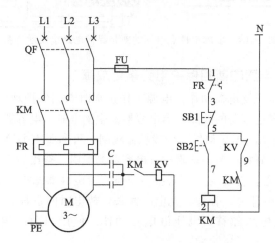

图 3-160 监测中性点电压的断相保护电路原理图

连接的中性点与零线之间串联接一个电压继电器 KV，当三相电源正常时，电容器中性点电压约等于零，电动机在运行中断相时，中性点将有约 10～50V 电压，从而电压继电器 KV 动作，KV 的常闭触点断开接触器 KM 自锁线路，使接触器 KM 失电释放，电动机停止运行，从而起到保护作用。

（二）监测中性点电压的断相保护电路接线

图 3-161 为电路的接线示意图，电路中的电压继电器 KV 可采用动作电压 10～60V，长期允许电压 220V 型的电压继电器，电容器可选用 0.1～0.47μF/400V 的电容器，接触器 KM 的线圈电压也应当是 220V 的。

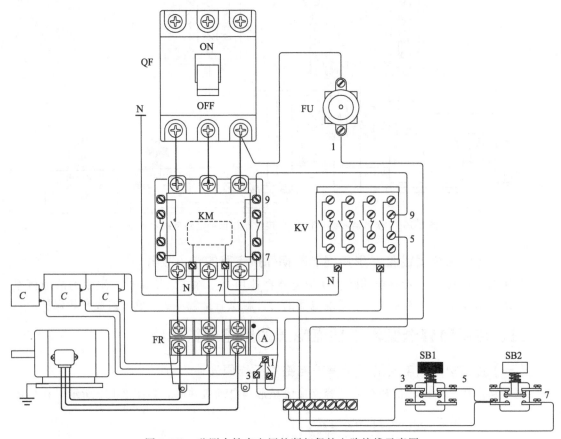

图 3-161　监测中性点电压的断相保护电路接线示意图

（三）监测中性点电压的断相保护电路常见故障

电容器漏电，造成电压继电器动作，电源工作正常时断相保护动作，使电动机停止运行：出现这种情况主要是采样电容器的故障，当电容器发生漏电时，电容器电流增大，中性点电位升高，造成有直流电压输出，KV 动作，令接触器跳闸，可参照本书第一章如何用好万用表中的用万用表判断电容器的好坏一节，认真检查电容器的漏电，查出后更换新电容器即可。

电容器容量不一致也会造成电压继电器误动作，由电容器知识了解到，电容器的充放电时间和电容器的容量大小有关，容量大充电时间长，放电时间也长，三个电容如果容量偏差较大时，会造成中性点电压漂移，电压继电器动作。使用当中一定要保持电容器的容量一致。

四、零序电流断相保护电路

（一）零序电流断相保护电路的工作原理

零序电流断相保护电路是将电动机的三根电源线一起穿入一个穿心式电流互感器（LMZ 型）TA 中，电流互感器的二次端接入一个电流继电器 KC，电压正常时三相电流的大小相等，电流值的和为零，电流互感器二次侧没有电流流过电流继电器，继电器串接在控制电路中的常闭触点不动作，不影响电动机的正常启动和运行。一旦三相电源断一相，三相电流的和不再等于零，就有不平衡电流流过电流继电器 KC 的线圈，KC 动作，KC 的常闭触点断开（5、9 线段）KM 自锁电路，KM 断电释放，电动机停止运行。原理图如图 3-162所示。

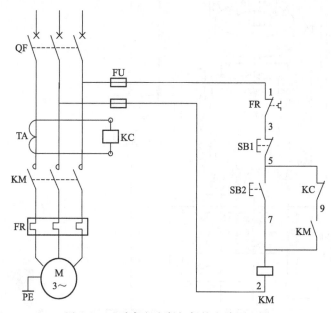

图 3-162　零序电流断相保护电路原理图

（二）零序电流断相保护电路的接线

零序电流断相保护电路接线示意图如图 3-163 所示，由于监视元件是电流采样，与控制电路电压无关，所以适用于任何控制电压的电路，监视保护作用的电流互感器虽然通过三条电源线，但电流互感器中的感应电流为三个电流的相加，因为三相电流相差 120°，它们的矢量和等于零，所以 TA 的一次电流选择应等于一相的线电流或略小于线电流，这样才能保证电流互感器二次侧有足够的感应电流驱动电流继电器动作。电流继电器动作电流可选择 1~2A 的。

（三）零序电流断相保护电路的故障排查

由于零序电流断相保护电路是电流采样，与控制电路的连接只有一个触点，所以在出现故障时一定要分清是控制故障还是保护故障，保护发生故障应检查：电流继电器 KC 的常闭触点接触是否良好；KC 常闭触点与 KM 自锁触点的连接是否良好；电流互感器二次线是否良好；电流继电器动作电流是否改动过，造成继电器误动或不动作。

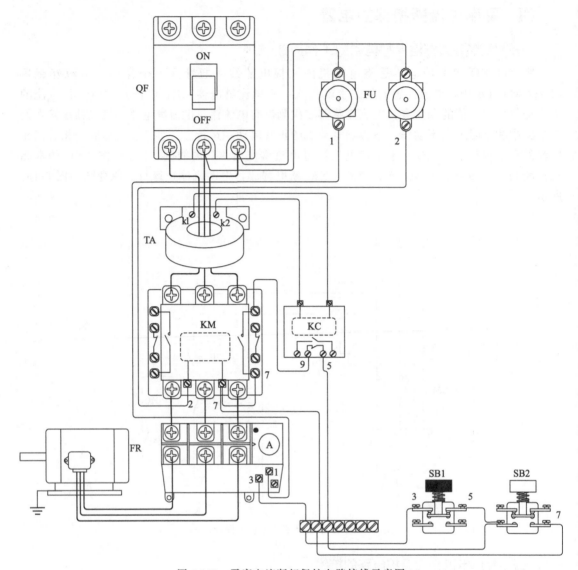

图 3-163　零序电流断相保护电路接线示意图

五、电动机断相保护电路的灵活应用

以上所介绍的断相保护电路都是电动机单向运行电路，其他的电动机控制电路应当怎样加装断相保护，根据断相保护的原理，当发生断相事故时，要求运行的电动机要立即停止运行，将断相保护的控制触点连接到控制线路当中的停止作用的线路上就可以了，如电路中的FR、SB1等。下面就以前面已经介绍电路为例，给电路加装断相保护功能。

（一）给电动机正反转电路加装断相保护

以电动机自动往返控制电路为例，加装一个继电器 V 接线断相保护。图 3-164（a）是电动机自动往返控制原电路，图 3-164（b）是加装继电器 V 接线断相保护后电动机自动往返控制电路。

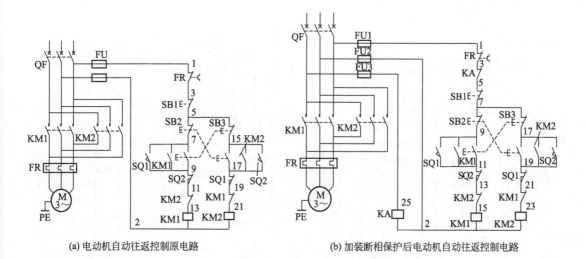

(a) 电动机自动往返控制原电路

(b) 加装断相保护后电动机自动往返控制电路

(c) 电动机自动往返电路加装断相保护接线示意图

图 3-164　给电动机正反转电路加装断相保护

《（二）给电动机 Y-△ 降压启动电路加装断相保护电路 》

以电动机 Y-△ 降压启动控制电路为例，加装一个零序电流断相保护。图 3-165（a）是电动机 Y-△ 降压启动控制原电路，图 3-165（b）是加装零序电流断相保护后电动机 Y-△ 降压启动控制电路。

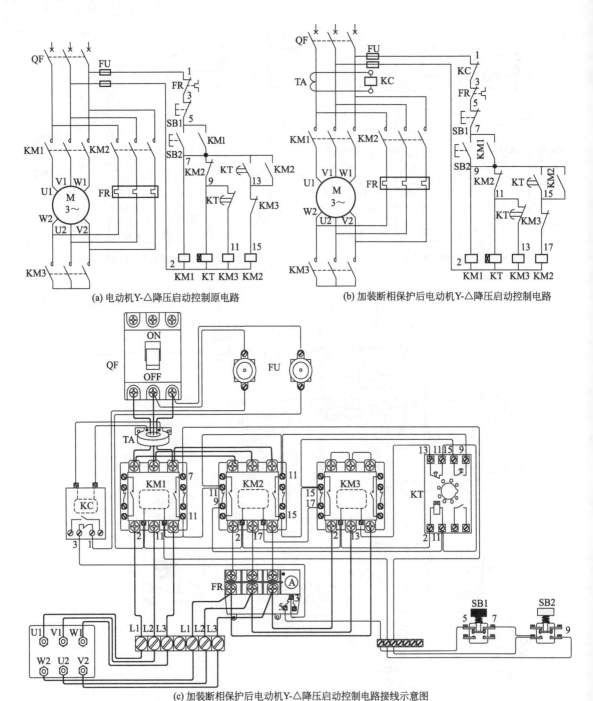

(a) 电动机Y-△降压启动控制原电路

(b) 加装断相保护后电动机Y-△降压启动控制电路

(c) 加装断相保护后电动机Y-△降压启动控制电路接线示意图

图 3-165　给电动机 Y-△降压启动电路加装断相保护电路

第八节　单相交流电动机的控制

一般的三相交流感应电动机在接通三相交流电后，电机定子绕组通过交变电流后产生旋转磁场并感应转子，从而使转子产生电动势，并相互作用而形成转矩，使转子转动。但单相交流感应电动机，只能产生极性和强度交替变化的磁场，不能产生旋转磁场，因此单相交流电动机必须另外设计使它产生旋转的磁场，转子才能转动，所以常见单相交流电机有分相启动式、罩极式、电容启动式等种类。

在家用电气设备中，常配有小型单相交流感应电动机。交流感应电动机因应用类别的差异，一般可分为分相式电动机、电容启动式电动机、永久分相式电容电动机、罩极式电动机、永磁直流电动机及交直流电动机等类型。

一、分相启动式单相电动机的应用与接线

（一）分相启动式电动机的特点

分相式电机广泛应用于电冰箱、空调、小型水泵等电器中，外形如图 3-166 所示，这种单相电机有一个笼式转子和主、副两个定子绕组。两个绕组排列位置相差一个很大的相位角，使副绕组中的电流和磁通达到最大值的时间比主绕组早一些，因而能产生一个环绕定子旋转的磁通。这个旋转磁通切割转子上的导体，使转子导体感应一个较大的电流，电流所产生的磁通与定子磁通相互作用，转子便产生启动转矩。当电机一旦启动，转速上升至额定转速 70％时，离心开关脱开副绕组即断电，电机即可正常运转。

图 3-166 分相启动式单相电动机外形

分相式电动机共有两组线圈，一组是运行线圈，一组是启动线圈，颠倒两组线圈中任意一组的两个线端就可以使电动机翻转。

（二）分相启动式电动机的接线

分相启动式电动机的接线有两种，即图 3-167 电容启动接线和图 3-168 电容启动运行接线。分相启动式电动机的功率较大，如小型水泵电机、卷帘门电机、小型食品加工机械等。分相启动式电动机正反转控制比较麻烦，不像电容启动电机接线那么简单。

分相启动式单相电动机的接线端子盒有六个接线端子，电动机的电容、主副绕组和离心开关的连接如图 3-169 所示，利用两个连接板不同的接法实现电动机的正转和反转运行。

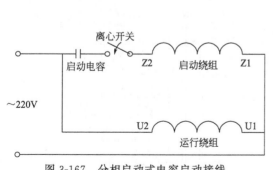

图 3-167 分相启动式电容启动接线

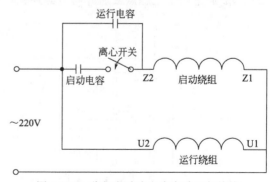

图 3-168 分相启动式电容启动运行接线

1. 用接触器控制分相式电机的正反转

要想实现分相式单相电动机的正反转运行，接线时需要将电机接线盒内的连接板拆除，

(a) 分相启动式单相电动机接线盒

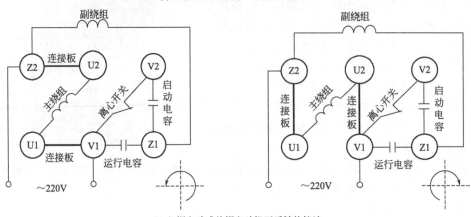

(b) 分相启动式单相电动机正反转的接法

图 3-169　分相启动式单相电动机的接法

再通过接触器改变绕组连接以实现正反转运行。

线路特点：由于需要利用接触器的触点改变连接板的接法，KM1 吸合时电机左转连接，U1、V1 通过一个主触点接通并与电源连接，Z2、U2 通过两个主触点接通并与电源连接，如图 3-170 所示；KM2 吸合时电机右转连接，V1、U2 通过一个主触点接通并与电源连接，U1、Z2 通过两个主触点接通并与电源连接，如图 3-171 所示。

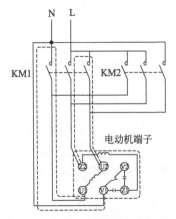

图 3-170　通过接触器连接左转接法

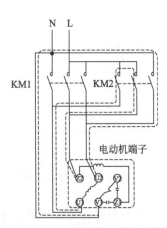

图 3-171　通过接触器连接右转接法

当了解了可以用接触器改变分相式电动机的接法后，就可以结合前面介绍的正反转控制电路实现分相式电动机的可逆控制，应使用线圈电压 220V 的接触器，分相启动式单相电动机正反转接线原理图如图 3-172 所示，由于是利用接触器改变电动机绕组的接法，所以热继电器 FR 不应安装在接触器的后面，要装在接触器的前面，这样接线比较简单。

图 3-173 为分相启动式单相电动机用接触器实现正反转控制接线示意图。

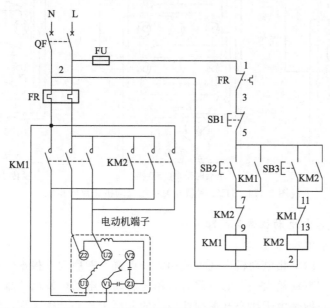

图 3-172　分相启动式单相电动机用接触器实现正反转控制原理图

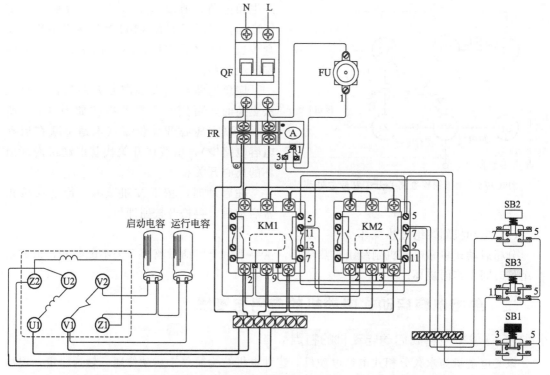

图 3-173　分相启动式单相电动机用接触器实现正反转控制接线示意图

2. 用倒顺开关控制分相式电动机的正反转（见图 3-174）

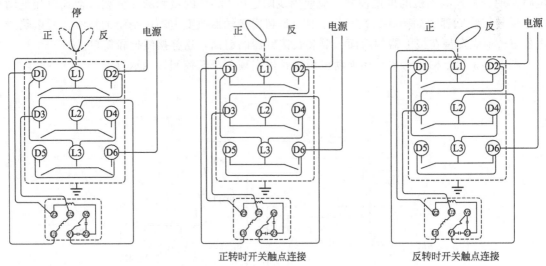

正转时开关触点连接   反转时开关触点连接

图 3-174　HY2 倒顺开关单相电动机正反转接线

3. 分相启动式单相电动机常见故障处理

（1）电动机启动困难的处理

某小型加工机械的单相电动机出现负载稍大一点就不能启动，根据使用者反映，机械一直使用良好，近期在带动稍大一点的负载时就不能启动，电动机发出"嗡嗡"声。

出现这种故障一般是由于离心开关损坏引起的，由于离心开关损坏，启动时启动绕组不能接入电路工作，只有运行绕组工作，不能产生相位角，所以电动机发出"嗡嗡"声不能启动。用万用表 $R \times 100$ 挡测量电动机接线盒 V1、V2 之间电阻，不通说明离心开关确实已经开路。

应急对策：当发现离心开关后，一时无法更换时，可用一只常开按钮如图 3-175 所示，并联在离心开关位置（也是串联在启动电容电路中），用按钮开关代替电动机内部损坏的离心开关。

在启动时，按下按钮数秒，待电动机正常启动后，再松开按钮即可。

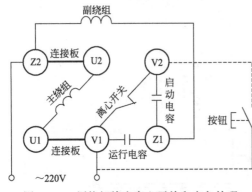

图 3-175　用按钮检查离心开关和应急处理

（2）电动机副绕组过热烧坏

分相启动式单相电动机副绕组过热烧坏，主要是由于启动后离心开关不能断开，造成副绕组长时间工作而烧坏。

二、单相电容启动式电动机的应用与接线

（一）单相电容式启动电动机的特点

该类电动机为永久分相式电容电动机。这种电机结构简单，启动快速，转速稳定，但功率较小，被广泛应用在电风扇、排风扇、抽油烟机等家用电器中。电动机的外形如图 3-176

所示。永久分相式电容电动机在定子绕组上设有主绕组和副绕组（启动绕组），并在启动绕组中串联一个大容量启动电容器，使通电后主、副绕组的电相角成90°，从而能产生较大的启动转矩，使转子启动运转。

对于永久分相式电容电动机来说，其串接的电容器，当电动机在通电启动或者正常运行时，均与启动绕组串接。由于永久分相式电动机其启动转矩较小，因此很适于排风机、抽风机等要求启动力矩低的电气设备中应用。电容启动式电动机，由于其运行绕组分正、反相绕制设定，所以只要切换运行绕组和启动绕组的串接方向，即可方便地实现电动机逆、顺方向运转。

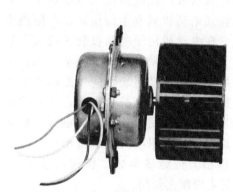

图 3-176　电容式启动电动机外形

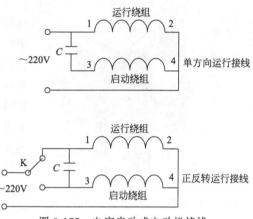

图 3-177　电容启动式电动机接线

（二）单相电容启动式电动机接线

电容启动式电动机单方向运行的接线，如图 3-177 所示，两个绕组的尾端 2、4 连接在一起，呈公共端连接电源的一端，绕组的首端与电容并联，并联后其中一极接电源的另一端，如图中电源接 1 号端，如果需要反转，可将电源接在 3 号端就可以改变旋转方向。采用双向开关就可以实现对单相电容启动式电动机正反转的控制。

（三）单相电动机电容选择

电容分相式电动机电容可根据以下公式计算。

分相启动电容容量：$C = 350000 \times I/2p \times f \times U \times \cos\varphi$

式中　I——电流；

　　f——频率；

　　U——电压；

　　$2p$——功率因数大取 2，功率因数小取 4；

　　$\cos\varphi$——功率因数（$0.4 \sim 0.8$）。

分相启动电容耐压：电容耐压大于或等于 1.42×额定电压

即 $1.42 \times 220 = 312V$，取标准耐压值 400V 电容器。

分相启动式单相电动机电容器可根据以下公式计算。

运转电容容量：$C = 120000 \times I/2p \times f \times U \times \cos\varphi$

式中　I——电流；

　　f——频率；

　　U——电压；

$2p$——取 2.4；

$\cos\varphi$——功率因数（0.4～0.8）。

运转电容耐压：电容耐压大于或等于 $(2～2.3)U$。

启动电容容量：$C=(1.5～2.5)\times$运转电容容量。

启动电容耐压：电容耐压大于或等于 $1.42U$。

三、罩极式单相交流电动机的应用与接线

罩极式单相交流电动机外形如图 3-178 所示，它的结构简单，其电气性能略差于其他单相电机，但由于制作成本低，运行噪声较小，对电气设备干扰小，所以被广泛应用在电风扇等小型家用电器中。罩极式电动机只有主绕组，没有副绕组（启动绕组），它在电动机定子的两极处各设有一副短路环，也称为电极罩极圈。当电动机通电后，主磁极部分的磁场产生的脉动磁场感应短路而产生二次电流，从而使磁极上被罩部分的磁场，比未罩住部分的磁场滞后些，因而磁极构成旋转磁场，电动机转子便旋转启动工作。罩极式单相电动机还有一个特点，即可以很方便地转换成二极或四极转速，以适应不同转速电器配套使用。

图 3-178　罩极式单相交流电动机外形

罩极式电动机一般不需要改变旋转方向，如果需要改变方向时，只有将电动机的转子和转子支架取出，在反向重新装备转子支架和转子，就可以使电动机改变方向。

四、单相串励电动机的应用与接线

一般常用单相串励电动机外形如图 3-179 所示，在交流 50Hz 电源中运行时，电动机转速较高的也只能达每分钟 3000 转。而交直流两用电动机在交流或直流供电下，其转速可高达 20000 转，同时电动机的启动力矩也大，所以尽管电动机体积小，但由于转速高、输出功率大，因此交直流两用电动机在吸尘器、手电钻、家用粉碎机等电器中得以应用。

交、直流两用电动机的内在结构与单纯直流电动机无大差异，均由电刷经换向器将电流输入电枢绕组（转子），其磁场绕组（定子）与电枢绕组构成串联形式。为了减少转子高速运行时电刷与换向器间产生的电火花干扰，而将电机的磁场线圈制成

图 3-179　单相串励电动机外形

左右两只，分别串联在电枢两侧。两用电机的转向切换很方便，只要切换开关将磁场线圈反接，即能实现电机转子的逆转或顺转。

五、单相电机电容选择

单相电机需要两只电容，C_1 为运行电容，C_2 为启动电容，启动时 C_1、C_2 全部投入，

转速接近额定时，用开关将 C_2 断开。

电容 C_1 的计算公式：$C_1 = 1950I/(U\cos\varphi)(\mu F)$

式中，I、U、$\cos\varphi$ 分别是原三相电机铭牌上的额定电流、额定电压和功率因数值。

例如，某台三相异步电动机额定电压为 380V，额定电流为 4A，功率因数为 0.8，则改为单相运行时运行电容 C_1 为

$$C_1 = 1950I/(U\cos\varphi) = 1950 \times 4/(380 \times 0.8) = 26(\mu F)$$

电容 C_2 的容量可根据电动机启动时负载的大小来选择，通常为 C_1 的 1~3 倍，空载、轻载可以取小点。对于功率 1kW 以下的小电机，C_2 也可以去掉不用，但 C_1 数值要适当加大。

上述电路中的电容要选纸介油浸电容或金属化电容等无极性电容器，不能用电解电容器，同时要注意其耐压值。一般地若电机工作电压为 220V，电容耐压应为 400V；若电机工作电压为 380V，电容耐压应力 600V 左右，电容器的耐压值只能高，不能低，耐压值低容易造成电容击穿。

第九节　笼式多速电动机控制电路

多速电动机主要用于要求多种转速的机械设备装置。它利用改变电动机定子绕组的接线以改变其极数的方法变速，具有随负载的不同要求，而有级地变化功率和转速的特性，从而达到功率的合理匹配和简化变速系统。电动机的转速有双速、三速、四速三种。当机械设备的合理转速为中低速时，由于电动机功率相应较小，所以可以有效节约电能。笼式多速电动机按接法有△/双 Y 双速电动机、双△/Y 形接法的双速电动机、Y/双 Y 双速电动机、△/Y/双 Y 三速电动机等。

多速电动机的功率容量最小的不到 1kW，最大的 70~80kW。启动时先从低速挡开始，然后根据设备对转速的要求，依次启动中挡和高速挡。因低速启动时电动机功率较小，所以启动电流较小。因电动机已具有一定转速，后启动中、高速挡时，启动电流也不是特别大。因此在通常情况下，各挡启动电路无需采用降压限流启动方式。

一、笼式△/双 Y 双速电动机接触器调速控制电路

（一）笼式△/双 Y 双速电动机调速控制原理

双速电动机属于异步电动机变极调速，是通过改变定子绕组的连接方法达到改变定子旋转磁场磁极对数，从而改变电动机的转速，根据公式 $n = 60f/p$ 可知，异步电动机的同步转速与磁极对数成反比，磁极对数增加一倍，同步转速 n 下降至原转速的一半，电动机额定转速 n 也将下降近似一半，所以改变磁极对数可以达到改变电动机转速的目的。这种调速方法是有级的，不能平滑调速，而且只适用于笼式电动机。图 3-180 介绍的是最常见的单绕组双速电动机，转速比与磁极倍数成反比。

图 3-181 是双速电动机接触器调速控制原理图。△形启动时按下 SB3 按钮，SB3 的常开触点接通 9、11 线段，11 号线有电并通过 KM2、KM3 的常闭触点（互锁）令 15 号线有电，使 KM1 得电吸合，KM1 的常闭触点断开 19、21 线段，互锁 KM2、KM3 线圈不动作，KM1 的主触点闭合接通电源与绕组 1U、1V、1W 的连接，电动机呈三角形启动，同时 KM1 的辅助常开触点闭合接通 9、11 线段，实现 KM1 的自锁，为电动机引进三相电源，L1 接 1U，L2 接 1V，L3 接 1W；2U、2V、2W 悬空。电动机在△形接法下运行，此时电

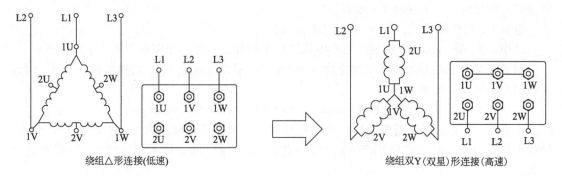

图 3-180　△/双 Y 双速电动机绕组的连接

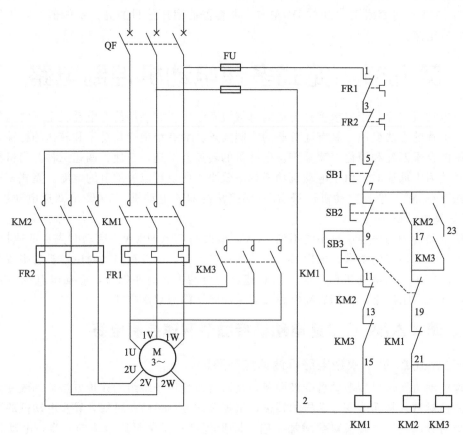

图 3-181　△/双 Y 双速电动机接触器调速控制原理图

动机 $p=2$、$n_1=1500r/min$。电动机在△形接状态下低速运行。

　　电动机高速运行时，按下 SB2 按钮，常闭触点先断开 7、9 线段切断 KM1 的线路，常开触点后接通 7、17 线段，17 号线有电并通过 SB3 的常闭触点和 KM1 的常闭触点令 21 号线有电，使 KM2 和 KM3 同时得电吸合，KM2 和 KM3 的辅助常开触点闭合接通 7、17 线段实现 KM2 和 KM3 的自锁。KM3 的主触点闭合将电动机 1U、1V、1W 短封，KM2 的主触点闭合把三相电源 L1、L2、L3 引入接 2U、2V、2W，此时电动机在双 Y 接法下运行，这时电动机 $p=1$，$n_1=3000r/min$。

（二）笼式△/双 Y 双速电动机调速控制接线

值得注意的是双速电动机定子绕组从一种接法改变为另一种接法时，一定要注意电源相序，必须把电源相序反接，以保证电动机的旋转方向不变。

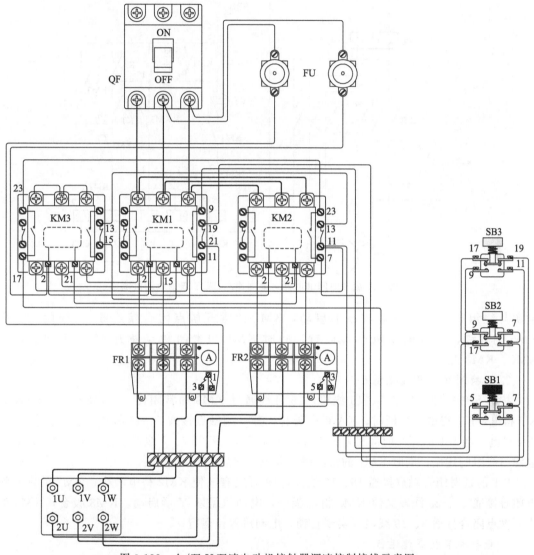

图 3-182　△/双 Y 双速电动机接触器调速控制接线示意图

二、按钮和时间继电器自动加速控制△-双 Y 双速电动机电路

图 3-183 是按钮和时间继电器控制的双速电动机控制电路，这个电路可用按钮分别控制低速和高速，也可以直接高速运行。

（一）按钮和时间继电器自动加速控制△/双 Y 双速电动机工作原理

1.△形低速启动运行

先合上电源开关 QF，按下 SB2 按钮，接通 5、7 线段，7 号线有电，通过 KT 的延时断开触点、KM2 的常闭触点、KM3 的常闭触点使 13 号线有电，令 KM1 得电吸合，

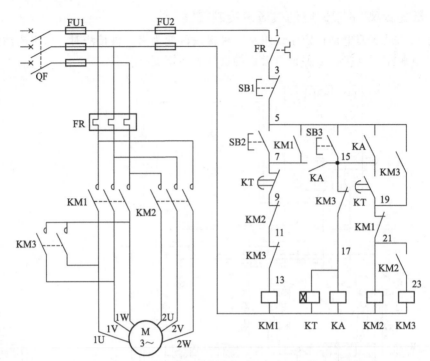

图 3-183　按钮和时间继电器自动加速△/双 Y 双速电动机电路

电源与绕组接通电动机接成△形启动，KM1 的常开触点闭合接通 5、7 线段，实现 KM1 的自锁，保持电动机△形运行。同时 KM1 的常闭触点断开 19、21 线段，对 KM2、KM3 互锁。

2. 切换到双 Y 形高速运行

按下 SB3 按钮，接通 5、15 线段，15 号线通过 KM3 的常闭使 17 号线有电，令 KA、KT 得电，KT 得电开始延时，KA 得电吸合，其一副触点接通 5、15 线段自锁，保持 KT、KA 得电。当 KT 的延时时间到，KT 的延时断开触点断开 7、9 线段，使 KM1 失电，断开电源与绕组的连接，同时 KM1 的常闭触点复位又接通 19、21 线段。

KT 的延时闭合触点接通 15、19 线段，19 号线有电使 KM2 得电吸合，KM2 的常开触电闭合接通 21、23 线段又使 KM3 得电吸合，电动机呈双 Y 形启动。KM3 吸合，KM3 的常开触点闭合接通 5、19 线段，实现自锁，电动机保持运行。

3. 电动机直接高速运行

电动机需要高速运行，可直接按下 SB3 按钮，SB3 按钮接通 5、15 线段，15 号线通过 KM3 的常闭触点使 17 号线有电，令 KA、KT 得电，KT 得电开始延时，KA 得电吸合，其一副触点接通 5、15 线段自锁，保持 KT、KA 得电，KA 的另一副常开触点闭合接通 15、7 线段，7 号线有电，通过 KT 的延时断开触点、KM2 的常闭触点、KM3 的常闭触点使 13 号线有电，令 KM1 得电吸合，电源与绕组接通电动机接成△形启动。

当 KT 的延时时间到，KT 的延时断开触点断开 7、9 线段，使 KM1 失电，断开电源与绕组的连接，同时 KM1 的常闭触点复位又接通 19、21 线段。

KT 的延时闭合触点接通 15、19 线段，19 号线有电使 KM2 得电吸合，KM2 的常开触电闭合接通 21、23 线段，又使 KM3 得电吸合，电动机呈双 Y 形启动。KM3 吸合，KM3 的常开触点闭合接通 5、19 线段，实现自锁，电动机保持运行。

（二）按钮和时间继电器自动加速△/双Y双速电动机电路接线（见图3-184）

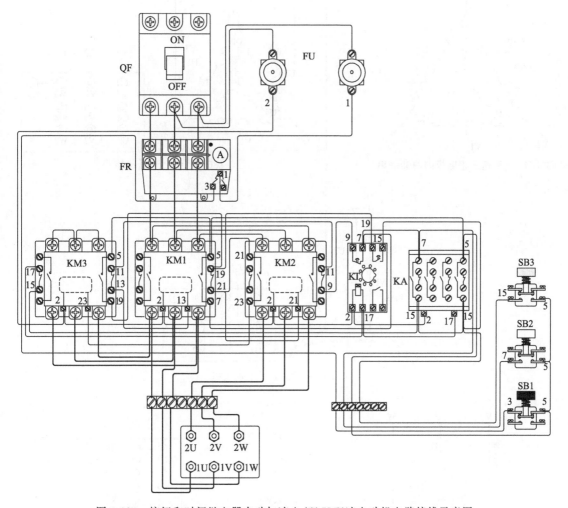

图 3-184　按钮和时间继电器自动加速△/双Y双速电动机电路接线示意图

三、△/Y/双Y三速三相异步电动机控制电路

（一）△/Y/双Y三速电动机工作原理

三速三相异步电动机定子具有两套绕组，如图3-185所示，当采用不同的连接方法时，可以有三种不同的转速，即低速、中速、高速。当电动机定子绕组接成△形接法时，如图3-186所示，电动机低速运行；第二套绕组（U4、V4、W4）接成Y形接法，如图3-187所示，电动机中速运行；当电动机定子绕组接成双Y形接法时，如图3-188所示，电动机高速运行。

三速电动机改变绕组的连接后，电动机的磁极数变化，分别为8极、6极、4极，对应的转速分别为729r/min、962r/min、1457r/min，额定功率随着转速的升高也增大，例如型号为YD180L-8/6/4的三速电动机，8极时功率7kW、转速729r/min，6极时功率9kW，转速729r/min，4极时功率12kW、转速729r/min。

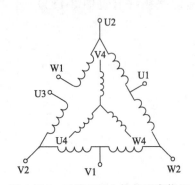

图 3-185　三速三相电极的两套绕组

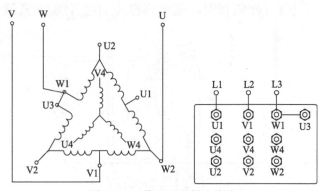

图 3-186　绕组△形低速接线

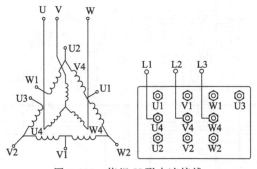

图 3-187　绕组 Y 形中速接线

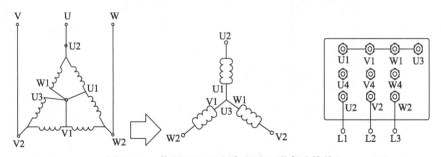

图 3-188　绕组双 Y（也称双星）形高速接线

（二）△/Y/双 Y 三速电动机电路分析

接触器分别控制的三速电动机的电路，低速、中速、高速可以分别运行，这样的电路适用于大型通风设备，根据不同的季节，通风电动机可以夏季高速，秋季中速，冬季低速。控制电路如图 3-189 所示。

1. 低速独立运行

合上电源开关 QS，控制电源通过 FR1、FR2、FR3、SB4 的常闭触点使 9 号线有电，按下低速启动按钮 SB1，SB1 的常开触点闭合接通 9、11 线段，11 号线得电，并通过 KM2、KM3 的常闭触点（互锁），使 15 线号有电，令接触器 KM1 和 KM1.2 得电吸合，KM1 和 KM1.2 的主触点闭合，接通 U1、V1、W1、U3 电动机定子绕组接成△形接法低速启动运转，KM1 的两副常闭触点分别断开 KM2（17、19 线段）和 KM3（23、25 线段）的电路

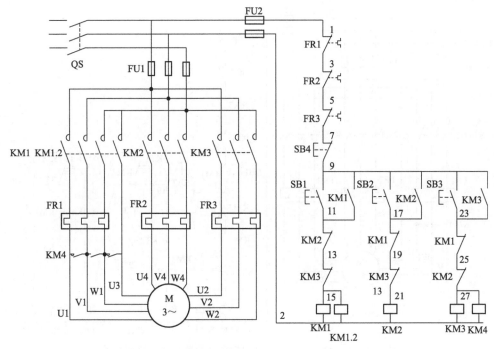

图 3-189　接触器分别控制的△/Y/双 Y 三速电动机电路

（互锁），停止时按下 SB4 断开 7、9 线段，接触器失电触点释放，电动机停止。

2. 中速独立运行

按下中速启动按钮 SB2，SB2 的常开触点闭合接通 9、17 线段，17 号线得电，并通过 KM1、KM3 的常闭触点（互锁），使 21 号线有电，令接触器 KM2 得电吸合，KM2 主触点闭合接通电源与绕组 U4、V4、W4，电动机定子绕组接成 Y 形接法中速启动运转，KM2 的两副常闭触点分别断开 KM1（11、13 线段）和 KM3（25、27 线段）的电路（互锁），停止时按下 SB4 断开 7、9 线段，接触器失电触点释放，电动机停止。

3. 高速独立运行

按下高速启动按钮 SB3，SB3 的常开触点闭合接通 9、23 线段，23 号线得电，并通过 KM1、KM2 的常闭触点（互锁），使 27 号线有电，令接触器 KM3 和 KM4 得电吸合，KM3 的主触点闭合电动机绕组首端接通电源，KM4 触点将绕组 U1、V1、W1、U3 封接，电动机定子绕组接成双 Y 形接法高速启动运转，KM3 的两副常闭触点分别断开 KM1（13、15 线段）和 KM2（19、21 线段）的电路（互锁），停止时按下 SB4 断开 7、9 线段，接触器失电触点释放，电动机停止。

（三）△/Y/双 Y 三速电动机自动加速控制电路

△/Y/双 Y 三速电动机自动加速控制电路具有：低速启动到中速运行的自动转换；低速启动中速过渡高速运行的自动转换。电路原理图如图 3-190 所示。

1. 低速独立运行

控制电源通过 FR1、FR2、FR3、SB4 的常闭触点使 9 号线有电，按下 SB1 按钮，SB1 的常开触点闭合接通 9、11 线段，11 号线有电，通过 KM2 的常闭触点、KM3 的常闭触点、KT1 的延时断开触点，使 17 号线有电，KM1 和 KM1.2 得电吸合，KM1 和 KM1.2 的主触点闭合，接通电源与 U1、V1、W1、U3 端子的连接，电动机定子绕组接成△形接法低速启

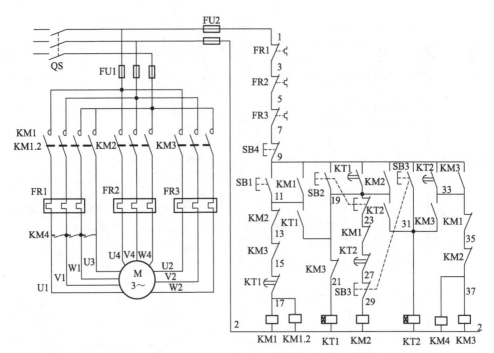

图 3-190　△/Y/双 Y 三速电动机自动加速控制电路原理图

动。KM1 的常开触点闭合接通 9、11 线段，实现 KM1 的自锁，电动机△形低速运行。

2. 低速启动中速运行的自动加速

按下中速启动按钮 SB2，SB2 的常闭触点先断开 19、23 线段，使 KM2 不能得电动作，SB2 的常开触点后接通 9、19 线段，通过 KM3 的常闭触点 KT1 时间继电器得电，KT1 的瞬时闭合触点接通 19、11 线段，通过 KM2 的常闭触点、KM3 触点的常闭、KT1 的延时断开触点，使 17 号线有电，KM1 和 KM1.2 得电吸合，KM1 和 KM1.2 的主触点闭合，接通电源与 U1、V1、W1、U3 端子的连接，电动机定子绕组接成△形接法低速启动。KM1 的常开触点闭合接通 9、11 线段，实现 KM1 的自锁，电动机△形低速启动。

KT1 的延时时间到，KT1 的延时断开触点断开 15、17 线段使 KM1 失电释放，断开与 U1、V1、W1、U3 端子的连接。KT1 的延时闭合触点接通 9、19 线段，19 号线有电，通过 SB2 的常闭触点、KM1 的常闭触点、KT2 的延时断开触点、SB3 的常闭触点，使 29 号线有电，KM2 得电吸合，电源与 U4、V4、W4 接通，电动机呈 Y 形中速启动。KM2 的常开触点接通 9、19 线段实现 KM2 的自锁，电动机 Y 形运行。

3. 低速启动中速过渡高速运行的自动加速

按下 SB3 按钮，SB3 的常闭触点先断开 KM2 的电路，SB3 的常开触点后接通 9、31 线段，31 号线有电，KT2 得电吸合，KT2 的瞬时闭合触点接通 31、19 线段，19 号线有电，通过 KM3 的常闭触点 KT1 时间继电器得电，KT1 的瞬时闭合触点接通 19、11 线段，通过 KM2 的常闭触点、KM3 的常闭触点、KT1 的延时断开触点，使 17 号线有电，KM1 和 KM1.2 得电吸合，KM1 和 KM1.2 的主触点闭合，接通电源与 U1、V1、W1、U3 端子的连接，电动机△形低速启动。

KT1 的延时时间到，KT1 的延时断开触点断开 15、17 线段使 KM1 失电释放，KT1 的延时闭合触点接通 9、19 线段，19 号线有电，通过 SB2 的常闭触点、KM1 的常闭触点、

KT2 的延时断开触点、SB3 的常闭触点，使 29 号线有电，KM2 得电吸合，电动机呈 Y 形中速启动。

KT2 的延时时间到，KT2 的延时闭合触点接通 9、33 线段，33 号线有电，通过 KM1、KM2 的常闭触点 37 号线得电，KM3 和 KM4 得电吸合，KM3 接通电源与 U2、V2、W2 的连接，KM4 将电动机 U1、V1、W1、U3 连接在一起，完成双 Y 形高速启动，同时 KM3 的常开触点接通 9、33 线段，实现 KM3 的自锁，保持电动机双 Y 形运行。

（四）△/Y/双 Y 三速电动机接线要点

在接线前要熟悉三速电动机的工作原理和接线方法，当电动机△形低速运行时，第一套绕组要接成三角形，要将绕组端子 W1 与 U3 短接形成△形，如果漏接 W1 与 U3，电动机绕组成为开口三角形△，电动机将不能运行。

在中速时，电动机第二套绕组为 Y 形接法，此时，W1 与 U3 必须断开，如果连接在一起，第一套绕组会因为感应电压产生环流而烧坏绕组。

高速时，电动机绕组为双 Y 接法，此时，一定要把 U1、V1、W1、U3 连接在一起，第一套绕组才能成为双 Y 形接法，电动机才能正常运行。

四、双△/Y 形接法的双速电动机控制线路

双△/Y 形接法的双速电动机定子绕组接线如图 3-191 所示，从图可以看出，双△/Y 形接法的电动机引出端子共有 8 个，它们是 U1、U2、U3、V1、V2、V3、W1、W2。当引出端：U1、U3、W1 短接后接电源 L1；U2、V1、V3 短接后接电源 L2；V2、W2 短接后接电源 L3。此时电动机的定子绕组被接成双△形。当引出端：U3、V3 短接；U2、V2、W2 各自空着不接；U1 接电源 L1；V1 接电源 L2；W1 接电源 L3 时，电动机的定子绕组被接成 Y 形。

图 3-192 为双△/Y 形接法的双速电动机控制原理图。

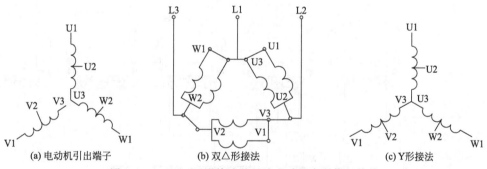

(a) 电动机引出端子　　　(b) 双△形接法　　　(c) Y形接法

图 3-191　双△/Y 形接法的双速电动机定子绕组接线

（一）双△/Y 形接法的双速电动机主回路接线

主回路的接线是接线的重点，为了便于大家清楚了解主回路接线，将主回路接线单独绘出。在接线前，要首先确定绕组的连接相序，否则会出现两种连接的相序不一致，电动机在切换时，突然反转，电流增大造成跳闸事故。

电动机绕组双△形接法时接触器与绕组的连接如图 3-193 所示，KM1、KM2、KM3 与绕组的连接：KM1 与绕组的 U1、W1、U3 三个端连接电源 L1 相，KM2 与绕组的 U2、V1、V3 三个端连接电源 L2 相，KM3 与绕组的 W2、V2 端连接电源 L3 相，这样就组成了

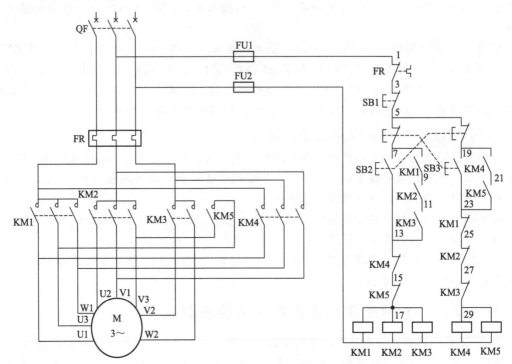

图 3-192　双△/Y 形接法的双速电动机控制原理图

一个双△形接法。图 3-194 为双△形接法绕组的连接变化。

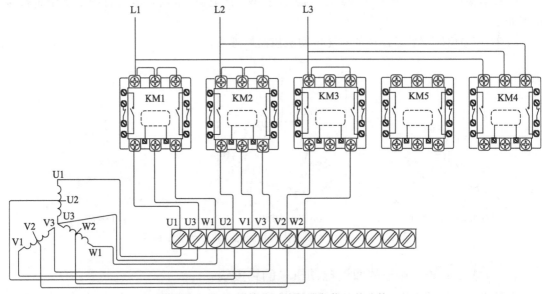

图 3-193　双△形接法时接触器与绕组的连接

电动机 Y 形接法时比较简单，只需将三相电源的每一相与绕组的首端 U1、V1、W1 相接，再用一个接触器将绕组尾端 U3、V3 连接在一起，即为 Y 形接法，如图 3-195 所示。

（二）双△/Y 形接法的双速电动机控制回路接线

双△/Y 形接法的双速电动机控制回路接线并不复杂，实际是电动机正反电路的又一种

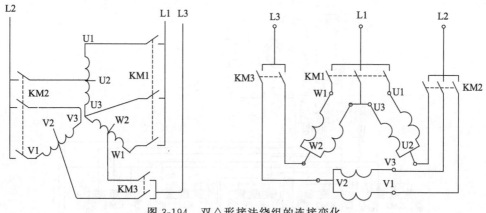

图 3-194　双△形接法绕组的连接变化

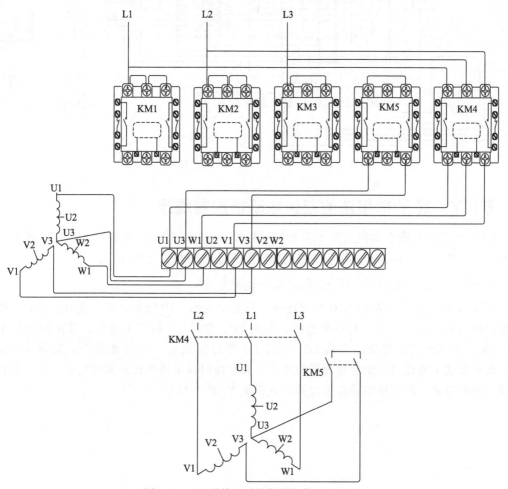

图 3-195　Y 形接法时接触器与绕组的连接

应用形式。为了保证电路的安全运行，互锁电路采用双△形运行时三个接触器和 Y 形运行时两个接触器的互锁电路。为了保证运行时不会出现绕组缺相运行，自锁电路采用各接点串联的形式，这样就可以有效地防止某一个接触器工作不实，只要有一个接触器吸合不实，电路都不工作。双△/Y 形接法的双速电动机控制回路接线如图 3-196 所示。

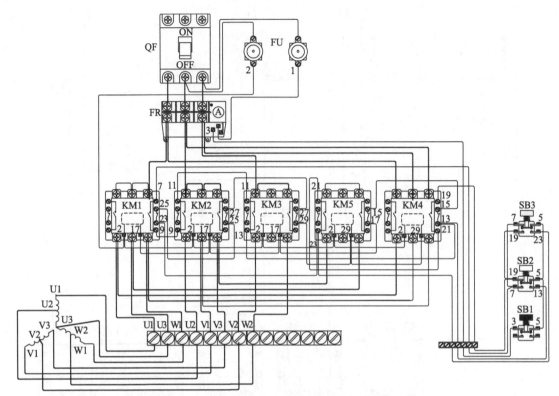

图 3-196　双△/Y 形接法的双速电动机控制回路接线

五、Y/双 Y 形接法的双速电动机控制线路

　　Y/双 Y 形接法的电动机当双 Y 接法时转矩增加一倍，输出功率也增加一倍，属于恒转矩调速。它适用于电梯、起重饥、皮带运输机等要求恒转矩调速的场合。

（一）Y/双 Y 形接法的双速电动机主回路接线

　　Y/双 Y 形双速电动机绕组为 Y 形连接，每相绕组有一个抽头，如图 3-197 所示，低速时绕组的首端 D1、D2、D3 与电源连接，抽头 D4、D5、D6 悬空不连接。高速时抽头 D4、D5、D6 与电源连接，原来的首端 D1、D2、D3 短封形成又一个 Y 形连接，如图 3-198 所示。两种接法下电动机的额定转速近似不变，而高速时输出功率比低速时增加一倍，在轻工系统中的传输带、起重机负载是恒定的，宜采用 Y/双 Y 接法。

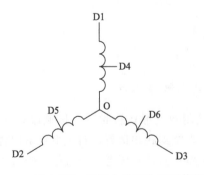

图 3-197　双速电动机的 Y 形绕组　　　　图 3-198　双速电动机双 Y 形连接

（二）Y/双 Y 形接法的双速电动机控制回路接线

Y/双 Y 形接法的双速电动机控制线路接线原理图如图 3-199 所示。由于 Y/双 Y 形接法的双速电动机在 Y 形和双 Y 形接法时的电动机功率不一样，如型号为 Y4TY180L-8/4 的双速电机，接法为 Y/双 Y，功率为 3.4/18.5kW。主回路必须装设两个热继电器用于在不同接法下的过流保护，FR1 为 Y 形接法运行的过流保护，FR2 为双 Y 接法运行的过流保护。

Y 形运行时，按下 SB2 按钮接通 7、9 线段，9 号线得电，通过 SB3 的常闭触点、KM2、KM3 常闭触点（互锁功能），使 KM1 线圈得电吸合，KM1 的辅助常开触点闭合接通 7、9 线段，KM1 实现自锁，电源与电动机的 D1、D2、D3 相接，绕组呈 Y 形运行。在操作 Y 形启动时，SB2 的常闭接点断开 17、19 线段，切断 KM2、KM3 的控制线路，实现控制互锁。

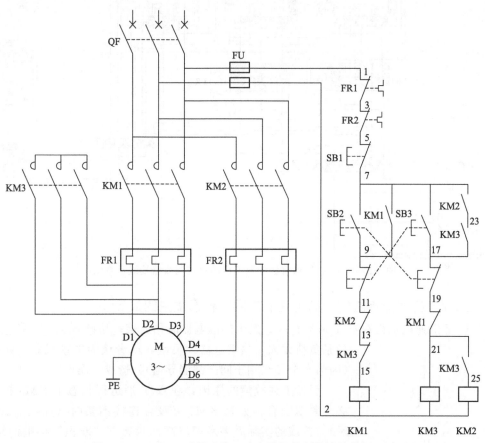

图 3-199　Y/双 Y 形接法的双速电动机控制线路接线原理图

双 Y 形运行时，按下 SB3 按钮接通 7、17 线段，17 号线得电，通过 SB2 的常闭触点、KM1 常闭触点（互锁功能），使 KM3、KM2 线圈得电吸合，KM2、KM3 的辅助常开触点闭合接通 7、17 线段，KM2、KM3 实现自锁，KM2 接通电源与电动机绕组抽头 D4、D5、D6 相接，KM3 将绕组 D1、D2、D3 三个接线端封接在一起，组成第二个 Y 形连接，这时电动机绕组呈双 Y 形连接运行。在操作双 Y 形启动时，SB3 的常闭接点断开 9、11 线段，切断 KM1 的控制线路，实现控制互锁。

图 3-200 为 Y/双 Y 形接法的双速电动机控制线路接线示意图。

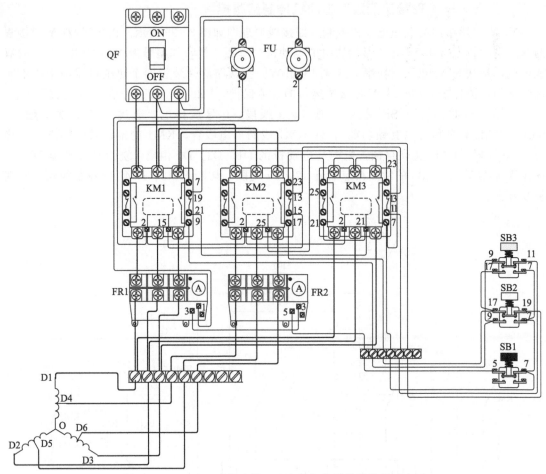

图 3-200　Y/双 Y 形接法的双速电动机控制线路接线示意图

◁ （三）Y／双 Y 形接法的双速电动机主回路容易发生的故障 ▷

Y/双 Y 双速电动机在双 Y 形运行时，发生热继电器脱扣或熔丝熔断现象，一般电工认为是负荷太大，热继电器太灵敏，或者认为电动机相间短路了（因为 6 个接线端子间全部能导通），造成"误诊"。

引发上述故障的原因，在双 Y 形运行状态下 KM3 接触器必须紧密吸合，如果 KM3 有吸合连接不实时（如图 3-201 所示），造成的实际后果是理应高速状态下"双星"得电的绕组，成了"单星"得电，"单星"得电的结果是电动机一半绕组得电，另一半绕组处于开路状态，全部电压加在了另一半绕组上，使阻抗降低一半，电流增大一倍，于是出现了两倍于电动机额定电流的电流，并且转速降低，温度升高。

图 3-201　KM3 接触不实
"双星"变成"单星"

第四章
电气线路的工作要求

第一节　电气线路概述

一、电气线路的作用

电力线路是电力系统的重要组成部分，电气线路担负着输送和分配电能的重要任务。

电能来源于发电厂，电气线路是将发电、输电、变电、配电、用电联系起来组成一个整体，称电力系统。电气线路的结构是非常复杂的，它纵横交错地组成完整电网。要使各种电力装置能够正常地运行，就必须健全电气线路功能和确保输配电线路性能的安全可靠。在电能的供给、分配和使用过程中，不应发生人身事故和设备事故。

二、电气线路的种类

电气线路按结构形式分：架空线路、电缆线路和户内配电线路等。

电气线路按电压高低分：1kV 及以下的线路，叫作低压线路；1kV 以上的线路，叫作高压线路；100kV 以上线路，叫作超高压线路。

电气线路按供电方式分：单端供电线路、两端供电线路和环形供电线路等。

三、架空线路的特点

架空线路是采用杆塔支持或悬吊导线的、用于户外的一种线路。低压架空线路在城市及工矿企业应用都十分广泛。

① 低压架空线路通常都采用多股绞合的裸导线来架设，导线的散热条件很好，所以导线的载流量要比同截面的绝缘导线高出 30%～40%，从而降低了线路成本。

② 架空线路具有结构简单、安装和维修方便等特点。

③ 架空线路露天架设，检查维修容易、方便。

④ 架空线路易受自然灾害影响，如大风、大雨、大雪和洪水等，都会威胁架空线路的安全运行。如果安全管理和维护不善也容易造成人畜触电事故。

四、线路的种类

① 三相四线线路：应用在工矿企业内部的低压配电；城镇区域的低压配电；农村低压配电。

② 单相两线线路：应用在工矿企业内部生活区的低压配电；城镇、农村居民区的低压配电。

③ 高低压同杆架空线路：应用在需电量较大，设有高压用电设备或设变电室的工矿企

业的高低压配电；城镇中负荷密度较大区域的低压配电。

④ 电力线路与照明线路同杆架空线路：应用在工矿企业内部的架空线路；沿街道的配电线路。

⑤ 电力通信同杆架空线路：工矿企业内部低压配电。

第二节　架空线路的组成及材料

架空线路主要由电杆、横担、绝缘子、拉线、金具和导线等组成，结构如图4-1所示。

常用的电杆有钢筋混凝土电杆，也叫水泥杆，还有木杆和铁塔。水泥杆的强度高、寿命长、维护方便；木杆的重量轻、施工方便，但容易腐朽，寿命短，浪费资源，现在已经不再使用了；铁塔施工复杂、应用的材料多，主要适用于35kV以上的输电线路，变配电线路在选用电杆时，应尽量采用水泥杆。

水泥杆分为锥形杆（也叫拔梢杆）和等直径杆两种。10m及以下的锥形杆，梢径（杆头）为150mm；10m以上者，梢径为190mm。等径杆的直径为300mm（有特殊要求的为400mm，也叫加重杆）。锥形杆多用于直线杆，可以不设拉线。等直径杆多用于承力杆（如分枝杆、终端杆），一般均应设拉线来平衡外力。杆高在15m以上的水泥杆，是采用分接焊接在一起的。

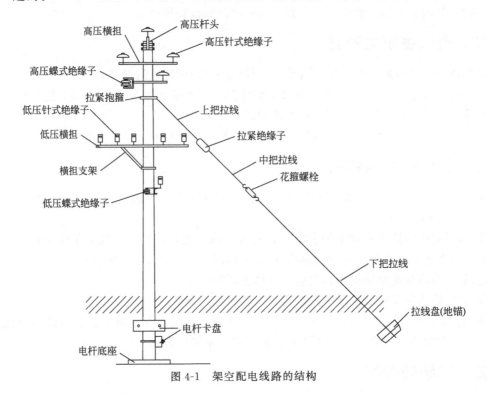

图 4-1　架空配电线路的结构

一、电杆的种类与用途

电杆有水泥杆、铁塔和木杆之分。应用最为广泛的是水泥杆，它经久耐用、不易腐蚀和不受气候影响，维护简单。按照功能，电杆主要有直线杆、耐张杆、转角杆、分支杆、终端杆、跨越杆、变台杆等。各种电杆的位置如图4-2所示。

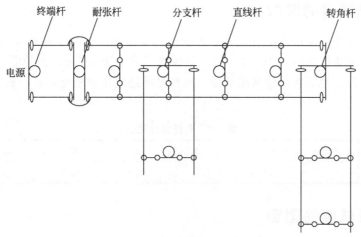

图 4-2 各种电杆的位置

① 直线杆 位于线路的直线段上，作为支撑横担、绝缘子、导线和金具用。在正常情况下，能承受导线的重量、覆冰和侧向风力，直线杆的结构比较简单，一般不设拉线，其基础可设底盘与卡盘，在跨越河流、公路、地面建筑时，应在线路两侧设"人"字形拉线，防治倒杆事故，直线杆占全部电杆总数的 80% 以上。

② 耐张杆 耐张杆也叫承力杆，除了承受导线自身重量和侧向风力之外，还要承受与邻档导线的拉力所引起的张力（拉力）。架空线路中的直线杆延伸到一定的距离（一般不超过 2km），或者导线截面发生变化时，架空线路应分段架设时，这时就需要设置耐张杆。设置耐张杆还能限制倒杆或断线事故范围，耐张杆由耐张绝缘子和绝缘子串组装，设四方拉线，使杆身承受力状态达到平衡和稳定。

③ 转角杆 位于线路改变方向的地方。转角杆的结构随线路转角不同而不同。当线路转角小于 15°时，可按直线杆组装，增加一条拉线，用来平衡因转角而产生的张力。线路转角为 15°～25°时，应设双横担和单拉线。线路转角为 30°～45°时，应设两条拉线，并作耐张处理。线路转角为 45°～90°时，除设两条拉线外，必要时可在线路内侧增加一条拉线，应采用双层耐张横担，并作耐张处理。

④ 分支杆 分支杆又叫"T"接杆，位于线路的分支处。电杆三向或四向受力，作为线路分支出不同方向线路的支持点。分支杆是在普通直线杆导线下面，增设一副分支横担和一条拉线，同时作终端耐张处理。

⑤ 终端杆 终端杆是安装在线路的首端与终端的耐张杆，电杆单向受力，作为线路起始或终止端的支持点，要在导线的背面装设拉线，用来平衡导线的拉力。

⑥ 跨越杆 位于道路、铁路、河流山谷两侧的支持点，电杆两侧受力不相等，具有加强导线支持强度的作用。

⑦ 变台杆 变台杆是用于室外安装变压器的附属设备的电杆，根据变压器台架的不同，可分为单杆变台和双杆变台两种形式，单杆变台又分为台式和杆架式，双杆变台分为落地式和杆架式。单杆或双杆变台结构，是将变压器置于电杆的钢结构台架上，多用于城镇的道路两侧的架空线路上。单杆台式变压器杆，是将变压器置于变台上，多用于农村单台变压器的安装。双杆落地式变压器杆，多用于负荷较大的工矿企业和建设工地，可以安装多台变压器。

二、电杆埋设的深度

电杆的埋设深度，应根据电杆长度、承受力的大小和土质情况来作规定。一般 15m 以下电杆，埋设深度为杆长的 $1/10+0.7$m，但最浅不应小于 1.5m；变台电杆不应小于 2m；在土质松软、流沙、地下水位较高的地带，电杆基础还应作加固处理，一般电杆埋深，参见表 4-1。

表 4-1　电杆埋设深度

杆长/m	8.0	9.0	10.0	11.0	12.0	13.0	15.0
埋设深度/m	1.5	1.6	1.7	1.8	1.9	2.0	2.3

三、电杆长度的确定

电杆长度的选择，要根据横担的安装位置、上下横担之间的距离、最低一层导线对地面的允许垂直距离和电杆埋深等因素综合确定，然后再取标准长度。

一般电杆长度可由下式确定：

$$L=L_1+L_2+L_3+L_4+L_5(\text{m})$$

式中　L——电杆长度；

　　　L_1——横担距杆顶距离，一般不小于 0.3m；

　　　L_2——上下横担之间距离；

　　　L_3——下层横担导线的弧垂；

　　　L_4——下层导线对地面最小垂直距离；

　　　L_5——电杆埋设深度。

四、线路绝缘子的种类

线路绝缘子又叫瓷瓶，主要用于将导线固定并保持和大地（电杆）的绝缘隔离，防止导线漏电。根据使用条件的不同，绝缘子分为针式绝缘子、悬式绝缘子、蝶式绝缘子、磁横担等几种。

1. 针式绝缘子

针式绝缘子又叫直式磁瓶，用来支持架空导线，低压针式绝缘子分短脚和长脚两种。短脚绝缘子适用于铁横担，长脚绝缘子适用于木横担。高压针式绝缘子采用的是伞形构造，线路的针式绝缘子如图 4-3 所示。

(a) 低压针式绝缘子　　　　　　　　　　(b) 高压针式绝缘子

图 4-3　线路的针式绝缘子

2. 蝶式绝缘子

蝶式绝缘子也称茶台或拉台，如图 4-4 所示，多用于低压线路终端，耐张及转角杆等承受较大拉力的杆塔上。

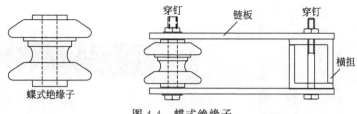

图 4-4 蝶式绝缘子

3. 悬式绝缘子

悬式绝缘子也叫吊瓶，如图 4-5 所示。悬式绝缘子一般用于高压输电线路中，是高压输电线路的重要设备之一，悬式绝缘子担负着悬挂导线和对铁塔绝缘的重要任务，用于吊挂使用在各级线路上的耐张杆、转角杆和终端杆上承受拉力的作用。作为绝缘和悬挂导线之用。按电压高、低串接成绝缘子串，按机电破坏负荷分为 4t、7(6)t、10t、16t 等多级；金属附件连接方式有球形和槽形两种。

(a) 钟罩式悬式绝缘子   (b) 复合悬式绝缘子

图 4-5 高压悬式绝缘子

4. 拉紧绝缘子

拉紧绝缘子也叫拉线绝缘子，如图 4-6 所示，用于终端杆、耐张杆、转角杆或大跨距杆塔上，作为拉线的绝缘，以平衡电杆所承受的拉力。

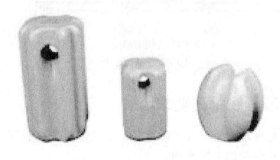

图 4-6 拉紧绝缘子

5. 瓷横担

瓷横担起横担和绝缘子的双重作用，如图 4-7 所示，具有较高的绝缘水平，施工方便，运行可靠和维修量少等优点。

图 4-7　瓷横担

五、横担的用途及制作

横担是线路电杆重要的组成部分，它的作用是用来安装绝缘子及金具，以支承导线、避雷线，并使之按规定保持一定的安全距离。

低压横担，一般用∠5×50 的角钢制作，长 1500mm，高压横担，一般用∠5×60 的角钢制作，长 2000mm。可用 U 形抱箍螺钉固定在电杆上。直线电杆横担如图 4-8(a) 所示，耐张杆横担和转角杆横担，可由两条直线杆横担组成，用四根穿心螺钉固定在电杆上，如图 4-8(b) 所示。根据架空导线的相数不同，低压横担可以做成二、三、四、五、六线横担等，在制作四线以上的横担时，使用的角钢的型号要相应增大。

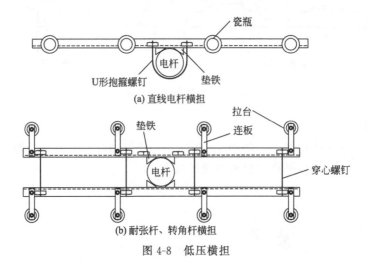

(a) 直线电杆横担

(b) 耐张杆、转角杆横担

图 4-8　低压横担

六、横担安装与导线排列要求

为便于施工，一般都在地面将电杆顶部横担、瓷瓶金具等组装完毕，然后整体立杆。如电杆竖起后组装，则应从电杆的上端开始。

为了便于判断线路方向，直线电杆横担应安装在负荷侧。

35kV 线路导线，一般采用三角形排列或水平排列；6~10kV 线路导线，一般采用三角形排列或水平排列；多回路线路的导线排列宜采用三角形、水平混合排列或垂直排列方式，1kV 以下线路导线多为水平排列。架空导线相序排列如图 4-9 所示。

① 高压电力线路，面向负荷从左侧起为 A、B、C、(L1、L2、L3)。

② 低压三相四线线路在同一横担架设时，导线的相序排列，面向负荷从左侧起为 L1、N、L2、L3，如图 4-10 所示。

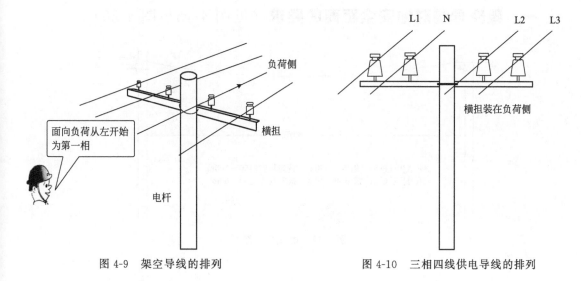

图 4-9 架空导线的排列　　　　图 4-10 三相四线供电导线的排列

③ 低压三相五线在同一横担架设时，导线的排列相序，面向负荷从左侧起为 L1、N、L2、L3、PE，如图 4-11 所示。

④ 动力线、照明线在两个横担分别架设时，动力线在上，照明线在下，如图 4-12 所示。

上层横担：面向负荷从左侧起为 L1、L2、L3。

下层横担：面向负荷从左侧起为 L1（L2、L3）、N、PE。

在两个横担架设时，最下层横担，面向负荷，最右边的导线为保护零线 PE。

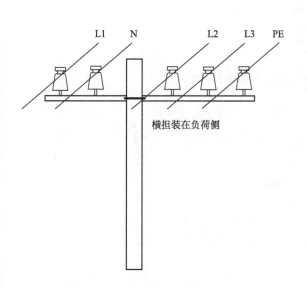

图 4-11 三相五线供电导线的排列

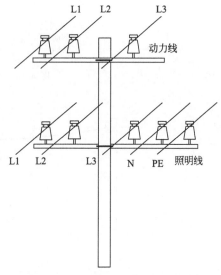

图 4-12 动力线、照明线同杆架设上、下两层横担导线排列

第三节 架空线路安全距离的要求

一、架空导线对地安全距离的要求（见图 4-13～图 4-20）

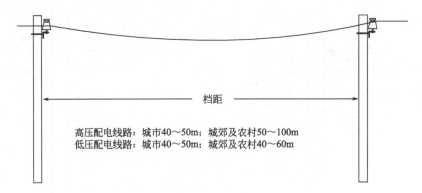

档距

高压配电线路：城市40～50m；城郊及农村50～100m
低压配电线路：城市40～50m；城郊及农村40～60m

图 4-13 电线杆档距

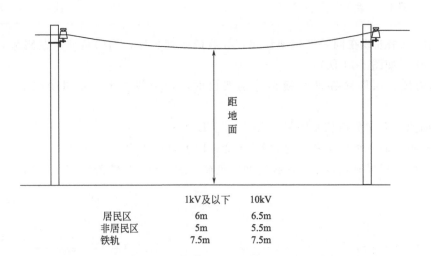

距地面

	1kV及以下	10kV
居民区	6m	6.5m
非居民区	5m	5.5m
铁轨	7.5m	7.5m

图 4-14 架空导线垂弧对地最小距离

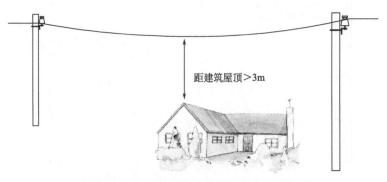

距建筑屋顶＞3m

图 4-15 架空导线弧垂对建筑屋顶的最小距离

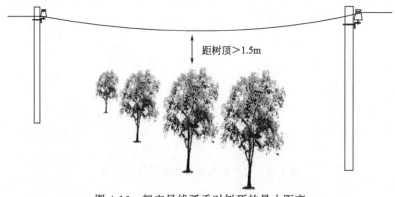

图 4-16 架空导线弧垂对树顶的最小距离

图 4-17 架空导线弧垂对管道的最小距离

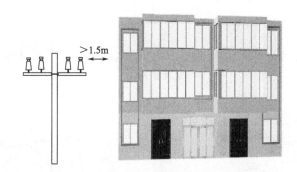

图 4-18 架空导线与建筑物水平最小距离

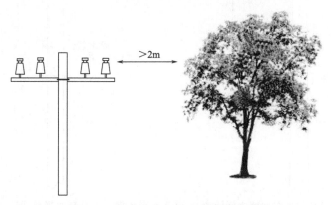

图 4-19 架空导线与树木水平最小距离

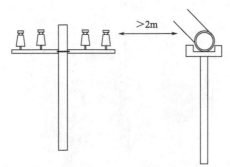

图 4-20 架空导线与管道水平最小距离

二、同杆架设线路横担之间的最小垂直距离要求（见图 4-21～图 4-25）

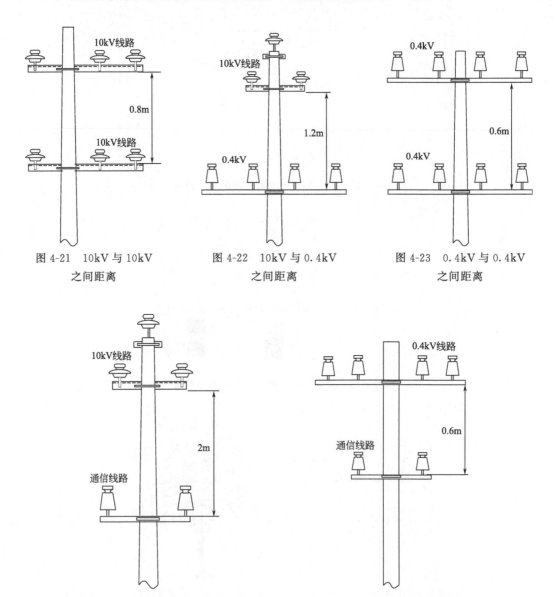

图 4-21 10kV 与 10kV
之间距离

图 4-22 10kV 与 0.4kV
之间距离

图 4-23 0.4kV 与 0.4kV
之间距离

图 4-24 10kV 与通信线路之间距离

图 4-25 0.4kV 与通信线路之间距离

第四节 导线的安全要求

一、导线敷设最小截面

电线、电缆应按低压配电系统的额定电压，电力负荷，敷设环境及与附近电气装置、设施之间能否产生有害的电磁感应等要求，选择合适的型号和截面。

电线、电缆的选择应符合下要求。

① 按照敷设方式、环境温度及使用条件确定导体的截面，且额定载流量不应小于预期负荷的最大计算电流。

② 线路电压损失不应超过允许值。

③ 导体最小截面应满足机械强度的要求，绝缘导线最小允许截面积见表 4-2。

表 4-2 绝缘导线最小允许截面积　　　　单位：mm²

序号	用途及敷设方式	线芯的最小截面积			序号	用途及敷设方式	线芯的最小截面积		
		铜芯软线	铜线	铝线			铜芯软线	铜线	铝线
1	照明用灯头线 (1)室内 (2)室外	0.4 1.0	1.0 1.0	2.5 2.5	3	(1)2m 及以下室内 (2)2m 及以下室外 (3)6m 及以下 (4)15m 及以下 (5)25m 及以下		1.0 1.5 2.5 4 6	2.5 2.5 4 6 10
2	移动时用电设备 (1)生活用 (2)生产用	0.75 1.0			4	穿管敷设的绝缘导线	1.0	1.0	2.5
3	架设在绝缘支持件上绝缘导线，其支点间距：				5	塑料护套线沿墙敷设		1.0	2.5
					6	板孔穿线敷设的导线		1.5	2.5

④ 导线敷设路径的冷却条件：沿不同冷却条件的路径敷设绝缘导线和电缆时，当冷却条件最坏线段的长度超过 5m 时，应按该线段条件选择绝缘导线和电缆的截面；对于已经敷设好的线路，导线载流能力应按 80% 计算。

⑤ 架空导线的截面积不应小于其最小允许截面积的规定如下。

a. 铜线在 10kV 电压情况下，在居民区为 16mm²，非居民区为 16mm²。

b. 铝线在 10kV 电压情况下，在居民区为 35mm²，非居民区为 25mm²，低压时为 16mm²。

c. 钢芯铝线在 10kV 电压情况下，在居民区为 25mm²，非居民区为 16mm²，低压时为 16mm²。

⑥ 按照发热要求，塑料绝缘和橡胶绝缘导电线芯的最高允许工作温度不得超过 +65℃，一般裸导线也不得超过 70℃。

二、必须采用铜芯电线的配电线路

① 特殊建筑（具有重大纪念、历史或国际意义的各类建筑）；

② 重要的公共建筑和居住建筑；

③ 重要的资料室、重要的库房；

④ 影剧院等人员聚集较多的场所；

⑤ 连接与移动设备或敷设剧烈振动的场所；

⑥ 特别潮湿场所或对铝材质有严重腐蚀性的场所；

⑦ 易燃、易爆的场所；

⑧ 有特殊规定的其他场所。

三、导线选择方法

1. 常用导线常用估算法（估算法是以铝线为标准计算）

① （1～10mm²）5 倍（其导线截面积乘以 5 为该导线的载流量，下同），（16～25mm²）4 倍，（35～50mm²）3 倍，（70～95mm²）2.5 倍，100mm² 以上为 2 倍。当穿管时载流量按 80%，环境温度高于 +25℃时，载流量应按 90%，当选用铜芯导线时可按铝导线截面减小一级选用。

② 控制回路导线应使用铜芯绝缘导线，截面积应不小于 1.5mm²。

③ 单相回路中的中性线应与相线截面积相等。

④ 在三相四线或二相三线的配电线路中，当用电负荷大部分为单相用电设备时，其 N 线或 PEN 线的截面积不宜小于相线截面积；以气体放电灯为主要负荷的回路中，N 线截面积不应小于相线的截面积；采用晶闸管调光的三相四线或二相三线配电线路中，其 N 线或 PEN 线的截面积不应小于相线截面积的 2 倍。

2. 中性线截面积

① 在三相四线制配电系统中，中性线（以下简称 N 线）的允许载流量不应小于线路中最大不平衡负荷电流，且应计入谐波电流的影响。

② 以气体放电灯为主要负荷的回路中，中性线截面积不应小于相线截面积。

③ 采用单芯导线作保护中性线（以下简称 PEN 线）干线，当为铜材时，其截面积不应小于 10mm²；为铝材时，其截面积不应小于 16mm²；采用多芯电缆的芯线作 PEN 线干线，其截面积不应小于 4mm²。

3. 保护线（以下简称 PE 线）截面积

① 当保护线（以下简称 PE 线）所用材质与相线相同时，PE 线最小截面积应符合规定。

相线芯线截面积 S（mm²）小于 16mm²，PE 线最小截面积应等于相线截面积；

相线芯线截面积 S 大于 16mm² 小于 35mm²，PE 线最小截面积不小于 16mm²；

相线芯线截面积 S 大于 35mm²，PE 线最小截面积不小于相线的 1/2。

② PE 线采用单芯绝缘导线时，按机械强度要求，截面积不应小于下列数值：

有机械性的保护时为 2.5mm²；

无机械性的保护时为 4mm²。

③ 装置外可导电部分禁用作 PEN 线。

④ 在 TN-C 系统中，PEN 线严禁接入开关设备。

⑤ 在 TN-C 及 TN-C-S 系统中，禁止单独断开 PEN 线。当保护电器的 PEN 极断开时，必须联动全部相线一起断开。

⑥ 严禁 PE 线或 PEN 线穿过漏电保护电器的零序电流互感器。

四、导线连接的安全要求

导体与导体之间以及导体与其他电气设备之间应保证电气连续可靠和具有适当的机械强度及保护措施。

导线连接无特殊规定时，应使用合适的接线装置连接或用焊接，连接前应先将导线表面打磨干净；焊接时应先将接头按工艺规程缠绕连接好，使其导线机械强度和电气性能都可靠，然后再施焊；连接好的导线应使用与该导线绝缘等级一致的绝缘材料进行包扎，或使用统一绝缘等级的绝缘装置进行绝缘恢复。

各种导线的连接应符合下列安全要求。

① 当设计无特殊规定时，导线的芯线应采用焊接、压板压接或套管套接。

② 截面积为 10mm² 及以下的单股铜芯线可直接与设备、用电器具的端子连接。

③ 截面积为 2.5mm² 及以下的多股铜芯线的线芯应拧紧搪锡或压接端子后再与设备、用电器具的端子连接。

④ 截面积大于 2.5mm² 的多股铜芯线的终端，除设备自带插接端子外，应焊接或压接端子后再与设备、用电器具的端子连接。如图 4-26 所示，图（a）为线头盘圈后焊搪锡，图（b）为压接端子与压接钳。

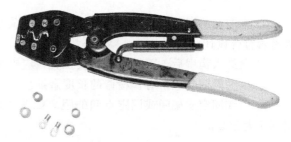

(a)线头盘圈后焊搪锡　　　　(b)压接端子与压接钳

图 4-26　多股铜导线线头的处理

导线的接头必须牢固安全可靠，并满足导线载流的要求，采用正确的压接和焊接，均都可以满足这一要求。

缠绕接线方法是一种很实用的连接方法，它是将导线绝缘层剥削后，线芯相互缠绕连接的方法，为使连接处有良好的导电性能，连接前应将线芯金属表面清理干净，缠绕后搪锡，以防锈蚀和松动，并能保证导电性能。

为了防止电击和火灾，所有的导线接头必须使用能够承受与原导线所承受的相同环境条件和电压的绝缘材料包扎起来，500V 以下的低压导线的绝缘材料包括黑绝缘胶带、塑料绝缘胶带、自粘胶带等，以及批准使用的绝缘端帽和热缩套管。

五、铜铝导体必须采用过渡连接

在铜线与铝线连接时，要防止电化学腐蚀，导致接触不良引发事故的发生，铜线和铝线连接时，必须使用铜铝过渡连接。图 4-27 所示为常用的铜铝过渡接头。

六、不同电路导线颜色的有关规定

① 交流三相电路的 A 相（第一相）——黄色；B 相（第二相）——绿色；C 相（第三相）——

铜铝过渡接线鼻子

铜铝过渡双沟线夹

铜铝过渡连接管

图 4-27 铜铝过度接头

红色；零线或中性线（N线）——淡蓝色；安全用的接地线（PE线）——绿/黄双色。

② 用双芯导线或双根绞线连接的交流电路——红黑色并行。

③ 直流电路的正极——棕色；负极——蓝色；接地中间极——淡蓝。

第五节　电缆线路的安全要求

一、电缆的安装

① 电缆沟的安装应先检查电缆沟的走向、宽度、深度、转弯处和各交叉跨越处的预埋管是否符合设计要求。

② 电缆入沟中后，不必严格将其拉直，应松弛成波浪形。

③ 电缆的两端应留有作检修的长度余量。

④ 电缆固定支架间或固定点间的距离如图 4-28 所示，水平固定不应大于 1m，垂直固定不应大于 2m。

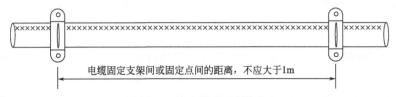

电缆固定支架间或固定点间的距离，不应大于1m

图 4-28 电缆水平固定

⑤ 电缆穿管敷设时，如图 4-29 所示，管内径不应小于电缆外径的 1.5 倍，且不小于 100mm。

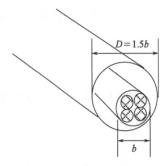

$D=1.5b$

图 4-29 电缆穿管敷设

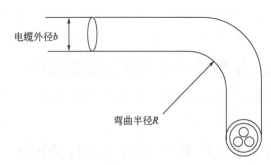

电缆外径 b

弯曲半径 R

图 4-30 电缆弯曲半径

⑥ 电缆最小允许弯曲半径与电缆直径比较。如图 4-30 所示，铅包电缆为 15 倍，铝包电缆为 20 倍。

⑦ 电缆在埋地敷设或电缆穿墙、穿楼板时，应穿管或采取其他保护措施。

⑧ 直埋电缆深度为 0.7m，电缆上下应各铺盖 100mm 厚的软土或沙，并盖混凝土保护，及埋设电缆标志桩，如图 4-31 所示。

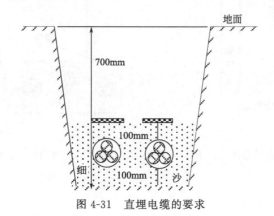

图 4-31　直埋电缆的要求

⑨ 电缆从地下或电缆沟引出地面时，如图 4-32 所示，出地面 2m 的一段应用金属管或罩加以保护。

⑩ 直埋电缆时禁止将电缆平行敷设在管道的上面或下面。

⑪ 一般禁止地面明敷电缆，否则应有防止机械损伤的措施。

⑫ 相同电压的电缆并列敷设时，电缆间净距应大于 35mm，且不小于电缆外径，如图 4-33 所示。

⑬ 低压与高压电缆应分开敷设，并列敷设时净距不应小于 150mm。

⑭ 进出配电室的电缆应排列整齐，并用绑线固定好，挂上标志牌。

⑮ 电缆水平悬挂在钢索上，固定点的距离不应大于 0.6m。

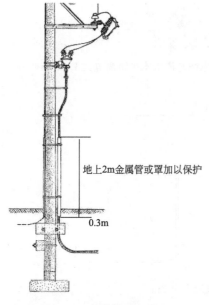

图 4-32　电缆沟引出地面

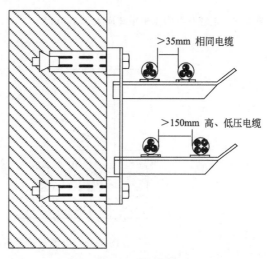

图 4-33　电缆平行敷设

二、电缆线路安全敷设的要求（见图 4-34～图 4-43）

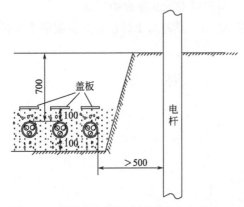

图 4-34　电缆与电线杆水平距离应大于 0.5m

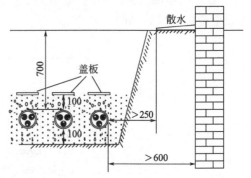

图 4-35　电缆与建筑物基础水平距离应大于 0.6m

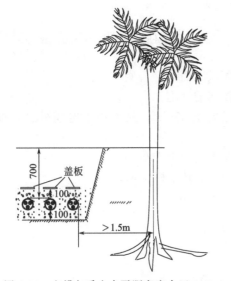

图 4-36　电缆与乔木水平距离应大于 1.5m

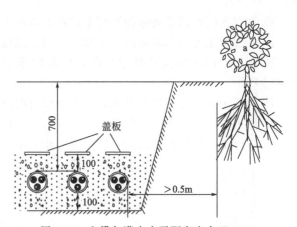

图 4-37　电缆与灌木水平距离应大于 0.5m

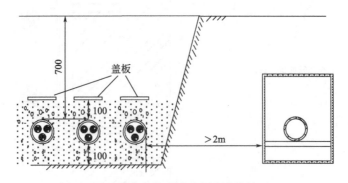

图 4-38　电缆与热力管沟水平距离应大于 2m

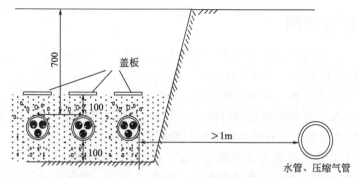

图 4-39 电缆与水管水平距离应大于 1m

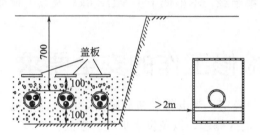

图 4-40 电缆与明水沟水平距离应大于 2m

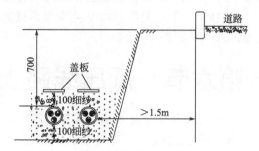

图 4-41 电缆与道路水平距离应大于 1.5m

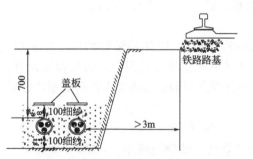

图 4-42 电缆与铁路水平距离应大于 3m

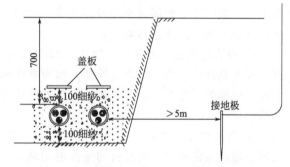

图 4-43 电缆与电气接地极水平距离应大于 5m

电缆线路必须交叉时，电缆应在管道的下方，低压电缆在高压电缆上方，高压电缆在低压电缆下方（见图 4-44 和图 4-45）。

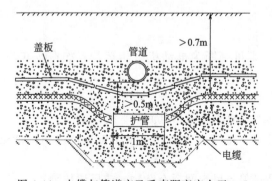

图 4-44 电缆与管道交叉垂直距离应大于 0.5m

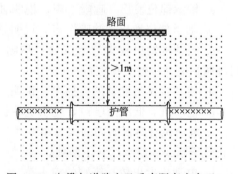

图 4-45 电缆与道路交叉垂直距离应大于 1m

三、电缆检查周期

① 敷设在地下、隧道以及沿桥梁架设的电缆，发电厂、变电所的电缆沟、电缆井、电缆支架电缆段等的巡视检查，每三个月至少一次。

② 敷设在竖井内的电缆，每年至少一次。

③ 室内电缆终端头，根据现场运行情况，每1~3年停电检修一次；室外终端头每月巡视检查一次，每年二月及十一月进行停电清扫检查。

④ 对于有动土工程挖掘暴露出的电缆，按工程情况，随时检查。

⑤ 接于电力系统的主进电缆及重要电缆，每年应进行一次预防性试验；其他电缆一般每1~3年进行一次预防性试验。预防试验宜在春、秋季节、土壤水分饱和时进行。

⑥ 1kV以下电缆用1000V兆欧表测试其电缆绝缘，不得低于10MΩ；6kV及以上电缆用2500V，不得低于400MΩ。

第六节　低压线路上检修工作的安全要求

① 遵守电气安全技术操作规程《通则》有关规定。当电气设备故障后，应立即请电工来检修，不可带病运行，也不要让不懂电气知识的人修理，以免发生更大的事故。

② 不准在设备运行过程中拆卸修理，必须停运并切断设备电源，按安全操作程序进行拆卸修理。临时工作中断或每班开始工作前，都必须重新检查电源是否已经断开，并验明是否无电。电气设备检修时必须切断电源，并在开关柜上挂"禁止合闸，有人工作"的标识牌，其他人员不得随意移动。

③ 动力配电箱的刀开关，禁止带负荷拉闸。设备检修时，应先将运行的设备停止后，再拉开电源开关，禁止带负荷拉闸。因为电源的刀开关的灭弧能力有限，当带负荷拉闸时，不能有效地熄灭电弧，会造成弧光短路事故扩大，并且开关接触面会因为电弧而烧损，造成开关损坏。

④ 电机检修后必须遥测相间及每相对地绝缘电阻，绝缘电阻合格，方可试车。空载电流不应超过规定范围。电动机的绝缘电阻测量，新安装的电动机不应小于1MΩ，运行中检查绝缘电阻不应小于0.5MΩ。电动机绝缘电阻合格后，可接通电源试车。试车时应认真检查电动机的空载电流，电动机空载电流一般为额定电流的30%~70%，并听电动机是否有噪声。方法是用一只较长的螺钉旋具，一端触及电动机的外壳部分，另一端贴在耳朵上，即可听到电动机内部的声音。

a. 轴承部位发出"咝咝"声，说明轴承缺油。

b. 轴承部位发出"咕噜"声，说明轴承损坏。

c. 电动机发出较大的低沉的"嗡嗡"声，则可判断为电动机缺相运行；如声音较小，则可能是电动机过负荷运行。

d. 电动机发出刺耳的碰擦声，说明电动机扫膛。

e. 电动机有低沉的吼声，说明电动机的绕组有故障，三相电流不平衡。

f. 电动机有时低时高的"嗡嗡"声，同时定子电流时大时小，发生振荡，说明可能是笼式转子断条或绕线式转子断线。

g. 电动机发出较易辨别的撞击声，一般是机盖与风扇间混有杂物，或风扇故障。

⑤ 试验电机、电钻等，不能将其放在高处，需放稳后再试。

⑥ 定期巡检、维修电气设备，确保其正常运行，安全防护装置齐备完好。

⑦ 熔断器熔丝的额定电流要与设备或线路的安装容量相匹配，不能任意加大。带电装卸熔体时，要戴防护眼镜和绝缘手套，必要时应使用绝缘夹钳，操作人站在绝缘垫上。

⑧ 电气设备的保护接地或接零必须完好。

电气设备裸露的不带电导体（金属外壳）经接地线、接地体与大地紧密连接起来，称保护接地，其电阻一般不超过 4Ω。将电气设备在正常情况下不带电的金属部分与电网的零线相连接，称保护接零。在同一低压配电系统中，保护接零与保护接地不许混用。

⑨ 螺口灯头的开关必须接在相线上，灯口螺纹必须接在零线上。

螺纹灯头接线时，必须将相线接在灯头顶芯的接线螺纹上，装、摘灯泡时，手要拿在灯泡的玻璃部分，不要与金属螺口部分接触，更换灯泡时为了防止灯头脱离，造成灯口短路事故，应切断电源再拧动灯泡。禁止用湿布擦拭灯泡。

⑩ 监督执行在动力配电盘、配电箱、开关、变压器等各种电气设备的附近，不准堆放易燃易爆、潮湿或其他危及安全、影响维护检修的物品，应及时地清扫电气设备附近的杂物。

⑪临时装设的电气设备，必须符合临时接线安全技术规程。

⑫ 每次检修完工后，必须清点所用工具、材料及零配件，以防遗失和留在设备内造成事故。将检修情况向使用人交代清楚，并送电与使用人一起试车。不能由维修电工单独试车。

⑬漏电保护器应定期清扫、维修，检查脱扣机构是否灵敏，定期测试绝缘电阻，阻值应不低于 $1.5M\Omega$，电子式漏电保护器不准用兆欧表测量相邻端子间的绝缘电阻。

⑭ 认真分析检查电气故障，不可随意更换电气元件型号规格，必须更换新的元件时应注意型号、规格与原先使用的是否一致。

⑮ 低压停电时，按规定办理停电手续，并会同申请停电人去现场检查、验电、挂地线或装设遮栏，在开关的操作把上挂"禁止合闸，有人作业"的警示牌。在同一线路上有两组或以上人员同时工作时，必须分别办理停电手续，并在此路刀闸把上挂以数量相等的警示牌。

第七节　低压带电作业的安全要求

① 在设备的带电部位上工作或在运行的电气设备外壳上工作，均称为带电工作。在低压线路上带电作业时，必须使用绝缘工具，头部与带电部分安全距离不应小于 0.3m，如果必须穿越导线之间工作时，应将身体两侧导线用绝缘材料包好后才可进行

② 不允许在 6～10kV 及以上电压等级的设备上带电工作，但可以进行低压带电工作。带电工作必须两人进行，一人工作，一人监护。

监护人的监督，应及时纠正一切不安全的动作和其他错误做法。监护人必须集中精力专门对某一项工作进行不间断的监护，监护人的安全技术等级应高于操作人；带电作业或在带电设备附近工作时，应设监护人。工作人员要服从监护人的指挥。监护人在执行监护时，不应兼做其他工作；监护人因故离开工作现场时，应由工作负责人事先指派了解有关安全措施的人员接替监护，使监护工作不致间断。监护人发现某些工作人员中有不正确的动作时，应及时提出纠正，必要时令其停止工作。

③ 带电工作时要扎紧袖口，使用安全绝缘工具进行操作，不允许使手直接接触带电体，也不允许身体同时接触两相或相与地。

④ 站在地上的人员，不得与带电工作者直接传送物件。

⑤ 带电接线时应先接好开关及以下部分，在无负荷的情况下，先接零线后接相线；当断线时，应断开负荷，先剪断相线，后剪断零线。

⑥ 下列情况下，禁止带电工作：

a. 阴雨天气；

b. 防爆、防火及潮湿场所；

c. 有接地故障的电气设备外壳上；

d. 在同杆多回路架设的线路上，下层未停电，检修上层线路或上层未停电，且没有防止误碰上层的安全措施检修下层线路。

第八节　架空线路上工作的安全要求

① 在架空线路及电缆上工作时，应做好安全组织措施和安全技术措施。

② 蹬木杆应先检查杆根，当腐朽在 1/3 以上或有空心时，应作加固措施。

③ 在杆子未立妥、夯实之前，杆根挖空时，不许蹬杆工作。

④ 工作人员上杆前应检查安全带、踩板、脚扣等工具是否符合要求，并戴好安全帽。蹬杆位置选定之后，应绑好安全带，安全带不允许绑在横担或瓷瓶上，杆上所需的材料、工具不许投掷，应该用绳子传递。地面工作人员要戴好安全帽，并密切注意登杆人员的工作情况。

⑤ 在承力杆、转角杆、耐张杆、终端杆等杆上工作时，应检查是否平衡（特别是当在断线之后），否则应有临时拉线或撑杆，防止倾倒。

⑥ 下雨或雷雨快要来临时，禁止蹬杆工作；在杆上工作的人员应即速下杆。

⑦ 杆上工作放线、紧线时，要注意来往行人和车辆，在交通要道、人多的地方，应有防护措施。

⑧ 在埋有电缆的地方动土，应经过产权同意，并有人员监护指导，挖出电缆应很好保护，移动时必须停电，工作要小心谨慎，防止损坏电缆。熬电缆胶时，应有专人看管，工作人员应戴帆布手套，穿鞋盖，戴防护眼镜。

⑨ 上杆之前应仔细检查线路方向，确定导线排列顺序，接线时应先接零线后接相线，拆线时应先拆相线，后拆零线。

⑩ 上杆后应先验电，确定工作线路无电后，在线路上挂好临时接地线后方可工作。

第九节　危害架空线路安全的行为

发现以下危害架空线路安全行为要制止，立即处理，以防止发生各种事故。

① 向线路设施射击、抛掷物体。

② 在导线两侧 300m 内放风筝。

③ 擅自攀登杆塔或杆塔上架设各种线路和广播喇叭。

④ 擅自在导线上接用电器。

⑤ 利用杆塔、拉线作起重牵引地锚，或拴牲畜、悬挂物体和攀附农作物。

⑥ 在杆塔、拉线基础的规定保护范围内取土、打桩、钻探、开挖或倾倒有害化学物品。

⑦ 在杆塔与拉线间修筑道路。

⑧ 拆卸杆塔或拉线上的器材。

⑨ 在架空线廊下植树。

第五章

照明线路的安装要求与检修

第一节　照明线路常用电气控制元件的作用与维护

一、漏电保护器的作用与维护

（一）漏电保护器的作用

漏电电流动作保护器（正式名称是剩余电流动作保护器，国际简称 RCD）简称漏电保护器。是在规定条件下当漏电电流达到或超过额定值时能自动断开电路的开关电器或组合电器。

漏电保护器在电路中的图形符号和文字符号如图 5-1 所示。

漏电保护器主要用于对有致命危险的人身触电提供间接接触保护，以及防止电气设备或线路因绝缘损坏发生接地故障由接地电流引起的火灾事故。漏电电流不超过 30mA 的漏电保护器在其他保护失效时，也可作为直接接触的补充保护，但不能作为唯一的直接接触保护。现常用的电流动作型漏电保护按其脱扣器型式可分为电磁式和电子式两种。

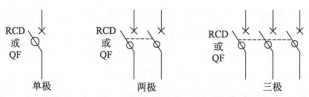

图 5-1　漏电保护器的图形符号和文字符号

漏电保护器主要有单极二线、单相二极、三相三极和三相四极等几种。图 5-2 给出了三种漏电保护器的外形。一般用于交流 50Hz，额定电压 380V，额定电流 250A，额定漏电电流在 10～300mA，动作时间小于 0.1s。

单相二极

三相三极

单相单极

图 5-2　常用漏电保护器的外形

　　漏电保护器在不同的低压系统中，设备侧的保护线接法也不同，这里列举了在 TT 系统、TN-C 系统、TN-S 系统中的接法。

（二）必须安装漏电保护器的设备和场所

　　国际电工标准 IEC60364-5-53 第 531.2.4 条规定，TT 系统的电源进线处必须装用剩余电流保护装置，TN 系统的电源进线处，为切断全建筑物内的电弧性接地故障也应装用。我国也相继出台了相关标准，《住宅设计规范》（GB50096）作出每幢住宅楼的总电源进线断路器应具有剩余电流保护功能的明确规定，国家标准《剩余电流动作保护装置安装和运行》（GB13955—2005）要求，住宅和末端用电设备必须安装剩余电流动作保护器。

　　以下场所、设备必须安装漏电保护器：

　　① 属于 I 类的移动式电气设备及手持式电动工具；

　　② 安装在潮湿、强腐蚀性等环境恶劣场所的电气设备；

　　③ 建筑施工工地的电气施工机械设备；

　　④ 暂设临时用电的电气设备；

　　⑤ 宾馆、饭店及招待所的客房内插座回路；

　　⑥ 机关、学校、企业、住宅等建筑物内的插座回路；

　　⑦ 游泳池、喷水池、浴池的水中照明设备；

　　⑧ 安装在水中的供电线路和设备；

　　⑨ 医院中直接接触人体的电气医用设备；

　　⑩ 其他需要安装漏电保护器的场所。

（三）漏电保护器的安装要求

　　为了确保漏电保护器正常工作，有效地实施保护，安装中一定要接线正确，位置得当。要求如下。

　　① 漏电保护器的种类很多，选用时要和供电方式相匹配。三相四极漏电保护器用于单相电路时，单相电源的相线应该接在保护器试验装置对应的接线端子上，否则试验装置将不起作用，还会因为单相用电的相线错接在其他相而造成漏电保护器误动作跳闸。

　　② 安装前，要核实保护器的额定电压、额定电流、短路通断能力、额定漏电动作电流和额定漏电动作时间。注意分清输入端和输出端，相线端子和零线端子，不允许接反、接错。

　　③ 带有短路保护的漏电保护器，在分断短路电流时，位于电源侧的排气孔往往会有电弧喷出。安装时要注意留有一定防弧距离。

　　④ 安装位置的选择，应尽量安装在远离电磁场的地方；在高温、低温、湿度大、尘埃多或有腐蚀性气体的环境中的保护器，要采取一定的辅助防护措施。

　　⑤ 室外的漏电保护器要注意防雨雪、防水溅、防撞砸等。

　　⑥ 在中性点直接接地的供电系统中，大多采用保护接零措施。当安装使用漏电保护器时，既要防止用保护器取代保护接零的错误做法，又要避免保护器误动作或不动作。

（四）漏电保护器极数的选用

　　① 单相 220V 电源供电的电气设备应选用二极二线式或单极二线式漏电保护器。

　　② 三相三线式 380V 电源供电的电气设备，应选用三极式漏电保护器。

　　③ 三相四线式 380V 电源供电的电气设备，或单相设备与三相设备共用的电路，应选用三极四线式、四极四线式漏电保护器。

（五）漏电保护器动作参数的选择

漏电保护器动作参数标注在保护器的外壳上，如图 5-3 所示。

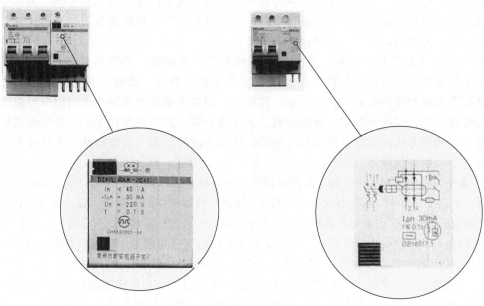

图 5-3　漏电保器额定值的标注

① 手持式电动工具、移动电器、家用电器插座回路的设备应优先选用额定漏电动作电流不大于 30mA 快速动作的漏电保护器。

② 单台电机设备可选用额定漏电动作电流为 30mA 及以上，100mA 以下快速动作的漏电保护器。

③ 有多台设备的总保护应选用额定漏电动作电流为 100mA 及以上快速动作的漏电保护器。

④ 对特殊负荷和场所应按其特点选用漏电保护器。

⑤ 医院中的医疗电气设备安装漏电保护器时，应选用额定漏电动作电流为 10mA 快速动作的漏电保护器。

⑥ 安装在潮湿场所的电气设备应选用额定漏电动作电流为 15～30mA 快速动作的漏电保护器。

⑦ 安装于游泳池、喷水池、水上游乐场、浴室的照明线路，应选用额定漏电动作电流为 10mA 快速动作的漏电保护器。

⑧ 在金属物体上工作，操作手持式电动工具或行灯时，应选用额定漏电动作电流为 10mA 快速动作的漏电保护器。

（六）使用漏电保护器时主要注意事项

① 在装设了漏电保护器后仍要在被保护的电气设备金属外壳装保护接地线，只有这样当金属外壳漏电时，漏电电流能经金属外壳构成通路，漏电保护器检测到剩余电流就会跳闸切断电源，人再碰触金属外壳就不会发生触电事故了。

② 漏电保护器在使用前及使用一段时间后（一般可每隔一个月）需要按动试验按钮，检查是否能瞬间跳闸，检查合格后才能使用。

（七）漏电开关与空气开关的作用区别

一般在电表的出线端装空气开关比较好，因为线的距离比较远，如果装漏电开关故障率就相对增加，可能会因导线而引起。漏电开关装在使用设备前比较好。两者的区别：空气开关是超过它的额定电流时会动作，而漏电开关是超过它的额定电流或者漏电都会跳闸，主要用于家庭或办公照明，保证人的安全。

① 空气开关是平常的俗称，它正确的名称为空气断路器。空气断路器一般为低压的，即额定工作电压为1kV。空气断路器是具有多种保护功能的、能够在额定电压和额定工作电流状况下切断和接通电路的开关装置。它的保护功能的类型及保护方式由用户根据需要选定，如短路保护、过电流保护、分励控制、欠压保护等。其中前两种保护为空气断路器的基本配置，后两种为选配功能。所以空气断路器还能在故障状态（负载短路、负载过电流、低电压等）下切断电气回路。

② 漏电开关的正确称呼为漏电保护断路器，是一种具有特殊保护功能（漏电保护）的空气断路器。它除了具有空气断路器的基本功能外，还能在负载回路出现漏电（其泄漏电流达到设定值）时迅速分断开关，以避免在负载回路出现漏电时对人员的伤害和对电气设备的不利影响。

③ 漏电开关不能代替空气开关。虽然漏电开关比空气开关多了一项保护功能，但在运行过程中因漏电的可能性经常存在而会出现经常跳闸的现象，导致负载会经常出现停电，影响电气设备的持续、正常的运行。所以，一般只在施工现场临时用电或工业与民用建筑的插座回路中采用。

漏电开关也可以说是空气开关的一种，机械动作、灭弧方式都类似。但由于漏电开关保护的主要是人身，一般动作值都是毫安级。另外，动作检测方式不同：漏电开关用的是剩余电流保护装置，它所检测的是剩余电流，即被保护回路内相线和中性线电流瞬时值的代数和（其中包括中性线中的三相不平衡电流和谐波电流）。为此其额定动作电流只需躲开正常泄漏电流值即可（毫安级），所以能十分灵敏地切断接地故障，和防直接接触电击。而空气开关就是纯粹的过电流跳闸（安级）。

（八）漏电保护器在不同系统中的接法

1. TT系统中漏电保护器的接法

（1）TT供电系统

TT供电系统系指电源侧中性点直接接地，有中性线引出，电源为三相四线供电，有相线L1、L2、L3和工作零线N线，这种系统中的N线只是工作零线，在TT系统中设备的保护线不允许与电源的中性线（也就是N线）连接，而电气设备的金属外壳采取保护接地的供电系统（见图5-4），这种供电系统，主要用在低压公用变压器供电系统。

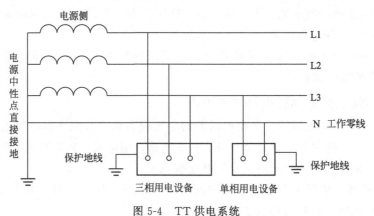

图 5-4　TT供电系统

（2）漏电保护器在 TT 系统的正确接线

由于 TT 系统中的零（N）线只能用于工作零线，所以电气设备的外壳保护线，必须单独进行接地保护，根据 GB 13955—93 和 GB 13955—2005 标准，漏电保护器在 TT 系统中的正确接线如图 5-5 所示。TT 系统中漏电保护器负荷侧的工作零线即 N 线要对地绝缘良好，以保证流过 N 线的电流不会分流到其他线路中，并防止漏电保护器由于 N 线的分流造成保护器的误动作。

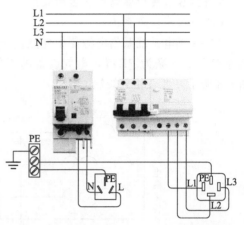

图 5-5　漏电保护器在 TT 系统的正确接线

2. TN-C 系统中漏电保护器的接法

（1）TN-C 供电系统

TN-C 供电系统系指电源侧中性点直接接地，有中性线引出，电气设备的工作零（N）线和保护零（PE）线功能合一（保护零线与工作零线合一称为 PEN）的供电系统，即电源的四条线为 L1、L2、L3、PEN。TN-C 三相四线制供电系统如图 5-6 所示，在 TN-C 系统中单相用电设备应采用三线接线（即相线 L、零线 N、保护线 PE），保护线应与电源线的 PEN 线相接。

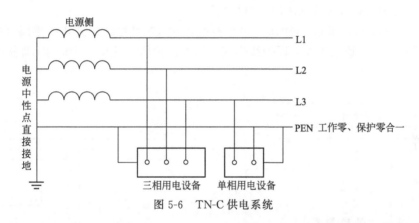

图 5-6　TN-C 供电系统

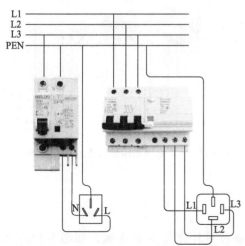

图 5-7　漏电保护器在 TN-C 系统的正确接线

（2）漏电保护器在 TN-C 系统的正确接线

根据 GB13955—93 标准，在 TN—C 系统中装设漏电保护器时，设备的 PE 保护线应接至漏电保护器电源侧的 PEN 线上，如图 5-7 所示。漏电保护器后的 N 线应与地绝缘。在安装漏电保护器后，如果系统要实施重复接地，重复接地极只能接在漏电保护器电源侧，而不能设在负荷侧。

根据 GB 13955—2005 标准，在 TN-C 系统中使用剩余电流保护装置的电气设备，其外露可接近导体的保护线应接在单独接地装置上而形成局部 TT 系统。

3. TN-S 系统中漏电保护器的接法

（1）TN-S 供电系统

TN-S 供电系统系指电源侧中性点直接接地，有中性线引出，并且中性线分为两条，一条为 N 线，一条为 PE 线，电气设备的工作零线 N 和保护零线 PE 功能分开的供电系统如图 5-8 所示，即三相五线制。

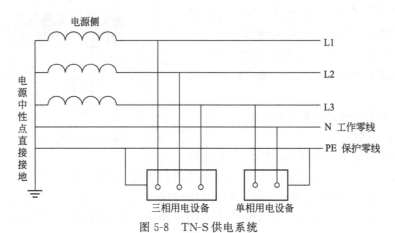

图 5-8　TN-S 供电系统

（2）漏电保护器在 TN-S 系统的正确接线

根据 GB 13955—93 和 GB 13955—2005 标准，在 TN-S 系统中禁止将零线（N 线）、保护线（PE 线）混用，禁止零线与保护线连接。漏电保护器在 TN-S 系统的正确接线如图 5-9 所示。

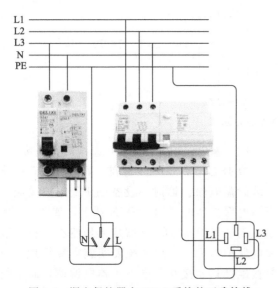

图 5-9　漏电保护器在 TN-S 系统的正确接线

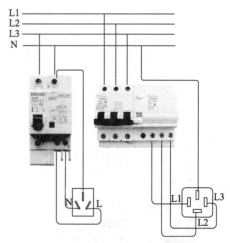

图 5-10　TT 系统中保护线不允许接系统 N 线

（九）漏电保护器错误接线的危害

1. TT 系统中保护线错误接系统 N 线

由于 TT 系统的 N 线是工作零线，如果将设备金属外壳与 N 线连接，如图 5-10 所示。这种方式在土壤电阻率较低的地方使用较为经济且稳定性较高。但是当设备发生单相接地故障时往往短路电流很小，不能可靠地切断故障回路，将会使设备外壳带电，此时，若人体万一触及便会有触电危险，同时漏电保护器会因为接地电阻达不到要求（接地电阻太大），漏电保护器不动作的现象，更增加触电的危险。

在 TT 系统中更不允许将设备的保护线接在漏电保护器进线端的零线上，这是由于 TT 用电系统的单相用电是两根线，相线和零线，由于 TT 系统是公共变压器供电，在电源开关负荷侧没有专业人员检修维护，用户改造线路时万一发生零线和相线反接，如图 5-11 所示，用电设备外壳将带有危险的相电压，造成触电事故。

2. TN-C 系统中保护线错误接在保护器前的 PEN 线上

在 TN-C 系统中装设三相漏电保护器时，设备的 PE 保护线应接至漏电保护器电源侧的 PEN 线上，如图 5-12 所示。这是由于电源线到开关的这一线段，在运行时开关前的 PEN 线主要作用是工作零线，设备工作时会有工作电流，存在一定的危险，所以规程规定设备的 PE 保护线应接至漏电保护器电源侧的 PEN 线上，而不是漏电保护器前的 PEN 线上。

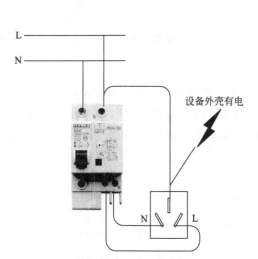

图 5-11 保护线接在开关前端是危险的

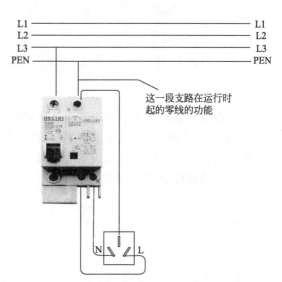

图 5-12 TN-C 系统中保护线的错误连接

漏电保护器后的 N 线不准与地连接，必须保持良好的绝缘，如果保护器后面的 N 线与地有连接，如图 5-13 所示，在发生漏电事故过程中，漏电电流将通过接地点，而不通过漏电保护器，这就使得漏电保护器的检测电路不能检测到故障电流，漏电保护器也就不会动作，从而发生触电事故。

3. 重复接地不能设在漏电保护器负荷侧

重复接地有很多好处，它可以降低漏电设备外壳的对地电压；减轻零线断线后可能出现的危险；在 TN-C 系统中减轻零线断线后由于三相负荷不平衡引起中性点电位偏移；能保持三个相电压基本平衡；防止零线断线后，单相用电设备烧坏；缩短故障持续时间；改善防雷性能。但装设漏电保护器后，保护器负荷侧的 N 线，不允许再采用重复接地安全技术措施，如果保护器后面的 N 线采取了重复接地技术措施，如图 5-14 所示，当发生漏电事故时，漏电流将不通过漏电保护器，这就使得漏电保护器的检测电路不能检测到故障电流，漏电保护器也就不会动作，失去漏电保护的作用。

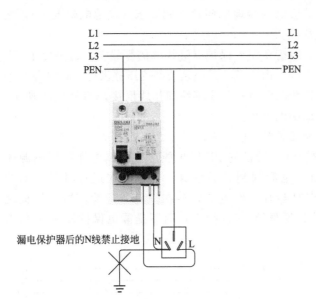

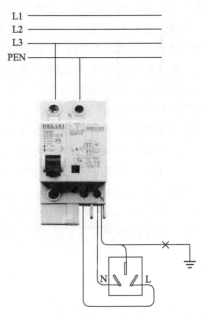

图 5-13　保护器后的 N 线不准接地　　　图 5-14　重复接地不能设在漏电保护器负荷侧

4. 禁止保护线混接

　　在有多个分支漏电保护器应各自单独接通工作零线。不得相互连接、混用或跨接等，如图 5-15 所示。采用漏电保护器的支路，其工作零线只能作为本回路的零线，禁止与其他回路工作零线相连，其他线路或设备也不能借用已采用漏电保护器后的线路或设备的工作零线，否则会造成保护器误动作。

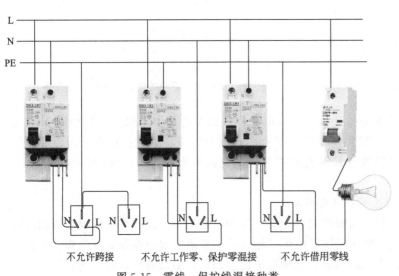

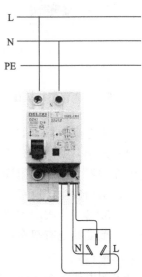

图 5-15　零线、保护线混接种类　　　图 5-16　经过保护器的中性线不得作为保护线

5. 保护器后面的中性线不得作为保护线

　　安装漏电保护器时，必须严格区分中性线和保护线。使用漏电保护器时，中性线应接入

漏电保护器。经过漏电保护器的中性线不得作为保护线。如果经过漏电保护器的中性线作为保护线，如图 5-16 所示，当发生漏电时，流进和流出保护器的电流一样大，保护器不动作，失去保护的作用。

6. 保护线截面过小有失去保护作用的可能

在 TN 系统或 TT 系统中，当 PE 保护线与相线的材质相同时，保护线 PE 的最小截面积不能小于表 5-1 的规定，如果在实际工作中保护线的截面积小于规定，在发生漏电事故时，可能由于保护线截面太小，而使保护线由于电流太大发热，造成保护线断线，而失去保护作用。

表 5-1　PE 保护线最小截面选用

设备的相线截面积 S/mm^2	保护线的最小截面积 S/mm^2
$S \leqslant 16$	S
$16 < S \leqslant 35$	16
$S > 35$	$S/2$

7. 端子接错的危险

安装前，要核实保护器的额定电压、额定电流、短路通断能力、额定漏电动作电流和额定漏电动作时间。注意分清输入端和输出端，相线端子和零线端子，以防接反、接错。如图 5-17 所示，如果是单极漏电开关 L、N 接错，当发生漏电时开关可以跳闸，但 L 线并未断开，跳闸只是切断了电流回路而保护线路、设备，并没有"双线切断"，所以一旦接反而且当线路发生跳闸情况时，电流回路是被切断了，但是却是切断的零线，火线仍然带电，这将给检查和检修带来危险。所以接线不应该接反的道理也就在此。

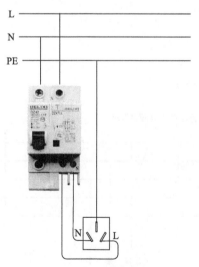

图 5-17　相、零端子接错

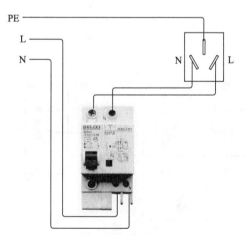

图 5-18　不允许进出端接反

8. 进出端接反的危险

漏电断路器上方的接线端作为电源的进线通常叫作电源端，下方的接线端通常作为负载的连接叫作负载端。那么能不能把电源接在负载端，而把负载接在电源端呢（见图 5-18）？

答案是不行的。因为在我国现阶段，触电保护领域使用最广泛的就是电子式漏电断路器，由于电子式漏电断路器的脱扣线圈只有在得到动作信号的时候瞬时带电，当漏电断路器分断电路后脱扣线圈即刻断电。如果把漏电断路器上进线和下进线接反，造成漏电断路器动作后，电压依然加在脱扣线圈上，就会烧毁线圈，使整个漏电断路器丧失漏电保护功能。

二、电涌保护器的作用与维护

（一）电涌保护器的作用

电涌保护器是现在广泛使用的一种低压系统防过电压的保护器件，电涌保护器采用了一种非线性特性极好的压敏电阻，在正常情况下，电涌保护器处于极高的电阻状态，漏流几乎为零，保证电源系统正常供电。当电源系统出现过电压时，电涌保护器立即在纳秒级的时间内迅速导通，将该过电压的幅值限止在设备的安全工作范围内，同时把该过电压的能量对地释放掉。随后，保护器又迅速地变为高阻状态，因而不影响电源系统的正常供电。

电涌保护器的外形如图 5-19 所示，图 5-20 是电涌保护器在电路中的接线形式。

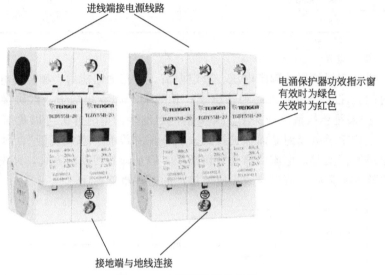

图 5-19　电涌保护器的外形

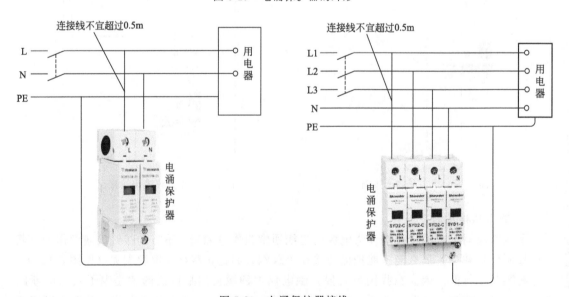

图 5-20　电涌保护器接线

（二）电涌保护器的安装与维护

连接时用截面积大于 $6mm^2$ 软铜线（黄绿线）将电涌保护器与电源线作可靠连接，该连线越短越好，最长不宜超过 0.5m，连接线较长时，应采用凯文接线方式。

若是带声光告警的模块，模块应接～220V 工作电源。模块装设一个辅助继电器，在模块保护失效时，其常开/常闭触点动作（触点规格：1A/120VAC 或 2A/30VDC），用于信号检测确信连线牢固无误后，接通电源，绿色指示灯亮，表明电涌保护器安装成功，可以投入使用。

电涌保护器失效时，窗口显示由绿色转为红色，声光告警模块的告警指示灯由绿色转为红色，并发出蜂鸣，按静音键则静音。若不及时更换电涌保护器，24h 后会再次鸣叫，务必及时更换失效的电涌保护器单元。

电涌保护器不需特别维护，只是当防雷器保护单元失效时，应及时更换。更换时，只需将失效的保护器单元拔出，插入新的即可，操作时注意安全。

（三）凯文式接线

凯文式接线就是一种形似倒 V 的接法。一个触点，两根线并联，一个为进，一个为出，如图 5-21 所示。

凯文接线方式的过电压保护器在同类产品中最显著特点，是能消除引线上的压降对保护设备的影响，大大提高了保护水平。

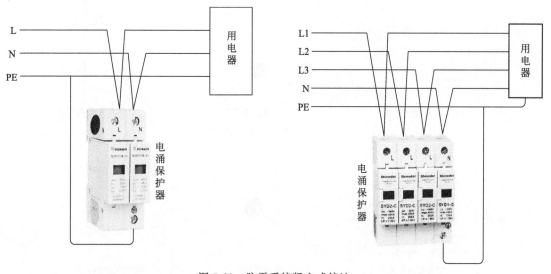

图 5-21　防雷系统凯文式接法

三、照明开关的作用与维护

照明开关是指一般规格的灯具控制开关，它的结构和性能要适应不同使用环境的需要，安装位置要适应人们的使用方便。照明开关的分类、品种很多，以下将逐一给大家介绍安装使用的要点。

（一）拉线开关

拉线开关里面的主件是个六牙转轮，转轮的两侧是对称的六等份台阶，两侧间隔且对称的台阶上分别装有和对侧电连通的铜片；和壳外接线柱用同一螺钉固定的铜质触片分别对称地装在绝缘壳的内壁两侧，并触击在转轮的铜片上；U形推杆架开口的一端分别套在壳外转轮轴的两端，分别以转轮轴为中心的外壳上的圆柱形孔中，装有推杆复位弹簧；推杆上的弹簧顶舌从外壳圆弧形处的通道进入并作用在轮牙上，拉线环在推杆的顶端，开关的底座下方有V形滑轮，拉线绕过滑轮拴在拉线环上；其特征是在六牙转轮上，非电连通的触点处作了凹陷处理，并装有具有弹性的绝缘材料；在轮牙及轮周两侧有颜色标示。

图5-22所示为拉线开关的外形及图形符号。

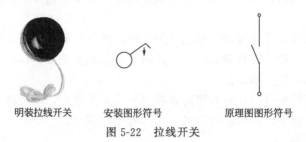

明装拉线开关　　　安装图形符号　　　原理图图形符号

图5-22　拉线开关

（二）扳把开关

扳把开关是一种暗装的开关，多用于生活和办公室的灯具照明控制，扳把开关有单联控制和双联控制，单联开关的符号如图5-23所示，双联开关的符号如图5-24所示，双联开关主要用于两个地方控制一个灯具。

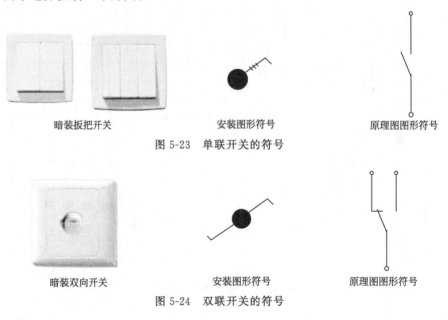

暗装扳把开关　　　　安装图形符号　　　　原理图图形符号

图5-23　单联开关的符号

暗装双向开关　　　　安装图形符号　　　　原理图图形符号

图5-24　双联开关的符号

（三）调光开关

调光开关是为了满足人们在不同的时候对灯光亮度的不同需求发展而成的。从原理上电子调光开关是通过控制和改变晶闸管的相位角来控制导通程度，即电源流经负载的时间，这样改变了电光源输入的电压和电流来获得不同强度的光输出，采用单火线输入的接线方式，可直接替换现有的墙壁开关。

调光开关品种繁多，规格齐全，可按操作方式和调光方式分类：①旋钮调光开关；②触摸调光开关；③按键调光开关；④遥控调光开关；⑤感应调光开关。在这里介绍使用最多的旋钮调光开关，图 5-23 是调光开关的外形与符号。

　　调光开关的牌号很多，但核心组件"调光器"的电路都基本相同。这里以一个调光台灯的电路为例。现将调光电路和线路板上的元件安装情况都画出来，如图 5-26 所示。从电路中看到，灯泡 EL 与线圈 L、双向晶闸管 BCR 和开关 K 串联，接在 220V 交流电相线上。触发二极管 BD 接在晶闸管的控制极 G 上。前面电

图 5-25　调光开关的外形与符号

路送来的触发信号通过 BD 加到 G 极时，就能改变晶闸管的导通时间，调节灯光的亮度。电位器 R_1 用来调节触发信号，也就是亮度调节钮。

　　图 5-27 为调光灯线路板。

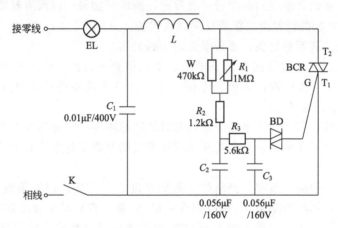

图 5-26　调光灯电路

调光开关的维护要点如下。

（1）调光灯"不亮"

修"不亮"的调光灯，先查灯泡、插头、电线等都正常，再拆开修调光器。

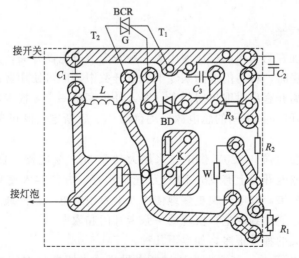

图 5-27　调光灯线路板

　　将调光开关与灯泡接上电源，调光旋钮旋到中间位置。用万用表的交流（AC）挡测量双向晶闸管（BCR）T_1、T_2两极间的电压。如果读数是220V，说明双向晶闸管完全没有导通，需要停电后将它焊下来，进一步检查好坏。双向晶闸管的检测方法可参考万用表使用一章。

　　调光开关中双向晶闸管是容易损坏的元件。如果经查双向晶闸管没有坏，要接着查其他元件有没有开焊、断路、击穿。常见的故障是电容C_2、C_3击穿，及电阻烧断。修理时，只要将损坏元件换下，故障即可排除。

　　（2）调光开关接电后就是最大亮度，不能调光

　　调光开关始终最亮不能调节的原因，最常见的是双向晶闸管被击穿，换个双向晶闸管就能修复。要是双向晶闸管没有坏，重点查电位器引脚间有没有短路，触发二极管有没有击穿。有时电位器的旋轴出了毛病，电位器总在阻值最小位置，双向晶闸管始终导通，灯光当然调不下来。

　　触发二极管击穿也会使双向晶闸管一直导通，修理时如果一时没有触发二极管可换，可以用耐压大于400V的两只普通二极管反向并联代替。

　　（3）总是弱光，调不到最亮；或是强光调不到最弱

　　调光开关不能调亮的故障出在调节电路，重点检查$R_1$1MΩ的电位器和R_2电阻。R_2电阻阻值变大，或R_1电位器损坏阻值不能调小，是灯光调不亮的常见原因。另外，电容C_2、C_3漏电也会造成这种故障。

　　按这个检修思路，那么灯光不能调到最弱的故障原因应是电位器或电阻阻值变小，但实际上电阻值变小的情况非常少见。调光开关调不到最暗故障多是电位器旋轴损坏，或双向晶闸管不良造成的。

　　将调光开关与灯泡接上电源，把电位器旋到亮度最大位置，用万用表的交流10V挡测量主电极之间电压，用红表笔接T_1极，黑表笔接T_2极，双向晶闸管正常导通（灯光最亮）时测量读数应是0.7~1V。如果读数大于1V，表明双向晶闸管没有完全导通。读数越大导通越差，灯光越暗。要是读数为220V，表明双向晶闸管在这个方向已经完全不通了。然后将两支表笔换一下位置，用同样方法再测另一个方向的导通情况。在调节电位器阻值时，监测双向晶闸管两极间电压变化，从最亮调到最暗时，双向晶闸管两极间电压变化范围应足够大。否则，就要进一步检查双向晶闸管性能有无变坏；电阻及电位器有无变值；电容有无漏电等。

（四）门卡开关

　　门卡开关是现在酒店房门广泛使用的一种安全节电器开关，又称插卡取电开关，当酒店的客人进入客房时，将房门卡插入专卡取电开关中，即可使用客房内的照明、电视、空调等设备，当客人离开客房时取出房门卡（客人外出客房一定要拔卡出来，因为客人返回客房时需要房门卡来开门），房间的总电源自动延时15s后断电，既可节电亦能使客房用电更加安全。

　　取电开关一般为强电220V供电，采用大功率30A继电器，负载6600W，满足酒店客房的用电负载；取电开关上有发光LED蓝光指示灯，方便客人夜间操作。为了让酒店客房更好地达到节电效果，取电开关更多地使用专卡专用取电，只能通过插入与酒店门铃开门卡配套的专用卡片才能达到取电，实现同一张卡开门和取电。

　　插卡取电开关的种类很多，如以下几种。

　　① 光电式取电开关：其原理为通过插卡导通或者阻断一对红外线，控制电路检测红外

线的通断，通过继电器输出电源的通断。此原理的取电开关也称通用型取电开关。目前还有少数酒店使用。

　　② IC 卡取电开关。

　　③ 低频卡取电开关。

　　④ 高频卡取电开关。

　　后三种取电卡主要是检测 IC 卡的芯片信号，判断有无卡插入和插入的是不是 IC 卡，来控制房间电源的通断。目前所占市场比例也比较多。

　　图 5-28 是插卡取电开关的实物和接线图。

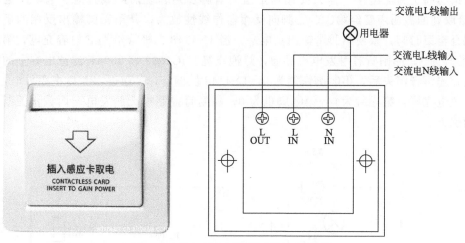

图 5-28　插卡取电开关的实物和接线图

（五）声控开关

　　声控开关是一种采用声音激发拾音器进行声电转换来控制开关的闭合，并经过延时后能自动断开的电子开关。经常使用在楼梯间等环境。图 5-29 是常用的声控开关和声控灯头。

　　声控开关内部有光敏电阻、碳晶咪头、晶闸管、三极管、电容器等电子元件。声控开关一般都是串接在白炽灯泡电路中，220V 交流市电经过灯泡送达声控开关。开关内部有一个整流桥，可以将交流电整流成直流电，因为电子元件都是使用直流电的。

　　白天的时候，光敏电阻的阻值较小，就会屏蔽掉咪头的信号输入，这样即使有很大的声音，但是因为光敏电阻的下拉导致信号无法继续传送，所以白天的时候不亮。

　　夜晚的时候，光敏电阻阻值变大。此时如果有较大的声音，声音会通过咪头转化为电信

图 5-29　常用的声控开关和声控灯头

号，然后后级的放大电路将此小信号放大，最后推动晶闸管导通，此时灯泡就会点亮。在晶闸管驱动电路中有一个阻容放电电路，这个电路就是延时电路。电容值的大小和电阻值的大小都会影响到延时量的变化。当电容器中的电荷放尽的时候，晶闸管就会在交流过零后自动关闭，此时灯泡就会熄灭。

声控开关的原理图如图 5-30 所示。电路采用一个 IC4069 集成电路，220V 交流电经整流后经 220kΩ 电阻降压，电容滤波，5V 稳压管稳压给 IC4069 的 7、14 脚提供工作电压。

白天光敏二极管 2CU 受光照呈低阻，第⑬脚为低电平，不受白天楼梯内声音的控制，第⑧脚也为低电平，晶闸管没有触发电压，灯泡不亮。晚上光敏二极管 2CU 无光照呈高阻状态，第⑬脚仍为低电平，但只要楼梯走道内有脚步声、说话声或其他声响，压电陶瓷片 KTD 拾取到的微弱声音经第①、②脚向反相器作线性放大，其第④脚输出反相的矩形波由电容耦合至第⑬脚，致使第⑩脚输出高电平，经 1N4148 二极管给 1μF 电容充电，第⑥脚为 0，第⑧脚为 1，晶闸管有触发电压导通，灯泡点亮。IC4069 靠 500μF 滤波电容上的电荷维持供电，当声音消失后，第⑩脚恢复为 0，1N4148 反偏，1μF 通过 22MΩ 电阻放电，约 15s 后电容放电完毕，第⑤脚为 0，第⑧脚也为 0，晶闸管控制极无触发电压而截止关断，照明灯自动熄灭。

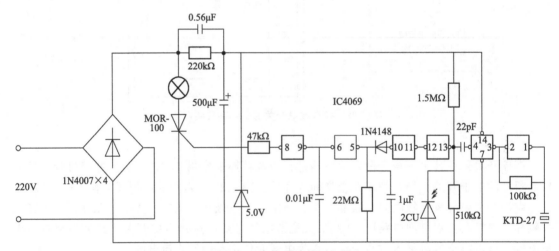

图 5-30　声控开关的原理图

声控开关常见故障检修如下。

① 白天有声响时灯自动点亮。这种故障一般是光敏二极管 2CU 性能不良造成的，一般是二极管接收口不干净或有遮挡物，平时应注意光敏二极管 2CU 接收口的清洁卫生。

② 有声响时，晚间灯不亮。排除灯泡断丝情况后，应主要检查管脚④的耦合电容是否损坏，可用一只 22pF 优质电容替换，整机恢复工作。

③ 有声响时，晚间灯即亮即灭。一般为管脚⑤所接的 1μF 放电电容损坏、漏电引起的，只要换之即可排除故障。

④ 有声响时，晚间灯常亮，不能自动熄灭。经检查发现 1N4148 短路，一直为 1μF 电容充电，致使照明灯常亮，换之故障排除。

（六）触摸开关

触摸开关是电子取代机械的又一成功应用。触摸开关没有金属触点，不放电不打火，节约大量的铜合金材料，同时对于机械结构的要求大大减少。它直接取代传统开关，操作舒适，手感极佳，控制精准且没有机械磨损。同时，触摸开关更有人性化的关怀，可以自己选择开关上的文字提示，面板发出淡淡的微光，让深夜不再是完全的漆黑，足以让人形成方位和轮廓感。

楼道触摸式延时开关电路虚线右面是普通照明线路，左部是电子开关部分。VD1～VD4桥式整流和晶闸管 V 组成开关的主回路，IC4013 组成开关控制回路。平时，晶闸管 V 处于关断状态，灯不亮。

触摸开关的原理图如图 5-31 所示：VD1～VD4 输出 220V 脉动直流电经 R_5 限流，VD5稳压，C_2 滤波，输出约 12V 左右的直流电供 IC 使用。此时 LED 发光，指示开关位置，便于夜间寻找开关。

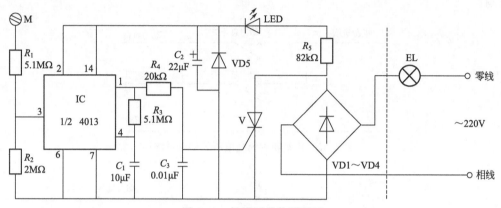

图 5-31　触摸开关的原理图

IC 为双 D 触发器，只用其中一个 D 触发器将其接成单稳态电路，稳态时 1 脚输出低电平，VS 关断。当人手触摸一下电极 M 时，人体泄漏电流经 R_1、R_2 分压，其正半周使单稳态电路翻转，1 脚输出高电平，经 R_4 加到晶闸管 V 的门极（也就是控制极），使晶闸管 V开通，电灯点亮。这时 1 脚输出高电平经 R_3 向电容 C_1 充电，使 4 脚电平逐渐升高直至暂态结束，电路翻回稳态，1 脚突变为低电平，V 失去触发电压，交流电过零时即关断，电灯熄灭。

触摸开关常见故障检修如下。

① 面板灯不亮，触摸不起作用。很有可能是电路中的灯泡断线所造成的，换一个好的灯泡，故障即可排除。如果还不亮，应检查限流电阻 R_5 和指示二极管 LED 是否断路，如果断路，集成电路 4013 没有工作电压。

② 面板灯微微有亮，触摸不起作用。面板灯微微有亮，证明有电压，只是电压比较低，应检查桥式整流电路的 4 个二极管，肯定有一只二极管损坏，桥式全波整流变成半波整流，电压降低了一半，所以面板灯微微有亮，触摸不起作用。

③ 面板灯良好，触摸不亮。这种故障主要原因是晶闸管没有触发信号所致，C_3 电容器漏电造成的，更换一个 0.01μF 电容，故障即可排除。

④ 灯亮以后不熄灭。这种情况主要原因是由于电容器 C_1 漏电，集成电路 4 脚高电平没有所造成的，更换一个 10μF 电容，故障即可排除。

⑤ 即亮即灭。这种情况主要原因也是由于电容器 C_1 断路，集成电路 4 脚总是高电平，电路翻回稳态，更换一个 10μF 电容，故障即可排除。

第二节 照明电路的安装要求

一、照明供电系统的要求

一般的企事业单位，目前都采用光力合一的供电系统，就是接入一个三相四线（或三相五线）的电源，然后分为动力控制回路和照明控制回路，并设照明配电箱，装设专用照明电能表计费。图 5-32 是建筑物内无变电所的供电系统。图 5-33 是建筑物内有一个变电所时其供电系统。动力和照明分别控制的目的，当检修或发生事故停电时，可以减少因停电而造成的影响。

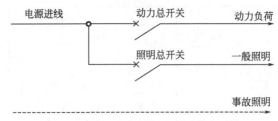

图 5-32　建筑物内无变电所的供电系统

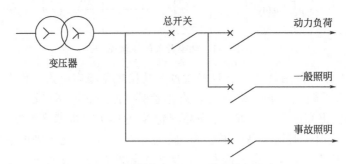

图 5-33　建筑物内有变电所的供电系统

二、照明电力负荷的分配

单相照明负荷在设计和安装时应均衡分配到三相电源上，以防止负荷过大而造成线路事故，并可以减轻由于单相用电过大造成的三相不平衡。图 5-34 是楼层用电原理图，各楼层均为三相供电，楼层内的各单元再均衡分配到三相电源上。

三、照明支路的安装要求

① 一个用电单元的单相照明支路，应按照灯具数量和互不影响的原则确定回路的个数，一般为 4～12 个回路，办公、生活、厨卫、公共是四个基本回路，如图 5-35 所示。

② 大型室内照明支线，每一支单相回路，一般采用不大于 15A 熔断器或空气开关保护，大型场所允许增大 20～30A。每一单相回路，所接灯数（包括插座）一般应不超过 25 个，当采用多管日光灯时，允许增加到 50 个。

③ 照明导线截面积应满足负荷电流的要求，在不考虑负荷的情况下，导线截面积不小于 $1.5mm^2$（独股绝缘铜导线）。

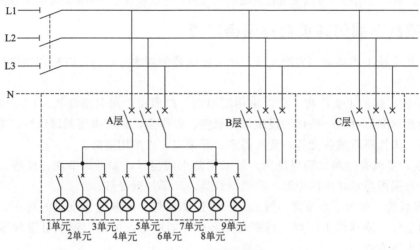

图 5-34 照明系统图

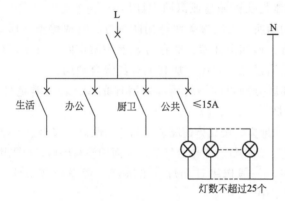

图 5-35 照明单相支路

四、常用照明光源的使用要求

现在使用的光源，按其工作原理可分为固体发光光源和气体放电光源两大类。

① 固体发光光源主要包括热辐射光源，热辐射光源是以热辐射作为光辐射的电光源，包括白炽灯和卤钨灯，它们都是以钨丝为辐射体，通电后达到白炽温度，产生光辐射。这种灯具点亮后表面温度很高，100W以上的灯具必须使用瓷灯口，高温灯具（如碘钨灯、金属卤化灯等）表面温度极高，不可以直接安装在可燃物上，灯罩两侧与可燃物的距离不应小于 0.5m，灯具正面与可燃物的距离不应小于 1m，如图 5-36 所示，防止热辐射造成火灾。

② 气体放电光源是利用电流通过气体（或蒸气）而发光的光源，它们主要以原子辐射形式产生光辐射。气体放电型电光源主要有普通型荧光灯、节能型荧光灯、高压汞灯、高压钠灯、金属钠灯、镝灯等品种。这类灯具的发光效率很高，但需配用镇流器、启辉器等附件。镇流器是气体发光灯的重要元件，工作时会产生热度，同时也是容易发生故障和事故元件。

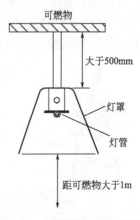

图 5-36 高温灯具的安全距离

为保证安全，镇流器不可以安装在封闭的灯具内，应装在便于通风散热不可燃烧的结构上。

五、根据不同的环境合理选择灯具

灯具选择应按工作环境、生产要求、尽可能注意美观大方、与建筑格调相协调以及符合经济上的合理性。

① 普通较干燥的工业厂房，广泛采用配照型、广照型、深照型灯具。13m 以上较高厂房可采用镜面深照形灯，一些辅助设施如控制室、操作室，也可采用圆球形灯，乳白球链吊灯、吸顶灯、天棚座灯或荧光灯；变压器室、开关室，可采用壁灯。

② 尘埃较多或有尘埃又潮湿场所，可采用防水防尘灯，如考虑节能、经济，当悬挂点又较高时，可采用防水灯头的配照、深照型灯具，局部加投光灯。

③ 潮湿场所，如地下水泵房、隧道，可采用防潮灯，水蒸气密度大的场所，可采用散照型防水防尘灯，圆球形工厂灯；特别潮湿场所，如浴池，可采用带反射镜加装密封玻璃板，墙孔内安装方式。

④ 有腐蚀性气体房间，可采用耐腐蚀的防潮灯或密闭式灯具。当厂房较高，光强达不到要求时，亦可采用防水灯头配照型或深照型灯具。

⑤ 有爆炸危险物的场所，按防爆等级选用防爆灯，有隔爆型、增安型灯具等。

⑥ 易发生火灾场所，如润滑油库、储存可燃性物质房间，可采用各种密闭式灯具。

⑦ 高温车间，可采用投光灯斜照，加其他灯具混合照明。

⑧ 要求视觉精密和区分颜色的场所，可采用日光灯，若为避免灯具布置过密，可采用双管、三管或多管日光灯。

⑨ 需局部加强照明的地方，按具体情况装设局部照明灯，仪表盘、控制盘可采用斜口罩灯，小型检验平台可装荧光灯、碘钨灯、工作台灯等，大面积检验场地，可采用投光灯、碘钨灯。

⑩ 生活间、办公室，一般选用日光灯、吊链灯，考虑经济条件，也可采用软线吊灯、裸天棚座灯（如走廊上使用）。

⑪ 在有旋转体的车间，不宜采用气体放电型灯具，以防止操作人员造成视觉误差。

⑫ 室外场所，一般厂区道路，可采用马路弯灯，较宽的道路可采用拉杆式路灯，交通量较大的主干道，装高压水银灯或高压钠灯。

⑬ 室外大面积照明可采用镝灯。

六、灯具的固定要求

① 灯具质量 1kg 以下，可用软线吊灯，但灯头线芯不得受力，应在灯头盒内和吊盒内做灯头结，灯头结的做法如图 5-37（a）、（b）所示，螺丝灯口的金属螺口，必须接零线

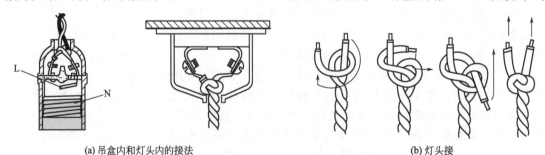

(a) 吊盒内和灯头内的接法　　　　　　　　　　　　(b) 灯头接

图 5-37　灯头结的做法

（N），顶芯接相线。

②灯具质量1～3kg，应采用吊链或管安装，导线不应受力，如图5-38所示。

③灯具质量超过3kg，不可以利用灯盒安装，应采用专用预埋件或吊钩，并应能承受10倍灯具重量。预埋件的安装如图5-39。

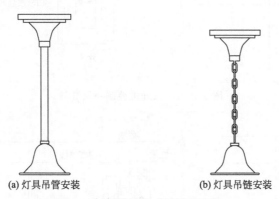

(a) 灯具吊管安装　　　　　　(b) 灯具吊链安装

图 5-38　灯具吊管或吊链的安装

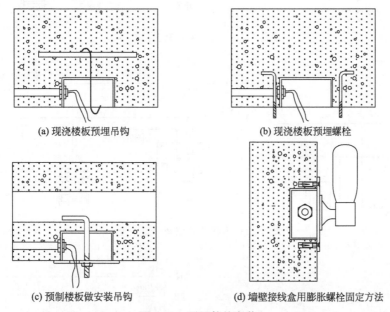

(a) 现浇楼板预埋吊钩　　　　　　(b) 现浇楼板预埋螺栓

(c) 预制楼板做安装吊钩　　　　　　(d) 墙壁接线盒用膨胀螺栓固定方法

图 5-39　预埋件的安装

七、常用照明线路的接线

①一只单联开关控制一只灯具，开关应接在相线上，如图5-40所示，以保证修理时的人身安全。

②一只单联开关控制多只灯具，如图5-41所示，多只灯具同时开、闭。连接多只灯具时应注意总容量，不能超过开关的额定值。

③一只单联开关控制一只灯具并与插座连接，如图5-42所示。

④插座带开关的接线如图5-43所示。

⑤多联开关的接线如图5-44所示。

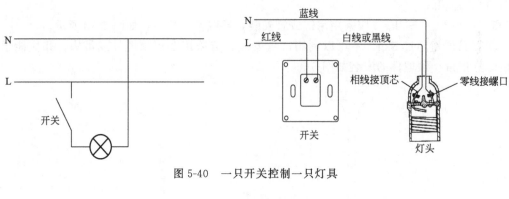

图 5-40　一只开关控制一只灯具

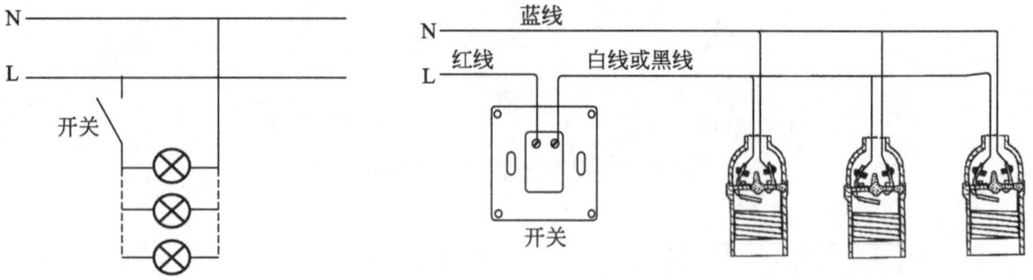

图 5-41　一只开关控制多只灯具

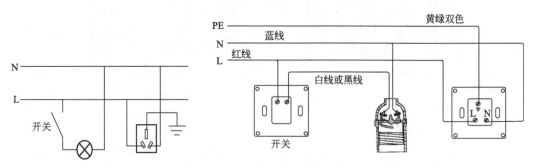

图 5-42　单联开关控制一灯一座

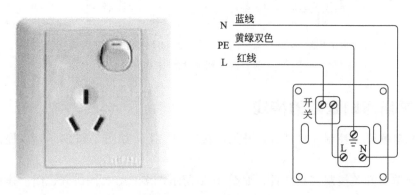

图 5-43　插座带开关的接线

⑥ 双投开关的接线。双投开关正面与其他开关一样，只是在接线上有所区别，普通一个开关只有两个接线孔，而双投开关是一个开关有三个接线孔，一个进线两个出线，如

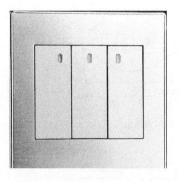
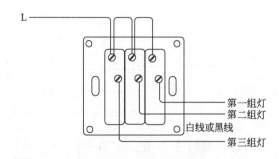

图 5-44　多联开关的接线

图 5-45 所示，用 L 表示进线端，L1、L2 为第一出线端和第二出线端。开关操作时断开一端，接通另一端，广泛应用在车间的两端、楼梯上下、居室门厅、室内外对一套灯具进行两地开关控制。如图 5-46 所示，K1、K2 是双投开关，不论开关在什么位置，只要扳动任何一个开关，灯就会改变工作状态。图 5-47 为接线示意图。

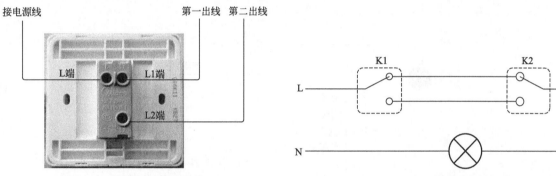

图 5-45　双控开关背面接线　　　　　　图 5-46　双投开关接线原理图

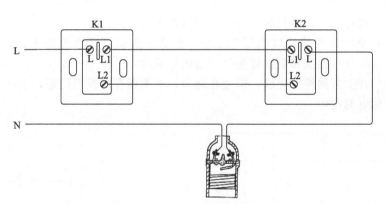

图 5-47　双投开关应用接线示意图

⑦ 气体发光灯如荧光灯、高压汞灯、高压钠灯、金属钠灯、镝灯等，镇流器必须串接在相线上，如图 5-48 所示，以保证正常工作。图 5-49 是日光灯各元件接线示意图。

八、常见灯具错误接线的危害

图 5-50(a) 是错误地将火线接在灯头的螺口上，开关接在零线上，这种接线不论开关在

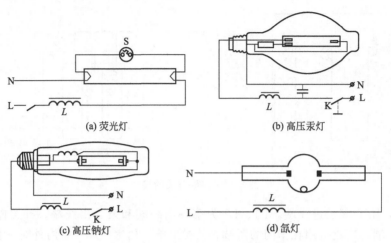

(a) 荧光灯　　　　　　　　　(b) 高压汞灯

(c) 高压钠灯　　　　　　　　　(d) 氙灯

图 5-48　气体发光灯镇流器接线

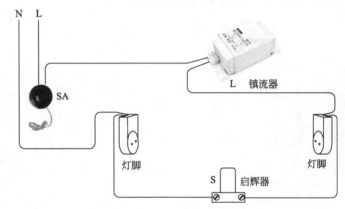

图 5-49　日光灯各元件接线示意图

什么位置，灯口都带电，在擦拭和更换灯泡时有触电的危险。

图 5-50(b) 虽然火线接灯口的顶芯正确，但螺口连接开关在零线上，在开关断开时，螺口带有电压，同样在擦拭和更换灯泡时有触电的危险。

图 5-50(c) 开关虽然控制火线，但接在螺口，开关断开时没有问题，但开关闭合时，灯口都带电，有触电的危险。

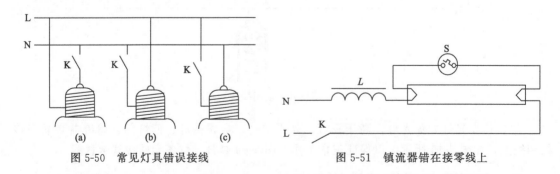

图 5-50　常见灯具错误接线　　　　　图 5-51　镇流器错在接零线上

图 5-51 所示镇流器错接在零线上。镇流器为什么不可接在零线上？因为系统中零线的电压不永远等于零，当镇流器接零线时候，即使火线开关断开，零线上的微弱电压会使镇流

器工作，使灯管产生余辉现象。

九、照明线路用熔断器熔体或空气开关脱扣器电流的选择

首先应根据灯具功率 P 求出计算电流 I，即

$$I = \frac{P}{U\cos\varphi}$$

（1）熔断器熔体额定电流的选择

对于白炽灯和荧光灯：

$$I_{er} \geqslant I$$

对于高压水银灯、高压钠灯：

$$I_{er} \geqslant 1.2I$$

式中　I——照明线路计算负电流，A；

　　I_{er}——熔断器熔体额定电流，A。

（2）空气开关脱扣器电流的选择

空气开关热脱扣器整定电流（A）应 $\geqslant$ 1.1×照明线路计算负荷电流

$\cos\varphi$ 为灯具的功率因数，白炽灯和卤钨灯的功率因数取 1，气体发光灯的功率因数取 0.5～0.7。

十、插座的安装要求

① 明装插座距地面应不低于 1.8m。

② 暗装插座应不低于 0.3m，儿童活动场所应用安全插座。

③ 不同电压等级的插座，安装在同一场所时，在结构上应有明显区别，以防插错。

④ 严禁翘板开关与插座靠近安装。

⑤ 有爆炸危险场所，应使用防爆插座。

⑥ 同一室内插座高度相差不应大于 5mm。

常用插座的外形与图形符号如图 5-52 所示。

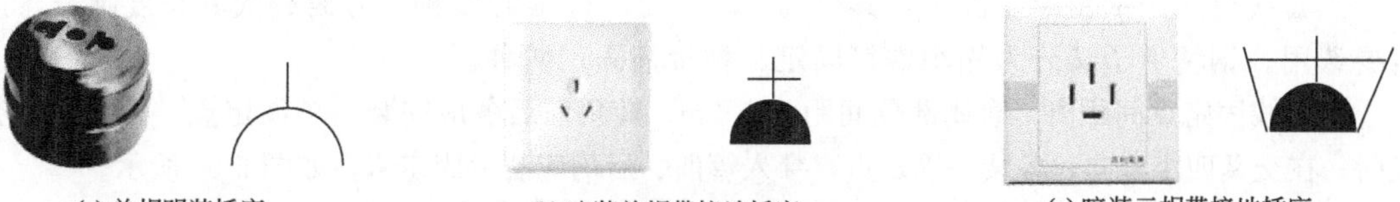

(a) 单相明装插座　　　　　　(b) 暗装单相带接地插座　　　　　(c) 暗装三相带接地插座

图 5-52　常用插座的外形与图形符号

十一、插座的接线要求

① 插座导线截面积应满足负荷电流的要求，在不考虑负荷的情况下，导线截面积不小于 2.5mm² （铜芯绝缘导线）。

② PE 保护线截面积应为 1.5mm² 以上（铜芯绝缘导线），导线颜色为黄/绿双色线。

③ 单相插座接线口诀：面对插座"左零、右火、中间地"，如图 5-53 所示。

④ 三相四线插座的保护线接中间的上孔。

以下场所应使用安全插座：

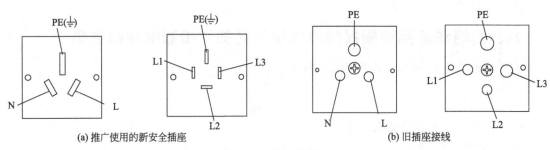

(a) 推广使用的新安全插座　　　　　　　　　　　(b) 旧插座接线

图 5-53　插座接线图

① 在潮湿场所，应选用密封良好的防水防溅插座；

② 儿童活动的场所应使用安全插座；

③ 易燃易爆危险场所应使用相应防爆等级的防爆插座。

十二、室内布线

室内布线分为明敷和暗敷两种。明敷时，导线沿墙壁、天花板表面、梁等处敷设。暗敷时，导线穿管埋设在墙内或顶棚内。室内的电气安装和配线施工，应做到线路布置合理美观、线路安装牢固。

（一）用护套线布线

护套线分为塑料护套线和铅皮线两种，适用户内或户外，耐潮性能好，抗腐蚀性能强，线路整齐美观，相对造价也较低，在照明线路上广泛被采用。其安装规定如下。

（1）划线定位

在安装塑料护套线前，先确定电器的安装位置以及线路的走向，然后引出准线，每隔 150～200mm 划出铝片扎头的位置，距开关、插座、灯具、木台 50mm 处要设置线卡的固定点。

（2）固定铝片扎头

用小钉直接将铝片扎头钉牢在墙体或其他基体上。但对于抹灰墙体，应每隔 4～5 个线卡位置或在转角处、木台前钻眼安装木楔，将线卡钉在木楔上。

护套线可采用钢精卡子固定，其分为 0，1，2，3，4 号多种，号码越大其长度越长，按需要选用。钢精卡子又分为用小铁钉固定、粘接剂固定两种。

护套线固定点间距离，直线部分间距为 0.2m；转角前后各应安装一个固定点；两线十字交叉时，在交叉四个方向，各装一固定点，穿入管前、后均应装一固定点，如图 5-54 所示。

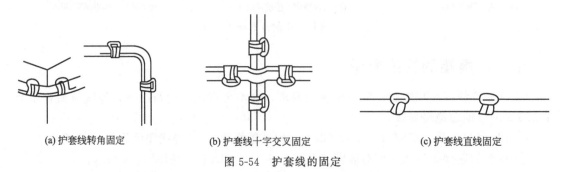

(a) 护套线转角固定　　　　　　　(b) 护套线十字交叉固定　　　　　　　(c) 护套线直线固定

图 5-54　护套线的固定

（3）护套线布线时的注意事项

① 护套线不得直接埋入抹灰层内暗敷设。使用塑料护套配线，护套线最小截面积：户

内使用时，铜≥0.5mm²，铝线≥1.5mm²；户外使用时，铜线≥1.0mm²，铝线≥2.5mm²。

② 塑料护套线不得在线路上直接剖开连接，而是要通过接线盒或瓷盒接头，或借用插座、开关的接线头来连接线头。电气设备每一接线端子一般不超过两个接线头。接线盒中通常有瓷接头、保护盖等。

③ 护套线在同一平面转弯时，应保持相互垂直，弯曲半径应是护套线宽度或外径的3～4倍，在同一敷设场所，应保持一致。

④ 护套线距地面应≥0.15m，穿墙、穿楼板应加钢管或硬塑料管保护。

⑤ 采用铅皮电缆时，整个铅皮应连接成一体，并应妥善接地。

⑥ 塑料护套线允许敷设在空心楼板的孔中，不允许直接埋设在水泥抹面层中，或石灰粉刷层中。

（二）用线槽布线

① 塑料线槽布线一般适用于正常环境的室内场所，在高温和易受机械损伤的场所不宜采用。弱电线路可采用难燃型带盖塑料线槽在建筑顶棚内敷设。

② 线槽应平整、无扭曲变形，内壁应光滑、无毛刺。

③ 同一回路的所有相线、中性线和保护线（如果有保护线），应敷设在同一线槽内；同一路径无防干扰要求的线路，可敷设于同一线槽内。强、弱电线路不应同敷设于一根线槽内。

④ 电线或电缆在金属线槽内不宜有接头，但在易于检查的场所，允许在线槽内有分支接头；电线、电缆和分支接头的总截面积（包括外护层）不应超过该点线槽内截面积的75%。

⑤ 电线、电缆在线槽内不得有接头、分支接头，应在接线盒内进行。

⑥ 塑料线槽敷设时，槽底固定点间距应根据线槽规定而定，一般不应大于下面数值：20～40mm，固定点最大间距不应大于0.8m；60mm，固定点最大间距不应大于1.0m；80～120mm，固定点最大间距不应大于0.8m。

⑦ 塑料线槽布线，在线路连接、转角、分支及终端应采用相应附件，如图5-55所示。

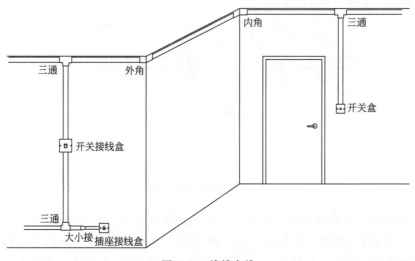

图5-55　线槽布线

（三）用线管布线

把绝缘导线穿在管内的配线称为线管布线。线管布线一般适用于室内、外场所，但对金属管有严重腐蚀的场所不应使用金属管。建筑物顶棚内应采用金属管布线。

（1）线管的选择

所用的钢制配管、半硬质塑料管、波纹管等的规格应符合设计要求，产品应具有合格证，并应符合国家标准的规定。半硬质塑料管、波纹管必须具有阻燃性和不燃性。钢管壁厚应均匀，焊缝均匀一致，无砂眼凹扁等质量缺陷。除镀锌管道外其他管材需预先除锈和刷防腐漆。

明铺于潮湿场所或埋地敷设的金属管布线，应该采用水、煤气钢管。明敷或暗敷于干燥场所的金属管布线可以采用塑料或金属线管。

（2）管径的选择

在选择线管时，还要根据穿管导线的截面和根数来选择管子直径。三根以上绝缘导线穿于一根管时，其总截面积（包括外保护层）不应超过管内截面积的 40%；两根绝缘导线穿于同一根管时，管内径不应小于两根导线外径之和的 1.35 倍（立管可取 1.25 倍）。

（3）穿管导线的要求

① 穿管导线，其绝缘强度不得低于交流 500V，导线最小截面积铜芯应不小于 1mm² （控制、信号线除外），铝芯应不小于 2.5mm²。

② 穿金属管的交流电路，应将同一回路的所有相线和中性线（如有中性线时）穿于同一管中。

③ 线管内的导线不准有接线头，也不准穿入绝缘破损后经过包扎导线。除直流回路导线和接地线外，不得在管子内穿单根交流导线。管内穿入导线的数量不得超过 10 根，不同电压或不同电能表的导线不得穿在同一根线管内。

④ 可以穿于同一金属管内的导线：电压在 50V 及以下的回路；同一设备或联动系统设备的电力回路和无干扰要求的控制回路；同一照明的花灯几个回路；同类照明的几个回路。

（4）管线的固定

① 管线转弯其曲率半径规定为：如图 5-56 所示，明敷管线应不小于线管外径的 4 倍；暗敷应不小于线管外径的 6 倍；埋设混凝土内应不小于线管外径的 10 倍。并且拐弯处不能拐成死弯（弯曲后夹角应不小于 90°）。

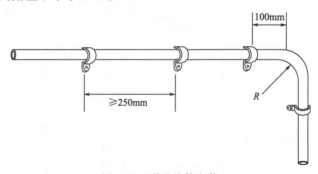

图 5-56　明设线管安装

② 金属管布线的管路较长或有弯时，应适当加装接线盒，两个接线点之间的距离应符合以下要求：对无弯的管路，不超过 30m；两个接线点之间有一个弯时，不超过 20m；两个接线点之间有两个弯时，不超过 15m；两个接线点之间有三个弯时，不超过 8m。

第三节　照明线路的检修

一、接线盒内的处理

接线盒内的导线应留有一定余量，以便于再次剥削线头，否则线头断裂后将无法再与接线端连接，留出的线头应盘绕成弹簧状，如 5-57 图所示，使之安装开关面板时接线端不会因受力而松动造成接触不良。

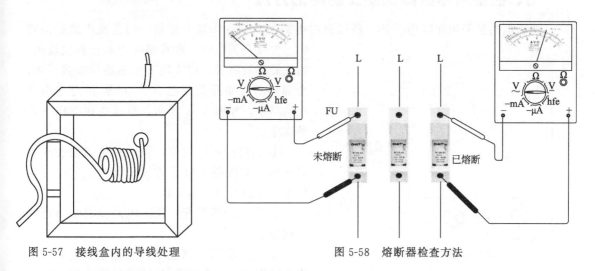

图 5-57　接线盒内的导线处理　　　　图 5-58　熔断器检查方法

二、检查熔断器熔断的方法

在检修照明电路时为了防止错拉闸造成其他用电设备的停电，当不能明确故障线路或位置时，检查开关或熔断器时，应采用电压测量法。检查时用万用表测量开关或熔断器的两端，如图 5-58 所示，有电压的则为故障点，无电压的则表明接触良好。

三、检修开（断）路的方法

整个楼的灯不亮，断路的地方一般在配电板或总干线上。先用测电笔测火线保险盒内电源进线接线柱是否有电。若保险盒上没有电，而电源进线有电，这是配电板发生了故障，应检查闸刀开关有无断路，电度表有无损坏。若保险盒上有电，则是室内总干线上发生了断路或接触不良。重点应检查胶布包裹的接头处，然后再细心检查电线芯有无断裂的痕迹。

四、部分灯具不亮的检修方法

这部分故障一般是分支电路断路引起的。检查时，可以从分支电路与总干线接头处开始，逐段检查，直到第一个用电器的接头处。方法与检查总干线断路的方法一样。

五、某一灯具不亮的检修方法

某一灯具不亮的故障，用测电笔检查比较方便。方法是用电笔分别检查装上灯泡的灯头两接线柱，如果电笔都不亮，则是这盏灯火线开路或接触不良；若在两个接线柱上电笔都发光，则是这盏灯零线断开或接触不良；如果只有一个接线柱发光，则是灯丝断了，灯头内部接触不良或灯泡与灯头接触不良。

六、发光不正常故障检修

白炽灯常见故障是灯光暗淡和灯光闪烁。若整个住宅灯光都暗淡，可能是电源电压太低，或者是有漏电的地方。若灯光闪烁，可能是电压波动，开关、灯头接触不好，也可能是总干线、配电板等地方有跳火现象。如果是个别灯具灯光暗淡，可能是该灯泡陈旧。

七、检查短路故障又防止跳闸的方法

照明电路是采用并联连接的，所以室内电路中任何一个地方短路，均会发生烧断保险丝、空气开关跳闸。在检修时为防止再次跳闸，检修短路故障时，应将所有用电器插头拔下来，全部切断电源开关，把一个100W的灯泡串联在电路中，如图5-59所示。接通电源有以下几种现象。

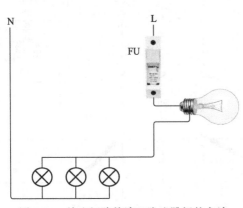

图5-59　检查短路故障又防止跳闸的方法

① 若灯泡正常发光，说明总干线或各开关以前的分支线路有短路或漏电现象。这时可以仔细寻找短路点或漏电点。

② 若灯泡不发光，说明电路没有短路或漏电现象。

③ 然后将用电器逐个恢复通电状态，灯泡将会逐渐发红，但远不到灯泡正常亮度。如果在接入某个用电器时，灯泡突然接近正常的亮度，说明该电器内部或它与干线连接的部分电路有短路现象。这时可切断电源细心检修。

为什么能用灯泡检查短路故障？因为将灯泡串联接入电路时，若线路中发生短路，其他用电器电阻几乎为零，分压也近乎为零，全部电源电压都在灯泡上，灯泡便正常发光。若电路没有短路现象，灯泡与其他用电器串接，由于串联电路电压的分配与电阻成正比，灯泡两端的电压小于额定电压，故不能正常发光，只能发红甚至不亮。

第四节　家装线路施工要求

① 施工现场临时电源应有完整的插头、开关、插座、漏电保护器设置，临时用电需用电缆。

② 电源线采用三线制，安装使用三种不同颜色的导线。原则上，红色为相线（火线）色标，蓝色为零线色标，黄绿双色线为保护线色标，白色或黑色为开关回线（出线）色标。

③ 各房间插座的供电回路，厨房、卫生间、浴室的供电回路应各自独立使用漏电保护器，必须与其他供电回路分开，不得将其零线搭接其他回路。

④ 空调等大功率电器，必须设置专用供电回路，空调采用BV4mm²的电源线，照明线采用BV1.5~2.5mm²的电源线，所有电源插座供电回路宜选用BV2.5mm²的电源线。

⑤ 所有入墙电线采用PVC阻燃管套管埋设，拐弯处应使用接线盒连接，不可将电源线裸露在吊顶上或直接用水泥抹入墙中，以保证电源线可以拉动或更换。

⑥ 特殊状况下，电源线管从地面下穿过时，应特别注意在地面下必须使用套管连接紧密，在地面下不允许有电线接头，也不允许用直角弯头，用簧弓弯（圆弧弯）。地面没有封闭之前，必须保护好 PVC 套管，不允许有破裂损伤，用防水胶布缠好断处，铺地板砖时 PVC 套管应被沙浆完全覆盖，铺设木地板时，电源线应沿墙角铺设，以防止电源线被钉子损伤。

⑦ 电源线走向横平竖直，不可斜拉，并且避开壁镜、家具等物的安装位置，防止被电锤、钉子损伤。电源线埋设时，应考虑与电热、水管及弱电管线等保持 500mm 以上的距离。

⑧ 电源线管应预先固定在墙体槽中，要保证套管表面凹进墙面 13mm 以上（墙上开槽深度＞33mm）。

⑨ 经检验认可，电源线连接合格后，应浇湿墙面，用 1∶2.5 水泥沙浆封闭，封槽表面要平整，且低于墙面 2mm。电源底盒安装要牢固，面板底面平整与墙面吻合，稍低点。

⑩ 空调电源采用 16A 孔插座，在儿童可触摸的高度内（1.5m 以下）应采用带保护门的插座，卫生间、洗漱间、浴室应采用带防溅的插座，安装高度不低于 1.3m，并远离水源，为便于生活舒适方便，卧室应采用双控开关，厨房电源插座应并列设置开关，控制电源通断，放入柜中的微波炉的电源应在墙面设置开关控制通断。

⑪ 各种强弱电插座接口宁多勿缺，床头两侧应设置电源插座及一个电话插座，电脑桌附近，客厅电视柜背景墙上都应设置 3 个以上电源插座，并设置相应的电视、电话、多媒体、宽带网等插座。

⑫ 开关线盒一般离地 1.2m，一个房间一个多用插座。

⑬ 所有插座、开关要高于地面 300mm 以上，同一房间内插座，开关高度一致（高度差＜5mm，并列安装时高度差＜1mm），并且不会被推拉、家具等物遮挡。

⑭ 跷板开关安装方向一致，下端按入为通，上端按入为断。插座开关面板紧固时，应用配套的螺钉，不得使用木螺钉或石膏板螺钉替代以免损坏底盒。

⑮ 有金属外壳的灯具，金属外壳可靠接地，火线应接在螺口灯头中心触片上，射灯发热量大，应选用导线上套黄蜡管的灯座，接好线后，应使灯座导线散开。

⑯ 音响、电视、电话、多媒体、宽带网等弱电线路的敷设方法及要求与源线的敷设方法相同（避开强电线路）。其插座或线盒与电源插座并列安装，但强弱线路不允许共套一管，其间隔距离为 500mm 以上。

⑰ 如果客户没有特殊要求，应将所有房间的电话线并接成一个号码。如果楼层有配号箱，应将电话线接通到配号箱内。多芯电话线的接头处，套管口子应用胶带包扎紧，以免电话线受潮，发生串音等故障。

⑱ 强弱电安装质量检验方法：弱电线需采用短接一头，在另一头测量通断的方法，电源插座采用 220V 灯光测试通断，用兆欧表测量线间绝缘强度，线间绝缘强度＞0.5MΩ。电话线接头必须专用接头。

第六章

电工应掌握的基本操作技能和工艺

第一节 绝缘导线线头绝缘层的剥削方法

1. 用钢丝钳剥削线芯的方法

用钢丝钳剥削线芯截面为 $4mm^2$ 及以下导线的塑料皮，具体操作方法如图 6-1 所示。

①根据导线接头所需要的长度，用钢丝钳的刀口轻轻切破导线的塑料层，注意不要切伤导线的线芯

②然后一只手握住钢丝钳头，另一只手紧握导线，向两头用力，就可勒去线皮

图 6-1 绝缘导线塑料皮的剥削方法

2. 用电工刀剥削绝缘层的方法

对于导线截面规格较大的塑料线，用电工刀来剥削绝缘层，方法是根据所需要的线头长度，用刀口以 45°斜角切入绝缘层，注意不要切伤导线线芯，接着刀面与线芯成约 15°角左右，用力向外削切一条缺口，然后将导线皮向后扳翻，再用电工刀取齐切去线皮。如图 6-2 所示。

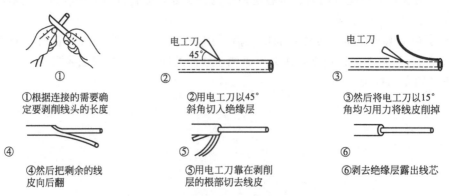

①根据连接的需要确定要剥削线头的长度

②用电工刀以45°斜角切入绝缘层

③然后将电工刀以15°角均匀用力将线皮削掉

④然后把剩余的线皮向后翻

⑤用电工刀靠在剥削层的根部切去线皮

⑥剥去绝缘层露出线芯

图 6-2 大截面绝缘导线塑料绝缘层的剥削

3. 护套线的外护套层的剥削

首先按其所需长度用刀尖在两线芯缝隙间划开护套层，再将其护套外皮扳翻，用电工刀口切齐。绝缘层的剖削方法同塑料线，在绝缘层的切口与护套层切口之间应留有 5～10mm 距离。如图 6-3 所示。

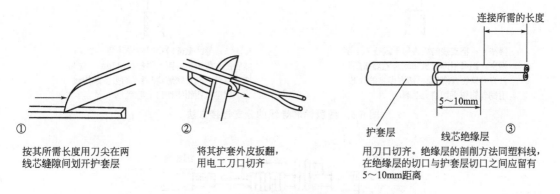

① 按其所需长度用刀尖在两线芯缝隙间划开护套层

② 将其护套外皮扳翻，用电工刀口切齐

③ 用刀口切齐。绝缘层的剖削方法同塑料线，在绝缘层的切口与护套层切口之间应留有 5～10mm 距离

图 6-3　护套线的外护套层的剥削

第二节　导线的连接方法

（1）独股铜芯导线的直接连接（见图 6-4）

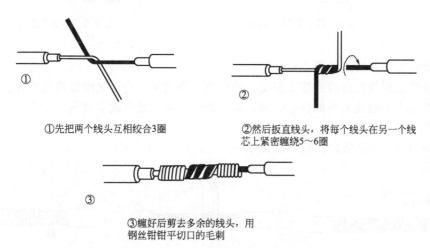

①先把两个线头互相绞合3圈

②然后扳直线头，将每个线头在另一个线芯上紧密缠绕5～6圈

③缠好后剪去多余的线头，用钢丝钳钳平切口的毛刺

图 6-4　独股铜芯导线的直接连接

（2）独股铜芯导线的分支连接方法（见图 6-5）

（3）不同截面导线的对接（见图 6-6）

将细导线在粗导线线头上紧密缠绕 5～6 圈，弯曲粗导线头的头部，使它紧压在缠绕层上，再用细线头缠绕 3～5 圈，切去多余线头，钳平切口毛刺。

（4）软、硬线的对接（见图 6-7）

先将软线拧紧，将软线在单股线线头上紧密缠绕 5～6 圈，弯曲单股线头的端部，使它压在缠绕层上，以防绑线松脱。

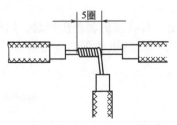
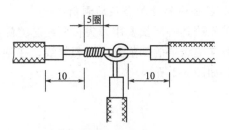

接法一：把支线的线头与干线线芯十字
相交，距离根部留出5mm，然后按顺时
针方向紧密缠绕5圈，切去多余的线芯，
用钢丝钳钳平切口上毛刺

接法二：导线截面较小时应先环绕一个结，
然后把支线扳直，距离根部留出5mm，然后
按顺时针方向紧密缠绕5圈，切去多余的线
芯，用钢丝钳钳平切口上毛刺

图 6-5　独股铜芯导线的分支连接方法

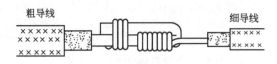

图 6-6　不同截面导线的对接

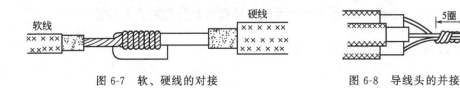

图 6-7　软、硬线的对接　　　　　　图 6-8　导线头的并接

（5）导线头的并接（见图6-8）

同相导线在接线盒内的连接是并接，也称倒人字连接。将剥去绝缘的线头并齐捏紧，用
其中一个线芯紧密缠绕另外的线芯5圈，切去线头，再将其余线头弯回压紧在缠绕层上，切
断余头钳平切口毛刺。

（6）单股线与多股线的连接（见图6-9）

1.用螺钉旋具将多股线分成两半　2.将单股线插入多股线芯，留有　3.将单股线按顺时针方向紧密缠绕10
　　　　　　　　　　　　　　　3mm距离以便于包扎绝缘　　　圈，切去余线，钳平切口上的毛刺

图 6-9　单股线与多股线的连接

（7）导线用连接管的连接（见图6-10）

选用适合的连接管，清除接管内和线头表面的氧化层，导线插入管内并露出30mm线
头，然后用压接钳进行压接，压接的坑数根据导线截面大小决定，一般户内接线不少于
4个。

（8）接头搪锡

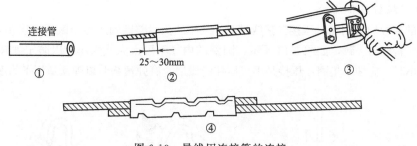

图 6-10　导线用连接管的连接

　　搪锡也称涮锡，是导线连接中一项重要的工艺，在采用缠绕法连接的导线连接完毕后，应将连接处加固搪锡。搪锡的目的是加强连结的牢固和防氧化并有效地增大接触面积，提高接线的可靠性。

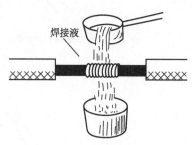

　　小截面的导线可用电烙铁搪锡，大截面的导线搪锡是将线头放入熔化的锡锅内搪锡，或将导线架在锡锅上用熔化的锡液浇淋导线，如图 6-11 所示。

　　搪锡前应先清除线芯表面的氧化层，搪锡完毕后应将导线表面的助焊剂残液清理干净。

图 6-11　将锡液浇淋到导线接头

第三节　导线与接线端的连接方法

　　1. 针形孔接线端的连接

　　① 将导线端头绝缘削去，使线芯的长度稍长于压线孔的深度，将线芯插入压接孔内拧紧螺钉即可，如图 6-12(a) 所示。若压线孔是两个压紧螺钉压，应先拧紧外侧螺钉再拧紧内侧螺钉，两个螺钉的压紧程度应一致。

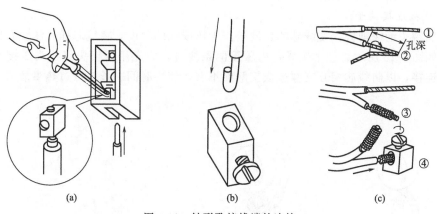

图 6-12　针形孔接线端的连接

　　② 导线截面较小时，应先将线芯弯折成双股后再插入压线孔压紧，如图 6-12(b) 所示。

　　③ 对多股软线应先将线芯拧紧，弯曲回来自身缠绕几圈再插入孔中压紧。如果孔径较大，可选用一根合适的导线在拧紧的线头上缠绕一层后，再进行压紧。如图 6-12(c) 所示。导线的绝缘层应与接线端保持适当的距离，切不可相离得太远，使线芯裸露过多；也不

可把绝缘层插入接线端内，更不应把螺钉压在绝缘层上。

2. 导线用螺钉压接法

小截面的单股导线用螺钉压接在接线端时必须把线头盘整圆圈形似羊眼圈再连接，弯曲方向应与螺钉的拧紧方向一致，如图 6-13 所示，圆圈的内径不可太大或太小，以防宁静螺钉是散开，在螺钉帽较小时，应加平垫圈。压接是不可压住绝缘层，有弹簧垫时以弹簧垫压平为度。

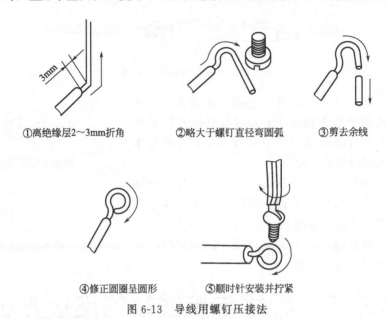

①离绝缘层2~3mm折角　②略大于螺钉直径弯圆弧　③剪去余线

④修正圆圈呈圆形　⑤顺时针安装并拧紧

图 6-13　导线用螺钉压接法

3. 软线与接线端的连接

软线线头与接线端子连接时，不允许有线芯松散和外露的现象，在平压式接线端上连接时，按图 6-14 的方法进行连接，以保证连接牢固。

较大截面的导线与平压式接线端连接时，线头需使用接线端子（俗称接线鼻子），线头与接线端子要连接牢固，然后再由接线端子与接线端连接。

4. 导线板连接端子

将导线端头绝缘削去，使线芯的长度稍长于压线孔的深度，将线芯插入压线孔内拧紧螺钉即可，如图 6-15 所示。一个接线孔内压接两条线时，应先用压接头将线头压接在一起后再与端子连接，以防线芯相互支撑造成接触面不够，使用时间一长接点过热事故。

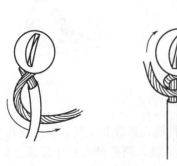

图 6-14　软线与接线端的连接

图 6-15　导线板连接端子

5. 导线头压接接线端

导线的压接是利用专用的连接套管或接线鼻子将导线连接的方法，连接套管有：铜管用于铜导线的连接，铝管用于铝导线的连接，铜铝过渡管用于铜、铝的连接，常见的连接管如图 6-16 所示。使用时选用与导线截面相当的接线端子，清除接线端子内和线头表面的氧化层，导线插入接线端子内，绝缘层与端子之间应留有 5～10mm 裸线，以便恢复绝缘，然后用压接钳进行压接，压接时应使用同截面的六方型压模。压接后的形状如图 6-17 所示。

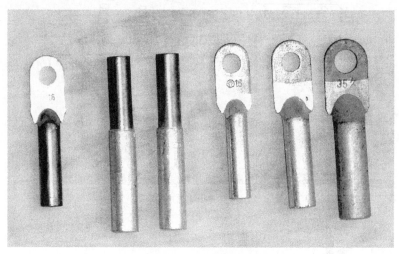

图 6-16　常用的连接管

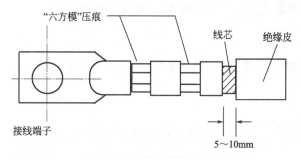

图 6-17　导线压接接线鼻子

6. 瓦形垫接线端子接线方法

将除去绝缘层的线芯弯成 U 形，将其卡入瓦形垫进行压接，如果是两个线头，应将两个线头都弯成 U 形，对头重合后卡入瓦形垫内压接，如图 6-18 所示。

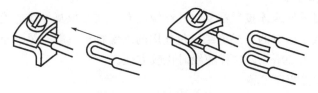

图 6-18　瓦形垫接线端子

7. 并沟线夹接线

并沟线夹主要应用在架空铝绞线的连接，连接前应先用钢丝刷将导线表面和线夹沟槽打磨干净，导线放入沟槽内，两个夹板用螺钉拧紧即可，如图 6-19 所示。

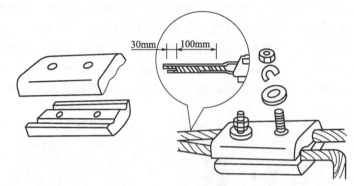

图 6-19　并沟线夹接线

8. 多股导线盘压接法

多股导线盘压接法的步骤如图 6-20 所示。

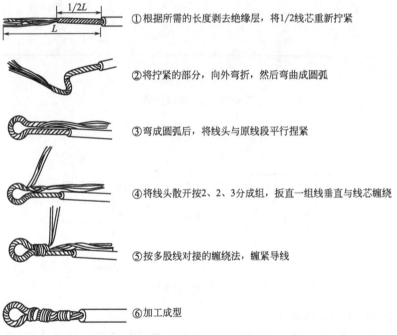

①根据所需的长度剥去绝缘层，将1/2线芯重新拧紧

②将拧紧的部分，向外弯折，然后弯曲成圆弧

③弯成圆弧后，将线头与原线段平行捏紧

④将线头散开按2、3分成组，扳直一组线垂直与线芯缠绕

⑤按多股线对接的缠绕法，缠紧导线

⑥加工成型

图 6-20　多股导线盘压接法

9. 导线绝缘包扎方法

导线绝缘层破损或导线连接后都要包扎绝缘胶布，这是恢复导线的绝缘，包扎好的绝缘层的绝缘强度不应低于原有的导线绝缘，包扎用的绝缘材料一般有黑胶布、塑料带和涤纶薄膜带，通常选用宽度为 20mm，这样缠绕时比较方便。

包扎绝缘时应注意以下几点。

① 当电压为 380V 的线路导线包扎绝缘时，应先用塑料带紧缠绕 2 层，再用黑胶布缠绕 2 层。

② 包缠绝缘带时不能马虎工作，更不允许漏出线芯，以免造成事故。

③ 包缠时绝缘带要拉紧，缠绕紧密、结实，并黏结在一起无缝隙以免潮气侵入，造成

接头氧化。

（1）直导线绝缘包扎的基本要求

如图 6-21 所示，在距绝缘切口两根带宽处起头，先用自粘性橡胶带包扎两层，便于密封防止进水。包扎绝缘带时，绝缘带应与导线成 45°～55° 的倾斜角度，应每圈重叠 1/2 带宽缠绕。包扎一层自粘胶带后，再用黑胶布从自粘胶带的尾部向回包扎一层，也是要每圈重叠 1/2 的带宽。如图 6-21 所示。

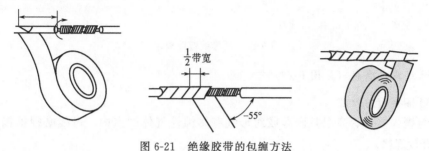

图 6-21　绝缘胶带的包缠方法

（2）导线分支连接后绝缘包扎的基本要求

导线分支连接后绝缘包扎的步骤如图 6-22 所示。

① 在主线距绝缘切口两根带宽处开始起头，先用自粘性橡胶带包扎两层，便于密封防止进水，如图 6-22① 所示。

② 包扎到分支线处时，用一根手指顶住左边接头的直角处，使胶带贴紧弯角处的导线，并使胶带尽量向右倾斜缠绕。如图 6-22② 所示。

③ 当缠绕右侧时，用手顶住右边接头直角处，胶带向左缠与下边的胶带成×状态，然后向右开始在支线上缠绕。方法同直线，应重叠 1/2 带宽。如图 6-22③ 所示。

④ 在支线上包缠好两层绝缘，回到主干线接头处，贴紧接头直角处向导线右侧包扎绝缘。如图 6-22④ 所示。

⑤ 包至主线的另一端后，再按上述的方法包缠黑胶布即可。如图 6-22⑤ 所示。

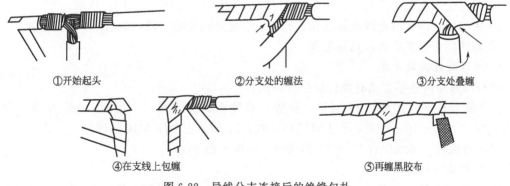

①开始起头　　　②分支处的缠法　　　③分支处叠缠

④在支线上包缠　　　⑤再缠黑胶布

图 6-22　导线分支连接后的绝缘包扎

第四节　变配电室硬母线的安装

1. 硬母线涂漆颜色的规定

三相交流母线：L1 为黄色；L2 为绿色；L3 为红色。直流母线：正极为赭色，负极为蓝色。

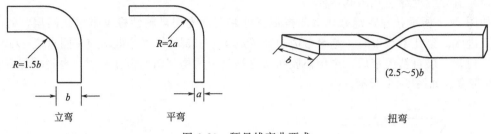

图 6-23　硬母线弯曲要求

2. 硬母线弯曲要求（见图 6-23）

3. 母线搭接面的处理

① 铜与铜：室外、高温且潮湿或对母线有腐蚀性气体的室内，母线必须搪锡，在干燥的室内可直接连接。

② 铝与铝：可直接连接。

③ 钢与钢：必须搪锡或镀锌后连接，不得直接连接。

④ 铜与铝：在干燥的室内铜导体应搪锡或采用铜铝过渡板连接，不得直接连接。

⑤ 钢与铜或钢与铝搭接面应搪锡。

4. 母线排列

① 上、下布置时：由上至下为 L1、L2、L3。

② 水平排列时：由盘后向盘前为 L1、L2、L3。

③ 垂直排列时：由左至右为 L1、L2、L3。

5. 硬母线固定的要求

① 母线固定金具与支持绝缘子间的固定应平整牢固，不应使其所支持的母线受到额外应力。

② 交流母线的固定金具或支持金属不应成闭合磁路，如图 6-24（a）所示。

③ 采用绝缘夹板固定时，应保持 1.5～2mm 的间隙，如图 6-24（b）所示。

④ 采用螺钉固定时母线应开长孔，孔的长度应是孔径的 2 倍，如图 6-24（c）所示。

⑤ 母线固定装置应无棱角和毛刺。

6. 硬母线连接的方式

硬母线常用的连接方法有螺栓连接和焊接。

采用螺栓连接时如图 6-25 所示，连接的长度不得小于母线的宽度；120 母排应使用 M18 的螺栓，80～100 母排应使用 M16 的螺栓，25 母排应使用 M10 的螺栓。

采用焊接时，母线应有 60°～75°的坡口，如图 6-26 所示。

7. 硬母线连接的要求

① 母线的螺栓连接及支持连接处，母线与电器的连接及距所有连接处 10mm 以内不应涂漆。

② 母线接头螺孔的直径应大于螺栓直径 1mm，螺孔间中心距离误差应为±0.5mm。

③ 螺栓的长度宜露出螺母 2～3 扣为宜。

④ 母线平置时，螺栓应由下向上安装，立置时应由里向外安装。

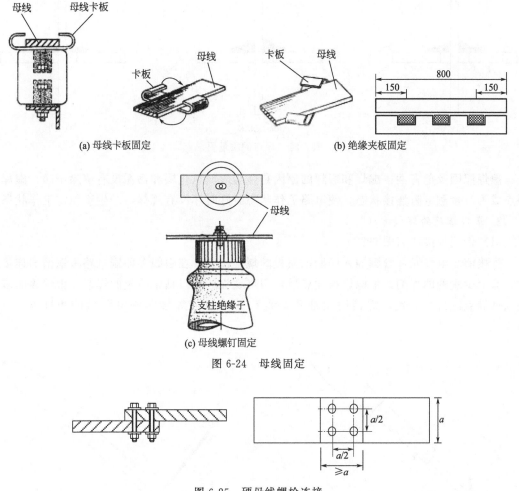

(a) 母线卡板固定　　　　　　　　　　(b) 绝缘夹板固定

(c) 母线螺钉固定

图 6-24　母线固定

图 6-25　硬母线螺栓连接

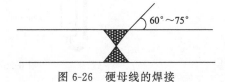

图 6-26　硬母线的焊接

第五节　电子元器件焊接的基本工艺

电子元器件焊接技术是初学者必须掌握的一种基本功，电子元器件焊接质量的好坏对整机的性能指标和可靠性都有很大的影响。

1. 对焊点的质量要求（见图 6-27）

① 电接触良好；

② 机械强度应足够；

③ 清洁美观；

④ 避免虚焊。

焊点合适   焊点太大   焊点太小

图 6-27　焊点的质量要求

　　虚焊原因及危害性：虚焊和假焊的原因是金属表面氧化层和污垢没有清除干净，虚焊使焊点成为有接触电阻连接状态，使电路工作状态时好时坏没有规律，产生不稳定工作状态。

　　2. 掌握正确的焊接方法

　　（1）带锡焊接法（图 6-28）

　　焊接前将电气元件管脚插入印刷电路板的规定位置，在引线和印刷电路板铜箔的连接点上，涂上少量的助焊剂，带电烙铁加热后，用烙铁头的坡口粘带适量的焊锡，带焊锡的多少要根据焊点的大小而定。焊接时要注意烙铁头的坡口与焊接印刷电路板的角度 θ，一般为 45°。

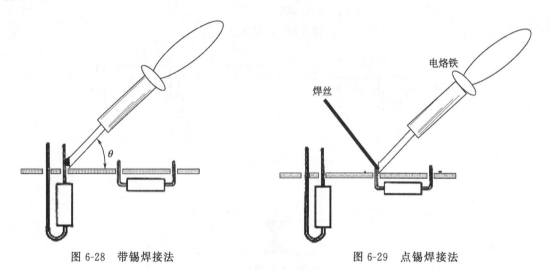

图 6-28　带锡焊接法   图 6-29　点锡焊接法

　　（2）点锡焊接法（图 6-29）

　　把准备好的元件插入印刷电路板的焊接位置，调整好元件的高度和宽度，逐个点上助焊剂后，一手握烙铁将烙铁头的坡口放在元件的引线焊接位置，固定好烙铁头坡口与印刷电路板的角度，另一手捏着焊丝去接触焊点位置上的烙铁坡口与元器件引线的接触点，根据焊点大小来控制焊锡多少。焊接时两只手要配合好，焊接的时间不可过长，时间长容易使元件损坏。

　　3. 焊接后的清洁

　　焊点经检查质量合格后应用工业酒精把助焊剂清洗干净，尤其是使用焊锡膏、焊药水等酸性助焊剂，不清洗干净助焊剂的残留物，在以后的使用中很容易发生腐蚀现象，造成断线开焊的故障。

4.元件的装置方法

元件的装置方法有立式插装法和卧式插装法。立式插装法如图 6-30 所示,优点是密度较大,占用印刷电路板面积小,拆装方便,电容、电阻、三极管多用此方法。卧式插装法如图 6-31 所示,是将元件紧贴印刷电路板插装,此法稳定性好,比较牢固,但占面积大。电子元件的插装应视线路板的具体情况而定。

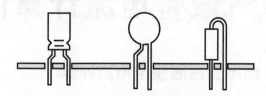

图 6-30　元件立式插装法

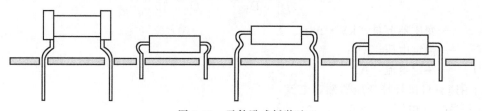

图 6-31　元件卧式插装法

第七章

常用电气设备电流计算口诀

一、10/0.4kV 配电变压器额定电流计算

利用公式计算配电变压器额定电流：

$$I_n = \frac{S}{\sqrt{3}U_n} = \frac{S}{U_n} \times \frac{1}{\sqrt{3}} \approx \frac{S}{U_n} \times \frac{6}{10}$$

式中　S——变压器容量，kV·A；

　　U_n——额定电压，kV；

　　I_n——额定电流，A。

利用速算口诀计算变压器额定电流：

变压器一次电流 $I_{n1} \approx S \times 0.06$

变压器二次电流 $I_{n2} \approx S \times 1.5$

例：计算一台 800kV·A 的 10/0.4kV 变压器的一次电流和二次电流。

解：根据公式：

一次电流 $\qquad\qquad I_{n1} = \dfrac{S}{\sqrt{3}U_1} = \dfrac{800}{1.732 \times 10} = 46.19A$

二次电流 $\qquad\qquad I_{n2} = \dfrac{800}{1.732 \times 0.4} = 1155A$

用速算口诀：一次电流 $I_{n1} \approx 800 \times 0.06 = 48A$；二次电路 $I_{n2} \approx 800 \times 1.5 = 1200A$

二、三相电动机额定电流速算

利用公式计算三相电动机额定电流：

$$I = \frac{P \times 1000}{\sqrt{3}\,\eta U \cos\varphi} \approx \frac{P \times 1000}{1.732 \times 0.85 \times 0.9U}$$

式中　P——电机功率，kW；

　　U——额定电压，V；

　　η——效率，取 0.9；

　　$\cos\varphi$——功率因数（取 0.85）。

利用速算口诀计算三相电动机额定电流：

380V 电机 1kW 相当于 2A；　　三相 220V 电动机 1kW 相当于 3.5A；

660V 电动机 1kW 相当于 1.2A

例：计算一台 380V 功率 10kW 三相电动机的额定电流。

解：根据公式

$$I = \frac{P \times 1000}{\sqrt{3}\,\eta U \cos\varphi} \approx \frac{10 \times 1000}{1.732 \times 0.85 \times 0.9 \times 380} \approx 19.86A$$

用速算口诀 $I \approx P \times 2 = 10 \times 2 = 20A$

三、220V 单相电动机额定电流速算

根据公式计算 220V 单相电动机额定电流：

$$I_n = \frac{1000P}{\eta U\cos\varphi} = \frac{1000P}{0.75 \times 220 \times 0.75}$$

式中　η——效率（取 0.75）；

$\cos\varphi$——功率因数（取 0.75）。

利用电流速算口诀计算单相电动机额定：

单相电机二百二，一个千瓦八安培（$I_n \approx 8P$）

例：计算一台 220V 1.7kW 的电动机的额定电流。

解：根据公式　　$I_n = \frac{1000P}{\eta U\cos\varphi} = \frac{1000 \times 1.7}{0.75 \times 220 \times 0.75} = 13.74A$

用速算口诀　　$I_n \approx P \times 8 = 1.7 \times 8 = 13.6A$

四、三相电阻加热器额定电流速算（电阻加热功率因数取 1）

利用公式计算三相电阻加热器额定电流：

$$I_n = \frac{1000P}{\sqrt{3}U} = \frac{1000P}{1.732 \times 380}$$

利用速算口诀计算三相电阻加热器额定电流：

三相电加热千瓦乘以一点五　　（$I_n \approx 1.5P$）

例：计算一台 380V 功率 6kW 的电热水器的电流。

解：根据公式　　$I_n = \frac{1000P}{\sqrt{3}U} = \frac{1000 \times 6}{1.732 \times 380} = 9.1A$

用速算口诀　　$I_n \approx P \times 1.5 = 6 \times 1.5 = 9A$

五、单相电阻加热器额定电流速算（电阻加热功率因数取 1）

利用公式计算单相电阻加热器额定电流：

$$I_n = \frac{1000P}{U} = \frac{1000P}{220}$$

利用速算口诀计算单相电阻加热器额定电流：

单相电加热千瓦乘以四点五　　（$I_n \approx 4.5P$）

例：计算一台 220V 功率 7kW 的电热水器的电流。

解：根据公式　　$I_n = \frac{1000P}{U} = \frac{1000 \times 7}{220} = 31.82A$

用速算口诀　　$I_n \approx P \times 4.5 = 7 \times 4.5 = 31.5A$

六、380V 电焊机额定电流速算（电焊机功率因数取 0.75）

利用公式计算 380V 电焊机额定电流：

$$I_n = \frac{1000S}{U\cos\varphi} = \frac{1000S}{380 \times 0.75}$$

利用速算口诀计算额定电流：

三百八电焊机容量乘以三点四 $(I_n \approx 3.4S)$

例：计算一台 $S = 16 \mathrm{kV \cdot A}$，380V 电焊机的一次电流。

解：根据公式
$$I_n = \frac{1000S}{U \times 0.75} = \frac{1000 \times 17}{380 \times 0.75} = 59.6 \mathrm{A}$$

用速算口诀
$$I_n \approx 3.4 \times 17 = 57.8 \mathrm{A}$$

七、220V 电焊机额定电流速算 （电焊机功率因数取 0.75）

利用公式计算 220V 电焊机额定电流：
$$I_n = \frac{1000S}{U\cos\varphi} = \frac{1000S}{220 \times 0.75}$$

利用速算口诀计算额定电流：

二百二电焊机容量乘六 $(I_n \approx 6S)$

例：计算一台 $S = 7.3 \mathrm{kV \cdot A}$，220V 电焊机的一次电流。

解：根据公式
$$I_n = \frac{1000S}{U \times 0.75} = \frac{1000 \times 7.3}{220 \times 0.75} = 44 \mathrm{A}$$

用速算口诀
$$I_n \approx 7.3 \times 6 = 43.8 \mathrm{A}$$

八、220V 日光灯额定电流速算 （日光灯功率因数取 0.5）

利用公式计算 220V 日光灯额定电流：
$$I_n = \frac{1000P}{U\cos\varphi} = \frac{1000P}{220 \times 0.5}$$

利用速算口诀计算额定电流：

日光灯电流千瓦九安培 $(I_n \approx 9P)$

例：计算一只 220V，40W 日光灯电流。

解：根据公式
$$I_n = \frac{1000P}{U\cos\varphi} = \frac{1000 \times 0.04}{220 \times 0.5} = 0.36 \mathrm{A}$$

用速算口诀
$$I_n \approx 9P = 9 \times 0.04 = 0.36 \mathrm{A}$$

九、220V 白炽灯额定电流速算 （白炽灯功率因数取 1）

利用公式计算 220V 白炽灯额定电流：
$$I_n = \frac{1000P}{U} = \frac{1000P}{220}$$

利用速算口诀计算额定电流：

日炽灯电流千瓦四点五安培 $(I_n \approx 4.5P)$

例：计算一只 220V，500W 白炽灯电流。

解：根据公式
$$I_n = \frac{1000P}{U} = \frac{1000 \times 0.5}{220} = 2.27 \mathrm{A}$$

用速算口诀
$$I_n \approx 4.5P = 4.5 \times 0.5 = 2.25 \mathrm{A}$$

十、0.4kV 电力电容器额定电流速算

（1）按容量用 kV 电压计算

根据公式　　　　　　　　$I_n = \dfrac{Q}{\sqrt{3}U} = \dfrac{Q}{1.732 \times 0.4} \approx \dfrac{Q}{0.7}$

式中　Q——电容器容量，kvar。

0.4kV 电容器额定电流速算口诀：

并联电容三百八容量除以零点七（$I_n \approx Q/0.7$）

（2）按容量用实际电压计算

根据公式　$I_n = \dfrac{1000Q}{\sqrt{3}U} = \dfrac{1000Q}{1.732 \times 380} \approx 1.5Q$

千乏乘以一点五（$I_n \approx 1.5Q$）

例：计算一台 BW0.4-12-3 的电力电容器的电流。

解：按容量用 kV 电压计算。

根据公式　　　　　　　　$I_n = \dfrac{Q}{\sqrt{3}U} = \dfrac{12}{1.732 \times 0.4} = 17.32\text{A}$

用口诀计算：并联电容三百八容量除以零点七，即 $I_n \approx \dfrac{Q}{0.7} = \dfrac{12}{0.7} \approx 17.14\text{A}$

十一、利用配电柜上的电压表和电流表及功率因数表计算出供电系统的各种功率消耗

配电柜上的电压表和电流表，表示的是系统的线电压和线电流，利用公式可得到。

有功功率　　　　　　　　　$P = \sqrt{3}U_L I_L \cos\varphi$

式中　U_L——线电压，V；

$\quad\quad I_L$——线电流，A。

如某一个系统电压 10kV，电流 40A，$\cos\varphi$ 为 0.87，求系统的有功消耗和无功消耗，如果将功率因数提高到 0.95 能节电多少？

根据公式：

$$P = \sqrt{3}U_L I_L \cos\varphi = 1.732 \times 10000 \times 40 \times 0.87 = 603\text{kW}$$

$$S = \sqrt{3}U_L I_L = 1.732 \times 10000 \times 40 = 693\text{kV} \cdot \text{A}$$

$$Q = \sqrt{S^2 - P^2} = \sqrt{693^2 - 603^2} = 342\text{kvar}$$

$$Q = \sqrt{3}U_L I_L \sin\varphi = 1.732 \times 10000 \times 40 \times 0.493 = 342\text{kvar}$$

功率因数提高到 $\cos\varphi = 0.95$，则

$$P = \sqrt{3}U_L I_L \cos\varphi = 1.732 \times 10000 \times 40 \times 0.95 = 658\text{kW}$$

$$Q = \sqrt{3}U_L I_L \sin\varphi = 1.732 \times 10000 \times 40 \times 0.312 = 216\text{kvar}$$

两次的计算结果相减：

$$P_1 - P_2 = 658 - 603 = 55\text{kW}$$

$$Q_1 - Q_2 = 342 - 216 = 126\text{kvar}$$

功率因数提高到 $\cos\varphi = 0.95$ 后有功功率提高 55kW，无功功率减少 126kvar。

$\cos\varphi$ 与 $\sin\varphi$ 对应值如表 7-1 所示。

表 7-1 $\cos\varphi$ 与 $\sin\varphi$ 对应值

$\cos\varphi$	$\sin\varphi$	$\cos\varphi$	$\sin\varphi$	$\cos\varphi$	$\sin\varphi$
1.000	0.000	0.900	0.436	0.800	0.600
0.990	0.141	0.890	0.456	0.780	0.626
0.980	0.199	0.880	0.475	0.750	0.661
0.970	0.243	0.870	0.493	0.720	0.694
0.960	0.280	0.860	0.510	0.700	0.714
0.950	0.312	0.850	0.527	0.650	0.760
0.940	0.341	0.840	0.543	0.600	0.800
0.930	0.367	0.830	0.558	0.550	0.835
0.920	0.392	0.820	0.572	0.400	0.916
0.910	0.415	0.810	0.586		

十二、根据负荷电流、敷设方式、敷设环境选用导线

国产 25mm² 以下常用导线截面与直径的关系：

截面 $S=1$　　1.5　　2.5　　4　　6　　10　　16　　25　　（mm²）

直径 $D=1.13$　1.37　1.76　2.24　2.7　3×1.33　7×1.70　7×2.12　（mm）

导线截面与直径的计算：　$S=R^2\pi$（半径的平方×3.14）

选用导线口诀：

十下 5；百上 2；二五、三五，4、3 分；七零、九五两倍半；穿管、温度八、九折；铜线升级算，裸线加一半。

口诀解释：十下 5，即 10mm² 以下导线每 1mm² 按 5A 计算；

百上 2，100mm² 以上导线每 1mm² 按 2A 计算；

二五、三五，4、3 分，25mm² 导线每 1mm² 按 4A 计算，35mm² 导线每 1mm² 按 3A 计算；

七零、九五两倍半，70~95mm² 导线每 1mm² 按 2.5A 计算；

穿管、温度八、九折，穿管暗敷设时导线载流量打八折，环境温度大于 35℃ 时导线载流量打九折；

铜线升级算，裸线加一半，因为口诀是按铝线载流量计算的，在使用绝缘铜线时，因为铜线的载流能力比铝线强，按增大一挡截面的绝缘铝线计算（例如 4mm² 的铜线载流量可按 6mm² 的铝线载流量计算），使用裸导线时，按相同截面绝缘导线载流量乘 1.5。

例：负荷电流 33A，要求铜线暗敷设，环境温度按 35℃ 试算是否可用。

设：采用 6mm² 的橡胶铜线（如 BX-6），据口诀铜线升级算可按 10mm² 绝缘铝线计算其载流量，为 10×5=50A；暗敷设，50×0.8=40A；环境温度按 35℃ 时，40×0.9=36A＞33A。可以使用。

例：负荷电流 66A，要求铝线暗敷设，环境温度按 35℃ 试算是否可用。

设：采用 16mm² 的塑铝线（如 BLV-16）。据口诀，16×4=64A；暗敷设，64×0.8=51.2A＜66A。改选 25mm² 的塑铝线（如 BLV-25）。据口诀，25×4=100A；暗敷设，100×0.8=80A；环境温度按 35℃ 时，80×0.9=72A＞66A。可以使用。

十三、无铭牌 380V 单相电焊机的额定容量计算

口诀：三百八焊机容量，空载电流乘以五。

交流电焊机实际上是一种特殊用途的降压变压器，与普通变压器相比，其基本工作原理大致相同。为满足焊接工艺的要求，电焊机在短路状态下工作，要求在焊接时具有一定的引弧电压。当焊接电流增大时，输出电压急剧下降。根据 $P = UI$（功率一定，电压与电流成反比），当电压降到零时（即二次侧短路），二次侧电流也不致过大等，即电焊机具有陡降的外特性，电焊机的陡降外特性是靠电抗线圈产生的压降而获得的。空载时，由于无焊接电流通过，电抗线圈不产生压降，此时空载电压等于二次电压，也就是说电焊机空载时与普通变压器空载时相同。变压器的空载电流一般约为额定电流的 6%～8%（国家规定空载电流不应大于额定电流的 10%）。

第八章

电气设备故障诊断要领

维修电工想要做到"手到病除"，首先必须具备必要的基础知识和专业知识。如了解掌握电气设备各种常用电器的结构、性能、用途，可能有的故障以及故障现象和发生原因；熟悉电气设备的电气原理图和图中各个电器所在位置和相互间关系。

对于各种检测仪表、工具，如常用的测电笔、万用表、兆欧表、钳形电流表等，要了解掌握它们的结构、性能、用途；要懂得正确使用方法；要清楚明白应知、应会、应注意事项。在通常的情况下，检查故障的时间往往比修理的时间长。

如果把有故障的电气设备比作病人，维修电工就好比医生。电气设备在使用中可能会发生故障，就像人有时也会生病一样。不过，电气设备不像人那样，部分组织或内脏坏了有时会成为"绝症"，而任何电器坏了，即使不能修理也还可以调换，因此电气设备只要查出故障所在，没有不治之症。中医诊断疾病有"望、闻、问、切"四诊要诀。如何诊断电气设备故障？参考中医诊断方法，结合电气设备故障的特殊性和诊断电气设备故障的成功实践经验，可总结归纳为"六诊"、"九法"、"三先后"要诀。

"六诊"、"九法"、"三先后"是一套电气设备诊断的思想方法和工作方法。事物往往是千变万化和千差万别的，电气设备出现的故障也五花八门，电气设备检修人员常讲"只有想不到的故障，没有发生不了的故障。"六诊"、"九法"、"三先后"只是一种思想方法和工作方法，切不可死搬硬套。同一种故障可能会有不同的现象，而同一种现象又可能是不同的故障引起的，对于多种故障同时存在的情况则更加复杂。检修人员要善于透过现象看本质，善于抓住事物的主要矛盾。

要学习掌握"电气设备诊断要诀"方法，一要有的放矢，二要机动灵活。即"三先后"并非一成不变，"六诊"要有的放矢，"九法"要机动灵活。"六诊"，"九法"可单用，也可合用，应根据不同的故障特点灵活掌握和运用。只有这样才能锻炼成为诊断电气设备故障的行家里手。

一、电器检修的"六诊"

"六诊"——口问、眼看、耳听、鼻闻、手摸、表测。六种诊断法，简洁地讲就是通过"问、看、听、闻、摸、测"来发现电气设备的异常情况，从而找出故障原因和故障所在部位。前"五诊"是凭人的五官和手，通过口问、眼看、耳听、鼻闻和手摸对电气设备故障有的放矢地诊断，故统称为感官诊断，又称直观检查法。感官诊断法在现场应用时十分方便、简捷。常采取顺藤摸瓜式检查方法，找到故障原因及故障所在部位，但感官诊断属于主观监测方法，由于各人技术经验差异，诊断结果有时也不相同。为了减少偏差，可采用"多人会诊法"把各人不同的感觉，不同的判断提出来共同商讨，求得正确的结论。

"六诊"中的"表测"，即用电气仪表测量某些电参数的大小，经与正常的数值对比后，来确定故障原因和部位，所以称仪表测量法。测量法确定故障原因或部位时，常采用优选法

（黄金分割点、二分法）逐步缩小故障范围，直至快速准确地查到故障点。

　　1. "六诊"之一的"口问"

　　发生故障后，一定要向设备操作人员了解故障发生的前后情况，有利于根据电气设备的工作原理来判断发生故障的部位，分析故障的原因。了解设备病历，应询问以往有无发生过同样或类似故障，曾作过如何处理，有无更改过接线或更换过零件等。了解设备故障发生的全过程，应询问故障发生之前有什么征兆，有无频繁启动、停止、过载等；故障发生时是什么现象，特别是出故障时的异常声音、火花、气味以及设备故障的特殊现象；当时的天气状况如何，电压是否太高或太低。如果故障是发生在有关操作期间或之后，还应询问当时的操作内容以及方法步骤。总之，了解情况要尽可能详细和真实，这些往往是找出故障原因和部位的关键。

　　例如一台机床中的一只热继电器经常脱扣使机床停止运行。检修时，只看到热继电器已脱扣，查不出其他故障。只能先考虑是否因机械故障造成过载引起脱扣，经检查机械上也无故障。热继电器复位再运行几小时也正常，但不久老毛病又重新出现，多次发生，始终找不出故障原因。后来详细询问操作人员，说故障发生时曾听到在机床后面有声音，根据这个线索查出所指发生方位是和热继电器有关的一台电动机。经仔细检查，是机床的冷却水滴到电动机的接线瓷板上，积累到一定数量后引起相间短路，一次火花以后，水滴被清除，几乎不留痕迹，此时就查不出任何故障了。如果不是详细询问，要找出这种故障是很困难的。从这个例子就可以看出"问"的重要性了。

　　2. "六诊"之二的"眼看"

　　一看现场，即仔细观察设备的外部状况或运行工况。如设备的外形、颜色有无异常，熔断器内熔体是否熔断；电气回路有无烧伤、烧焦、开路、短路，如触头烧焦、导线松脱和虚接打火等；机械部分有无损坏以及开关、刀闸、按钮、插接线所处位置是否正确，更改过的接线有无错误，更换过的零件是否相符等；另外，还应注意信号显示和表计指示等。对于已退出使用的电气设备必要时还可考虑进行通电试机观察。

　　二看图纸和有关资料。必须认真查阅与产生故障有关的电气原理图（亦称展开图，简称原理图）和安装接线图（简称接线图），看这两种图时，应先看懂弄清原理图，然后再看接线图，以"理论"指导"实践"。熟悉有关电气原理图和接线图后，根据故障现象依据图纸仔细分析故障可能产生的原因和地方，然后逐一检查。否则，盲目动手拆卸元器件，往往欲速则不达。甚至故障没查到，慌乱中又导致新的故障发生。

　　电气原理图是按国家统一规定的图形符号和文字符号绘制的表示电气工作原理的电路图，每个图形和文字符号表示一种特定意义的电气元件，线段表示连接导线，是电气技术领域必不可少的工程语言。看书要识字、词，还要懂一些句法、语法，识图也是如此。一些图例和文字符号含义可视作词及字，一些标注方法和图面的画法可视作句法及语法。这些是识图的基础。要看懂电气原理图，就必须认识和熟悉这些图形和文字符号，以及它们各自所代表的电气设备，还要弄清这些电气设备的构造、性能和它们在电路中所起的作用，重要的是必须掌握有关的电工知识，只有这样，才能真正识别电路图，阅读电路图，应用电路图。通过多次实践，达到见图即知物的熟练水平。

　　电气原理图由主电路（一次回路）和辅助电路（二次回路）两部分组成，主电路是电源向负载输送电能的电路，辅助电路是对主电路进行控制保护，监测、计量的电路。看电气原理图时，要抓住配电线路的"脉络"识读。即首先要分清主电路和辅助电路，按照先看主电路再看辅助电路的顺序读图，看主电路要从负载开始，经控制元件顺次往电源看，看辅助电路则应自上而下，从左向右看，从电源一端开始，经按钮、线圈等电气元件到电路另一端。通过看图、读图，分析有关元件的工作情况及其对主电路的控制关系。

电气原理图以介绍电气原理为主，主要用来分析电路的开闭、启动、保护、控制和信号指示等动作过程，所以在画法上不考虑设备和元件的实际位置及结构情况；只表示配电线路的接法，并不反映电路的几何尺寸和各元件的实际形状。而安装接线图却相反，它是按电气元件的线圈、触头、接线端子等实际排列情况绘制的，除了表示电路的实际接法外，还要画出有关部分的装置与结构，在安装现场校线、查线时就非常直观。电气原理图是安装接线图的依据。

看图要注意，根据国家的规定，自 1990 年 1 月 1 日起，所有电气技术文件和图样一律使用新的国家标准。新的国标 GB4728《电气图用图形符号》取代旧国标 GB 312《电工系统图图形符号》。新的国标 GB 7159—1987《电气技术中的文字符号制订通则》代替了由汉语拼音字母组成的 GB 315—1964《电工设备文字符号编制通则》，采用了国际上通用的拉丁字母，其字母一律为大写正体字。为此，识图时要知新旧图形和文字符号不一样，相差甚多；看阅新旧电路图要知新旧图形和文字符号对照关系。

3. "六诊" 之三的 "耳听"

细听电气设备运行中的声响。电气设备在运行中会有一定噪声，但其噪声一般较均匀且有一定规律，噪声强度也较低。带病运行的电气设备其噪声通常也会发生变化，用耳细听往往可以区别和正常设备运行噪声之差异。利用听觉判断电气设备故障，可凭经验细心倾听，必要时可用耳朵紧贴着设备外壳倾听。听声音判断故障，虽说是一件比较复杂的工作，但只要有 "实事求是" 的科学态度，从客观实际情况出发，善于摸索它的规律性，予以科学的研究与分析，是能够诊断出电气设备故障的原因和部位。

声音是由于物体振动而发出的，如果摸清了声音的规律性，通过它就能够知道眼看不见的故障原因。以下为影响电动机响声的几种因素。

① 温度。电动机有些响声是随着温度的升高而出现或增强的，而有些响声却随着温度的升高而减弱或消失。

② 负荷。负荷对响声是有很大影响的，响声随着负荷的增大而增强，这是响声的一般规律。

③ 润滑。不论什么响声，当润滑条件不佳时，一般都响得严重。

④ 听诊器具。可用螺钉旋具（旋凿）、金属棍、细金属管等；用听诊器具触到测试点时，响声变大，以利诊断。用听诊器具直接接触在发响声部位听诊，叫作 "实听"，用耳朵隔开一段距离听诊，叫作 "虚听"，两种方法要配合使用。虚听易产生错觉，如在电动机某侧听时，好像响声就在该侧，其实不然；用实听的方法，则可较准确地找到响声部位。

实践证实，用普通半导体收音机可以很方便地听诊电气设备是否有局部放电。因电气设备发生局部放电时，有高频电磁波发射出来，这种电磁波对收音机有一种干扰。因此，根据收音机喇叭中的响声，就可判断电气设备是否有局部放电。具体方法是：打开收音机的电源开关，把音量开大一些，调谐到没有广播电台的位置。携带收音机靠近要检测的电气设备，同时注意收音机喇叭中声音的变化。电气设备运行正常没有局部放电时，收音机发出很均匀的 "嗡嗡" 声；如响声不规则，"嗡嗡" 声中夹有很响的鞭炮声或很响的 "吱吱" 声，就说明附近有局部放电。

4. "六诊" 之四的 "鼻闻"

利用人的嗅觉，根据电气设备的气味判断故障。如过热、短路，击穿故障，则有可能闻到烧焦味、焦油味、火烟味和塑料、橡胶、油漆、润滑油等受热挥发的臭味。对于注油设备，内部短路、过热，进水受潮后其油样的气味也会发生变化，如出现酸味、臭味等。

5. "六诊"之五的"手摸"

用手触摸设备的有关部位，根据手感的温度和振动判断故障。如设备过载，则其整体温度就会上升；如局部短路或机械摩擦，则可能出现局部过热；如机械卡阻或平衡性（机械平衡或电磁平衡）不好，其振动幅度就会加大等。对于机械振动，手感的灵敏度往往比听觉还高。另外，个别零件、连接头以及接线桩头上的导线是否紧固，用手适当扳动也很容易发现问题。轻推电器活动机构，看移动是否灵活。当然，实际操作还应注意遵守有关安全规程和掌握设备的特点，掌握摸的方法和技巧，该摸的才摸，不该摸的切不要乱摸，用力也要适当，以免危及人身安全和损坏设备。例如温升是电动机异常运行和发生故障的重要信号。对中小容量的电动机，检测温升多用手摸，即用手背触摸电动机外壳，如果没有发烫到要缩手的感觉，说明被测电动机没有过热；如果烫得马上缩手，难以忍受，则说明电动机的温度已超过了允许值。用手背而不是用手心摸电动机外壳，是为了万一机壳带电时，手背比手心容易自然地摆脱带电的机壳。

例如热继电器误动作的"叩诊"。某台机床在运行中，动辄自动停机。经检查，系某只热继电器动作，控制回路被切断之故。然而，仔细检查该继电器所控制的电动机运行电流却是正常的；开关触点、电路接线也全无故障，这是什么缘故呢？用食指轻轻叩击该热继电器壳体，发现稍经叩击，运行的机床便自动停下，说明故障即在热继电器内。原来，电动机配用的热继电器额定电流值偏大，整定值调整在最低限，此时，热继电器的控制电路常闭触点压力很低，倘使机床运行中振动较大，或其他接触器吸合频繁，极易使该热继电器受振动而误动作。此种故障非"叩诊"不易查出。

6. "六诊"之六的"表测"

用仪表器材对电气设备进行检查。根据仪表测量某些电参数的大小，经与正常的数值对比后，来确定故障原因和部位。常用的方法有以下几种。

① 测量电压法。用万用表交流电压挡（检验灯）测量电源、主电路线电压及接触器和继电器线圈、各控制回路两端的电压。若发现所测处电压与额定电压不相符合（超过10%以上），则是故障可疑处。

② 测量电流法。用钳形电流表或万用表交流电流挡测量主电路及有关控制回路的工作电流。若所测电流值与设计电流值不符（超过10%以上），则该相电路是故障可疑处。

③ 测量电阻法。即断开电源后，用万用表欧姆挡测量有关部位电阻值。若所测电阻值与要求的电阻值相差较大，则该部位极有可能就是故障点。一般来讲，触点接通时，电阻值趋近于0，断开时电阻值为∞；导线连接牢靠时连接处的接触电阻亦趋近于0，连接处松脱时，电阻值则为∞；各种绕组（或线圈）的直流电阻值也很小，往往只有几欧姆至几百欧姆，而断线后的电阻值为∞。

④ 测量绝缘电阻法。即断开电源，用兆欧表测量电气元件和线路对地以及相间绝缘电阻值。低压电器绝缘层绝缘电阻规定不得小于 $0.5M\Omega$。绝缘电阻值过小是造成相线与地、相线与相线，相线与中性线之间漏电和短路的主要原因，若发现这种情况，应予以着重检查。

二、用"六诊"推断常见异步电动机空载不转或转速慢的故障病因

（1）症状和病因

三相异步电动机在空载时不转或转速慢的故障是经常发生的。故障病源很多，可归纳如下：熔丝一相熔断，馈电线路有断线现象，电动机控制接触器的触头损坏，定子绕组中有断线，定子绕组首尾接反，极相组接反，相间短路，极相组短路，绕组间短路，定子绕组接地，转子绕组断路，定子铁芯松动，转子与定子的槽配合不当，转子与转轴发生松动，转轴弯曲，组装不当，轴承松动，轴与轴承内尺寸配合过紧，轴承损坏，润滑油浓度太大，轴承内有异物，严重扫膛等。

（2）诊断步骤

检修人员应充分掌握故障电动机的情况，一般可按下列步骤进行。

① 问。向操作者询问清楚电动机出故障之前的情况和出故障时的现象。

② 看。查看电动机的运转情况、有无冒烟现象；查看电动机上铭牌，尽可能明了电动机的规格、构造和特性，电动机的新旧，使用负载率；查看电动机外壳上散热片的防腐漆颜色，前端盖轴承外盖间有无油污等。

③ 闻。靠近电动机，嗅一嗅有没有焦臭气味。

④ 摸。摸一摸电动机外壳散热片、前端盖、轴承外盖的温度高低、发热部位的大小；用手旋转电动机的带轮，转动是否灵活，感觉是否轻松自如。

⑤ 听。在用手旋转电动机的带轮时，将耳朵靠近电动机，或用旋凿触电动机外壳上，耳朵靠在旋凿木柄上听电动机旋转时的声音，且仔细"实听"几处。

⑥ 测。测量故障电动机的绝缘电阻、电源电压。

（3）故障判断

当进行了上述六个步骤的"六诊"以后，经分析、判断，目标缩小了，就可进行有目的地查找。

无论由哪个原因引起异步电动机空载不转或转速慢，都会导致电流增加，熔丝熔断。应根据查看熔丝熔断情况和其他现象找出原因，尽量不要轻易通电。

电动机空载不转或转速慢的病因，从大的方面可以分为电路原因和机械原因。现分析、推断如下。

用手旋转电动机的带轮时，可以得到两种结果：转动灵活，感觉轻松；或转动不灵活，感觉不正常，很吃力。

① 在旋转电动机带轮时，感觉不正常，说明电动机的机械部分（转子、定子、轴承等）有故障，而电路部分有故障的可能性就很小，但是也不能排除没有其他故障。这时，应把精力和目标放在机械上。旋转电动机时，耳朵听电动机内的声音，同样可以得到两种不同声音的结果：正常声音或异常声音。

在电动机旋转过程中，如果听到异常的"嚓嚓"响声。说明金属相碰或者摩擦。根据电动机的结构原理，判断可能是轴承故障或有扫膛现象。再进一步旋转，仔细注意一下，吃力点和异常声音点是否规律，如果有规律，总是在某一个固定点吃力并发出"嚓嚓"摩擦声，很大可能是定子和转子摩擦，即扫膛。如果没有规律，一般来说，是轴承损坏或轴承内有异物。然后打开电动机，察看定子和转子，如果有摩擦过的痕迹，说明是扫膛。用千分表检查转子和转轴是否同心，没有发现问题再检查轴承是否过松或严重损坏。

在电动机旋转过程中，如果没有异常响声，再仔细注意一下，吃力点是否有规律性，如果有规律，说明在某点转动部分被固定部分卡住了，这可能是由转轴弯曲、组装不当、严重扫膛造成的。如电动机是经常用的，则组装不当这个可能性可排除，很大可能是转轴弯曲或严重扫膛；如果电动机是新绕制的或刚拆装的（如电动机拆时，两外盖未标记号，安装时前后上下装错），则三种可能性都有。如果吃力点没有规律，一般是运动部分故障，这可能是由转子与转轴发生松动，轴与轴承内尺寸配合过紧，润滑油浓度太大造成的。如电动机是常用的，轴与轴承内尺寸配合过紧的可能性可以排除，则很大可能是转子与转轴发生松动或润滑油浓度太大；如果电动机是新绕制的或刚拆装的，则三种可能性都可能存在。然后打开电动机，对分析推断的可能性进行测试检查。

② 在旋转电动机带轮的过程中，如感觉转动灵活、轻松，一般来说，电动机在机械方面没有什么故障，故障很大可能出现在电路上。此时，尽量不要通电检查，应根据测量电动机的绝缘电阻，判别电动机是否有接地故障，然后通过测量绕组电阻进行推断。

如测量绕组电阻值正常，说明绕组没有什么短路或断路的故障。可能是熔丝熔断、馈电线路有断线现象、接触器触头损坏、定子铁芯松动、转子绕组严重断路、绕组首尾接反、转子与定子的槽配合不当等造成的。究竟是哪一种病因造成的？这时要进一步了解电动机是经常用的，还是新绕制的或刚拆装的（问诊）。如果电动机是经常用的，抓住它出故障前的情况，可以帮助分析推断。在发生故障前，电压稳定而电动机的转速忽快忽慢，说明线路上有接触不良的地方。一般是由熔丝接触不良、馈电线路似断非断、接触器的触头损坏造成的。有时候这个问题隐蔽在绕组当中。时间久了熔丝熔断，馈电线路断开。在发生故障前，电动机转速降低，并且还有电磁"嗡嗡"声，这有可能是由定子铁芯松动、转子绕组严重断路造成的。如果电动机是新绕制的或刚拆装的，在电阻值正常时，首先怀疑的是相绕组首尾接反，极相绕组接反，转子与定子的槽配合不当。究竟是不是，应用指南针法判断清楚。如果上面三个病因都没发生，再根据现象，对其他几个病因进行试推断（测诊）。

如测量绕组电阻值不正常，肯定是绕组有短路或断路。可对测得的绕组电阻值进行分析：绕组电阻值无限大，说明是绕组断路，可能是单相绕组断路或绕组连接线断开；绕组电阻值比额定值大，一般是由于并联绕组支路断路或绕组回路接触不良造成的；绕组电阻值比额定值小，说明绕组有短路，一般是由绕组线圈短路、极相绕组短路、绕组严重接地、相绕组间短路造成的；绕组电阻值近于零，肯定是相绕组头尾相连或相绕组严重短路。

上例是运用"六诊"有的放矢地推断异步电动机空载不转或转速慢故障的病因和故障所在部位。当然有时故障病因有两个以上，甚至非常隐蔽，只要根据故障显示的现象和特点，正确掌握善于巧妙用"六诊"，就一定能"快"且"准"地找出故障病因和所在部位。

三、常用电气设备故障诊断方法

电气设备故障可分为两类：一类是"显性"故障，即故障部位有明显的外表特征，容易被人发现，如继电器和接触器的线圈立热、冒烟、发出焦糊味、触头烧熔、接头松、电器声音异常、振动过大、移动不灵、转动不活等；另一类是"隐性"故障，即故障没有外表特性，不易被人发现，如熔体中熔丝熔断，绝缘导线内部断裂，热继电器整定值调整不当，触头通断不同步等。"隐性"故障由于没有外表特征，常需花费较多的时间和精力去分析和查找。当一台大型电气设备较复杂的控制系统发生故障，初步感官诊断故障病因有两个以上，且均属"隐性"故障时，不要急于乱拆乱查，盲目进行"六诊"，否则，往往欲速而不达，甚至故障没查到，慌乱中又酿成新的故障。急病慢郎中，应在初步感官诊断的基础上，熟悉故障设备的电路原理，结合自身诊断技术水平和经验，经过周密思考，确定一个科学的、行之有效的检查故障病因和部位的方法。

1. 电气设备故障诊断方法之一——分析法

根据电气设备的工作原理、控制原理和控制线路，结合初步感官诊断故障现象和特征，分析故障原因，确定故障范围。分析时，先从主电路入手，再依次分析各个控制回路，然后分析信号电路及其余辅助回路。

2. 电气设备故障诊断方法之二——开路法

甩开与故障疑点连接的后级负载（机械或电气负载），使其空载或临时接上假负载。对于多级连接的电路，可逐级甩开或有选择地甩开后级。甩开负载后可先检查本级，如电路工作，则故障可能出在后级，如电路工作仍不正常，则故障在开路点之前。此法主要用于检查过载、低压故障，对于电子电路中的工作点漂移，频率特性改变也同样适用。

3. 电气设备故障诊断方法之三——短路法

把电气通道的某处短路或某一中间环节用导线跨接。此法主要适用于检查高频电路自激或干扰，也可检查电路中某一环节是否通路。检查高频电路时可把某级输入端短接，看干扰是否消除，以判断故障在短路点之前还是之后；对于某中间环节是否通路，则可用短接线或旁路电容跨接，如短接后即恢复正常，则故障就在该环节。采用短路法时需注意不要影响电路的工况，如短路交流信号通常利用电容器，而不随便使用导线短接。

4. 电气设备故障诊断方法之四——切割法

把电气上相连的有关部分进行切割分区，以逐步缩小可疑范围。如查找 10kV 中性点不接地系统的单相接地故障和直流系统接地故障，通常都首先采用逐条拉开馈线的"拉路法"，拉到某条馈线时接地故障信号消失，则接地点就在该条馈线内。除非整个系统出现普遍性绝缘下降，拉路法往往能较快地查找出故障线路。而对于查找某条线路的具体接地点，或者对于查找故障设备的具体故障点，同样可以采用切割法。查找馈线的接地点，通常在装有分支开关或便于分割的分支点作进一步分割，或根据运行经验重点检查薄弱环节；查找电气设备内部的故障点通常是根据电气设备的结构特点，在便于分割处作为切割点。

5. 电气设备故障诊断方法之五——替换法

对有怀疑的电气元件或零部件用正常完好的电气元件或零部件替换，以确定故障原因和故障部位。容易拆装的零部件、如插件、嵌入式继电器等，要作详细检查往往比较麻烦，而用替换法则较简便，对于某些电子零件，如晶体管、晶闸管等，用普通的检查手段往往很难判断其性能（如热稳定、高频特性、大电流伏安特性等）好坏，用替换法同样简便易行。若替换有怀疑的电气元件或零部件后设备即恢复正常，则故障就出在该电气元件或零部件；如仍不正常，则可能是其他原因。采用此方法时，注意用于替换的电器应与原电器规格、型号一致，导线连接要正确、牢固，以免发生新的故障。

6. 电气设备故障诊断方法之六——对比法

把故障设备的有关参数或运行工况和正常设备进行比较。某些设备的有关参数往往未必能从技术资料中查到，设备中有些电气零部件的性能参数在现场也难以判断其好坏，有条件时（同类电气设备多台）可采用互相对比的办法，参照正常的进行调整或更换。

7. 电气设备故障诊断方法之七——菜单法

根据故障现象和特征，将可能引起这种故障的各种原因顺序罗列出来，然后一个个地查找和验证，直到确诊出真正的故障原因和故障部位。此方法最适合初级电工使用。

8. 电气设备故障诊断方法之八——再现故障法

接通电源，按下启动按钮，让故障现象再次出现，以找出故障所在。再现故障时，主要观察有关继电器和接触器是否按控制顺序进行工作，若发现某一个电器的工作不对，则说明该电器所在回路或相关回路有故障，再对此回路作进一步检查，便可发现故障原因和故障点。

9. 电气设备故障诊断方法九——扰动法

对运行中的电气设备人为地加以扰动，观察设备运行工况的变化，捕捉故障发生的现象。电气设备的某些故障并不是永久性的，而是短时区内偶然出现的随机性故障。要诊断此类故障比较困难。为了观察故障发生的瞬间现象，通常采用人为因素对运行中的电气设备加以扰动，如突然升压或降压，增加负荷或减少负荷，外加干扰信号等。

四、电气设备检修的"三先后"

"三先后"即先易后难、先动后静、先电源后负载。"六诊"的排列顺序和正确的运用均是先感官诊断（前五诊）后表测。否则，无目标、无规律地乱拆乱查，虽然最终也能找到故障原因和部位，但拖延了故障排除的时间，有时甚至还会损坏其他的零部件。例如一名电工故障未能尽快排除，就因没"问诊"，而先"表测"。有一处工程使用一台的三相异步电动机，配套自耦减压启动箱作降压启动，安装后使用一年多运行正常，后因需要，工程队将电动机挪了个地方，并重新安装后，发现电动机星形启动时正常，当切换为三角运行时响声异常，电动机转速明显下降，数秒钟后热继电器动作，电动机断电停车。因任务很紧，急叫电工前来修理。某电工到现场后，没有问现场情况，就根据电话中得知的现象怀疑三角形运行后，电动机缺相运行，造成热继电器过流动作。于是用所带仪表着手检查三角形运行时交流接触器及连接导线、时间继电器、热继电器等。可忙了半天，均未发现异常。此时只剩下电动机的六根接线未检查，当动手核对电动机接线时，发现电动机一相线头首尾接反了，对调后试机，故障排除运行正常。这时电工才问电动机是否挪动过，可见"问诊"的重要性。

1. 先易后难

先易后难，即根据客观条件，容易实施的方法优先采用，不易实施或较难实施的方法必要时才采用。通常是先作直观检查和了解（感官诊断），其次才考虑采用仪表仪器检查（表测才能有的放矢）。例如熔丝熔断、开路、短路、过热、烧伤等，往往用直观检查就能发现，当然未必需要一下子就动用仪表仪器检查；用直观检查发现不了的问题，用万用表之类普通仪表配合就能作出诊断的，不必动用高级、精密的仪器仪表检查。对于结构比较复杂的电气设备，通常是先检查其外围零件和接线，如需解体检查，其核心部分和不易拆装部分更应慎重考虑，即先外后内。先用简单易行、自己最拿手的方法检查直观、显而易见、简单常见的故障，后再用复杂、精确的方法去检查难度较高、没有见过和听过的疑难故障。

2. 先动后静

先动后静，即着手检查时首先考虑电气设备的活动部分，其次才是静止部分。有经验的检修人员都知道，电气设备的活动部分比静止不动部分所发生的故障概率要高得多，所以诊断时首先要怀疑的对象往往是经常动作的零部件或可动部分，如开关、刀闸、熔丝、接点、接头、插接件、机械运动部分。

3. 先电源后负载

先电源后负载，即检查的先后次序从电路的角度来说，是先检查电源部分，后检查负载部分。这是因为电源侧故障势必会影响到负载，而负载侧故障则未必会影响到电源。如电源电压过高、过低、波形畸变、三相不对称等都可能会影响电气设备的正常工作。另外，电源部分的故障概率也往往较高，尤其是电流互感器和电压互感器的二次回路接线，往往是最容易搞错且又容易忽略的地方。对于用电设备，通常先检查电源的电压、电流、电路中的开关、触点、熔丝、接头等，故障排除后才根据需要检查负载。

第九章

电工安全作业

第一节 电气安全工作基本要求

一、一般规定

① 电气设备分为高压和低压两种。高压：设备对地电压在 250V 以上者。低压：设备对地电压在 250V 及以下者。对地电压，系指带电后电气设备的接地部分（接地外壳、接地线、接地体）或带电体与大地零电位之间的电位差。

② 电气工作人员应具备下列条件：

a. 身体健康，经医生鉴定无妨碍工作的疾病；

b. 具备必要的电气知识并且按其职务和工作性质熟悉国家的有关规程，并经主管部门考试合格；

c. 必须会触电急救法和电气防火和救火方法；

d. 特种作业操作证每两年由原考核发证部门复审一次。

③ 电气设备无论带电与否，凡没有做好安全技术措施的，均得按有电看待，不得随意移开或越过遮栏进行工作。

④ 供电设备无论仪表有无电压指示，凡未经验电、放电，都应视为有电。

⑤ 经批准同意停电时，应按范围停电，不得随意扩大停电范围。

⑥ 所谓运行设备系全部带电或部分带电，或一经操作即可带电的设备。

二、用电安全的基本原则

① 防止电流经由身体的任何部位通过。工作时应穿长袖工装。电工工作时，应穿着长袖紧口的工作服，不允许穿短衣、短裤、背心工作，女同志工作时应头戴工作帽，将头发盘在工作帽内，以防止在工作时意外接触带电体，防止头发卷入机械运动部件，造成人身伤害。

② 防止故障电流经由身体的任何部位通过。

③ 应使所在场所不会发生因过热或电弧引起可燃物燃烧或使人遭受灼伤的危险。

④ 故障情况下，能在规定的时间内自动断开电源。

三、用电安全的基本要求

① 用电单位除应遵守国家安全标准的规定外，还应根据具体情况制定相应的用电安全规程及岗位责任制。

② 用电单位应对使用者进行用电安全教育，使其掌握用电安全的基本知识和触电急救

知识。

③ 电气装置在使用前，应确认具有国家制定机构的安全认证标志或其安全性能已经国家制定检验机构检验合格。

如中国电工产品认证委员会（CCEE）质量认证标志。长城标志是表示电工产品已经符合中国电工产品认证委员会规定的认证要求的图形标识，适用于经 CCEE 认证合格的电工产品。已实施强制认证的产品有：电视机、收录机、空调机、电冰箱、电风扇、电动工具、低压电器。

④ 电气装置在使用前，应确认符合相应的环境要求和使用等级要求。

⑤ 电气装置在使用前，应认真阅读产品使用说明书，了解使用时可能出现的危险以及相应的预防措施，并按产品使用说明的要求正确使用。

⑥ 用电单位或个人应掌握所使用的电气装置的额定容量、保护方式和要求、保护装置的整定值和保护元件的规格。不得擅自更改电气装置和延长电气线路，不得擅自增大电气装置的额定容量，不得任意改变保护装置的整定值和保护元件的规格。

⑦ 任何电气装置都不应超负荷运行和带故障使用。

⑧ 用电设备和电气线路的周围应留有足够的安全通道和工作空间，电气装置附近不应堆放易燃、易爆和腐蚀性物品。

⑨ 使用的电气线路必须具有足够的绝缘强度、机械强度和导电能力并定期检查，禁止使用绝缘老化或失去绝缘性能的电气线路。

⑩ 软电缆或软线中的绿黄双色线在任何情况下只能用作保护线。

⑪ 移动使用的配电箱（板）应采用完整的、带保护线的多股铜芯橡胶护套软电缆或护套线作电源线，同时应装设漏电保护器。

⑫ 插头与插座应按规定正确接线，插座的保护接地极在任何情况下都必须单独与保护线可靠连接，禁止在插头（座）内将保护接地极与工作中性线连接在一起。

⑬ 在儿童活动场所，不应使用低位插座，否则应采取防护措施。

⑭ 在插拔插头时人体不得接触到电极，不应对电源线施加拉力。

⑮ 浴室、蒸汽房、游泳池等潮湿场所应使用专用插座，否则应采取防护措施。

⑯ 在使用 I 类移动式设备时，应确认其金属外壳或构架已可靠接地，使用带保护接地极插头插座，同时宜装设漏电保护器，禁止使用无保护线插头插座。

⑰ 正常使用时会飞溅火花、灼热飞屑或外壳表面温度较高的用电设备，应远离易燃物质或采取相应的密封、隔离措施。

⑱ 在使用固定安装的螺口灯座时，灯座螺纹端应接至电源的中性线上。

⑲ 电炉、电熨斗等电热器具应使用专用的连接器，并应放置隔热底座上。

⑳ 临时用电应经有关主管部门批准，并有专人负责管理，限期拆除。

㉑ 用电设备在暂停或停止使用，发生故障或突然停电时均应及时切断电源，否则应采取相应的安全措施。

㉒ 当保护装置动作或熔断器的熔体熔断后，应先查明原因，排除故障，并确认电气装置已恢复正常才能重新接通电源，继续使用，更换熔体时不应任意改变熔断器的熔体规格或用其他导线代替。

㉓ 当电气装置的绝缘或外壳损坏，可能导致人体触及导电部位时，应立即停止使用，并及时修复或更换。

㉔ 禁止擅自设置电网、电围栏或电具捕鱼。

㉕ 露天使用的用电设备、配电装置应采取合适的防雨、防雪、防雾和防尘的措施。

㉖ 禁止利用大地作工作中性线。

㉗ 禁止将暖气管、煤气管、自来水管等作为保护线使用。

㉘ 用电单位的自备发电装置应采取与供电电网隔离的措施，不得擅自并入电网。

㉙ 当发生人身触电事故时，应立即断开电源，使触电人员与带电部分脱离，并立即进行急救，在切断电源之前禁止其他人员直接接触触电人员。

㉚ 当发生电气火灾时，应立即断开电源，并采用合适的消防器材进行灭火。

第二节　绝缘安全用具的检查与使用

绝缘安全用具是指用来防止工作人员在工作中发生直接触电的用具。绝缘安全用具分为基本绝缘安全用具和辅助绝缘安全用具两类。

基本绝缘安全用具：用具本身的绝缘足以抵御工作电压的用具（通俗的解释是可以接触带电体）。

辅助绝缘安全用具：用具本身的绝缘不足以抵御工作电压的用具（通俗的解释是不可以接触带电体）。

以下主要讲述低压电工的安全用具。

一、绝缘鞋

绝缘鞋是低压电工必备的个人安全防护用品，实物如图 9-1 所示，主要用于防止跨步电压的伤害，也辅助用作防止接触带电体造成电击事故。绝缘鞋在使用之前应检查鞋底花纹是否磨平，有无扎伤。

图 9-1　绝缘鞋

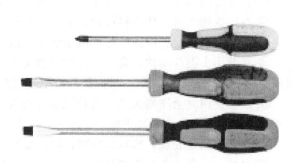

图 9-2　螺丝刀

二、螺丝刀

螺丝刀也称螺钉旋具，有平口（也称一字头）和十字口（十字头）两种，如图 9-2 所示。应配合不同槽型螺钉的使用，电工用螺丝刀必须使用有绝缘手柄的螺丝刀，工作中为了避免螺丝刀金属杆触及人体或邻近的带电体，应在螺丝刀金属杆上加套绝缘管。

三、电工钳

钢丝钳是用来钳、夹和剪断的工具，如图 9-3 所示，由钳头和钳柄两部分组成。其功能较多：钳口用来弯绞或钳夹导线线头；齿口用来紧固或起松螺母；刃口可用来剪断导线或剖削导线绝缘层。电工所用的钢丝钳，钳柄上应套有耐压为 500V 以上的绝缘套管。

图 9-3　钢丝钳

尖嘴钳钳柄上套有额定电压 500V 的绝缘套管。是一种常用的钳形工具，如图 9-4 所示。主要用来剪切线径较细的单股与多股线，以及给单股导线接头弯圈、剥塑料绝缘层等，能在较狭小的工作空间操作，不带刃口者只能夹捏工作，带刃口者能剪切细小零件，它是电工（尤其是内线电工）、仪表及电讯器材等装配及修理工作常用的工具之一。

偏口钳电工常用工具之一，又称为"斜口钳"，如图 9-5 所示，主要用于剪切导线，元器件多余的引线，还常用来代替一般剪刀剪切绝缘套管、尼龙扎线卡等。

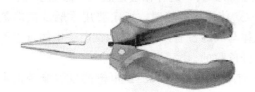

图 9-4　尖嘴钳

图 9-5　偏口钳

四、剥线钳

剥线钳为内线电工，电动机修理、仪器仪表电工常用的工具之一，其外形如图 9-6 所示。它是由刀口、压线口和钳柄组成。剥线钳的钳柄上套有额定工作电压 500V 的绝缘套管。剥线钳适用于塑料、橡胶绝缘电线、电缆芯线的剥皮。使用方法是：将待剥皮的线头置于钳头的刀口中，用手将两钳柄一捏，然后一松，绝缘皮便与芯线脱开。

图 9-6　电工剥线钳

图 9-7　电工刀

五、电工刀

电工刀是电工常用的一种切削工具。普通的电工刀由刀片、刀刃、刀把、刀挂等构成，如图 9-7 所示。电工刀不是绝缘用具，使用时不能带电使用，不用时，把刀片收缩到刀把内。

电工刀的刀刃部分要磨得锋利才好剥削电线。但不可太锋利，太锋利容易割伤线芯，磨得太钝，则无法剥削绝缘层，磨刀刃一般采用磨刀石或油磨石。磨好后再把底部磨点倒角，即刃口略微圆一些，对双芯护套线的外层绝缘的剥削，可以用刀刃对准两芯线的中间部位，把导线一剖为二。

用电工刀可以削制木榫、竹榫，圆木与木槽板或塑料槽板的吻接凹槽，就可采用电工刀在施工现场切削。

六、低压试电笔

低压试电笔实物如图 9-8 所示，低压试电笔适用于测试 75～500V 交流电压，使用时用手捏住后端金属部分，用前端金属部分接触带电体，笔内氖泡发光，则表示有电，构造如图 9-9 所示。

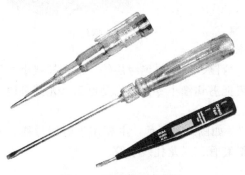

图 9-8　常用低压试电笔

使用低压试电笔时，应注意以下事项。

① 使用试电笔之前，首先要检查试电笔里有无安全电阻，再直观检查试电笔是否有损坏，有无受潮或进水，检查合格后才能使用。

② 使用试电笔时，不能用手触及试电笔前端的金属探头，这样做会造成人身触电事故。

③ 使用试电笔时，一定要用手触及试电笔尾端的金属部分，否则，因带电体、试电笔、人体与大地没有形成回路，试电笔中的氖泡不会发光，造成误判，认为带电体不带电，这是十分危险的。

④ 在测量电气设备是否带电之前，先要找一个已知电源测一测试电笔的氖泡能否正常发光，能正常发光，才能使用。

⑤ 在明亮的光线下测试带电体时，应特别注意氖泡是否真的发光（或不发光），必要时可用另一只手遮挡光线仔细判别。千万不要造成误判，将氖泡发光判断为不发光，而将有电判断为无电。

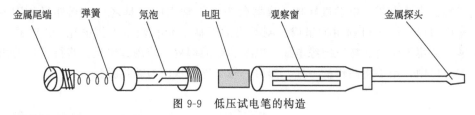

　金属尾端　　弹簧　　　氖泡　　　　电阻　　　观察窗　　　　　　金属探头

图 9-9　低压试电笔的构造

低压试电笔的使用如下。

（1）判断交流电与直流电

判别交直流电时，最好在"两电"之间作比较，这样就很明显。测交流电时氖管两端同时发亮，测直流电时氖管里只有一端发亮。

口诀：电笔判断交直流，交流明亮直流暗，交流氖管通身亮，直流氖管亮一端。

（2）判断直流电正负极

氖管的前端指验电笔笔尖一端，氖管后端指手握的一端，前端明亮为负极，反之为正极。测试时要注意：电源电压为 110V 及以上；若人与大地绝缘，一只手摸电源任一极，另一只手持测电笔，电笔金属头触及被测电源另一极，氖管前端发亮，所测触的电源是负极，若是氖管的后端发亮，所测触的电源是正极，这是根据直流单向流动和电子由负极向正极流动的原理。

口诀：电笔判断正负极，观察氖管要心细，前端明亮是负极，后端明亮为正极。

（3）判断直流电源有无接地，正负极接地的区别

发电厂和变电所的直流系统，是对地绝缘的，人站在地上，用验电笔去触及正极或负极，氖管是不应当发亮的，如果发亮，则说明直流系统有接地现象；如果发亮的部位在靠近

笔尖的一端，则是正极接地；如果发亮的部位在靠近手指的一端，则是负极接地。

口诀：变电所直流系统，电笔触及不发亮；

若亮靠近笔尖端，正极有接地故障；

若亮靠近手指端，接地故障在负极。

（4）电压高低的大致判断

在电压等级合适的范围内，可用低压验电器判断电压的高低。氖泡发光强（发光即亮又长），则表明电压高；氖泡发光弱（发光暗红且短），则表明电压低。

（5）相线、零线的判断

用低压验电器接触相线时，氖泡发光；接触零线时氖泡不应发光。如果电气设备（变压器、电动机等）三相负荷严重不平衡，用低压验电器测其中性线时，氖泡会发光。电气设备绕组有严重的短路故障时，也可用此方法判断。

（6）电气设备漏电的判断

用低压验电器接触低压电气设备的外壳，如果氖泡发光，则该设备的绝缘可能损坏，或者是相线与外壳相碰，电气设备外壳接地良好时，氖泡不应发光。

（7）电气回路的判断

用低压验电器接触相线时，若氖泡闪光则说明：一该电路中某个连接部件接触不良（虚接）；二不同的电力系统相互干扰所致。

（8）单相电气设备外壳感应电的判断

单相电气设备没有接保护线时，用低压验电器检查外壳时，验电器氖泡可能会亮，此时应特别小心，人体不得接触设备的外壳，可将设备的电源插头调换方向后，用验电笔验电，如氖泡不发光或发出弱光，说明有感应电压存在。

（9）带有电容的设备残余电荷的判断

电力电缆、电容器等带有电容的设备在停电或用兆欧表测量绝缘电阻后，该设备未放电前存有残余电荷，接触该设备的接线端子，极易造成人身触电，若用低压验电器接触接线端子，氖泡一闪即灭，说明该设备有残余电荷。

第三节　检修安全用具

检修安全用具是指检修时应配置的保护人身安全和防止误入带电间隔以及防止误操作的安全用具。

检修安全用具除基本绝缘安全用具和辅助绝缘安全用具外，还有临时接地线、标示牌、安全带、脚扣、临时遮栏、安全灯等。

一、临时接地线

1. 对临时接地线的使用要求

① 临时接地线应使用多股软裸铜线，截面不小于 25mm²，如图 9-10 所示（现在市场供应的临时接地线，有一种在导线外加无色透明塑料绝缘，其目的是保护软铜导线不易断线，不散股，可视为裸线）。

② 临时接地线无背花，无死扣。

③ 接地线与接地棒的连接应牢固，无松动现象。

④ 接地棒绝缘部分无裂缝，完整无损。

⑤ 接地线卡子或线夹与软铜线的连接应牢固，无松动现象。

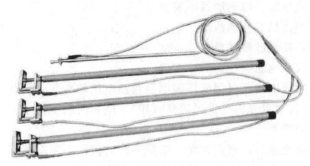

图 9-10　临时接地线

2. 挂、拆临时接地线的要求

挂临时接地线应由值班员在有人监护的情况下，按操作票指定的地点进行操作。在临时接地线上及其存放位置上均应编号，挂临时接地线还应按指定的编号使用。

装、拆临时接地线的实际操作及安全注意事项如下。

① 装设时，应先将接地端可靠接地，当验电设备或线路确无电压后，立即将临时接地线的另一端（导体端）接在设备或线路的导电部分上，此时设备或线路已接地并三相短路。

② 装设临时接地线必须先接接地端，后接导体端；拆的顺序与此相反。装、拆临时接地线应使用绝缘棒或戴绝缘手套。

③ 对于可能送电至停电设备或线路的各方面或停电设备可能产生感应电压的，都要装设临时接地线。

④ 分段母线在断路器或隔离开关断开时，各段应分别验电并接地之后方可进行检修。降压变电所全部停电时，应将各个可能来电侧的部位装设临时接地线。

⑤ 在室内配电装置上，临时接地线应装在未涂相色漆的地方。

⑥ 临时接地线应挂在工作地点可以看见的地方。

⑦ 临时接地线与检修的设备或线路之间不应连接有断路器或熔断器。

⑧ 带有电容的设备或电缆线路，在装设临时接地线之前，应先放电。

⑨ 同杆架设的多层电力线路装设临时接地线时，应先装低压，后装高压；先装下层，后装上层；先装"地"，后装"火"。拆的顺序则相反。

⑩ 装、拆临时接地线工作必须由两人进行，若变电所为单人值班时，只允许使用接地线隔离开关接地。

⑪ 装设了临时接地线的线路，还必须在开关的操作手柄上挂"已接地"标志牌。

3. 挂、拆接地线操作必须使用操作票

挂接一组地线的操作项目有两项，即在××设备上验电应无电；在××设备上挂接地线。拆接地线的操作项目为一项，即拆除××设备的接地线。但都必须使用操作票。

因为此项操作是一项关系到人身安全的操作，所以要谨慎操作，其中特别是挂接地线的操作，如发生错误，就要发生带电挂接地线，造成操作电工触电或烧伤以及电气设备的损坏事故。误拆除接地线的危害也不小，当停电设备进行检修工作还未结束，工作地点两端导线没有挂地线。这时，如线路突然来电，检修人员就会触电伤亡。所以无论是挂接地线还是拆除接地线操作必须使用操作票。

4. 挂接地线时先接接地端，后接导线端

挂接或拆除接地线的操作顺序千万不能颠倒，否则将危及操作人员的人身安全，甚至造成人身触电事故。挂接地线时，如先将地线的短路线挂接在导体上，即先接导线端，此时若线路带电（包括感应电压），操作电工的身体上也会带电，这样将危及操作电工的人身安全。拆接地线时，如先将接地线的接地端拆开，还未拆下接地线的短路线，这时，若线路突然来电（包括感应电压），操作电工的身体上会带电，人体上有电流通过，将危及操作人员的人身安全。

二、标示牌

1. 标示牌的种类

标示牌作用：用来警告工作人员不得接近设备的带电部分或禁止操作设备，指示工作人员何处可以工作及提醒工作时必须注意的其他安全事项。标示牌有四类七种，按其性质分为以下几种。

① 禁止类：有"禁止合闸，有人工作"和"禁止合闸，线路有人工作"。

```
┌─────────────────┐
│  禁止合闸        │
│  有人工作        │
└─────────────────┘
```

"禁止合闸，有人工作"尺寸为 200mm×100mm 或 80mm×50mm，白底红字。标示牌应悬挂在：一经合闸即可送电到施工的断路器设备和隔离开关的操作手柄（检修设备挂此牌）。

```
┌─────────────────┐
│  禁止合闸        │
│  线路有人工作    │
└─────────────────┘
```

"禁止合闸，有人工作"尺寸为 200mm×100mm 或 80mm×50mm，红底白字。标示牌应悬挂在：一经合闸即可送电到施工的断路器设备和隔离开关的操作手柄（检修设备挂此牌）。

② 警告类：有"止步，高压危险"和"禁止攀登，高压危险"。

```
┌─────────────────┐
│  禁止攀登        │
│  高压危险        │
└─────────────────┘
```

"禁止攀登，高压危险"尺寸为 200mm×250mm，白底红字，中间有红色危险标志。标志牌悬挂在：
工作人员上下铁架邻近可能上下的另外的铁架上；
运行中变压器的梯子上；
输电线路的铁塔上；
室外高压变压器台支柱杆上。

```
┌─────────────────┐
│  止步            │
│  高压危险        │
└─────────────────┘
```

"止步，高压危险"尺寸为 200mm×250mm，白底红字，中间有红色危险标志。标志牌悬挂在：
工作地点邻近带电设备的遮栏、横梁上；
室外工作地点的围栏上；
室外电气设备的架构上；
禁止通行的过道上；
高压试验地点。

③ 准许类：有"在此工作"和"从此上下"。

"在此工作"尺寸为 250mm×250mm，绿底中有直径 210mm 白圈，圈中黑字分为两行。标志牌应悬挂在：室内和室外允许工作地点或施工设备上。

"从此上下"尺寸为 250mm×250mm，绿底中有直径 210mm 白圈，圈中黑字分为两行。标志牌应悬挂在：允许工作人员上下的铁架、梯子上。

④ 提醒类：有"已接地"。

已接地

"已接地"尺寸为 240mm×130mm，绿底黑字，标志牌应悬挂在：已接接地线的隔离开关的操作手柄上。

常用的标示牌分为四类七种，除此以外，还有一些悬挂在特定地点的标示牌，如"禁止推入，有人工作"，"有电危险，请勿靠近"等。

2. 标示牌悬挂的有关规定

禁止类标示牌悬挂在"一经合闸即可送电到施工设备或施工线路的断路器和隔离开关的操作手柄上"。

警告类标示牌悬挂在以下场所：

① 禁止通行的过道上或门上；

② 工作地点邻近带电设备的围栏上；

③ 在室外构架上工作时，挂在工作地点邻近带电设备的横梁上；

④ 已装设的临时遮栏上；

⑤ 进行高压试验的地点附近。

准许类标示牌悬挂在以下所处：

① 室外和室内工作地点或施工设备上；

② 供工作人员上、下的铁架、梯子上。

提醒类标示牌悬挂在"已接地线的隔离开关的操作手柄上"。

标示牌悬挂数量规定如下：

① 禁止类标示牌的悬挂数量应与参加工作的班组数相同；

② 提醒类标示牌的悬挂数量应与装设接地线的组数相同；

③ 警告类和准许类标示牌的悬挂数量，可视现场情况适量悬挂。

三、临时遮栏

遮栏的作用是限制工作人员的活动范围，以防止工作人员在工作中造成对带电设备的危险接近，造成工作人员发生触电事故。因此，当进行停电工作时，如对带电部分的安全距离小于下列数值：10kV 为 0.7m 时，应在工作地点和带电部分之间装设临时性遮栏。实际上，检修工作范围大于 0.7m 以上时，一般现场也设置临时遮栏，这时所设的遮栏的作用是防止检修人员随便走动，以致走错位置，或外人进入，接近带电设备，避免触电事故的发生。临时遮栏有伸缩式的（见图 9-11）和安全警戒围绳（见图 9-12）。

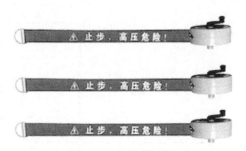

图 9-11　伸缩式临时遮栏　　　　　　　图 9-12　安全警戒绳

室内与室外停电检修设备使用临时遮栏的区别如下。

① 室内：用临时遮栏将带电运行设备围起，在遮栏上挂标示牌，牌面向外。配电屏后面的设备检修，应将检修的屏后网状遮栏门或铁板门打开，其余带电运行的盘应关好，加锁。

配电屏后面应有铁板门或网状遮栏门，无门时，应在左右两侧屏安装临时遮栏。

② 室外：用临时遮栏将停电检修设备围起（但应留出检修通道）。在遮栏上挂标示牌，牌面向内。

四、安全灯

安全灯也称为行灯，它是由安全灯变压器（见图 9-13）和手携行灯（见图 9-14）组成，安全灯变压器的接线如图 9-15 所示。

下列工作场所应使用安全灯电压：

① 一般场所工作手携行灯的局部照明，采用 36V。

② 工作面狭窄，特别潮湿场所和金属容器中，应采用 12V 或以下电压。

安全灯变压器的安装要求如下。

① 变压器应具有加强绝缘结构。

② 变压器二次侧保持独立，既不接地也不接零，更不接其他用电设备。

③ 当变压器不具备加强绝缘结构时，其二次侧的一端应接地（接零）。

④ 一、二次应分开敷设，一次侧应采用护套三芯软铜线，长度不宜超过 3m，二次侧应采用不小于 $0.75mm^2$ 的软铜线或护套软线。

图 9-13　安全灯变压器

图 9-14　手携行灯

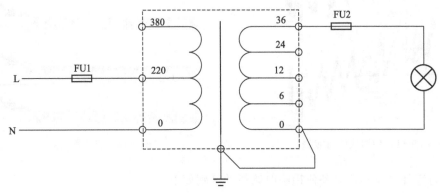

图 9-15　安全灯变压器接线

⑤ 一、二次均应装短路保护。

⑥ 不宜将变压器带入金属容器中使用。

⑦ 绝缘电阻应合格：

a. 一次与二次之间，不低于 $5M\Omega$；

b. 一次、二次分别对外壳不低于 $7M\Omega$；

c. 普通绝缘的变压器，上述各部位绝缘电阻均不应低于 $0.5M\Omega$；

⑧ 安全灯应有完整的保护网，应有耐热、耐湿的绝缘手柄。

五、脚扣

脚扣是一种套在鞋上爬电线杆用的弧形铁制工具，如图 9-16 所示。它利用杠杆作用，借助人体自身重量，使另一侧紧扣在电线杆上，产生较大的摩擦力，从而使人易于攀登，主要在电力系统、邮电通信和广播电视系统等行业使用。

用脚扣登高时，臂部要往后拉，尽量远离水泥杆，两手臂要伸直，用两手掌一上一下抱（托）着水泥杆，使整个身体成为弓形，两腿和水泥杆保持较大夹角，手脚上下交替往上爬，这样就不至于滑下来。初次上杆时往往会用两个手臂去抱水泥杆，臂部靠近水泥杆，身体直挺挺的，和水泥杆成平行状态，这样脚扣就扣不住水泥杆，很容易滑下来。

在到达作业位置以后，臂部仍然要往后拉，两腿也仍然要和水泥杆保持较大的夹角，保险带要兜住臂部稍上一点儿，不能兜在腰部，以利身体后倾，和水泥杆至少（始终）保持30°以上夹角，就不会滑下来。

使用脚扣注意事项如下。

① 经常检查是否完好，勿使过于滑钝和锋利，脚扣带必须坚韧耐用；脚扣登板与钩处必须铆固。

② 脚扣的大小要适合电杆的粗细，切勿因不适合用而把脚扣扩大、窝小，以防折断。

③ 水泥杆脚扣上的胶管和胶垫根，应保持完整，破裂露出胶里线时应予以更换。

④ 搭脚扣板的钩、绳、板，必须确保完好，方可使用。

脚扣试检方法：

① 把脚扣卡在离地面30cm左右电杆上，一脚悬起，一脚用最大力量猛踩；

② 在脚板中心采用悬空吊物200kg，若无任何受损变形迹象，方能使用。

图 9-16　脚扣　　　　　图 9-17　安全带　　　　图 9-18　安全帽

六、安全带

安全带是电工登高作业时必配的安全用具，如图 9-17 所示，规定在 1.5m 以上的平台使用或外悬空时使用安全带。

登杆使用的安全带应符合下列规定。

① 安全带应无腐朽、脆裂、老化、断股现象，金属部位应无锈蚀，金属钩环应坚固无损裂，带上的眼孔应无豁裂及严重磨损。

② 安全带上的钩环应有保险闭锁装置，且应转动灵活、无阻无卡，操作方便，安全可靠。

③ 安全带使用时，应扎在眼部而不应扎在腰部。

④ 登杆后，安全带应拴在紧固可靠之处，禁止系在横担、拉板、杆顶、锋利部位以及即要撤换的部位或部件上。

⑤ 安全带拴好后，首先将钩环扣好并将保险装置闭锁，才能作业。登上杆后的全部作业都不允许将安全带解开。

七、安全帽

安全帽如图 9-18 所示，作为一种个人头部防护用品，能有效地防止和减轻工人在生产作业中遭受坠落物体和自坠落时对人体头部的伤害，它广泛地适用于建筑、冶金、矿山、化工、电力、交通等行业。实践证明，选购佩戴性能优良的安全帽，能够真正起到对人体头部的防护作用。

① 使用之前应检查安全帽的外观是否有裂纹、碰伤痕迹、凸凹不平、磨损，帽衬是否完整，帽衬的结构是否处于正常状态，安全帽上如存在影响其性能的明显缺陷就应及时报废，以免影响防护作用。

② 使用者不能随意在安全帽上拆卸或添加附件，以免影响其原有的防护性能。

③ 使用者不能随意调节帽衬的尺寸，这会直接影响安全帽的防护性能，落物冲击一旦发生，安全帽会因佩戴不牢脱出或因冲击后触顶直接伤害佩戴者。

④ 佩戴者在使用时一定要将安全帽戴正、戴牢，不能晃动，要系紧下颚带，调节好后箍以防安全帽脱落。

⑤ 不能私自在安全帽上打孔，不要随意碰撞安全帽，不要将安全帽当板凳坐，以免影响其强度。

⑥ 经受过一次冲击或做过试验的安全帽应作废，不能再次使用。

⑦ 安全帽不能在有酸、碱或化学试剂污染的环境中存放，不能放置在高温、日晒或潮湿的场所中，以免其老化变质。

⑧ 应注意在有效期内使用安全帽。

第四节　电气安全工作的基本要求

一、低压检修作业的要求

① 遵守电气安全技术操作规程《通则》有关规定。

如图 9-19 所示，当电气设备故障后，应立即请电工来检修，不可带病运行，也不要让不懂电气知识的人修理，以免发生更大的事故。

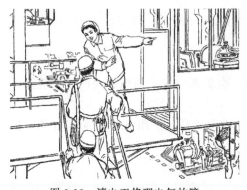

图 9-19　请电工修理电气故障

图 9-20　检修时标示牌使用

② 不准在设备运行过程中拆卸修理，必须停运并切断设备电源，按安全操作程序进行拆卸修理。临时工作中断或每班开始工作前，都必须重新检查电源是否已经断开，并验明是否无电。如图 9-20 所示，电气设备检修时必须切断电源，并在开关柜上挂"禁止合闸，有人工作"的标示牌，其他人员不得随意移动。

③ 动力配电箱的刀开关，禁止带负荷拉闸。

如图 9-21 所示，设备检修时，应先将运行的设备停止后，再拉开电源开关，禁止带负荷拉闸。因为电源的刀开关的灭弧能力有限，当带负荷拉闸时，不能有效地熄灭电弧，一会造成弧光短路事故扩大，二是开关接触面会因为电弧而烧损，造成开关损坏。

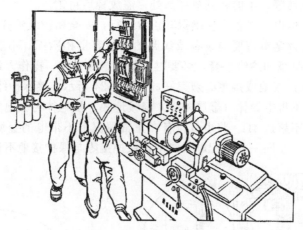

图 9-21　禁止带负荷拉闸

④ 电机检修后必须遥测相间及每相对地绝缘电阻，绝缘电阻合格，方可试车。空载电流不应超过规定范围。如图 9-22 所示测量电动机的绝缘电阻，新安装的电动机不应小于 1MΩ，运行中检查绝缘电阻不应小于 0.5MΩ。

图 9-22　检查电动机绝缘电阻

图 9-23　电动机试车检查

绝缘电阻合格后，可接通电源试车，试车时应认真检查电动机的空载电流，电动机空载电流一般为额定电流的 30%～70%。并听电动机是否有噪声，方法是可用一只较长的螺丝刀，一端触及电动机的外壳部分，另一端贴在耳朵上，如图 9-23 所示，即可听到电动机内部的声音。

　　a. 轴承部位发出"吡吡"声，说明轴承缺油。

　　b. 轴承部位出现"咕噜"声，说明轴承损坏。

　　c. 电动机发出较大低沉的"嗡嗡"声，则可判断为电动机缺相运行；如声音较小，则可能是电动机过负荷运行。

　　d. 电动机出现刺耳的碰擦声，说明电动机有扫膛。

　　e. 电动机有低沉的吼声，说明电动机的绕组有故障，三相电流不平衡。

　　f. 电动机有时低时高的"嗡嗡"声，同时定子电流时大时小，发生振荡，说明可能是笼式转子断条或绕线式转子断线。

　　g. 电动机发出较易辨别的撞击声，一般是机盖与风扇间混有杂物，或风扇故障。

⑤ 试验电机、电钻等，不能将其放在高处，需放稳后再试。

⑥ 定期巡检、维修电气设备，应确保其正常运行，安全防护装置齐备完好。

⑦ 熔断器熔丝的额定电流要与设备或线路的安装容量相匹配，不能任意加大。带电装卸熔体时，要戴防护眼镜和绝缘手套，必要时应使用绝缘夹钳，操作人站在绝缘垫上。

⑧ 电气设备的保护接地或接零必须完好，如图 9-24 所示连接保护线。

电气设备裸露的不带电导体（金属外壳）经接地线、接地体与大地紧密连接起来，称保护接地，其电阻一般不超过 4Ω。将电气设备在正常情况下不带电的金属部分与电网的零线相连接，称保护接零。在同一低压配电系统中，保护接零与保护接地不许混用。

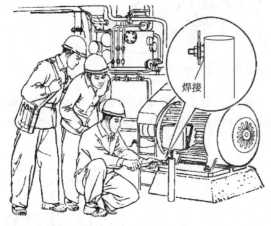

图 9-24　连接保护线

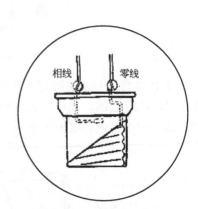

图 9-25　螺丝灯口接线

⑨ 螺口灯头的开关必须接在相线上，灯口螺纹必须接在零线上。如图 9-25 所示，螺丝灯头接线时，必须将相线接在灯头顶芯的接线螺丝上，装、摘灯泡时，手要拿在灯泡的玻璃部分，不要与金属螺口部分接触，更换灯泡是为了防止灯头脱离，造成灯口短路事故，应切断电源再拧动灯泡。禁止用湿布擦拭灯泡。

⑩ 在动力配电盘、配电箱、开关、变压器等各种电气设备的附近，不准堆放易燃易爆、潮湿或其他危及安全，影响维护检修的物品，如图 9-26 所示，应及时地清扫电气设备附近的杂物。

图 9-26　应及时清扫电气设备附近的杂物

图 9-27　更换电动机

⑪ 临时装设的电气设备，必须符合临时接线安全技术规程。

⑫ 每次检修完工后，必须清点所用工具、材料及零配件，以防遗失和留在设备内造成事故。将检修情况向使用人交代清楚，并送电与使用人一起试车。不能由维修电工单独试车。

⑬ 漏电保护器应定期清扫、维修，检查脱扣机构是否灵敏，定期测试绝缘电阻，阻值应不低于 $1.5M\Omega$，电子式漏电保护器不准用兆欧表测量相邻端子间的绝缘电阻。

⑭ 认真分析检查电气故障，不可随意更换电气元件型号规格，必须更换新的元件时应注意型号、规格与原先使用的是否一致。如图 9-27 所示，更换电动机时应检查功率、转速、电压、接法是否一致。

⑮ 低压停电时，按规定办理停电手续，并会同申请停电人去现场检查、验电、挂地线或设遮栏，在开关的操作把上挂"禁止合闸，有人作业"的警示牌。在同一线路上有两组或以上人员同时工作时，必须分别办理停电手续，并在此路刀闸把上挂以数量相等的警示牌。

二、低压带电作业的安全要求

① 在设备的带电部位上工作或在运行的电气设备外壳上工作，均称为带电工作。

如图 9-28 所示，在低压线路上带电作业时，必须使用绝缘工具，头部与带电部分安全距离不应小于 0.3m，如果必须穿越导线之间工作时，应将身体两侧导线用绝缘材料包好后才可进行工作。

图 9-28 在低压线路上带电作业

图 9-29 工作监护

② 不允许在 6~10kV 及以上电压等级的设备上带电工作，但可以进行低压带电工作。带电工作必须两人进行，一人工作，一人监护（见图 9-29）。

监护人应及时纠正一切不安全的动作和其他错误做法。监护人必须集中精力专门对某一项工作进行不间断的监护，监护人的安全技术等级应高于操作人；带电作业或在带电设备附近工作时，应设监护人。工作人员要服从监护人的指挥。监护人在执行监护时，不应兼做其他工作；监护人因故离开工作现场时，应由工作负责人事先指派了解有关安全措施的人员接替监护，使监护工作不致间断。监护人发现某些工作人员中有不正确的动作时，应及时提出纠正，必要时令其停止工作。

③ 带电工作时要扎紧袖口，使用安全绝缘工具进行操作，不允许使手直接接触带电体，也不允许身体同时接触两相或相与地。

④ 站在地上的人员，不得与带电工作者直接传送物件。

⑤ 带电接线时应先接好开关及以下部分，在无负荷的情况下，先接零线后接相线；当断线时，应断开负荷，先剪断相线，后剪断零线。如图 9-30 所示。

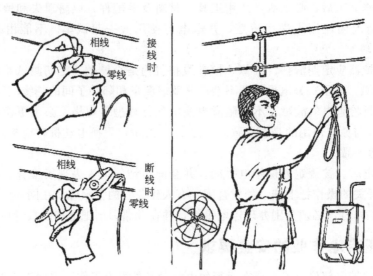

图 9-30　带电断、接线安全要求

⑥ 下列情况下，禁止带电工作：

a. 阴雨天气；

b. 防爆、防火及潮湿场所；

c. 有接地故障的电气设备外壳上；

d. 在同杆多回路架设的线路上，下层未停电，检修上层线路或上层未停电且没有防止误碰上层的安全措施检修下层线路。

三、暂设电源的安全要求

① 暂设电源装置适用于 10kV 及以下临时用电设施的安装。暂设电源是指由于生产和工作急需，不能及时装设正式永久的供用电设施，均称为暂设电源。

② 暂设电源必须办理审批手续，由使用单位填写"暂设电源申请单"一式三联，经电力主管部门批准。暂设电源使用期限一般为 30 天。到期拆除。如需继续使用，需办延期申请手续，但延期不得超过 30 天，否则电力主管部门有权停止供电。

③ 对于基建工程使用的电焊机、搅拌机、卷扬机及现场照明等，由建筑部门按工期申请，经批准后接用，到期拆除。

④ 暂设电源线路，应采用绝缘良好、完整无损的橡胶线，室内沿墙敷设，其高度不得低于 2.5m，室外跨过道路时，不得低于 4.5m，不允许借用暖气、水管及其他气体管道架设导线，沿地面敷设时，必须加可靠的保护装置和明显标志。

⑤ 架空导线的最小截面积，低压铜线不小于 $6mm^2$，铝线不小于 $10mm^2$；高压铜线不小于 $16mm^2$，铝线不小于 $25mm^2$。

⑥ 变压器容量≤315V·A 时，可用熔断器保护并设有二次计量，变压器及其配套设施，应加遮栏防护，遮栏高度不得低于 2.5m。

⑦ 低压电表及计量装置，可采用立式或表箱。分路在两路及以下时，可不设总闸。

⑧ 电动机及附属设备（如启动器、开关、按钮等）装设在露天，均应有防雨措施并安装牢固。

⑨ 移动式电气设备和器具，应采用橡胶护套绝缘软线。与电源连接，应采用开关、插

头座。严禁用导线直接插入插座，或挂在电源线上使用。3kW 及以上的电动机要配套完善的启动设备，并有可靠的接零保护。

⑩ 移动导线不可在地上拖来拖去，以免绝缘层磨损，当移动导线时不可硬拽，以防导线被物体轧住时，因为硬拽造成导线破损。如图 9-31 所示。

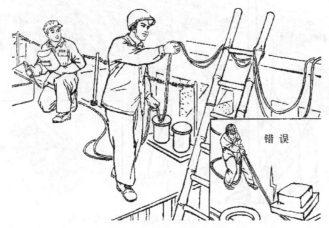

图 9-31　移动导线时不可硬拽

⑪ 行灯等手持式电动工具、器具应根据使用现场，分别采取可靠的安全保护措施，如漏电保护电器或使用 36V 以下的安全电压。安全变压器应采用双圈的，一、二次侧应有熔断器保护。

四、临时照明和节日彩灯的安装要求

① 工地办公室、工作棚及现场的临时灯线路，应采用橡胶线，灯具对地不得低于 2.5m。

② 灯头与可燃物的净距，一般不应小于 300mm；聚光灯、碘钨灯等高热灯具与可燃物的侧面净距，一般不应小于 500mm；正面净距一般不应小于 1m。

③ 露天应采用防水灯头，与干线连接时，其接点应错开 50mm 以上。

④ 节日彩灯导线的最小截面积，除应满足安全载流量外，不应小于 $2.5mm^2$，导线不得直接承力，所有导线的支持物均应安装牢固。

⑤ 节日彩灯，对地高度小于 2.5m 时，必须采取安全电压。

五、施工电气设备的防护

① 在建工程不得在高、低压线路下方施工，高低压线路下方，不得搭设作业棚、建造生活设施，或堆放构件、架具、材料及其他杂物。

② 施工时各种架具的外侧边缘与外电架空线路的边线之间必须保持安全操作距离。当外电线路的电压为 1kV 以下时，其最小安全操作距离为 4m；当外电架空线路的电压为 1～10kV 时，其最小安全操作距离为 6m；当外电架空线路的电压为 35～110kV 时，其最小安全操作距离为 8m。上下脚手架的斜道严禁搭设在有外电线路的一侧。旋转臂架式起重机的任何部位或被吊物边缘与 10kV 以下的架空线路边线最小水平距离不得小于 2m。

③ 施工现场的机动车道与外电架空线路交叉时，架空线路的最低点与路面的最小垂直距离应符合以下要求（见图 9-32）：外电线路电压为 1kV 以下时，最小垂直距离为 6m；外

电线路电压为 1～35kV 时，最小垂直距离为 7m。

图 9-32　架空线路对地应保证安全距离

④ 对于达不到最小安全距离时，施工现场必须采取保护措施，可以增设屏障、遮栏、围栏或保护网，并要悬挂醒目的警告标志牌。在架设防护设施时应有电气工程技术人员或专职安全人员负责监护。

⑤ 对于既不能达到最小安全距离，又无法搭设防护措施的施工现场，施工单位必须与有关部门协商，采取停电、迁移外电线或改变工程位置等措施，否则不得施工。

⑥ 搬动电动机、风扇等移动电气设备时，如图 9-33 所示，应先切断电源线，拔掉电源插头，以免发生事故。

图 9-33　移动电气设备应先切断电源

六、施工现场的配电线路要求

① 现场中所有架空线路的导线必须采用绝缘铜线或绝缘铝线。导线架设在专用电线杆上。

② 架空线的导线截面积应满足下列要求：当架空线用铜芯绝缘线时，其导线截面积不小于 $10mm^2$；当用铝芯绝缘线时，其截面积不小于 $16mm^2$；跨越铁路、公路、河流、电力线路档距内的架空绝缘铝线最小截面不小于 $35mm^2$，绝缘铜线截面积不小于 $16mm^2$。

③ 架空线路的导线接头：在一个档距内每一层架空线的接头数不得超过该层导线条数的 50%，且一根导线只允许有一个接头；线路在跨越铁路、公路、河流、电力线路档距内不得有接头。

④ 施工架空线路的档距一般为 30m，最大不得大于 35m；线间距离应大于 0.3m。

⑤ 施工现场内导线最大弧垂与地面距离不小于 4m，跨越机动车道时为 6m。

⑥ 架空线路所使用的电杆应为专用混凝土杆或木杆。当使用木杆时，木杆不得腐朽，其梢径应不小于 130mm。

⑦ 架空线路所使用的横担、角钢及杆上的其他配件应视导线截面、杆的类型具体选用，杆的埋设、拉线的设置均应符合有关施工规范。

七、施工现场的电缆线路要求

① 电缆线路应采用穿管埋地或沿墙、电杆架空敷设，严禁沿地面明设。

② 电缆在室外直接埋地敷设的深度应不小于 0.7m，并应在电缆上下各均匀铺设不小于 100mm 厚的细砂，然后覆盖砖等硬质保护层。

③ 橡胶电缆沿墙或电杆敷设时应用绝缘子固定，严禁使用金属裸线作绑扎。固定点间的距离应保证橡胶电缆能承受自重所带的荷重。橡胶电缆的最大弧垂距地不得小于 2.5m。

④ 电缆的接头应牢固可靠，绝缘包扎后的接头不能降低原来的绝缘强度，并不得承受张力。

⑤ 在有高层建筑的施工现场，临时电缆必须采用埋地引入。电缆垂直敷设的位置应充分利用在建工程的竖井、垂直孔洞等，同时应靠近负荷中心，固定点每楼层不得少于一处。电缆水平敷设沿墙固定，最大弧垂距地不得小于 1.8m。

第五节 低压配电基本
安装规程的安全要求

一、低压配电室的安全要求

① 门应向外开，门口装防鼠板，防鼠板的高度不小于 0.5m。

② 有采光窗和通风百叶窗，百叶窗应防雨、雪、小动物进入室内。

③ 电缆沟底应有坡度和集水坑。

④ 不装盘的电缆沟应有沟盖板。

⑤ 盘前通道大于 1.5m，盘后通道大于 0.8m，并有安全护栏。

⑥ 配电的装置长度大于 6m 时，其通道应设两个出口，如图 9-34 所示。

⑦ 一层配电室地面标高应为 0.5m 以上。

⑧ 配电屏单排布置时，屏前通道宽度不小于 1.5m，如图 9-35 所示。

⑨ 配电屏双排布置时，面对面屏前通道宽度不小于 2m，如图 9-36 所示。

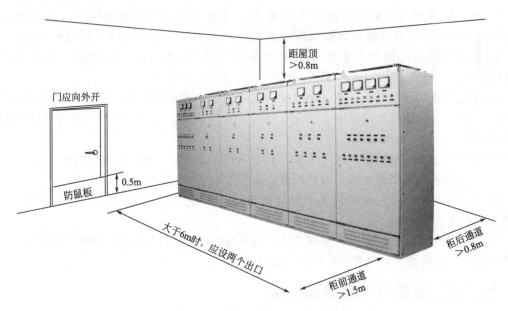

图 9-34　配电室的基本安全要求

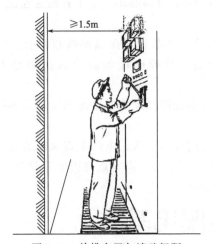

图 9-35　单排布置与墙壁间距

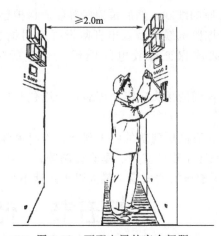

图 9-36　两配电屏的安全间距

二、配电盘的安装安全要求

① 配电盘应为标准盘，顶有盖，前有门。

② 配电盘外表颜色应一致，表面无划痕。

③ 配电盘母线应有色标。

④ 配电盘应垂直安装，垂直度偏差小于5°。

⑤ 拉、合闸或开、关柜门时，盘身应无晃动现象。

⑥ 配电盘上电流表、电压表等按要求装全。

⑦ 配电盘上个出线回路应有路名标示。

⑧ 配电盘一次母线尽可能用铜排连接，压接螺钉两侧有垫片，螺母侧有弹簧垫片，如用多股塑铜线连接，应压接铜鼻子。

母线接触面加工后必须保持清洁，并涂以电力复合脂。母线平置时，贯穿螺栓应由下往上穿，母线立置时，贯穿螺栓应由里往外穿，螺栓长度宜露出螺母 2～3 扣，贯穿螺栓连接的母线两外侧均应有平垫圈，相邻螺栓垫圈间应有 3mm 以上的净距，螺母侧应装有弹簧垫圈或锁紧螺母，如图 9-37 所示。

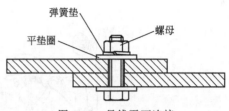

图 9-37　母线平面连接

导线的绝缘层剥削长度应为压接管长度加 3～5mm，目的是便于恢复绝缘时，绝缘层密封台的包扎。将线芯导体再用砂布和小钢丝刷将导体和管内壁的氧化层除去，再涂上凡士林锌粉膏（或其他防氧化、降温导电膏），将线芯插入套管内，端头必须顶到套管的中心位置，线芯外径与套管内径应配合紧密，不得折弯、剪掉线芯或另用线芯填充。压接时，对于 50mm² 以上的导线宜采用六角形压模压接（见图 9-39）；对于 35mm² 以下的导线可采用局部挤压法（见图 9-38）。每一次压接必须一次压完，不得中途退出，压制后不得有裂纹。

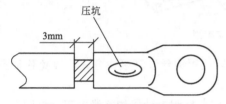

图 9-38　小截面导线的压接

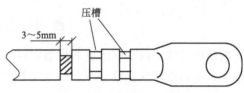

图 9-39　大截面导线的压接

⑨ 配电盘二次控制线应集中布线，并用塑料带及绑带包扎固定，控制电缆备用线芯在控制电缆分支处螺旋缠绕好。

⑩ 配电盘的互感器、电动机保护器等元件应牢固良好。

⑪ 配电盘的零线应使用专用的接线端子，以保证连接可靠和便于检修检查，零线端子应与配电盘绝缘，如图 9-40 所示。

图 9-40　零线端子

图 9-41　保护线端子

⑫ 配电盘的保护线应使用专用的接线端子，以保证连接可靠和便于检修检查，保护线端子应与配电盘保持良好的连接，如图 9-41 所示。

三、电动机的安装安全要求

① 检查电动机的铭牌，看功率、电压是否符合图纸要求。

② 检查电动机的接线盒是否正确，如图 9-42 所示，螺钉是否有松动，接线盒是否密封良好。

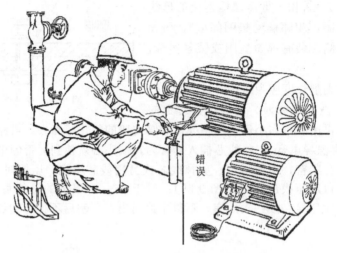

图 9-42　电动机接线盒应牢固

电动机接线盒内的接线应采用固定接线桩，不可以使用铜丝缠绕接线方式，以免松动造成事故，电动机接线盒盖必须完整盖实并用螺钉固定。

③ 应定期检测电动机的绝缘电阻，如图 9-43 所示，新设备应大于 1MΩ，旧设备应大于 0.5MΩ。

④ 电动机电缆引出地面时应穿钢管保护，地上部分应大于 40cm，地下固定部分不应小于 30cm。

⑤ 电动机电缆接线应用线鼻子压接，接零线压在接零螺钉上。

⑥ 对电缆头分叉处和穿线钢管口应用塑料带包好，防止雨水进入。

⑦ 电动机电缆富余长度应相同，弯度应一致。

⑧ 电动机电缆穿线管、电动机外壳、电动机电控柜都应作电气保护接地。

⑨ 把电动机的电流继电器、电动机保护器、时间继电器等调整好。

图 9-43　定期检查电动机绝缘

⑩ 应根据电动机的额定电流划好电流表的红色警戒线。

四、电气设备设置的安全要求

① 配电系统应设置室内总配电屏和室外分配电箱或设置室外总配电箱和分配电箱，实行分级配电。

② 动力配电箱与照明配电箱宜分别设置，如合置在同一配电箱内，动力和照明线路应分路设置，照明线路接线宜接在动力开关的上侧，如图 9-44 所示。

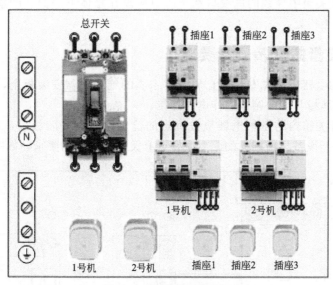

图 9-44 配电箱开关设置

③ 开关箱应由末级分配电箱配电。开关箱内应一机一闸，每台用电设备应有自己的开关箱，严禁用一个开关电器直接控制两台及以上的用电设备。

④ 总配电箱应设在靠近电源的地方，分配电箱应装设在用电设备或负荷相对集中的地区。分配电箱与开关箱的距离不得超过 30m，开关箱与其控制的固定式用电设备的水平距离不宜超过 3m。

⑤ 配电箱、开关箱应装设在干燥、通风及常温场所。不得装设在有严重损伤作用的瓦斯、烟气、蒸汽、液体及其他有害介质中。也不得装设在易受外来固体物撞击、强烈振动、液体浸溅及热源烘烤的场所。配电箱、开关箱周围应有足够两人同时工作的空间，其周围不得堆放任何有碍操作、维修的物品。

⑥ 配电箱、开关箱安装要端正、牢固，移动式的箱体应装设在坚固的支架上。固定式配电箱、开关箱的下皮与地面的垂直距离应大于 1.3m，小于 1.5m，如图 9-45 所示。移动式分配电箱、开关箱的下皮与地面的垂直距离为 0.6～1.5m，如图 9-46 所示。配电箱、开关箱采用铁板或优质绝缘材料制作，铁板的厚度应大于 0.5mm。

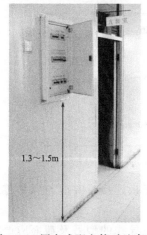

图 9-45 固定式配电箱对地高度

图 9-46 移动式分配电箱对地高度

⑦ 配电箱、开关箱中导线的进线口和出线口应设在箱体下底面，严禁设在箱体的上顶面、侧面、后面或箱门处。

五、电气设备的安装安全要求

① 配电箱内的电器应首先安装在金属或非木质的绝缘电器安装板上，然后整体紧固在配电箱箱体内，金属板与配电箱体应作电气连接。

② 配电箱、开关箱内的各种电器应按规定的位置紧固在安装板上，不得歪斜和松动。并且电气设备之间、设备与板四周的距离应符合有关工艺标准的要求，如图 9-47 所示。

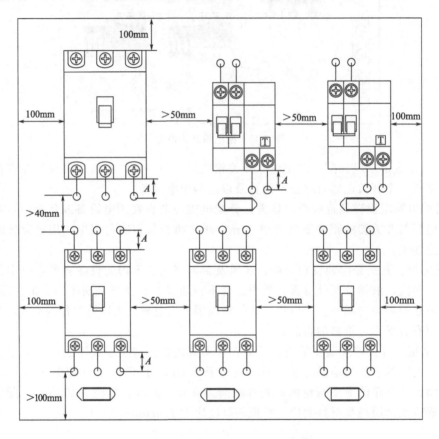

	电器规格	10～15A	30mm
A		20～30A	30～50mm
		60A	60mm以上

图 9-47　电器排列尺寸

③ 配电箱、开关箱内的工作零线应通过接线端子板连接，并应与保护零线接线端子板分设。

④ 配电箱、开关箱内的连接线应采用绝缘导线，导线的型号及截面应严格执行临电图

纸的标示截面。各种仪表之间的连接线应使用截面积不小于 2.5mm² 的绝缘铜芯导线，导线接头不得松动，不得有外露带电部分。

⑤ 各种箱体的金属构架、金属箱体、金属电器安装板以及箱内电器的正常不带电的金属底座、外壳等必须作保护接零，保护零线应经过接线端子板连接。

⑥ 配电箱后面的排线需排列整齐，绑扎成束，并用卡钉固定在盘板上，盘后引出及引入的导线应留出适当余度，以便检修。

⑦ 导线剥削处不应伤线芯过长，导线压头应牢固可靠，多股导线不应盘圈压接，应加装压线端子（有压线孔者除外）。如必须穿孔用顶丝压接时，多股线应刷锡后再压接，不得减少导线股数。

⑧ 导线穿过盘面时，应使用绝缘护口，防止导线刮伤，穿铁板应采用橡胶圈护口并加装绝缘套管，如图 9-48(a) 所示，穿塑料板可采用塑料套管护口，如图 9-48(b) 所示。

⑨ 导线连接活动面板时，应留有活动余弯，防止导线拉伤，如图 9-49 所示。

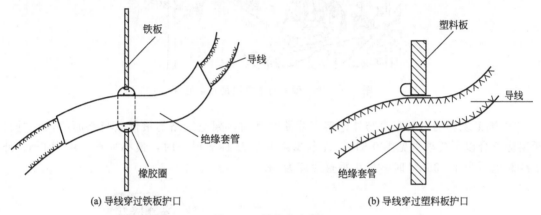

(a) 导线穿过铁板护口　　　　　(b) 导线穿过塑料板护口

图 9-48　导线穿盘护口

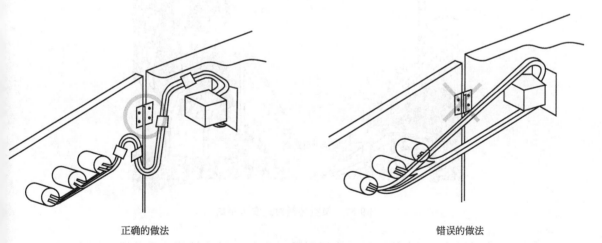

正确的做法　　　　　　　　　　　错误的做法

图 9-49　导线与活动面板的连接做法

六、电气设备的防护

① 在建工程不得在高、低压线路下方施工，高低压线路下方，不得搭设作业棚、建造生活设施，或堆放构件、架具、材料及其他杂物。

② 施工时各种架具的外侧边缘与外电架空线路的边线之间必须保持安全操作距离，如图 9-50 所示。当外电线路的电压为 1kV 以下时，其最小安全操作距离为 4m；当外电架空线路的电压为 1～10kV 时，其最小安全操作距离为 6m；当外电架空线路的电压为 35～110kV 时，其最小安全操作距离为 8m。上下脚手架的斜道严禁搭设在有外电线路的一侧。旋转臂架式起重机的任何部位或被吊物边缘与 10kV 以下的架空线路边线最小水平距离不得小于 2m。

图 9-50　施工架具与架空线路安全距离

③ 施工现场的机动车道与外电架空线路交叉时，架空线路的最低点与路面的最小垂直距离应符合以下要求（见图 9-51）：外电线路电压为 1kV 以下时，最小垂直距离为 6m；外电线路电压为 1～35kV 时，最小垂直距离为 7m。

图 9-51　架空导线对地安全距离

④ 对于达不到最小安全距离时，施工现场必须采取保护措施，可以增设屏障、遮栏、围栏或保护网，并要悬挂醒目的警告标志牌。在架设防护设施时应有电气工程技术人员或专职安全人员负责监护。

⑤ 对于既不能达到最小安全距离，又无法搭设防护措施的施工现场，施工单位必须与有关部门协商，采取停电、迁移外电线或改变工程位置等措施，否则不得施工。

第六节　电气火灾的防范安全要求

一、造成电气火灾的原因

过载、短路、接触不良、电弧火花、漏电、雷电或静电等都能引起火灾，如图 9-52 所示，从电气防火角度看，电气设备质量不高、安装使用不当、保养不良、雷击和静电是造成电气火灾的几个重要原因。

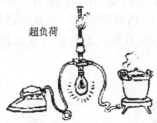
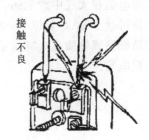

超负荷

接触不良

电线短路

图 9-52　造成电气火灾的主要原因

1. 过载

所谓过载，是指电气设备或导线的功率和电流超过了其额定值。造成过载的原因有以下几个方面。

① 设计、安装时选型不正确，使电气设备的额定容量小于实际负载容量。

② 设备或导线随意装接，增加负荷，造成超载运行。

③ 检修、维护不及时，使设备或导线长期处于带病运行状态。

过载使导体中的电能转变成热能，当导体和绝缘物局部过热，达到一定温度时，就会引起火灾。

2. 短路、电弧和火花

短路是电气设备最严重的一种故障状态，产生短路的主要原因有以下几方面。

① 电气设备的选用、安装和使用环境不符，致使其绝缘体在高温、潮湿、酸碱环境条件下受到破坏。

② 电气设备使用时间过长，超过使用寿命，绝缘老化发脆。

③ 使用维护不当，长期带病运行，扩大了故障范围。

④ 过电压使绝缘击穿。

⑤ 错误操作或把电源投向故障线路。

短路时，在短路点或导线连接松弛的接头处，会产生电弧或火花。电弧温度很高，可达 $6000℃$ 以上，不但可引燃它本身的绝缘材料，还可将它附近的可燃材料、蒸气和粉尘引燃。

3. 接触不良

接触不良主要发生在导线连接处，会有以下情况。

① 电气接头表面污损，接触电阻增加。

② 电气接头长期运行，产生导电不良的氧化膜，未及时清除。

③ 电气接头因振动或由于热的作用，使连接处发生松动。

④ 铜铝连接处，因有约 $1.69V$ 电位差的存在，潮湿时会发生电解作用，使铝腐蚀，造成接触不良。接触不良，会形成局部过热，形成潜在引燃源。

4. 烘烤

电热器具（如电炉、电熨斗等）、照明灯泡，在正常通电的状态下，就相当于一个火源或高温热源。当其安装不当或长期通电无人监护管理时，就可能使附近的可燃物受高温而起火。

5. 摩擦

发电机和电动机等旋转型电气设备，轴承出现润滑不良、干枯产生干磨发热或虽润滑正常，但出现高速旋转时，都会引起火灾。

6. 雷电

雷电是在大气中产生的，雷云是大气电荷的载体。雷云电位可达 1 万千伏到 10 万千伏，雷电流可达 50kA，若以 0.00001s 的时间放电，其放电能量约为 107J，这个能量约为使人致死或易燃易爆物质点火能量的 100 万倍，足可使人死亡或引起火灾。图 9-53 所示为雷电击毁的配电箱。

图 9-53　雷电造成的开关电器破坏

雷电的危害类型除直击雷外，还有感应雷（含静电和电磁感应）、雷电反击、雷电波的侵入和球雷等。这些雷电危害形式的共同特点就是放电时总要伴随机械力、高温和强烈火花的产生，会使建筑物破坏、输电线或电气设备损坏、油罐爆炸、堆场着火。

7. 静电

静电在一定条件下，会对金属物或地放电，产生有足够能量的强烈火花。此火花能使飞花麻絮、粉尘、可燃蒸气及易燃液体燃烧起火，甚至引起爆炸。

二、防止电气火灾的措施

1. 合理选择、安装、使用和维护电气线路

① 在火灾、爆炸危险环境中，电力、照明线路的绝缘导线和电缆的额定电压，不应低于供电网路的额定电压，并不低于 500V。

② 在爆炸危险环境内，工作零线和相线的绝缘等级应相等，并应穿在同一管子内。

③ 电缆的型号应符合规程要求。

④ 1000V 及以上的导线和电缆的截面，应进行短路电流热稳定校验。

⑤ 导线的载流量不应小于熔断器熔体额定电流的 1.25 倍和自动开关电磁脱扣器整定电流的 1.25 倍。

⑥ 电气线路应敷设在危险性较小的环境。

⑦ 移动式电气设备，应选用相应型式的无接头的重型或中型橡套电缆。

⑧ 爆炸危险环境中，配线钢管与钢管、钢管与设备及钢管与配件的连接，均应采用螺纹连接，螺纹的旋合应紧密、连接扣数足够。

⑨ 防爆危险环境的电气接线盒，应采用防爆型及隔爆型。

2. 保证对火灾的安全距离

① 区域变配电所和大型建设项目的总变配电所与爆炸危险环境的建、构筑物或露天设施的安全距离，一般不小于 30m，否则应加防火墙。

② 10kV 及以下的变配电所，不应设置在火灾、爆炸危险环境的正上方或正下方。当变配电所与火灾、爆炸危险环境建、构筑毗邻时，共用的隔墙应是非燃烧体的实体墙，并应抹灰。

③ 露天不密闭的变配电所，不应设在易沉积可燃性粉尘或纤维的地方。

④ 变配电所的门、窗应通向既无爆炸又无火灾危险的环境。

⑤ 10kV 及以下的架空线路，严禁跨越火灾、爆炸危险环境。

⑥ 低压电气设备应与易燃物件和材料保证规定的安全距离。

3. 排除可燃、易燃物质

① 改善通风条件，加速空气流通和交换，使爆炸危险环境的爆炸性混合气体浓度降低到不致引起火灾和爆炸的限度之内，并起到降温作用。

② 对可燃易爆品的生产设备、储存容器、管道接头和阀门等应严密封闭，并应及时巡视检查，以防可燃易爆物质发生跑、冒、漏、滴现象。

4. 保证良好的接地（接零）

① 在爆炸危险环境中的接地（接零）要比一般环境要求高。带电的电气设备金属外壳、构架、电气管线，均应保证可靠接地（接零），如图 9-54 和图 9-55 所示。

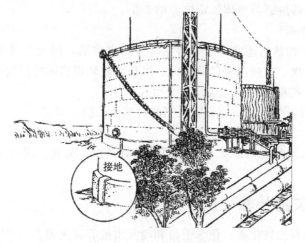

图 9-54 设备应可靠接地

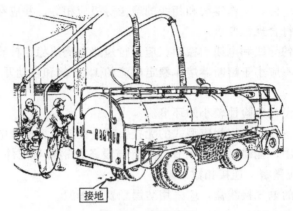

图 9-55　移动接地

② 在中性点不接地的低压供电系统中，应装设能发出信号的绝缘监视装置。

③ 电气金属管线，不允许作为保护地线（保护零线），应设专用的接地（接零）导线。该导线与相线的绝缘等级相同，并同管敷设（见图 9-56）。

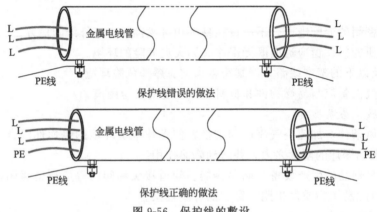

图 9-56　保护线的敷设

④ 接地干线不少于两处与接地装置相连接。

⑤ 中性点直接接地的低压供电系统中，接地线截面的选择应使单相接地的最小短路电流不小于保护该段线路熔断器熔体额定电流的 5 倍。

5. 其他方面的措施

① 变配电室、酸性蓄电池室、电容器室均为耐火建筑，耐火等级不低于二级，变压器和油开关室不低于一级，变配电室门及火灾、爆炸危险环境房间的门均应向外开。

② 长度大于 7m 的配电装置，应设两个出入口。

③ 室内外带油的电气设备，应设置适当的储油池或挡油墙。

④ 木质配电箱、盘表面应包铁皮。

⑤ 火灾、爆炸危险环境的地面，应用耐火材料铺设。火灾、爆炸危险环境的房间，应采取隔热和遮阳措施。

三、电气火灾的扑救

电气火灾灭火器有二氧化碳、化学干粉和喷雾水枪等灭火器。

1. 二氧化碳灭火器

二氧化碳灭火器是一种气体灭火剂，不导电，气体的二氧化碳相对密度为1.529，在20℃和60个大气压下液化。灭火剂为液态筒装，因二氧化碳极易挥发汽化，故压缩后存放于钢筒内，在常温下可保持60kgf/cm²（1kgf/cm²＝98.0665kPa）的压力。当液态二氧化碳喷射时，体积扩大400～700倍，强烈吸热冷却凝结成霜状干冰，干冰在火灾区直接变为气体，吸热降温并使燃烧物隔绝空气，从而达到灭火目的。当气体二氧化碳占空气浓度30％～35％时，可使燃烧迅速熄灭。

2. 干粉灭火器

干粉灭火剂主要由钾或钠的碳酸盐类加入滑石粉、硅藻土等掺合而成，不导电。干粉灭火剂在火区覆盖燃烧物并受热分解产生二氧化碳和水蒸气，因其有隔热、吸热和阻隔空气的作用，将火灾熄灭。该灭火剂适用于可燃气体、液体、油类、忌水物质（如电石等）及除旋转电机以外的其他电气设备初起火灾。干粉灭火剂有人工投掷和压缩气体喷射两种。

3. 喷雾水枪

喷雾水枪由雾状水滴构成，其漏电流小，比较安全，可用来带电灭火。但扑救人员应穿绝缘靴、戴绝缘手套并将水枪的金属喷嘴接地。接地线可采用截面积为2.5～6mm²、长20～30m的编织软导线，接地极采用暂时打入地中的长1m左右的角钢、钢管或铁棒。接地线和接地体连接应可靠。

4. 其他灭火器材

消防用水、泡沫灭火剂、干砂、直流水枪均属于能导电灭火器材，不能用于带电灭火，只能扑救一般性火灾。

如图9-57所示，水是一种最常用、最方便、来源最丰富的灭火剂，水是导电的，不能用于电气灭火。水与高温盐液接触会发生爆炸。与水反应能产生可燃气体，容易引起爆炸的物质着火（如电石）；非水溶性燃性液体的火灾；比水轻的油类物质能浮在水面燃烧并蔓延。对于以上几种火灾，都不能用水来扑救。

水能导电

泡沫灭火剂有化学腐蚀

干砂损坏绝缘和轴承

图9-57 不适用于电气火灾灭火器材

泡沫灭火剂是利用硫酸铝与碳酸氢钠作用放出二氧化碳的原理制成，这种化学物质是导电的，不能扑灭电气火灾。切断电源后，可用于扑灭油类和一般固体的火灾。在扑灭油类火灾时，应先射边缘，后射中心，以免油火蔓延扩大。

干砂的作用是覆盖燃烧物，吸热降温并使燃烧物与空气隔绝。干砂特别适用扑灭渗入土壤的油类和其他易燃液体的火灾。但禁止用于旋转电机灭火，以免损坏电机的绝缘和轴承。

四、电气灭火的安全要求

1. 发生火灾要立即处理

① 用电单位发生电气火灾时，应立即组织人员和使用正确的方法进行扑救。

② 立即向公安消防部门报警。

③ 通知供电局用电监察部门，由用电监察人员到现场指导和监护扑救工作。

2. 灭火前的电源处理

电气火灾发生后，为保证人身安全，防止人身触电，应尽可能立即切断电源，其目的是把电气火灾转化成一般火灾扑救，切断电源时，应注意以下几点。

① 火灾发生后，因烟熏火烤，火场内的电气设备绝缘可能降低或破坏，停电时，应先做好安全技术措施，戴绝缘手套、穿绝缘靴，使用电压等级合格的绝缘工具。

② 停电时，应按照倒闸操作顺序进行，先停断路器（自动开关），后停隔离开关（或刀开关），严禁带负荷拉合隔离开关（或刀开关）以免造成弧光短路。

③ 切断电源的地点要适当，以免影响灭火工作。

④ 切断带电线路时，切断点应选择在电源侧支持物附近，以防导线断落后触及人身或造成短路。

⑤ 切断电源时，不同相线应不在同一位置切断，并分相切断，以免造成短路。

⑥ 夜间发生电气火灾，切断电源要解决临时照明，以利扑救。

⑦ 需要供电局切断电源时，应迅速用电话联系，说明情况。

3. 带电灭火的安全技术要求

带电灭火的关键问题是在带电灭火的同时，防止扑救人员发生触电事故。带电灭火应注意以下几个问题。

① 应使用允许带电灭火的灭火器。

② 扑救人员所使用的消防器材与带电部位应保持足够的安全距离，10kV 电源不小于0.7m，35kV 电源不小于 1m。

③ 对架空线路等高空设备灭火时，人体与带电体之间的仰角不应大于 45°，并站在线路外侧，以防导线断落造成触电。

④ 高压电气设备及线路发生接地短路时，在室内扑救人员不得进入距离故障点 4m 以内，在室外扑救人员不得进入距离故障点 8m 以内范围。凡是进入上述范围内的扑救人员，必须穿绝缘靴。接触电气设备外壳及架构时，应戴绝缘手套。

⑤ 使用喷雾水枪灭火时，应穿绝缘靴、戴绝缘手套。

⑥ 未穿绝缘靴的扑救人员，要防止因地面水渍导电而触电。

第七节　现场触电急救方法

一、使触电者脱离电源的方法

发生触电事故时，切不可惊慌失措，束手无策，首先要马上切断电源，使触电者脱离电流损害的状态，这是能否抢救成功的首要因素，因为当触电事故发生时，电流会持续不断地通过触电者，触电时间越长，对人体损害越严重，所以必须马上切断电源。其次，当触电时，触电者身上有电流通过，已成为一带电体，对救护者是一个严重威胁，如不注意安全，同样会使抢救者触电。所以，必须先使触电者脱离电源后，方可抢救。

触电者触及低压带电设备，救护人员应设法迅速切断电源。如关闭电源开关（见图 9-58），拔出电源插头等，或使用绝缘工具，如干燥的木棒、木板、绳索等不导电的东西解脱触电者（见图 9-59），也可抓住触电者干燥而不贴身的衣服，将其拉开（切记要避免碰到金属物体和触电者的裸露身躯），还可戴绝缘手套解脱触电者。另外，救护人员可站在绝缘垫上或干木板上，使触电者与导电体脱开，在操作时最好用一只手进行操作。

图 9-58　迅速拉开电源开关

图 9-59　用干燥木棒使触电者脱离电源

如果电流通过触电者入地，并且触电者紧握电线，可设法用干木板塞到其身下，与地隔离，也可用干木把斧子或有绝缘柄的钳子等将电线弄断，用钳子剪断电线最好要分相，一根一根地剪断，并尽可能站在绝缘物体或干木板上操作。

触电者触及高压带电设备，救护人员应迅速切断电源或用适合该电压等级的绝缘工具（戴绝缘手套，穿绝缘靴并用绝缘棒）解脱触电者，救护人员在抢救过程中应注意自身与周围带电部分必要的安全距离。

如果触电发生在架空线杆塔上，可采用抛挂足够截面积的适当长度的金属短路线的方法，使电源开关跳闸。抛挂前，将短路线一端固定在铁塔或接地引下线上，另一端系重物，抛掷短路线时，应注意防止电弧伤人或断线危及人员安全，同时还要注意再次触及其他有电线路的可能。

如果触电者触及断落在地上的带电高压导线，要先确认线路是否无电，救护人在未做好安全措施（如穿绝缘靴或临时双脚并紧跳跃以接近触电者）前，不得接近以断线点为中心的 8～10m 的范围内，防止跨步电压伤人（见图 9-60）。救护人员将触电者脱离带电导线后，应迅速将其带至 20m 以外再开始进行心肺复苏急救，只有在确认线路已经无电时，才可在触电者离开触电导线后，立即就地进行急救。

脱离电源后，人体的肌肉不再受到电流的刺激，会立即放松，触电者会自行摔倒，造成新的外伤（如颅底骨折），特别在高空时更加危险。所以脱离电源需有相应的措施配合，避免此类情况发生，加重病情。解脱电源时要注意安全，绝不可再误伤他人，将事故扩大。

图 9-60　带电高压导线落地防止跨步电压

二、状态简单诊断

解脱电源后，病人往往处于昏迷状态，情况不明，故应尽快对心跳和呼吸的情况作一判断，看看是否处于"假死"状态，因为只有明确的诊断，才能及时正确地进行急救。处于"假死"状态的病人，因全身各组织处于严重缺氧的状态，情况十分危险，故不能用一套完整的常规方法进行系统检查。只能用一些简单有效的方法，判断一下，看看是否"假死"及"假死"的类型，这就达到了简单诊断的目的（见图 9-61）。

其具体方法如下：将脱离电源后的病人迅速移至比较通风、干燥的地方，使其仰卧，将上衣与裤带放松。

① 观察一下是否有呼吸存在，当有呼吸时，可看到胸廓和腹部的肌肉随呼吸上下

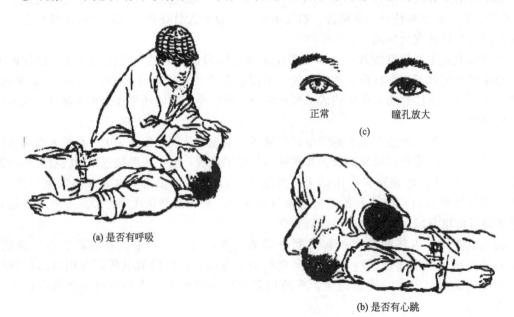

正常　　　瞳孔放大

(c)

(a) 是否有呼吸

(b) 是否有心跳

图 9-61　触电后状态判断

运动。用手放在鼻孔处，呼吸时可感到气体的流动。相反，无上述现象，则往往是呼吸已停止。

② 摸一摸颈部的动脉和腹股沟处的股动脉，有没有搏动，因为当有心跳时，一定有脉搏。颈动脉和股动脉都是大动脉，位置表浅，所以很容易感觉到它们的搏动，因此常常作为是否有心跳的依据。另外，在心前区也可听一听是否有心声，有心声则有心跳。

③ 看一看瞳孔是否扩大，当处于"假死"状态时，大脑细胞严重缺氧，处于死亡的边缘，所以整个自动调节系统的中枢失去了作用，瞳孔也就自行扩大，对光线的强弱再也起不到调节作用，所以瞳孔扩大说明了大脑组织细胞严重缺氧，人体也就处于"假死"状态。通过以上简单的检查，即可判断是否处于"假死"状态，并依据"假死"的分类标准，可知其属于"假死"的类型。

三、触电后的处理方法

① 触电者神志清醒，但感乏力、头昏、心悸、出冷汗，甚至有恶心或呕吐。此类触电者应就地安静休息，减轻心脏负担，加快恢复；情况严重时，小心送往医疗部门，请医护人员检查治疗。

② 触电者呼吸、心跳尚在，但神志昏迷。此时应将病人仰卧，周围的空气要流通，可做牵手人工呼吸法，如图9-62所示，帮助触电者尽快恢复，并注意保暖。除了要严密地观察外，还要做好人工呼吸和心脏挤压的准备工作，并立即通知医疗部门或用担架将触电者送往医院。在去医院的途中，要注意观察触电者是否突然出现"假死"现象，如有假死，应立即抢救。

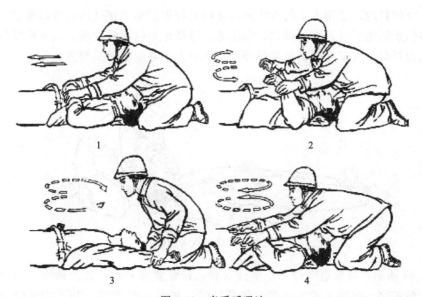

图 9-62 牵手呼吸法

③ 如经检查后，触电者处于假死状态，则应立即针对不同类型的"假死"进行对症处理。如心跳停止，则用体外人工心脏挤压法来维持血液循环；如呼吸停止，则用口对口人工呼吸法来维持气体交换。呼吸、心跳全部停止时，则需同时进行体外心脏挤压法和口对口人工呼吸法，同时向医院告急求救。在抢救过程中，任何时刻抢救工作不能中止，即便在送往医院的途中，也必须继续进行抢救，一定要边救边送，直到心跳、呼吸恢复。

④ 抢救触电者可以辅助针灸疗法，针刺触电者的百会、风府、风池、人中、涌泉、十宣、内关、神门、少商等穴位是配合抢救治疗的好方法。穴位如图 9-63 所示。

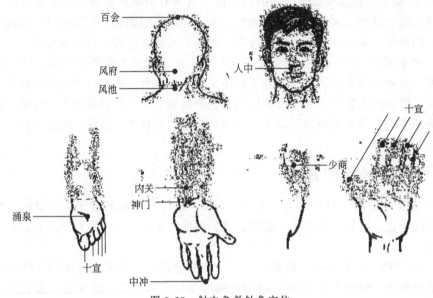

图 9-63　触电急救针灸穴位

四、口对口人工呼吸法

人工呼吸的目的，是用人工的方法来代替肺的呼吸活动，使气体有节律地进入和排出肺部，供给体内足够的氧气，充分排出二氧化碳，维持正常的通气功能。人工呼吸的方法有很多，目前认为口对口人工呼吸法效果最好。口对口人工呼吸法的操作方法如下。

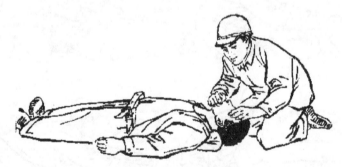

图 9-64　将触电者仰卧

如图 9-64 所示，将触电者仰卧，解开衣领，松开紧身衣着，放松裤带，以免影响呼吸时胸廓的自然扩张。将病人的头后仰，张开其嘴，如图 9-65 所示，用手指清除口内中的假牙、血块和呕吐物，使呼吸道畅通。

抢救者在触电者的一边，以近其头部的一手紧捏病人的鼻子（避免漏气），并将手掌外缘压住其额部，另一只手托在病人的颈后，将颈部上抬，使其头部充分后仰，以解除舌下坠所致的呼吸道梗阻。

急救者先深吸一口气，然后用嘴紧贴病人的嘴或鼻孔大口吹气，吹 2s 放松 3s，同时观察胸部是否隆起，以确定吹气是否有效和适度，如图 9-66 所示。

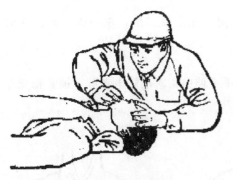

图 9-65 将触电者嘴张开   图 9-66 口对口吹气

吹气停止后，急救者头稍侧转，并立即放松捏紧鼻孔的手，让气体从病人的肺部排出，此时应注意胸部复原的情况，倾听呼气声，观察有无呼吸道梗阻。

如此反复进行，每分钟吹气 12 次，即每 5s 吹一次。

五、口对口人工呼吸时应注意事项

① 口对口吹气的压力需掌握好，刚开始时可略大一点，频率稍快一些，经 10～20 次后可逐步减小压力，维持胸部轻度升起即可。对幼儿吹气时，不能捏紧鼻孔，应让其自然漏气，为了防止压力过高，急救者仅用颊部力量即可。

② 吹气时间宜短，约占一次呼吸周期的 1/3，但也不能过短，否则影响通气效果。

③ 如遇到牙关紧闭者，可采用口对鼻吹气，方法与口对口基本相同。此时可将病人嘴唇紧闭，急救者对准鼻孔吹气，吹气时压力应稍大，时间也应稍长，以利气体进入肺内。

六、体外心脏挤压法

体外心脏挤压是指有节律地以手对心脏挤压，用人工的方法代替心脏的自然收缩，从而达到维持血液循环的目的，此法简单易学，效果好，不需设备，易于普及推广。操作方法如图 9-67 所示。

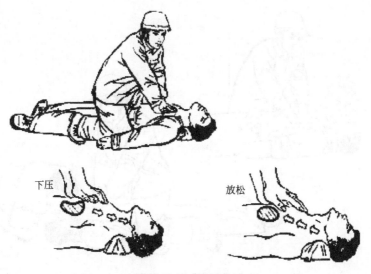

下压   放松

图 9-67 心脏挤压法

心脏部位的确定方法如下。

方法一：在胸骨与肋骨的交汇点——俗称"心口窝"往上横二指，左一指，如图 9-68 所示。

方法二：两乳横线中心左一指，如图 9-69 所示。

方法三：又称同身掌法；救护人正对触电者，右手平伸中指对准触电者脖下锁骨相交点（胸骨上凹），下按一掌即可，如图 9-70 所示。

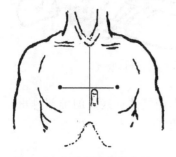 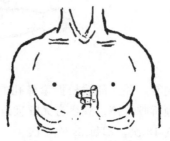 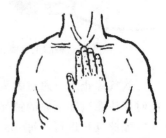

图 9-68　心脏部位确定方法一　　　　图 9-69　心脏部位确定方法二　　　　图 9-70　心脏部位确定方法三

七、心脏挤压法实施时的注意点

① 挤压时位置要正确，一定要在胸骨下 1/2 处的压区内，接触胸骨应只限于手掌根部，手掌不能平放，手指向上与肋骨保持一定的距离。

② 挤压后突然放松（要注意掌根不能离开胸壁），依靠胸廓的弹性使胸复位，此时，心脏舒张，大静脉的血液回流到心脏。

③ 用力一定要垂直，并要有节奏，有冲击性。

④ 对幼儿只能用一个手掌根部即可。

⑤ 挤压的时间与放松的时间应大致相同。

⑥ 为提高效果，应增加挤压频率，最好能达每分钟 100 次。

⑦ 病人心跳、呼吸全停止，应同时交替进行心脏挤压及口对口人工呼吸，如图 9-71 所

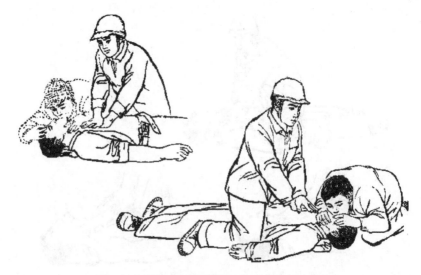

图 9-71　交替进行心脏挤压及口对口人工呼吸

示。此时可先吹两次气，立即进行挤压五次，然后再吹两次气，再挤压，反复交替进行，不能停止。

八、触电急救中应注意的问题

① 使触电者脱离电源后，如需进行人工呼吸及胸外心脏挤压，要立即进行。

② 施救操作必须是连续的，不能中断，也不要轻易丧失信心。有经过四小时的抢救而将假死的触电者救活的记录。

③ 如需送往医院或急救站，在转院的途中也不能中断救护操作（见图 9-72），交给医务人员时一定要说明此人是触电昏迷的，以防采用了错误的抢救方式。

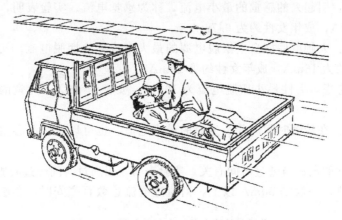

图 9-72　转院的途中不能中断救护操作

④ 对于经救护开始恢复呼吸或心脏跳动功能的触电者，救护人不应离开，要密切观察，准备可能需要的再一次救护。

⑤ 救护中慎用一般急救药品，不可使用肾上腺素、强心针等药物，会加重心室纤维性颤动。更不能采用压木板、泼冷水等错误的急救方法（见图 9-73）。

⑥ 夜间救护要解决临时照明。

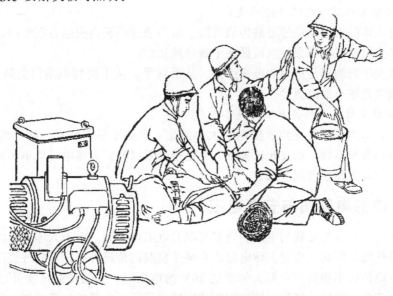

图 9-73　不可以泼冷水

九、影响电流对人体危害程度的主要因素

电流对人体伤害的严重程度与通过人体电流的大小、频率、持续时间、途径以及人体的电阻大小等因素有关。

1. 人体被伤害程度与电流大小的关系

通过人体的电流越大，人体的生理反应越明显，感觉越强烈，引起心室颤动所需的时间越短，致命的危险就越大。

对于工频交流电，按照通过人体电流的大小，人体所呈现的不同状态，大致可分为下列三种。

① 感觉电流：引起人的感觉的最小电流，称为感觉电流。实验表明，成年男性的平均感觉电流约为 1mA，成年女性约为 0.7mA。

② 摆脱电流：人触电后能自主摆脱电源的最大电流称为摆脱电流。实验表明，成年男性平均摆脱电流约为 16mA，成年女性约为 10mA。

从安全角度考虑，男性最小摆脱电流为 10mA，女性为 6mA，儿童的摆脱电流较成人为小。

③ 致命电流：在较短时间内危及生命的最小电流，也可以说引起心室颤动的电流称为致命电流。

引起心室颤动的电流与通过时间有关。实验表明，当通过时间超过心脏搏动周期时，引起心室颤动的电流，一般是 50mA 以上。当通过电流达数百毫安时，心脏会停止跳动，可能导致死亡。

2. 人体被伤害程度与电流频率的关系

一致认为工频 50～60Hz 为最危险，大于或小于工频，危险性就降低。

3. 人体被伤害程度与通电时间的关系

① 通电时间愈长，人体电阻因出汗等原因而降低，导致通过人体电流增加，触电的危险性亦随之增加。

② 通电时间愈长，愈容易引起心室颤动，即触电危险性愈大。

4. 人体被伤害程度与电流途径的关系

电流通过人体的途径以经过心脏为最危险。因为通过心脏会引起心室颤动，较大的电流还会使心脏停止跳动，这都会使血液循环中断导致死亡。

因此，从左手到胸部是危险的电流途径。从手到手，从手到脚也是很危险的电流途径。从脚到脚是危险性较小的电流途径。

5. 人体被伤害程度与人体电阻的关系

人体电阻，基本上按表皮角质层电阻大小而定，但由于皮肤状况、触电接触等情况不同，故电阻值亦有所不同。如皮肤较潮湿，触电接触紧密时，人体电阻就小，则通过的触电电流就越大，所以危险性也就增加。

十、人体的电阻值与安全电压

一般人体的电阻分为皮肤的电阻和内部组织的电阻两部分，由于人体皮肤的角质外层具有一定的绝缘性能，因此，决定人体电阻的主要是皮肤的角质外层。人的外表面角质外层的厚薄不同，电阻值也不相同。一般人体承受 50V 的电压时，人的皮肤角质外层绝缘就会出现缓慢破坏的现象几秒钟后接触点即生水泡从而破坏了干燥皮肤的绝缘性能，使人体的电阻

值降低。电压越高电阻值降低越快。另外，人体出汗、身体有损伤、环境潮湿、接触带有能导电的化学物质、精神状态不良等情况都会使皮肤的电阻值显著下降。人体内部组织的电阻不稳定，不同的人内部组织的电阻也不同，但有一个共同的特点就是人体内部组织的电阻与外加的电压大小基本没有关系。

据测量和估计，一般情况下人体电阻值在 2kΩ～20MΩ 范围内。皮肤干燥时，当接触电压在 100～300V 时人体的电阻值大约为 100～1500Ω。对于电阻值较小的人甚至几十伏电压也会有生命危险。某些电阻值较低的人不慎触电，皮肤也碰破，其可能致命的危险电压为 40～50V。对大多数人来说，触及 100～300V 的电压，将具有生命危险。

我国确定安全电压有 42V、36V、24V、12V、6V 五个额定等级。我国采用的安全电压以 36V、12V 居多。

为什么把 36V 规定为安全电压的界限呢？原来人体通过 5mA 以下的电流时，只产生"麻电"的感觉，没有危险。而人的干燥皮肤电阻一般在 1kΩ 以上，在 36V 电压下，通过人体的电流在 5mA 以下。所以，一般说来 36V 的电压对人体是安全的。

但应注意，在潮湿的环境里，安全电压值应低于 36V。因为在这种环境下，人体皮肤的电阻变小，这时加在人体两部位之间的电压即使是 36V 也是危险的。所以，这时应采用更低的 24V 或 12V 电压才安全。

参 考 文 献

[1] 北京市工伤及职业危害预防中心. 北京市特种作业安全技术培训教材 低压运行维修. 北京：化学工业出版社，2005.

[2] 王敏. 实用电工电路图集. 北京：中国电力出版社，2004.

[3] 北京电力行业协会. 北京地区电气规程汇编. 北京：中国城市出版社，2000.